教育部高职高专规划教材

精细磷化工技术

冉隆文　编

第二版

化学工业出版社

·北京·

本书是应相关学校磷化工教学和磷化工企业生产技术人员学习的需要而编写的一本兼顾教学、生产技术人员自学和培训需要的一本生产技术类书籍。本书以磷化工中的精细磷酸盐、磷化物及其衍生物部分作为主要内容，从磷矿及其资源分布、磷矿的初级加工产品——黄磷与磷酸，到无机精细磷酸盐、有机精细磷酸盐、磷化物的重要种类及典型品种的用途及生产方法进行了介绍，最后还介绍了磷化工中的“三废”治理与综合利用的相关知识。

本书可作为高职高专精细化工、无机化工及相关专业的教学用书，还可作为企业基层生产技术人员及基层生产管理人员的参考书籍。

图书在版编目（CIP）数据

精细磷化工技术/冉隆文编：—2版. —北京：化学工业出版社，2014.9（2023.9重印）
ISBN 978-7-122-21398-3

Ⅰ.①精… Ⅱ.①冉… Ⅲ.①磷-化工产品-教材
Ⅳ.①TQ126.3

中国版本图书馆CIP数据核字（2014）第165807号

责任编辑：蔡洪伟　　文字编辑：林　媛
责任校对：李　爽　　装帧设计：张　辉

出版发行：化学工业出版社（北京市东城区青年湖南街13号　邮政编码100011）
印　　装：北京科印技术咨询服务有限公司数码印刷分部
787mm×1092mm　1/16　印张14½　字数371千字　　2023年9月北京第2版第5次印刷

购书咨询：010-64518888　　售后服务：010-64518899
网　　址：http://www.cip.com.cn
凡购买本书，如有缺损质量问题，本社销售中心负责调换。

定　　价：45.00元

前言

《精细磷化工技术》一书自2005年第一版出版发行以来，取得了良好的社会效益，并受到了读者的普遍关注，许多读者纷纷致电编者提出宝贵的建议和意见，使编者受益匪浅。在接受广大读者建议和意见以及编者自己的多年教学经验基础上，2009年第二次印刷时，对本书第一版中存在的一些错误及内容不合理的地方作了适当的修正，使本书更趋于完善。

但自2005年第一版编写出版至今近10年来，我国及世界精细磷化工市场、生产技术及内容等均发生了极大的变化，原书的编排有些内容已经不能适应目前市场和技术的需要，而一些新的产品、新的生产技术又有待添加和补充进来，精细磷化工行业规模有所增加，而分布格局已大大改变。因此应化学工业出版社的要求，编者对第一版作了适当的删减与增补，编排方式上从原来的分部式改为按章编排；同时根据精细磷化工市场情况，删减了原来的“磷化合物在国民经济中的地位和作用”、“过渡金属有机磷（Ⅲ）配合物”两章内容，将原来的全书共十三章减为十一章。在各章节内容上，则根据新的市场情况增加了一些新内容，如在第二章中增加了磷矿资源情况的介绍及热法磷酸净化等内容；第五章中增加了次、亚磷酸及盐联合生产技术；第六章中增加了磷酸铁锂、磷酸锰锂内容；第七章增加了氟磷酸锂盐；第十章删掉了中国市场被禁的甲基对硫磷，增加了毒死蜱和三唑磷两个新兴有机磷农药品种；在磷化工“三废”治理及综合利用方面，则对近年来发展起来的新技术、新方法作了介绍。

本版内容延续了第一版的特点，主要介绍精细磷化工产品中的典型无机精细磷酸盐、磷化物及其衍生物、有机磷化物、磷酸酯及亚磷酸酯、磷化工“三废”治理及综合利用等内容，产品介绍了市场上常见的和具有发展前景的品种。主要介绍了它们的性质、用途、生产原理和生产方法，限于篇幅，在生产工艺介绍方面，大部分产品只能作一个简略的介绍，无法作详细过程的阐述。

由于编者经验不足、对精细磷化工行业的认识和了解有限，编写水平和能力也有限，因此书中难免存在不足之处，敬请广大读者批评指正，编者在此表示感谢。

编者

2014年3月

第一版前言

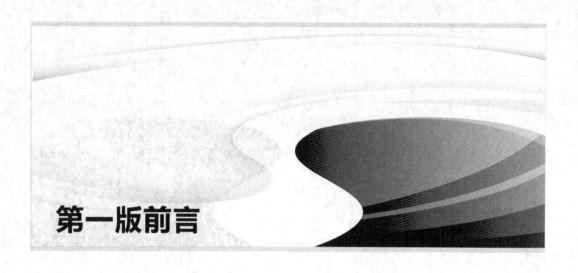

由于磷肥在农业中的大量应用以及磷化物广泛用于洗涤剂、水处理、动物饲料添加剂和农药等各行业，而使磷化工成为无机盐工业中的一个重要组成部分，在国民经济中发挥着十分重要的作用。特别是进入21世纪以来，中国磷化工得到了良好的发展，产品品种越来越丰富，应用领域越来越广泛，磷化工的内容已从以磷肥和黄磷为主的初级磷矿加工，发展成以磷及磷矿精细加工为主的精细磷化工产业。

磷化工产业的迅速发展，加快了有关磷化工生产、科研、应用等方面对磷化工知识和人才的需求。但有关磷化工方面的论著、图书非常少，适合学生和企业基层生产管理和技术人员使用的教材及科技图书更是凤毛麟角。有关企业和学校欲进行磷化工人才培养、培训，一直没有合适的教材。这次在化学工业出版社的大力支持下，由贵州科技工程职业学院冉隆文同志担任主编，在贵州磷酸盐厂副厂长杨彬同志参与下，共同编写了这本《精细磷化工技术》，一方面抛砖引玉，一方面为适应磷化工技术教育的急需。

本书重点以磷化工中的精细磷酸盐、磷化物及其衍生物以及磷化工企业的“三废”治理等为主要内容，对它们的性质、生产原理和生产方法、用途及应用，进行了较为系统的介绍，而对原料磷矿、黄磷、热法磷酸、湿法磷酸则只作简介。全书共分四篇十三章，除第五章由贵州磷酸盐厂杨彬同志编写外，其余各章由冉隆文同志完成，并由冉隆文统稿及绘制部分插图。

本书在编写过程中得到了化学工业出版社、贵州科技工程职业学院以及部分贵州磷化工企业等有关领导的帮助和支持，在此表示感谢。

由于作者经验不足、水平有限，书中的不足之处和错误，敬请广大读者批评指正，以便今后不断地将本书修订完善。

编者

2005年1月

目录

第一章　磷化工发展概况

第一节　磷、磷酸及盐和磷化合物发展简史

一、磷的发现

磷是德国汉堡一个叫布朗特（Hennig Brand）的商人于1669年在强热蒸发人尿欲炼黄金的过程中，他没有制得黄金，却意外地得到一种像白蜡一样的物质，在黑暗的小屋里闪闪发光。这从未见过的白蜡模样的东西，虽不是布朗特梦寐以求的黄金，可那神奇的蓝绿色的火光却令他兴奋得手舞足蹈。他发现这种绿火不发热，不引燃其他物质，是一种冷光。于是，他就以“冷光”的意思命名这种新发现的物质为“磷”。磷的拉丁文名称 Phosphorum 就是“冷光”之意，它的化学符号是P，英文名称是 Phosphorus。

单质磷常见有3种同素异形体，其中，白磷（又称黄磷）是无色或淡黄色的透明结晶或蜡状固体，密度1.82g/cm^3，熔点44.1℃，沸点280℃，着火点40℃，剧毒，几乎不溶于水，易溶解于二硫化碳溶剂中。黑磷是白磷在高压下加热而得的，密度为2.70g/cm^3，为黑色有金属光泽的晶体、在磷的同素异形体中反应活性最弱，在空气中不会点燃，化学结构类似石墨，可导电。赤磷（或红磷）是白磷经放置或在250℃隔绝空气加热数小时或暴露于光照下转化而得的。红磷是红棕色粉末，无毒，不溶于水，密度2.34g/cm^3，熔点59℃，沸点200℃，着火点240℃。

二、磷的制备和生产

在1737年以前黄磷的制备方法一直是保密的，最早的黄磷生产是1830年有人用骨灰、硫酸和炭进行小规模生产出的，1888年英国的 James Burgess Redman 首先用电炉试生产出了黄磷，世界上第一台工业黄磷电炉是1891年在法国 Coignet 开始运转的。除了电炉法黄磷外，1868年英国人和法国人就相继取得了高炉法黄磷生产专利，在19世纪末还建成了中试工厂，但因为产品纯度及成本关系未能大量推广。此外，20世纪前苏联还研究了天然气还原制磷，但至今未实现工业化。

三、热法磷酸

热法磷酸是生产磷酸盐的中间原料。第一次世界大战后，由于黄磷实现大规模生产和磷

酸盐在水处理方面的应用，使热法磷酸有了很大的发展。热法磷酸于1890年在英国用Redman的专利第一次生产出来。热法磷酸生产经历了一段法和二段法两个阶段。一段法是直接将电炉产生的含磷气体氧化、水合制得磷酸；二段法是先经电炉法制得黄磷，再对黄磷进行氧化、水合而制得磷酸。由于二段法制得的产品质量优良，现已为世界各国普遍采用。另外，为了降低能耗，目前在中国采用的窑法磷酸则是将磷矿与煤炭混合成型后煅烧，然后将含磷气体燃烧并用水吸收制取磷酸，烧渣则用作建筑用砖。窑法磷酸品质优于湿法磷酸但不及传统热法磷酸好，成本则比热法磷酸低，但比湿法磷酸高。

四、湿法磷酸

湿法磷酸是用强无机酸（常用硫酸）分解磷矿而制得的磷酸。1850年开始小量生产，德国于1870～1872年间第一次实现工业化。早期的湿法磷酸均采用间歇法生产，直至1915年引进连续过滤器，才在工艺上和经济上取得重大进展，1932年道尔公司开发出了更为起步的、至今仍在采用的料浆循环法生产工艺，使湿法磷酸的生产得到了快速发展，后来主要在提高磷酸浓度方面作了一些改进，出现了浓酸法生产工艺，如半水法、半水-二水法等直接生产高浓度的湿法磷酸。湿法磷酸由于成本比热法低得多，因此产量比热法磷酸大得多，产品主要用于生产化肥，约有20%或更多用于制造磷酸盐。但随着湿法磷酸净化技术的发展，越来越多的湿法磷酸用于精细磷酸盐的生产，据报道，现在已可以湿法磷酸为原料生产医药级甚至电子工业级的磷酸或磷酸盐产品。

第二节　精细磷化工发展概况

一、世界精细磷化工发展概况

正磷酸钠盐是研究较早的磷酸盐，特别是20世纪30年代开始将其大量用于水处理后，对其性质、相图、制法进行了大量研究。多年来正磷酸钠盐的生产工艺变化并不大，主要在浓缩结晶器的改进方面做了较多的工作。

正磷酸钾盐则因主要在医药、肥料和电子材料方面的特殊应用而得到发展。

正磷酸铵盐主要用作肥料，20世纪60年代后大量用作阻燃剂、灭火剂以及食品添加剂、饲料添加剂、污水处理等而得到发展。

正磷酸钙盐在20世纪40年代以后，随着配合饲料的发展而快速发展。目前其产量仅次于三聚磷酸钠，成为精细磷酸盐中第二大生产和消费品种。特别是近年来不断发生的疯牛病、口蹄疫事件，以及禽流感的流行，许多国家已禁止在动物饲料中添加动物骨粉，因而饲料磷酸钙盐的生产和应用得到了前所未有的发展。近年来磷酸钙盐还在牙膏、涂料以及人工生物材料等方面得到广泛应用。

其他正磷酸盐如正磷酸锌、正磷酸铝、正磷酸铅等，因其在防锈涂料等某些领域里的特殊用途而得到发展。

聚磷酸盐是继正磷酸盐在水处理中应用后发展起来的磷酸盐，由于其具有配合能力、胶合能力和调节pH能力等，因此在水处理和洗涤剂等方面得到了大量应用，且还向食品、钻井、电子等许多方面扩展。

缩聚磷酸盐包括焦磷酸盐、偏磷酸盐、聚磷酸盐、超磷酸盐，也常称为“分子脱水磷酸盐”。第二次世界大战后，由于合成洗涤剂的发展，聚磷酸盐作为洗涤剂助剂获得了很大发展，特别是三聚磷酸钠，其产量在磷酸盐中占绝对优势，是磷酸盐中产量最大的产品。后来由于污染和磷富营养化问题，产量有所下降，但在其他方面的用途还在不断扩大。并且通过多年来的研究证明，造成富营养化问题的原因是多方面的，如化肥的大量不恰当使用，未经处理的人畜排泄物排入江河湖泊等，而由于洗涤剂造成的水中磷增加只占10%～20%。亚洲、非洲等发展中国家还在普遍使用含磷洗涤剂，即使发达国家也只是部分禁磷或限磷。因而作为洗涤剂助剂，其仍有很大的市场。

有机磷化合物的生产则主要是因其在农药、水处理、医药、润滑油、塑料添加剂等中的应用而发展起来的。现正向阻燃剂、抗氧化剂、催化剂、造纸、印染、电镀、表面活性剂等领域拓展。

磷系新型功能材料如聚磷腈功能材料、羟基磷灰石类生物材料、磷酸锆无机离子交换剂、磷酸铝系分子筛等近年来发展也很快，特别是六氟磷酸锂、磷酸铁锂等电池材料由于近年来绿色能源的发展而发展迅猛。

国外磷化工发展大致是以下几种趋势：肥料已从单一低效肥料转成了高效复合肥，并正朝高效、高浓、多元复合肥、有机复合肥、生物肥料、精细肥料方向发展，特别是近年来为适应滴灌技术的普及而发展起来的滴灌肥正迅速发展着；精细磷化工产品则主要向食品、饮料、饲料、洗涤剂、生物材料、电子电气、陶瓷、搪瓷、涂料、建材以及其他特殊材料、功能材料等方向发展。

目前全世界生产的无机磷化合物约有200多种（不包括磷肥和农药），加上同一品种的不同规格，总数达300种以上，总生产能力约2700万吨/年（以P_2O_5计），每年以4%的速度增长。其中美国和日本有200多种，中国通过近几十年的发展，种类正逐渐增加，有60种左右。全世界有机磷化合物有多达近1000种，主要是磷酸酯、亚磷酸酯、膦酸酯、硫代磷酸酯、卤代磷酸酯等。

二、中国精细磷化工发展概况

中国精细磷化工发展较晚，在1949年以前，全国仅台湾有3万吨/年普通过磷酸钙生产，其他省市均没有磷肥生产，磷的精细化工更是空白。新中国成立后，随着国民经济的发展，在20世纪50年代能生产磷酸氢二钠、磷酸铵、马日夫盐等三个产品，60年代后可生产正磷酸钠盐、钙盐、钾盐、锌盐以及聚磷酸钠盐、钾盐等26个品种。80年代可生产包括正磷酸铝、三聚磷酸二氢铝、聚磷酸铵、氯化磷酸钠、活性磷酸钙等53个品种、76种规格，基本上各省均有1～3个品种。20世纪90年代以来，具有丰富磷矿资源的云、贵、川、鄂地区，因其资源和能源的双重优势，磷酸盐生产发展非常迅速。中国的精细磷化工产品在品种、产量和创汇方面占有重要的地位。2010年[1]，我国精细磷化工行业总产能（不包括磷肥、复肥）超过16Mt/a，产品品种超过100个，产量约为10Mt，无机磷化工产品生产厂家已达500多家，已成为全球第一大磷化工生产国。目前，我国磷化工产品生产能力在100kt/a以上的有10多种，如磷酸二氢钾、五硫化二磷、磷酸氢二钠（DSP）、六偏磷酸钠（SHMP）、磷酸钠（TSP）、三氯化磷、磷酸氢钙（DCP）等。我国黄磷的产能和产量占世界的80%；磷酸、三聚磷酸钠和饲料磷酸盐等产量均居世界第一。磷化工从以黄磷为主的初级磷矿加工发展成为以黄磷深加工和磷酸精细加工为主的精细化工产业，产品的精细化和专用化更加丰富，从资源开采到基础原料的生产，从各种大宗磷化工产品生产，到精细的无机、有机磷化工产品的生产，基本能够满足国内各行业的需求，并有大量产品出口。其中，出口量较大的有黄磷、磷酸、三聚磷酸钠、饲料和牙膏级磷酸氢钙、次磷酸钠等。从高中端产品来看，我国精细磷化工产品技术还不够成熟，必须依靠国外进口才能满足行业需求，如有机磷产品需求增长较快，每年需进口。

我国是全球最大的磷酸盐生产国和出口国，但并非生产磷酸盐的强国，主要存在下列问题。

① 生产规模小。国内精细磷酸盐的生产企业大多规模小，生产能力多在万吨/年以下。

② 产品品种少。目前全世界生产的无机磷化合物有200多种，加上同一品种的不同规格，总数达300种以上。中国才达100多种，基本上都是中、低端产品，与世界水平差距相当大。

③ 工厂分散、布局不合理。全国二十多个省市几乎都有磷化工厂，有的多达30多家，小厂分散在各地区、各县。原料多由西南三省供给或进口，成本高且未形成集中优势。但近年来形势有所改变[1]，“十五”、“十一五”期间，在国家产业政策和市场机制的共同作用下，中国磷化工生产布局趋于合理，物流成本降低，生产效率提高。黄磷、热法磷酸、三聚磷酸钠、湿法磷酸、饲料磷酸盐等基础和通用产品生产向磷资源优势地（云、贵、鄂、川4省）集中，形成云南云天化、贵州瓮福、湖北兴发、四川龙蟒等大型磷化工企业。电子、医药、食品、农药、材料等专用含磷精细化学品生产向消费市场集中，在沿海形成众多精细磷化工生产企业。

④ 工艺水平低、技术落后。智能化、自动化程度低，手工操作多、劳动条件差、效益低。

⑤ 产品规格单一、性状单一、用途单一等。

中国磷酸盐工业经过几十年的努力和发展，在某些方面也形成了自己的特色，有一些具有世界先进水平的技术，如喷射除雾制热法磷酸，连续法干燥脱水，池炉熔聚制六偏磷酸钠等；在磷酸钠生产中还引用了DTB结晶器，大大提高了浓缩、结晶效率。在产品开发方面，陆续制得了国外近年才开发出的新产品，正在逐渐向国际先进水平接近，如聚磷酸铵、三聚磷酸二氢铝、氯化磷酸钠、活性磷酸钙、次磷酸盐、六氟磷酸锂、磷酸铁锂、人工生物材料羟基磷灰石等。特别是三聚磷酸钠的生产已处于世界领先地位。

中国磷酸盐行业面临的问题是需开发新产品、增加产品规模、加强应用研究、扩大产品用途、提高产品质量、提高技术水平、合理布局、原料综合利用，向大型化、自动化、集约化方向发展。

第三节　磷化工产品的分类

磷化工产品主要可分为无机磷化工产品、有机磷化工产品和磷系化工材料。目前生产的主要是无机磷化工产品，但从发展前景来看，有机磷化工产品、磷系化工材料更具有发展潜力。磷化工产品的分类方法很多，如按磷的氧化数分类、按组成分类、按产品用途分类等。这里先就无机磷化工产品、有机磷化工产品和磷系化工材料三类来进行介绍。

一、无机磷化工产品

含磷无机物分类见表1-1。

表中正磷酸（H_3PO_4）为最常见的磷含氧酸，其磷酸根为磷与氧结合构成的四面体。纯磷酸为无色结晶性固体（熔点42.35℃），极稳定，350℃以下无氧化能力。商品磷酸有含H_3PO_4分别为75%、80%、85%的产品，因具有相当强的以氢键结合的缔合结构，故黏度很高，而对金属的反应性弱。其分子结构如图1-1所示。

表 1-1 含磷无机物的分类

分类						实例
元素						P
氧化值为+5的化合物	化合物	酸	正磷酸			H_3PO_4
			缩聚磷酸			$(HPO_3)_n$
			五氧化二磷(磷酸酐)			P_2O_5
			过氧磷酸			H_3PO_6
		磷酸盐	单盐	正盐		$Ca_3(PO_4)_2$
				酸式盐		$CaHPO_4 \cdot 2H_2O$
			缩聚盐	链状(聚)	焦磷酸盐	$Na_4P_2O_7$
					短链	$Na_5P_3O_{10}$
					低聚	$Ca_4P_6O_{19}$
					长链	$(NaPO_3)_n$
				环状(偏)磷酸盐		网状分支结构
				超磷酸盐		$Mg_2(PO_3)_4$
			含氮磷酸盐			$NH_4HPO_3NH_2$
	非结晶物	磷酸盐玻璃	网状磷酸盐玻璃			$Ca\text{-}P_2O_5$
			离子性磷酸盐玻璃			
		其他非晶物	凝胶			ACP(无定形磷酸钙)
			CVD,无序物等			LISICON
	混(复)合物	固溶体				$Ca_3(PO_4)_2\text{-}Ca_2SiO_4$
		夹杂化合物				$Zr(HPO_4)_2$+有机物
		复合肥料				$(NH_4)_2HPO_4+(NH_4)_2SO_4+KCl$
		复合材料				磷酸盐+塑料+纤维
		泥浆类				磷灰石+其他物质
氧化值为+4以下的化合物	1	次磷酸及盐(P^1—)				HPH_2O_2 或 $H[H_2PO_2]$
	3	亚磷酸及盐(P^3—)				H_2PHO_3
	3	焦亚磷酸及盐(P^3—O—P^3)				$H_2P_2H_2O_5$
	4	连二磷酸及盐(P^4—P^4—)				$H_4P_2O_6$
	2,4	P^2—P^4—酸及盐				$H_3P_2HO_5$
	其他磷化物		金属磷化物			GaP
			磷-卤化合物,磷-硫化合物			PCl_3,$PNCl_2$,P_2S_5

注：表中 P^1、P^2、P^3、P^4 分别表示磷在分子中的化合价数为+1、+2、+3、+4。

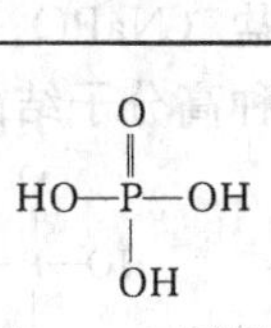

图 1-1 正磷酸分子结构

正磷酸为三盐基酸，在水溶液中按下式离解：

$$H_3PO_4 \rightleftharpoons H^+ + H_2PO_4^- \rightleftharpoons 2H^+ + HPO_4^{2-} \rightleftharpoons 3H^+ + PO_4^{3-}$$

物质的量浓度为 0.01～0.1mol·L^{-1} 的磷酸，在 25℃时的离解常数为：

$$K_{a_1}=7.51\times10^{-3}，K_{a_2}=6.33\times10^{-8}，K_{a_3}=4.73\times10^{-13}$$

次磷酸为一盐基强酸（$pK_a=1.2$），加热后分解为 PH_3、H_2 及 H_3PO_4。其分子结构如图 1-2 所示。从结构式可以看出，虽然分子中有三个氢原子，但只有羟基中的氢能够电离出来，因而属一元酸。次磷酸及盐具有强还原性及弱氧化性，常用作强还原剂。

亚磷酸中有正、偏、焦亚磷酸几种，其中偏、焦亚磷酸在水溶液中迅速转化为正磷酸。正亚磷酸为二盐基酸，其结构式如图 1-3 所示。纯的正亚磷酸为一种吸潮性固体，熔点

70.1℃，酸性比正磷酸强，有弱氧化性和强还原性，亚磷酸常用作强还原剂。

连二磷酸为一种酸度与焦磷酸相同的酸。其结构如图 1-4。连二磷酸可看作缩聚磷酸的一种，对氧化剂、还原剂稳定，溶液加热分解为亚磷酸和正磷酸。

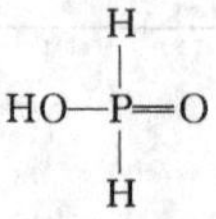

图 1-2 次磷酸分子结构

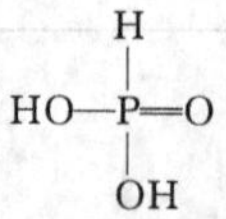

图 1-3 亚磷酸分子结构

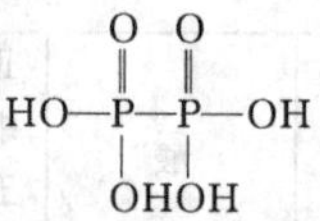

图 1-4 连二磷酸分子结构

缩聚磷酸及其盐类包括焦磷酸、偏磷酸、聚磷酸、超磷酸等。而在过磷酸（H_3PO_4 含量大于 100%）中，随 P_2O_5 浓度不同，各种缩聚磷酸及其盐的含量也不同，P_2O_5 浓度越高，长链状聚磷酸根比例越大。磷酸盐中随金属氧化物与五氧二磷之比（用 R 表示）的不同，可形成不同的缩聚磷酸盐，见表 1-2。

表 1-2 随 M_2O（金属氧化物）与 P_2O_5 之比值不同而形成的各种磷酸盐

$M_2O/P_2O_5=R$	名 称	一 般 式	结 构
$R=3$	正磷酸盐	M_3PO_4	含 1 个磷原子的结构
$1<R<2$	聚磷酸盐	$M_{n+2}P_nO_{3n+1}$	链状结构($n>1$)
$R=1$	偏磷酸盐	$(MPO_3)_n$	环状或极长链状结构($n>2$)
$0<R<1$	超磷酸盐	$xM_2O \cdot yP_2O_5$ $(0<x/y<1)$	链状及环状物相互结合的结构
$R=0$	五氧化二磷	$(P_2O_5)_n$	P_4O_{10}分子或连续结构

由表 1-2 可知，缩聚磷酸盐结构有链状、环状、枝状三种。链状磷酸盐分子中 P—O—P 键的数目（N_P）比磷原子（n_P）少 1，即 $N_P=n_P-1$。金属离子（阳离子）数 $n_M=n_P+2$，氧原子数为 $n_O=3n_P+1$，所以链状磷酸盐的一般式为 $M_{n+2}P_nO_{3n+1}$；而环状磷酸盐的一般式为 $(MPO_3)_n$。当聚磷酸盐的聚合度很大，即 n 为无限大时，则其一般式与环状偏磷酸盐的一般式相同。对于有分枝结构的超磷酸盐，分枝点上的过剩键数为：$N_x=(n_P-n_M)/2$，其一般式为 $M_{n-2N_x}P_nO_{3n-N}$。

焦磷酸（图 1-5）及盐是由氧原子连接的两个四面体构成的，根据其 PO_4 四面体的连接方式分为直线状和非直线状两种，根据其分子排列又有顺式和反式之分。三聚磷酸根离子由三个四面体结合而成，它分为Ⅰ型和Ⅱ型及六水合物三种。长链状聚磷酸盐已知的有马列德尔盐（$NaPO_3$-Ⅱ，高温型）、马列德尔盐（$NaPO_3$-Ⅲ，低温型）、库洛尔盐（$NaPO_3$-Ⅳ）三种高分子结晶性化合物。当 n 非常大时，化合物的组成接近偏磷酸盐的组成 $(NaPO_3)_n$。

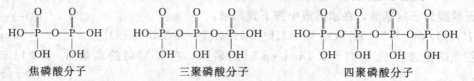

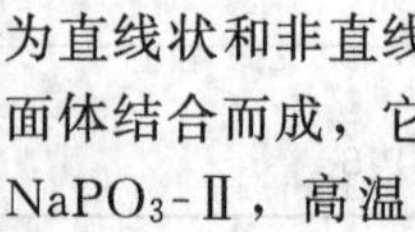

焦磷酸分子

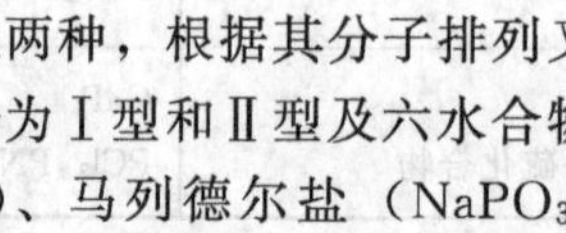

三聚磷酸分子

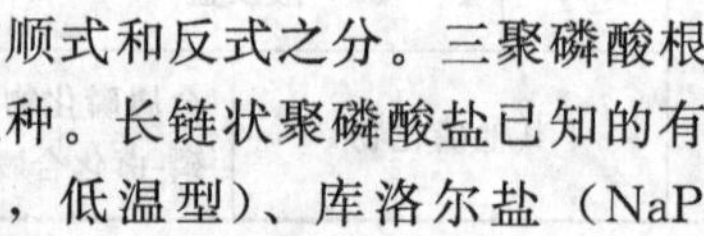

四聚磷酸分子

图 1-5 焦磷酸、三聚磷酸、四聚磷酸分子结构图

偏磷酸盐为环状化合物，它由 n 个 PO_4 四面体通过共用氧原子结合而成，其分子式为 $(MPO_3)_n$。当 $n=3$ 时即为三偏磷酸盐（图 1-6），三偏磷酸盐有三种空间结构形式，三偏磷酸根离子在溶液中为平面环离子，在固体中大多为椅子形，也有舟形。

超磷酸盐是具有分枝 PO_4 基团结构的磷酸盐，此类盐阳离子与磷原子之比小于 1，随阳离子与磷原子之比不同，PO_4 基团可以有无限多个。此类盐由于至少有一个 PO_4 四面体共享三个氧原子，与共享两个氧原子的链状或环状磷酸盐比较，稳定性差，在水中易于水解。

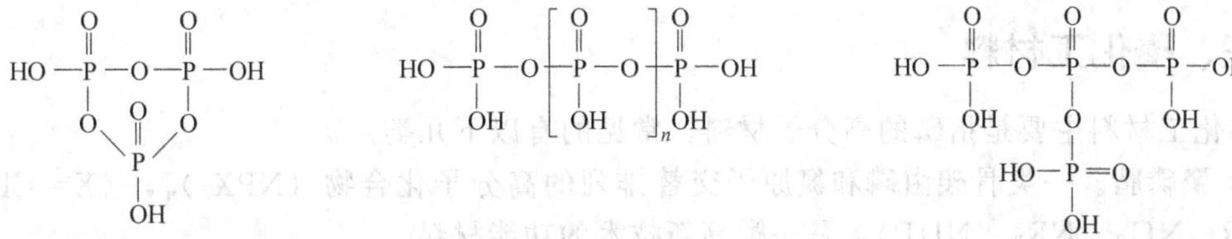

三偏磷酸分子　　长链状聚磷酸分子　　具支链的聚磷酸分子

图 1-6　三偏磷酸、长链状聚磷酸、具支链聚磷酸分子结构图

磷酸盐玻璃是将 Na_2O/P_2O_5 的物质的量比在 1.0～1.3 范围内的磷酸盐混合熔融，骤冷而得到的透明状磷酸盐玻璃体。由于 Na_2O/P_2O_5 的不同，可以长链状或超磷酸盐结构存在。在玻璃体中 PO_4 四面体处于四种不同的结构状态，即分枝基团、中间基团、末端基团和正盐基团。

其他尚有许多不溶性磷酸盐玻璃体，如 $Al_2O_3/CaO/P_2O_5$，为一种抗 HF 腐蚀性高的玻璃体；$Al_2O_3/BaO/K_2O/P_2O_5$ 为一种紫外线透过率很高的玻璃体；$PbO/WO_3/P_2O_5$ 为 X 射线、γ 射线吸收率高的玻璃体等。

此外，当磷酸溶于钨酸或钼酸中时，形成对应的磷钨酸 $H_3PW_{12}O_{40}$ 和磷钼酸 $H_3PMo_{12}O_{40}$，这些酸统称为杂多酸，杂多酸具有固体离子交换剂的作用，可用作酸性固体催化剂和离子交换树脂等。

二、有机磷化工产品

有机磷化工产品的种类繁多，而且品种还在不断增加，用途也越来越广泛。这里我们将磷酸酯类也分在有机磷化工产品一类。有机磷化工产品将是磷化工未来发展的主要方向，它资源消耗小，而附加值却很大，是将来磷化工重点发展的领域。有机磷化工产品的分类见表 1-3。

表 1-3　有机磷化工产品的分类

序号	类　别	举　　例
1	膦	(1)膦 H_3P；(2)三烷基膦 $(C_4H_9)_3P$；(3)三苯基膦 $(C_6H_5)_3P$
2	膦酸	(1)膦酸 HP(O)(OH)$_2$；(2)亚膦酸 HP(OH)$_2$；(3)次膦酸 H_2P(O)(OH)；(4)次亚膦酸 H_2P(OH)；(5)氨基膦酸，如氨基三亚膦酸(ATMP)；(6)羟基膦酸，如羟基亚乙基膦酸(HEDP)
3	磷酸酯	有一酯、二酯、三酯、对称酯、不对称酯等，如：(1)烷基磷酸酯；(2)芳基磷酸酯；(3)硫代磷酸酯[如 *O*,*O*-二甲基-*O*-(2,6-二氯-4-甲苯基)硫代磷酸酯]；(4)卤代磷酸酯
4	亚磷酸酯	有一酯、二酯、三酯等，如：(1)烷基亚磷酸酯(如亚磷酸三癸酯)；(2)芳基亚磷酸酯(如亚磷酸三苯酯)
5	膦酸酯类	(1)膦酸酯[*O*,*O*-二烷基磷酸酯(RO)$_2$P(O′)R′]；(2)次膦酸酯(如 *O*-烷基二烷基次膦酸酯)
6	亚膦酸酯类	(1)亚膦酸酯(*O*,*O*-二烷基亚磷酸酯)；(2)次亚膦酸酯(*O*-烷基二烷基亚磷酸酯)
7	磷酸胺类	化学上有一、二、三酰胺。如磷酰三(甲基亚乙胺)、*N*,*N*,*N*-六甲基磷酰胺
8	鏻盐类	如氯化四羟甲基鏻 $(HOCH_2)_4PCl$
9	含膦杂环化合物	如膦杂环化物 $CH_2—CH_2$ $CH_2—PH$（CH_2 与 CH_2、CH_2 与 PH 上下相连成环）

三、磷化工材料

磷化工材料主要是指磷的高分子材料，常见的有以下几类。

① 聚磷腈。一类骨架由磷和氮原子交替排列的高分子化合物 $(NPX_2)_n$，（X＝Cl、F、R、OR、NH_2、NR_2、NHR)，是一类高新技术的功能材料。

② 聚磷酸钙 $[Ca(PO_3)_2]_n$。添加其他组分可做成磷酸盐生物陶瓷玻璃。

③ 有机材料。如鏻盐的聚苯乙烯凝胶衍生物。

④ 羟基磷灰石 $Ca_{10}(PO_4)_6(OH)_2$。作为人工生物材料，可用于人工骨骼、人工关节、人工牙齿等，与生物骨骼有非常好的生物相容性和亲和性。

⑤ 特种磷酸盐。某些特种聚磷酸盐可作为电子功能材料、光学材料及荧光材料等。

另外，磷酸盐电池材料如磷酸锂铁等正成为精细磷酸盐中的一个生力军。

参 考 文 献

[1] 陶俊法，杨建中．中国磷化工行业现状和发展方向［J］．无机盐工业，2011，43 (1)：1-3。

第二章　磷化合物生产的原料

第一节　磷　　矿

磷矿是磷化工产品的最原始原料。地壳中含磷矿物大约有 120 种，但具有工业价值的却为数不多，主要为磷灰石型磷酸盐和含铝磷酸盐。

一、磷矿的分类

一般可分为磷灰石和磷块岩两大类。其一般表示式为 $3Ca_3(PO_4)_2 \cdot CaX_2$，式中 X 代表氟、氯或羟基。磷酸盐中的钙可以被锶、稀土元素、钠等其他元素进行同晶取代；PO_4^{3-} 可以被 SO_4^{2-} 同晶取代。其中 P 也可以被 As、V 取代。在自然界中最常见的、能够组成矿床的主要有氟磷灰石 $Ca_5(PO_4)_3F$、氯磷灰石 $Ca_5(PO_4)_3Cl$、碳磷灰石 $Ca_{10}(PO_4)_6(CO_3)$、羟基磷灰石 $Ca_5(PO_4)_3OH$、碳氟磷灰石。

磷灰石矿一般由熔融的岩浆结晶而成，属于火成岩中的矿物。磷灰石矿中除磷灰石（见图 2-1）外，尚含有霞石以及钛铁石、长石、黑云母、异性石等。

图 2-1　磷灰石和磷块岩

磷块岩（或称纤核磷灰石）（见图 2-1）是由古代海洋湖泊中，许多含磷物质的最小颗粒在海底或湖底沉积而成，即由分散状态的磷灰石形成。磷块岩中常含有铁、铝、镁、硅、钠、钾等的氧化物，以及二氧化碳、硫铁矿、花岗岩等及有机物质和水分等。此外，还有含铝磷矿、小岛磷矿等，但藏量很小。

二、磷矿的性质

1. 磷矿的物理、化学性质

纯磷灰石颗粒的硬度为5（莫式硬度），结核磷块岩硬度介于2～5之间。磷灰石的熔点为1500～1570℃，在25℃时的标准生成热为117.2kJ/mol。磷灰石精矿的比热容为780J/(kg·K)。磷灰石精矿的水含量稍有增加时，其堆密度显著减小。标准磷灰石精矿在大堆时的平均密度为$1.8t/m^3$，小型料斗堆放时为$1.5t/m^3$。

2. 磷矿的反应活性

磷矿石的反应活性与其组成和形成原因有关，不同产地的磷矿活性有差别。磷矿的反应活性对其反应能力及农业的增产效果有影响，活性越大，增产效果越好，反应能力越强。磷矿的反应活性测定，可用中性柠檬酸铵（pH=7）、柠檬酸（2%）、甲酸（2%）、酸性柠檬酸铵（pH=3）作萃取剂测出。

三、中国磷矿资源的特点与现状

中国磷矿资源较为丰富，矿床类型齐全，含磷层位较多，截至2007年，我国磷矿已查明资源储量矿石量176亿吨，折算成标矿105亿吨，仅次于摩洛哥，居世界第二；P_2O_5含量大于等于30%的富磷矿资源储量矿石量16.6亿吨（标矿17.6亿吨），P_2O_5含量小于30%的磷矿资源储量矿石量159.8亿吨（标矿88亿吨）。具体分布情况如下。

我国已探明磷矿资源分布在27个省自治区，湖北、湖南、四川、贵州和云南是磷矿富集区，5省份磷矿已查明资源储量（矿石量）135亿吨，占全国的76.7%，按矿区矿石平均品位计算，5省份磷矿资源储量（P_2O_5量）28.66亿吨，占全国的90.4%。

各省拥有磷矿资源储量按P_2O_5量排列情况如下：

云南省磷矿列全国第一，矿石量40.2亿吨，P_2O_5量8.94亿吨，平均品位22.2%。

湖北位居第二，矿石量30.4亿吨，P_2O_5量6.8亿吨，平均品位22.34%。

贵州列第三，矿石量约27.8亿吨，P_2O_5量6.2亿吨，平均品位22.3%。

四川列第四，矿石量约16亿吨，P_2O_5量3.5亿吨，平均品位21.2%。

湖南列第五，矿石量20亿吨，P_2O_5量3.25亿吨，平均品位16%。

西南地区云南、贵州和四川3省磷矿资源储量矿石量85亿吨，P_2O_5量18.6亿吨，平均品位22%。

中原地区河南、湖北、湖南、广东、广西和海南6省自治区磷矿资源储量矿石量52亿吨，P_2O_5量10.2亿吨，平均品位19.6%。

华东地区江苏、浙江、安徽、福建、江西和山东6省磷矿资源储量矿石量9.6亿吨，P_2O_5量0.9亿吨，平均品位10.1%。

西北地区陕西、甘肃、青海、宁夏和新疆5省自治区磷矿已查明资源储量矿石量13亿吨，P_2O_5量0.88亿吨，平均品位6.59%。

东三省和河北、内蒙古和山西6省自治区磷矿资源储量矿石量16.4亿吨，P_2O_5量1亿吨，平均品位6.3%。

我国Ⅰ级磷矿（$P_2O_5 \geqslant 30\%$）资源储量矿石量16.57亿吨（占矿石总量9.4%），P_2O_5

量 5.3 亿吨（占 P_2O_5 总量 16.7%）；分布在云南、贵州、湖北、四川、新疆、江苏和浙江 7 个省自治区，其中 95.5%（以 P_2O_5 量计）分布在云、贵、鄂。

云南省Ⅰ级磷矿资源储量矿石量 7.28 亿吨，含 P_2O_5 量 2.19 亿吨，会泽县梨树坪磷矿区是特大型富磷矿，资源储量矿石量超过 7 亿吨，P_2O_5 量超过 2 亿吨，矿石 P_2O_5 含量平均 30%；贵州省Ⅰ级磷矿资源储量矿石量 3.67 亿吨（加上新近发现的 7.82 亿吨，已达 11.49 亿吨），含 P_2O_5 量 1.26 亿吨，主要分布在开阳磷矿洋水矿区；湖北省Ⅰ级磷矿资源储量矿石量 4.89 亿吨（加上新近发现的 4.27 亿吨，已达 9.16 亿吨），含 P_2O_5 量 1.61 亿吨，富磷矿主要分布在湖北省宜昌杉树垭磷矿和挑水河磷矿。

Ⅱ级磷矿（P_2O_5 25%～30%）资源储量矿石量 21.2 亿吨（占 12%），P_2O_5 量 5.74 亿吨（占 18.1%），分布在云南、贵州、四川、湖北、湖南、甘肃、河北和内蒙古 8 个省自治区，其中 97%（以 P_2O_5 量计）分布在云、贵、川、鄂。

云南省Ⅱ级磷矿资源储量主要分布在晋宁磷矿和昆阳磷矿，贵州Ⅱ级磷矿主要分布在瓮福磷矿白岩矿区和瓮安磷矿高坪矿区，四川Ⅱ级磷矿主要分布在马边县和绵竹地区，湖北Ⅱ级磷矿主要分布在湖北省兴-神磷矿瓦屋矿区、保康磷矿和兴山县树崆坪磷矿区。

Ⅲ级磷矿（P_2O_5 12%～25%）资源储量矿石量 105.2 亿吨（占矿石总量 59.6%），P_2O_5 量 19 亿吨（占 P_2O_5 总量 60%），云、贵、川、湘、鄂 5 省Ⅲ级磷矿资源储量 P_2O_5 量 17.5 亿吨，占全国Ⅲ级磷矿 P_2O_5 量的 92%。

各省最大的矿区分别是：云南省安宁县安宁矿区，资源储量矿石量超过 5 亿吨，P_2O_5 量超过 1 亿吨，平均品位（P_2O_5）18.53%；贵州省织金县新华磷矿区，资源储量矿石量超过 14 亿吨，P_2O_5 量超过 2.5 亿吨，平均品位（P_2O_5）17.22%；四川省马边磷矿老河坝矿区，资源储量矿石量超过 2.8 亿吨，P_2O_5 量约 6742 万吨，平均品位（P_2O_5）23.5%；湖南省石门县东山峰磷矿，资源储量矿石量超过 14 亿吨，P_2O_5 量超过 2.2 亿吨，平均品位（P_2O_5）15.6%，湖北省钟祥县荆襄磷矿，资源储量矿石量超过 8 亿吨，P_2O_5 量约 1.45 亿吨，平均品位（P_2O_5）17.9%。

我国磷矿品位（P_2O_5）小于 12% 的磷矿区有 94 个，资源量矿石量 33.4 亿吨（占 19%），P_2O_5 量 1.68 亿吨（占 5.3%），矿区矿石量超过 1 亿吨并且 P_2O_5 量超过 1000 万吨的矿区有：云南省江川县云岩寺磷矿区，湖北省孝感磷矿黄麦岭矿区，内蒙古达茂旗布龙土磷矿区，陕西省凤县九子沟磷灰石矿，青海省湟中县上庄磷矿区。

以上是 2007 年的统计数据，近年来我国各地磷矿资源情况又有了重大发现，如湖北发现的特大型磷矿床[1]，初步探明储量达 4.29 亿吨；贵州省开阳县发现资源量达 7.82 亿吨[2]，平均品位达 33.84% 的特大型高品位沉积型磷块岩矿床，成为迄今为止我国探明的单一矿床规模最大的磷矿资源。

中国磷矿资源的特点是分布过于集中，约 85% 以上的磷矿石储量，或 95% 的 P_2O_5 储量集中分布于云南、贵州、湖北三省。而且中国富矿少，贫矿居多，而几乎所有的富矿都集中在云南和贵州。

四、工业对磷矿的质量要求

磷矿石的加工方法主要有酸法（湿法）和热法（电炉法、转窑法、高炉法）两种。酸法加工时磷矿中的杂质会增加酸的消耗，影响加工成本和产品质量，并给进一步加工后续产品造成困难。磷矿中的碳酸盐等在加工过程中均增加酸的消耗量，氟或氯还会生成挥发性的有毒气体氟化氢、四氟化硅或氯化氢等，不但造成环境污染，而且对设备造成严重腐蚀，缩短使用期限，因此加工中对杂质含量有一定限制。磷矿中的碳酸盐和二氧化硅虽然会增加原料酸消耗，但适量的碳酸盐存在可改善酸分解磷矿的操作性能，而硅酸盐或二氧化硅的存在，可使反应生成的剧毒气体氟化氢变为毒性较小的四氟化硅气体，从而降低毒害并减少腐蚀。

矿石中的杂质金属离子铁、铝、镁等均应有一定限制，以减少酸耗、改善反应物料的过滤性能。

热法加工中，杂质含量过高时亦有危害。如碳酸盐在高温下分解，将消耗大量的热能，因而增加了燃料的消耗。其他杂质也会耗用一些热能，杂质过多还会降低产品含磷量。铁、铝、镁的氧化物在高温下，会形成黏度高的化合物，降低熔体的流动性，对生产带来不利影响。磷矿中硅在电热法加工时有利于形成熔渣，减少加硅石量。酸法及热法加工磷矿时对磷矿质量要求如表 2-1、表 2-2。

表 2-1　酸法加工用磷矿质量标准

指标名称			指标							
$w(P_2O_5)$/%		≥	35.0	34.0	33.0	32.0	31.0	30.0	29.0	28.0
MgO/P_2O_5(质量比)/%		≤	2.0	2.0	2.0	5.0	5.0	5.0	8.0	8.0
$w(R_2O_3)$/%		≤	2.5	2.5	2.5	3.0	3.0	3.0	3.5	3.5
$w(CO_2)$/%		≤	3.0	3.0	3.0	4.0	4.0	4.0	6.0	6.0
粒度　≤	目		100	100	100	100	100	100	100	100
	mm		25	25	25	25	25	25	25	25

注：1. 粒度小于 100 目为药剂浮选的粒度。

2. 粒度小于 25mm 为擦洗除泥的精矿。

3. 各项指标均以干基计算。

4. 精矿水分＜5%，原矿水分＜8%。

5. 表中 w 表示质量分数，下同。

表 2-2　热法加工用磷矿质量标准（ZB 51002—86）

指标名称		指标		
$w(P_2O_5)$/%	≥	32.0	30.0	28.0
$w(SiO_2)$/%	≥	7.0	10.0	15.0
$w(Fe_2O_3)$/%	≤	1.2	1.6	2.0
$w(CO_2)$/%	≤	40.0	5.0	6.0
粒度/mm		5～50	5～50	＜5

注：1. 各项指标含量均以干基计算。

2. 用户如对矿石粒度有特殊要求，可由供需双方商定，粒度小于 5mm 矿石，应团块入炉。

第二节　湿法磷酸

用强无机酸（硫酸、硝酸、盐酸等）分解磷矿，经分离磷石膏或其他相应钙盐及杂质后制得的磷酸，称为湿法磷酸或酸法磷酸。

由于湿法磷酸是直接从矿物萃取，因此酸中杂质含量较高。酸中杂质的成分和含量与矿石产地、品位和矿中杂质品种有关。湿法磷酸生产需在低黏度下分离磷石膏及杂质，故得到的产品酸浓度较低。因此湿法磷酸要用于精细磷酸盐生产，必须经过净化与浓缩。湿法磷酸采用价格低廉的硫酸为原料在不加热的情况下进行生产，与相同质量的热法磷酸相比，其成本约低 20%～25%，能耗约低 20%。现在经净化的湿法磷酸已达到工业级、食品级甚至药用级和电子级，因此精细磷化工生产中，目前已广泛采用净化后的湿法磷酸为原料，成本大为降低。

一、湿法磷酸的生产方法

目前国内外湿法磷酸生产大多以硫酸为萃取剂，磷矿经分解后得到磷酸与硫酸钙。根据硫酸钙结晶形式不同，生产方法可分为多种。

1. 二水物法

该法在较低的温度（75～86℃）和较低的浓度（20%～30%P_2O_5）下进行，以保证二水物硫酸钙的生成。反应在一组串联的或连续的反应器中进行，料浆在系统中的停留时间为4～8h。生产中为提高磷矿分解率，磷矿粉、洗涤稀磷酸及循环料浆、返酸先加入反应器反应生成磷酸二氢钙，然后加入硫酸反应生成二水硫酸钙沉淀。反应完后的料浆大部分返回，少部分送去过滤。滤出浓酸后，再经稀酸洗涤、水洗涤等工序，分离出磷酸和洗净石膏。

从理论上看二水物法湿法磷酸能够得到28%～32%P_2O_5的磷酸，但由于矿石中的杂质以及操作条件难于控制等，一般只能得到20%～25%P_2O_5。过滤强度为400～600kg（干基）/($m^2 \cdot h$)，磷的总回收率为90%～96%，当矿石品位高，操作控制较好时，上述数据可以更高。

2. 半水物法

当硫酸钙以半水物形式存在时，称为半水物法。半水物法能直接生产出浓度较高的磷酸，浓度可达38%～42%P_2O_5，酸中溶解的杂质较少，可直接用于复合肥，且得到的半水石膏可直接用作建材。因而与二水物法相比，具有较强的经济性和良好的发展前景。但其缺点是所需温度较高（93～120℃），因而腐蚀较严重；半水石膏在过滤机上会发生水合而堵塞滤布，使过滤困难。

3. 半水-二水物法

该法是先使硫酸钙以半水物形态沉淀，然后再制成二水物大颗粒结晶。这样既可以获得较浓的磷酸，又可获得较高的过滤效率和较高的磷回收率。此外，还有采用二水-半水物法的，以提高磷矿中磷的回收率，同时得到纯净的石膏，可以直接用于工业生产的原料。

4. 无水物法

此法在高温（120～130℃）、高的酸浓度下进行，可获得42%～45%P_2O_5的磷酸。该法的困难是：在120～130℃下会导致设备的严重腐蚀；要达到该反应温度，需用蒸汽进行外加热；酸与无水物的分离困难。因此至今尚处于试验中。

二、湿法磷酸的净化

与热法磷酸相比，湿法磷酸成本低得多，在能源越来越紧张的今天，湿法磷酸显示出了明显的市场竞争优势。但由于湿法磷酸是由磷矿直接酸解而得，因此矿中的各种杂质也进入了产品酸中。因此湿法磷酸要用于精细磷化工生产，必须进行净化。几种典型磷酸的组成如表2-3、表2-4[3]。

表 2-3 典型湿法磷酸组成 单位：%

组分 \ 产地	(美国)佛罗里达	摩洛哥	(前苏联)科拉	中国	
				晋宁	锦屏
P_2O_5	30.18	31.12	25.0～30.0	31.10	28.20
SO_3	1.65	2.00	1.8～2.8	2.95	2.42
CaO	0.07	0.10	0.2～0.4	微	微

续表

组分＼产地	(美国)佛罗里达	摩洛哥	(前苏联)科拉	中国	
				晋宁	锦屏
Fe_2O_3	0.70	0.26	0.8～1.1	0.87	0.25
Al_2O_3	0.67	0.28	0.5～1.1	1.04	微
MgO	0.21	0.22	—	—	1.4～2.0
Na_2O	0.10	0.06	—	—	
K_2O	0.07	0.02	—	—	
SiO_2	0.54	0.51	—	—	
F	1.88	1.99	—	—	

表 2-4　粗磷酸、工业级磷酸、食品级磷酸的典型组成　　单位：%

组分	粗磷酸(银色)	工业级磷酸	食品级磷酸
P_2O_5	32	32	58
SO_4^{2-}	2.50	0.10	0.005
Si	0.06	0.03	0.006
F	0.20	0.05	<0.0005
Cl^-	0.02	0.002	<0.0005
Fe	0.60	0.003	0.0005
Al	0.50	0.003	0.0005
Ca	0.80	0.002	<0.0001
Mg	0.30	0.001	<0.0001
As	0.001	0.001	0.00001
Pb	0.001	0.001	0.00001

日本、美国等国在1970年即开始研究湿法磷酸的净化，1978～1980年间宣布通过湿法磷酸净化能生产出食品级的磷酸盐产品。目前世界上湿法磷酸净化技术较先进的国家有美国、英国、日本和以色列等。我国通过向以色列等引进技术，目前也已能通过湿法磷酸生产出食品级、医药级甚至电子级磷酸。粗磷酸、工业级磷酸、食品级磷酸的典型组成见表2-4。

目前湿法磷酸的净化有化学沉淀法、溶剂沉淀法、有机溶剂萃取法、离子交换树脂法、离子交换膜电渗析法、磷酸浓缩结晶法或复盐结晶法、中和沉淀法或硫化物沉淀法等。

由于用单一方法不能全面和深度净化除去杂质，近年来多采用复合净化法，如有机溶剂萃取-离子交换法；沉淀法-有机溶剂萃取法；有机溶剂萃取-结晶法等。

1. 有机溶剂萃取法

该法基于磷酸可溶于有机溶剂中，而其他杂质则不溶或溶解度较小，从而使磷酸与杂质分离而净化。该法的优点是：磷酸与溶剂接触一次即除去酸中的各种杂质，并可连续操作，是目前湿法磷酸净化的主要方法。缺点有：必须采用多级萃取设备；由于有机溶剂挥发性强、易燃、易爆，因此需采用各种安全措施；有机溶剂价格昂贵，必须设置收率较高的回收设备等，从而增大了设备的投资费用；酸中阴离子 SO_4^{2-}、F^-、SiF_6^{2-} 等不易除去；所得精制磷酸浓度较低；生成含大量杂质的残渣（约占原料的30%～50%）。该法的发展趋势是由一段法发展为二段法；由单一溶剂发展为多种溶剂。溶剂萃取法是目前国内外湿法磷酸净化的最有效方法之一，也是唯一大规模工业化的方法。许多发达国家已正式用溶剂萃取法生产工业级和食品级磷酸。

有机溶剂萃取法中溶剂的选择是关键，选择的标准如下。

① 对磷酸的选择性溶解力大。

② 萃取后萃出相（有机相）与萃余相（水相）的分离性能要好。分层速度快，分层彻底。

③ 在采用的操作条件下较稳定，有利于安全操作和输送处理。

④ 容易分离回收，以降低生产成本。

⑤ 价格低廉、供应充足。

可用于萃取的有机溶剂有下列几种。

(1) 脂肪醇　脂肪醇是使用最多的溶剂。其中大多数原子数为4～5的脂肪醇。典型的有正丁醇、异丁醇、异戊醇等。若用正辛醇、壬醇等高级脂肪醇，则在低浓度范围内几乎没有萃出能力。低级脂肪醇的特点如下。

优点：低浓度范围内磷酸的萃出能力大；阳离子杂质除去能力强；适宜于P_2O_5浓度25%～40%的湿法磷酸的净化；分相性优良；溶剂为泛用性，价廉。

缺点：阴离子杂质除不净；溶剂在水中溶解度大；不适于高浓度磷酸的净化，得到的精制磷酸浓度低。

(2) 磷酸酯　用于湿法磷酸净化的磷酸酯有TBP（三丁基磷酸酯或称磷酸三丁酯）。TBP的重要特征是在广泛的磷酸浓度范围内具有大的磷酸萃出能力，而且对磷酸根的选择性优良。TBP的特点如下。

优点：在广泛的磷酸浓度范围内磷酸萃出能力大；对金属杂质的选择度优良，且硫酸根、氟的除去能力也大；即使高浓度酸也适宜；水中溶解度为0.04%，溶剂回收比较容易。

缺点：价格昂贵；Cl^-、NO_3^-等离子促进水解；因密度及黏度高、分相性差，所以一般以煤油、正己烷等进行稀释。目前世界上有多家TBP法湿法磷酸净化装置生产。

(3) 醚　工业上以二异丙醚为最有效。醚在低浓度范围内几乎没有萃出磷酸的能力，但在高浓度区萃出能力急速上升，同时温度对磷酸萃出能力影响也很大。醚的特点如下。

优点：高浓度区萃出能力大；萃出能力随温度变化大；阳离子杂质除去能力强；沸点低(68.5℃)、蒸发潜热非常小（2.86×10^4J/kg），溶剂回收容易。

缺点：萃出率最高为60%～65%；容易引起火灾、爆炸，所以难于处理；阴离子杂质除去不完全。

(4) 酮及酯　以酮及酯为溶剂的专利少。有以甲基异丁基酮或乙酸酯的混合溶剂（乙酸丁酯80%，乙酸丙酯和乙酯各10%）为萃取剂的精制法，但都以高浓度磷酸为处理对象。萃取限为60%～70%，制得的精制酸为工业级。

(5) 胺及酰胺　胺在湿法磷酸精制中，既可用作离子交换液，又可作磷酸萃取液，前者的专利文献更多。此外，聚磷酸萃取法或亚磷酸选择萃取、分离法以及防止残液沉淀法，均可用胺作溶剂。

(6) 溶剂沉淀法　该法采用可与水完全混溶的溶剂（甲醇、乙醇、异丙醇、丙酮），使湿法磷酸及水溶解于溶剂，而使杂质成不溶性盐。溶剂沉淀法的特点如下。

优点：与以往的液-液萃取的多级操作相比，只需要简单的溶解操作即可达到较高的收率；废液量少，磷酸盐沉渣可作肥料用；溶剂为泛用性，多数价廉。

缺点：磷酸与溶剂的分离需蒸馏，能耗大（以碱反萃取则不需蒸馏）；杂质的除去率较低；磷酸的收率受一定限制；蒸馏回收溶剂时，甲醇、丙酮等因酯化、缩聚反应而损失；残渣的分离性不好。

(7) 其他溶剂　由湿法磷酸萃出阳离子杂质的特殊溶剂有有机磺酸、熔点高的乙二醇、乙醇等。

2. 结晶法

结晶法大致可分为三类：由磷酸液中结晶 $H_3PO_4 \cdot 0.5H_2O$（熔点 29.32℃）或 H_3PO_4（熔点 42.35℃）的方法；与磷酸生成复盐结晶析出的方法；结晶析出磷酸盐，例如磷酸钙、磷酸铵等，然后将其转化成磷酸的方法。

3. 离子交换树脂法

将矿石以过量的磷酸分解，滤去不溶物，再将 $Ca(H_2PO_4)_2 \cdot H_2O$ 冷却结晶，将结晶分离、洗涤后溶解于水，通入 H 型阳离子交换树脂塔中，可得精制磷酸。母液、洗液返回循环处理原料磷矿。但母液中铁、铝离子等积累，所以应按一定比例将部分母液进行净化。树脂用无机酸再生，按所用酸种类的不同，副产物可为 $CaSO_4$、$CaCl_2$、$Ca(NO_3)_2$。

离子交换法的缺点是树脂吸附容量小，需使用大量树脂；所得酸浓度低；磷酸二氢钙分离后，含大量杂质的母液尚需作进一步处理。

4. 电渗析法

先将湿法磷酸中的有机物以活性炭除去，在电流密度 $380A/m^2$ 下进行渗析，可得较好的精制磷酸。但因阴离子膜的选择性不好，所以 SO_4^{2-} 的分离相当困难，膜孔常堵塞等，只能用于稀磷酸。精制成本较高，距实用化尚远。

目前湿法磷酸净化技术的发展正在向多个方向进行，其中比较有前景的有：湿法磷酸净化与肥料生产相结合的“精细磷化工-肥料”联产模式，将净化中产生的含大量杂质的磷酸用于生产肥料，如瓮福矿肥集团公司；有湿法磷酸净化与热法磷酸联产，利用热法磷酸中大量余热浓缩净化湿法磷酸的路线等，以各种手段来降低能耗。

5. 膜分离净化法

现在国外试图找到更为节能、高效、环保的方式净化磷酸，膜分离技术异军突起，是引人注目的发展方向之一。其法是在磷酸中分布成千上万个微泡，表面带有负电荷，以捕集阳离子。微泡的膜相中的载体，不断将杂质捕获。通过载体输运到内相，通过反萃取将杂质富集，对于杂质成分的综合利用也创造了非常有利的条件，载体循环使用。由于不需要对磷酸进行浓缩，故能耗很低。

该法可用于磷酸中杂质及有用元素的回收，同时完成磷酸净化，产生社会效益和经济效益双重作用。据有关资料介绍，该法每净化 1t 磷酸成本约 200 元。

6. 湿法磷酸中特定杂质的去除[1]

① 有机物的去除。湿法磷酸中有机物随矿石产地不同其性状和含量也不同。由于有机物的存在会使酸带色甚至出现黑酸。酸中有机物有溶解和悬浮两种，悬浮有机物可用过滤、凝聚等操作去除。

去除有机物的最简单方法是矿石煅烧，但在能源价格高的地方一般不采用矿石煅烧法。矿石煅烧法去除有机物时，矿中的二氧化硅变成酸可溶性硅酸盐，矿石性状也变化很大。其他主要方法有如下几种。

吸附法：用活性炭、活性硅、活性白土、膨润土、阴离子交换树脂等作吸附剂，可将具有发色基团的有机物选择吸附除去，但有时也难于完全除掉，且有时悬浮物会堵塞吸附剂。

溶液萃取法：以同一溶剂利用磷酸与有机物的分配系数不同在萃取磷酸前预先以全溶剂量的 0.01～0.2 只将有机物选择萃出，这种方法称为预萃取。另外还有使湿法磷酸与煤油等饱和烃混合以除去悬浮有机物的方法。

氧化脱色法：利用氧化剂将酸中的有机物氧化分解可以去除一些用过滤、吸附等方法难于处理的小分子有机物。

② 硫酸根的去除。溶剂萃取法前处理阶段，对湿法磷酸中的溶解的过量 H_2SO_4 一般用钙盐或钡盐以化学沉淀法除去。但用钡盐时，生成的 $BaSO_4$ 细晶过滤困难，加有机絮凝剂可有效去除生成的细小钙盐及钡盐。

③ 硅及氟的去除。在湿法磷酸中加入 Na^+ 或 Na^+ 与硅酸盐使硅、氟生成氟硅酸钠沉淀以除去氟、硅。此外，在湿法磷酸中加入甲醇或乙醇或丙醇再通入少量的氨，也可有效除去氟及硅。

④ 铁与铝的去除。铁、铝可用共沉淀法去除，但目前市场更多地采用溶剂萃取法及离子交换树脂法去除。

⑤ 重金属的去除。重金属的去除常用硫化氢通入酸中生成重金属硫化物沉淀的方法。

第三节　热法磷酸

一、热法磷酸生产方法

热法磷酸是将磷矿经热法加工制得单质黄磷，再经氧化、水合而得到的磷酸。商品热法磷酸有 75%H_3PO_4 和 85%H_3PO_4 两种，主要用于生产精细磷酸盐，其产量的 90%都用于制造磷酸盐。热法磷酸的生产最早有“一段法”和“两段法”，目前均采用两段法。两段法又分为燃烧水合一步法和燃烧水合两步法。其生产原理是将黄磷燃烧后，再用水吸收生成的 P_2O_5 而得到磷酸。磷酸生产中，磷燃烧产生的大量反应热的利用或去除是生产中的一个重要问题。其燃烧水合反应如下：

$$P_4+5O_2 = P_4O_{10}$$

反应热的移除一般采用在燃烧室外喷冷却水或室内喷淋稀酸的方法将反应热带走，稀酸经冷却后循环使用。由于磷酸酸雾粒子极小，一般雾滴回收设备难以除尽，一般采用电除雾器、文丘里洗涤器、喷射除雾器，有的在最后工序还使用纤维或网状除雾器。这些设备的效率都较高，可使每吨 85%H_3PO_4 产品的黄磷消耗量降至 280kg 以下。

此外，还有一种与传统的湿法或电炉法均有重大区别的窑法磷酸生产方法，因完成磷矿分解的反应设备采用回转窑或隧道窑，而被称为窑法磷酸。该法与湿法磷酸相比，受磷矿品位和杂质含量的限制较小，不受硫资源的限制；与电炉法相比，可大大降低生产能耗，且可不采用昂贵的电能。因此，该工艺十分符合我国的资源特点，有很好的发展前景。

窑法磷酸新工艺最早由美国西方石油公司西方研究公司（ORC）在 1978～1982 年进行研究开发。该工艺采用回转窑为主反应器，其研究取得了一定成果，后由于技术和经济原因终止。1987 年，我国南化设计院开展了窑法磷酸的研究工作，并提出改用隧道窑为主反应器的构想。小型试验取得了突破性进展，解决了窑法磷酸最关键的技术难题——用包裹层来隔离氧化、还原区。随后该院又与原化工部化肥研究所合作进一步开展实验研究，确定了反应工序的优化条件，使磷的反应率达到 88%以上，反应后残砖达到国家 100 号建筑砖的标准。窑法磷酸与电热法磷酸和湿法磷酸相比，窑法磷酸产品质量可以达到或者接近国家标准 GB/T 2091—2008《工业磷酸》合格品所规定的质量指标，而远远优于用国产磷矿生产的湿法磷酸，但成本比热法磷酸低得多，且“三废”排放大大减少。

二、热法磷酸的净化[3]

热法磷酸虽然比湿法磷酸干净得多，也比窑法磷酸纯净，但要满足医药、食品、催化剂、试剂及电子等行业的要求，还必须进行净化。热法磷酸的杂质主要是砷、铁、重金属及阴离子杂质等。砷来源于矿料，铁和重金属来源于设备，阴离子杂质主要来源于反应水。热法磷酸的净化主要是除砷、铅，方法主要有化学净化法、电解净化法及结晶净化法。

1. 化学净化法

(1) 硫化氢化学净化法 这个方法目前应用最为广泛，它的主要优点是对砷和重金属的净化很彻底，成本低。但是存在彻底分离胶态困难以及硫化氢逸出引起环境污染等问题。未经脱砷的磷酸随磷矿含砷量的不同而不同，一般含砷量为 0.002%～0.8%，而我国食品磷酸中要求砷含量≤0.00005%，重金属要求≤0.0005%。因此必须要脱砷。用硫化氢脱砷及重金属的反应如下：

$$Na_2S+2H_3PO_4 \longrightarrow H_2S\uparrow +2NaH_2PO_4$$

$$2As(OH)_3+3H_2S \longrightarrow As_2S_3\downarrow +6H_2O$$

$$Pb^{2+}+S^{2-} \longrightarrow PbS\downarrow$$

未经脱砷的磷酸带色，经脱砷、脱色处理后的磷酸为无色透明，含砷量降至 1.0×10^{-7} 以下，符合食品磷酸≤5.0×10^{-7} 的标准。但现在厂家多采用五硫化二磷作脱砷剂，反应如下：

$$P_2S_5+8H_2O \longrightarrow 5H_2S+2H_3PO_4$$

$$3H_2S+2As(OH)_3 \longrightarrow As_2S_3\downarrow +6H_2O$$

$$2H_3AsO_4+5H_2S \longrightarrow 8H_2O+As_2S_5\downarrow$$

每吨粗磷酸约加入 2kg P_2S_5，80℃搅拌下维持 2h，用双氧水氧化、活性炭脱色。脱砷后经过滤，H_2S 去废气处理。此法的缺点是 P_2S_5 比 Na_2S 昂贵，且 H_2S 不能回收使用。

(2) 氯化氢化学净化法 氯化氢与亚砷酸的反应如下：

$$H_3AsO_3+3HCl \longrightarrow AsCl_3+3H_2O$$

三氯化砷沸点是 130℃，在系统中蒸气压高，不少专利是利用磷酸与氯化氢的共蒸发来脱砷的，它可使蒸发浓缩至 85%H_3PO_4（HCl 含量为 0.1%）的砷含量降至 1.0×10^{-8}。它是一种很好的化学反应（气化方式）脱砷法，但需要浓缩和严格的工厂尾气及防腐措施。

(3) 硫化锑化学净化法 硫化锑与亚砷酸的反应如下：

$$Sb_2S_5+2H_3AsO_3 \longrightarrow As_2S_5+2H_3SbO_3$$

此法用于浓磷酸（80%～85%）脱砷，由于磷酸中生成的锑酸，其离解能力（$K=4\times10^{-5}$）和溶解度都很低，反应向右进行。开始形成的锑酸尘及硫化砷尘逐渐凝聚并成沉淀，都具有固相吸附的属性。在添加一定量的 Sb_2S_3 时，磷酸可脱砷至 1.0×10^{-6} 以下。脱砷剂硫化锑既不溶于磷酸也不被水解出 H_2S，净化磷酸的后处理优于其他硫化物脱砷的方法，但价格较贵，且含锑化氢毒性非常大。

(4) 精制矿物原料法 在电热法磷酸系统中，有计划地精制矿物原料，再生产黄磷及磷酸，是工业大生产纯磷酸的好方法。该法缺点是能耗高。

(5) 选择性气化法 前苏联用选择性气化法，将固体 P_2O_5 升华净化，制得用于半导体元件的清洗酸，其砷及重金属净化至 0.0001%～0.000001%以下。

2. 电解净化法

用细孔铜线作阴极电解净化 85%H_3PO_4，可制得化学纯磷酸。电解净化中，磷酸流过几个敞开的长方形槽，槽中在垂直于流动方向固定着许多张装于框架中的细孔丝网。这些网（大约 450 目/cm^2）覆盖着整个槽横截面，每两个铜丝网间悬着一根铂丝作为阴极。磷酸流速约为 4cm/h，通过系统的直流电电压 2～3V。阳极负荷为 0.1A/cm^2 左右。在阴极上重金属离子得到分离，生成的初生态氢将亚砷酸还原成砷，并以非常细的粉末形式分离出来。由于阳极上生成氧，因而使磷的低价氧化物和酸发生氧化。磷酸通过铜丝时被过滤，可得化学纯磷酸。这种方法的缺点是生产成本较高，产量较低。

第四节　过　磷　酸

过磷酸是磷酸与具有不同聚合度的聚磷酸的混合物。例如：76%P_2O_5 的磷酸，含聚磷酸 51%以上，其中有二聚、三聚、四聚、五聚。当 P_2O_5 含量达 85%时，则此过磷酸中含有从一至十四聚以致更高聚合度的聚磷酸。

过磷酸除浓度高外，还因其具有螯合作用，可使溶液中的金属离子形成螯合物而稳定地存在于酸中。同时过磷酸比正磷酸腐蚀性小，且低温时不易结晶，运输、储存方便。但由于过磷酸是磷酸与多种缩聚磷酸的混合物，成分复杂，目前主要用于生产高浓度肥料和阻燃剂聚磷酸铵的制造中。

过磷酸的生产方法有热法和湿法两种。热法生产方法是在普通磷酸的生产系统中控制加入系统的水量，即可得到各种浓度的磷酸。各种磷酸中的组分含量见表 2-5。

表 2-5　各种磷酸含量表（质量分数）　　单位：%

组分	湿法磷酸		热法磷酸(合格品)	精制食品磷酸
	二水法	半水法	GB/T 2091—2008	GB 3149—2004
P_2O_5	32.6	43.6	≥85 或≥75	
CaO	0.9	1.0		
$Fe_2O_3(Fe^{2+})$	5.5	7.8	≤0.005	
Al_2O_3	4.3	5.0		
总 R_2O_3	不计	不计		
F	1.4	0.7		≤0.001
$SO_3(SO_4^{2-})$	7.7	8.4	≤0.01	
MgO	—	—		
重金属(以 Pb 计)	未计	未计	≤0.05	≤0.0005
As	未计	未计	≤0.01	≤0.00005
固形物	>4	>4		
SiO_2	2.6	1.9		
H_3PO_4	45	60		75～86
Cl			≤0.0005	
易氧化物(以 H_3PO_3 计)				≤0.012

参　考　文　献

[1]　贵阳开阳发现特大型磷矿. 人民网，2011 年 01 月 10 日.
[2]　湖北发现 4.29 亿吨特大磷矿. 潜在价值上千亿. 人民网，2010 年 06 月 25 日.
[3]　张俊. 磷精细化学品生产工艺. 昆明：云南科技出版社，1998.

第三章 正磷酸盐

正磷酸盐按金属阳离子的不同，可以为钠、钾、钙、镁、铜、锌、铝、铵盐等。每种盐按金属离子对磷酸中氢离子的取代程度不同，又可分为一取代、二取代、三取代盐，同时，又可因其所含结晶水的不同而进行分类。

第一节 正磷酸钠盐

一、正磷酸钠盐的物理化学性质及用途

正磷酸钠盐为正磷酸的氢离子被钠离子取代而形成的盐。

1. 磷酸二氢钠

(1) 无水磷酸二氢钠（NaH_2PO_4） 相对分子质量 120.005，熔点 190℃。

(2) 一水合磷酸二氢钠（$NaH_2PO_4 \cdot H_2O$） 相对分子质量 138.01，无色，正交晶系 1.4852，相对密度 2.040，熔点（脱水）100℃，沸点（分解）200℃。

(3) 二水合磷酸二氢钠（$NaH_2PO_4 \cdot 2H_2O$） 相对分子质量 156.020，无色，斜方晶体，相对密度 1.915，熔点 57.40℃，100℃脱水，190～204℃转化为酸式焦磷酸钠，204～244℃形成偏磷酸钠。

磷酸二氢钠在水中的溶解度见表 3-1。

表 3-1 不同温度下磷酸二氢钠在水中的溶解度

t/℃	0	10	20	30	40	50	60	70	80	90	100
$w(NaH_2PO_4)$/%	36.7	41.1	46.0	51.5	58.0	61.3	64.2	65.5	67.5	69.3	71.2

磷酸二氢钠用途广泛，主要用于锅炉水处理、电镀、制造六偏磷酸钠和缩聚磷酸盐类的原料，以及用于制造洗涤剂、金属洗净剂、染料助剂和颜料沉淀剂、分析试剂、缓冲剂和软水剂、酸碱度调节剂、补磷药等。

2. 磷酸氢二钠

(1) 无水磷酸氢二钠（Na_2HPO_4） 相对分子质量 141.98，白色，易吸潮，100℃溶解度为 51.004%，不溶于醇。

(2) 七水合磷酸氢二钠（$Na_2HPO_4 \cdot 7H_2O$） 相对分子质量 268.09，无色单斜晶系，

相对密度 1.679，比热容 0.13×10^4J/(kg·K)，结晶热 47.3kJ/mol。

(3) 十二水合磷酸氢二钠 ($Na_2HPO_4\cdot12H_2O$) 相对分子质量 358.057，无色单斜晶系，其晶轴比为 $a:b:c=1.204:1:1.3272$，$\beta=96.57°$，相对密度 1.63，溶于水，其 1%水溶液 pH 为 8.8～9.2，不溶于酒精中，熔点 34.6℃，熔融热为 100kJ/mol，比热容 1.56kJ/(kg·K)。1%溶液的冰点下降 0.260℃，1mol/L 溶液冰点下降 37℃。

磷酸氢二钠在水中的溶解度见表 3-2。

表 3-2 不同温度下磷酸氢二钠在水中的溶解度

t/℃	−0.42	0	10	15	20	25	36	40	42.4	59	70	78.5	88	95
$w(Na_2HPO_4)$/%	1.45	1.80	3.7	5.1	7.2	10.5	30.0	35.6	44.1	47.0	48.7	48.9	49.5	51.0

表 3-3 为磷酸氢二钠的沸点上升情况。

表 3-3 Na_2HPO_4 的沸点上升情况 (测定于 100g 水中)

Na_2HPO_4/g	8.6	17.2	51.4	110.5
沸点/℃	100.5	101.0	103.0	106.5

磷酸氢二钠主要用作软水剂、织物增重剂、防火剂，并用于釉药、焊药、医药、颜料、食品工业及制取其他磷酸盐，用作工业水质处理剂、印染洗涤剂、中和剂、抗生素培养剂、生化处理剂、食品品质改良剂等。

3. 磷酸三钠

(1) 无水磷酸三钠 (Na_3PO_4) 相对分子质量 103.97，白色，相对密度 1.537，熔点 1340℃。

(2) 十二水合磷酸三钠 ($Na_3PO_4\cdot12H_2O$) 相对分子质量 380.14，无色八面体，立方晶系，相对密度 1.62，熔点 73.40℃，在干燥空气中易风化，溶于本身结晶水中，不溶于 CS_2、乙醇，水溶液呈强碱性，1%水溶液 pH 为 12.5。加热至 100℃时失去 11 个结晶水，形成一水合物，212℃时变成无水磷酸钠。工业产品是十二水合磷酸三钠与氢氧化钠的复盐，其简化结构式为 $Na_3PO_4\cdot12H_2O\cdot xNaOH$，$x$ 为 1/12～1/3，一般认为较为稳定。十二水合磷酸钠的比热容为 0.147×10^4J/(kg·K)，结晶热为 60.67kJ/mol。

不同温度下磷酸三钠在水中的溶解度见表 3-4。

表 3-4 不同温度下磷酸三钠在水中的溶解度

t/℃	0	10	13	20	30	40	50	60	70	80	90	100
$w(Na_3PO_4)$/%	1.5	3.9	9.5	9.9	16.7	23.7	30.1	35.5	40.2	44.8	48.7	51.9

磷酸三钠用作软水剂、锅炉除垢剂、金属防锈剂、糖汁净化剂等。

二、正磷酸钠盐的生产原理和相图

1. 正磷酸钠盐的生产原理

生产正磷酸钠盐的主要化学反应如下：

$$2H_3PO_4+Na_2CO_3 \longrightarrow 2NaH_2PO_4+CO_2\uparrow+H_2O$$

$$H_3PO_4+Na_2CO_3 \longrightarrow Na_2HPO_4+CO_2\uparrow+H_2O$$

$$Na_2HPO_4+NaOH \longrightarrow Na_3PO_4+H_2O$$

若使用湿法磷酸为原料，含有杂质，因而还有下列反应：

$$H_2SO_4 + Na_2CO_3 \longrightarrow Na_2SO_4 + CO_2\uparrow + H_2O$$

$$H_2SiF_6 + Na_2CO_3 \longrightarrow Na_2SiF_6\downarrow + H_2O + CO_2\uparrow$$

（当 pH＝8～8.5，温度 85℃时，部分氟硅酸钠分解）

$$Na_2SiF_6 + 2Na_2CO_3 \longrightarrow 6NaF + SiO_2 + 2CO_2\uparrow$$

$$FeH_3(PO_4)_2 + Na_2CO_3 + H_2O \longrightarrow FePO_4\cdot 2H_2O\downarrow + Na_2HPO_4 + CO_2\uparrow$$

$$AlH_3(PO_4)_2 + Na_2CO_3 + H_2O \longrightarrow AlPO_4\cdot 2H_2O\downarrow + Na_2HPO_4 + CO_2\uparrow$$

$$MgSO_4 + H_3PO_4 + Na_2CO_3 + 3H_2O \longrightarrow MgHPO_4\cdot 4H_2O\downarrow + Na_2SO_4 + CO_2\uparrow$$

2. 正磷酸钠盐相图

正磷酸钠盐的研究工作已经有一百多年的历史，现各书刊引用的相图为 1952 年 B. Wenlrow 和 K. A. Kobe 研究的三元（Na_2O-H_2O-P_2O_5）相图，如图 3-1～图 3-3 所示。由图可见，正磷酸钠盐分为六大系列，共 16 个品种，10 种正磷酸钠盐复盐。

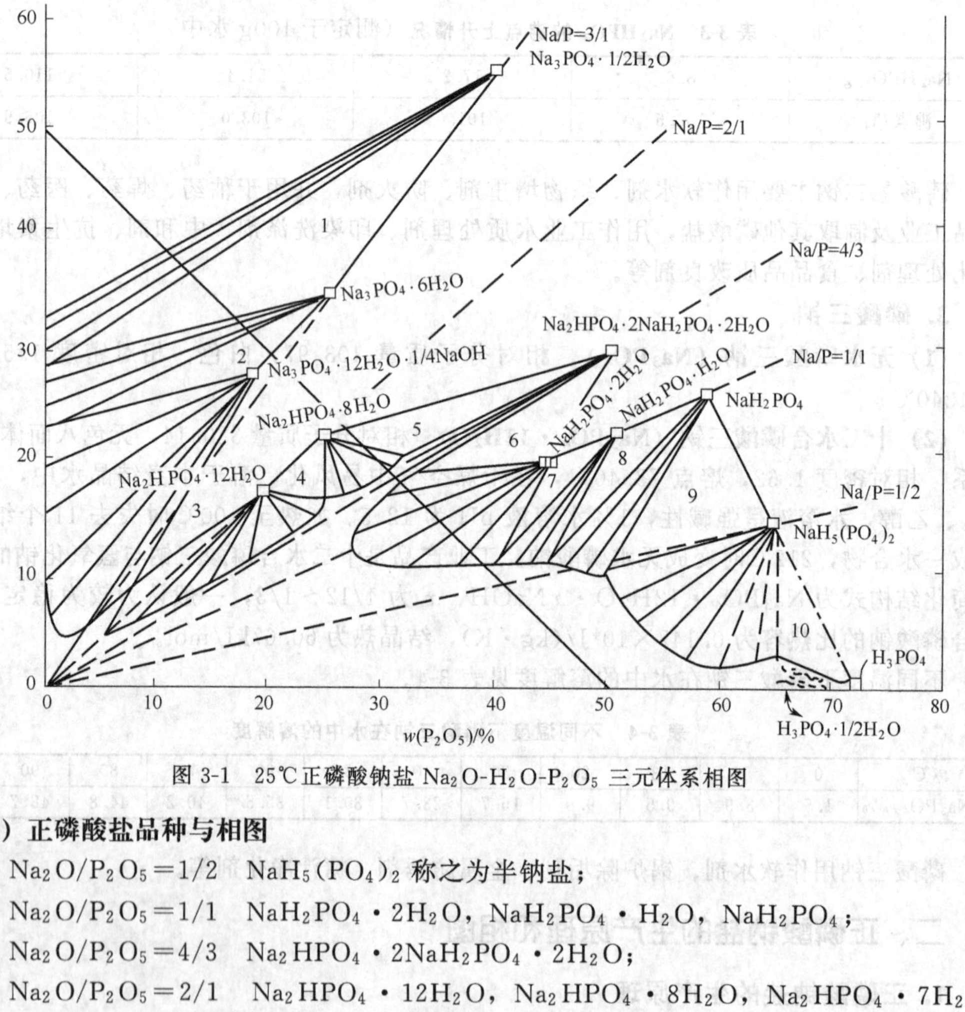

图 3-1　25℃正磷酸钠盐 Na_2O-H_2O-P_2O_5 三元体系相图

（1）正磷酸盐品种与相图

① $Na_2O/P_2O_5=1/2$　$NaH_5(PO_4)_2$ 称之为半钠盐；

② $Na_2O/P_2O_5=1/1$　$NaH_2PO_4\cdot 2H_2O$，$NaH_2PO_4\cdot H_2O$，NaH_2PO_4；

③ $Na_2O/P_2O_5=4/3$　$Na_2HPO_4\cdot 2NaH_2PO_4\cdot 2H_2O$；

④ $Na_2O/P_2O_5=2/1$　$Na_2HPO_4\cdot 12H_2O$，$Na_2HPO_4\cdot 8H_2O$，$Na_2HPO_4\cdot 7H_2O$，$Na_2HPO_4\cdot 2H_2O$，$Na_2HPO_4\cdot H_2O$，Na_2HPO_4；

⑤ $Na_2O/P_2O_5=3/2$　$Na_3H_3(PO_4)_2$；

⑥ $Na_2O/P_2O_5=3/1$　$Na_3PO_4\cdot 12H_2O\cdot(1/4\sim 1/7)NaOH$，$Na_3PO_4\cdot 10H_2O$，$Na_3PO_4\cdot 8H_2O$，$Na_3PO_4\cdot 6H_2O$，$Na_3PO_4\cdot 1/2H_2O$；

⑦ 复盐　$Na_3PO_4\cdot(1/4\sim 1/7)NaNO_2\cdot 11H_2O$，$Na_3PO_4\cdot 1/4NaNO_2\cdot 11H_2O$，

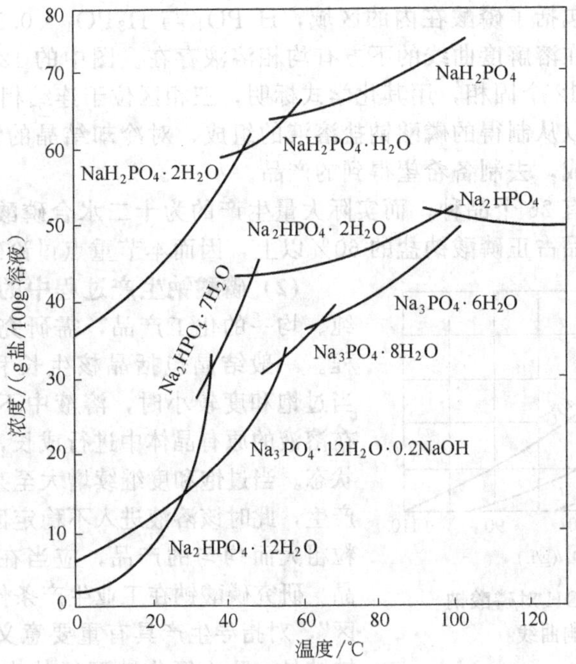

图 3-2 正磷酸一钠、正磷酸二钠、正磷酸三钠溶解度

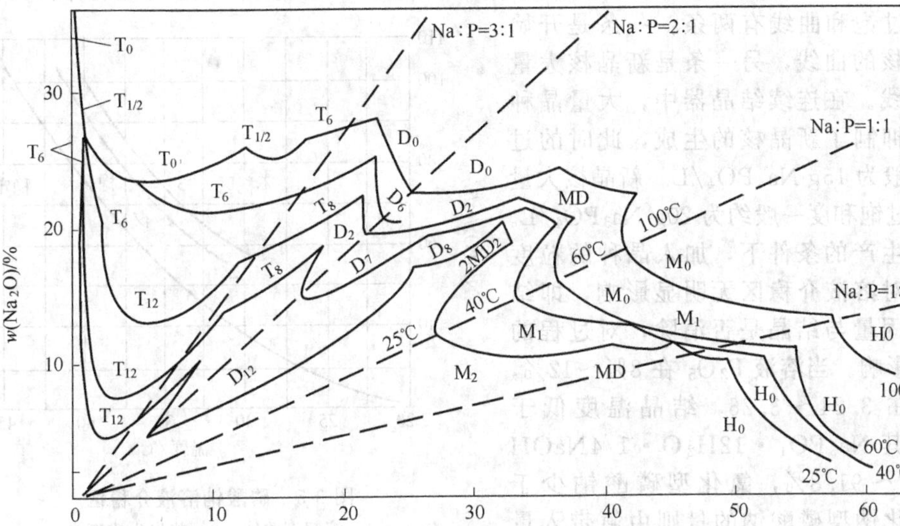

图 3-3 不同温度下正磷酸钠盐的溶解度曲线图

$T_0=Na_3PO_4$；$T_{1/2}=Na_3PO_4\cdot 1/2H_2O$；$T_6=Na_3PO_4\cdot 6H_2O$；$T_8=Na_3PO_4\cdot 8H_2O$；$T_{12}=Na_3PO_4\cdot 12H_2O\cdot 1/4NaOH$；$D_0=Na_2HPO_4$；$D_2=Na_2HPO_4\cdot 2H_2O$；$D_7=Na_2HPO_4\cdot 7H_2O$；$D_8=Na_2HPO_4\cdot 8H_2O$；$D_{12}=Na_2HPO_4\cdot 12H_2O$；$MD=Na_3H_3(PO_4)_2$；$2MD_2=Na_4H_5(PO_4)_3\cdot 2H_2O$；$M_0=Na_2HPO_4$；$M_1=Na_2HPO_4\cdot H_2O$；$M_2=NaH_2PO_4\cdot 2H_2O$；$H_0=NaH_5(PO_4)_2$

$Na_3PO_4\cdot(1/5\sim1/7)\cdot 11H_2O$，$Na_3PO_4\cdot NaBO_2\cdot 18H_2O$，$Na_3PO_4\cdot 2Na_2CO_3$，$Na_3PO_4\cdot 12H_2O\cdot NaF$，$Na_3PO_4\cdot 12H_2O\cdot NaF$，$2Na_3PO_4\cdot NaF\cdot 19H_2O$，$2Na_3PO_4\cdot NaF\cdot 36H_2O$，$Na_3PO_4\cdot 1/4NaOCl\cdot 11H_2O$，$Na_3PO_4\cdot 1/5NaCl\cdot 10H_2O$。

另外，Van Wager 对 Na_2O-P_2O_5-H_2O 三元体系在25℃的等值线作了很有意义的描述，如图 3-1 所示。连续线把溶解度曲线的一部分与代表固相组成的点连接起来，该固相与其溶液呈平衡。该相图还包括了磷酸在内的区域，H_3PO_4 与 $H_3PO_4 \cdot 0.5H_2O$。图中的单相区（蒸气相不予考虑），在溶解度曲线的下方有均相溶液存在。图中的 12 个点表示，可以从相应的溶液中分离出的 12 个固相，用其化学式标明，三相区位于连结相邻固相之间的连结线。利用三元体系相图可以从制得的磷酸钠盐溶液的组成，对冷却结晶的情况作出定量的分析，也可以按所要求的组成，去制备希望得到的产品。

正磷酸钠盐尽管有 26 个品种，而实际大量生产的为十二水合磷酸氢二钠和十二水合磷酸钠。而磷酸三钠产品占正磷酸钠盐的 60%以上，因而本节重点讨论磷酸钠的结晶过程。

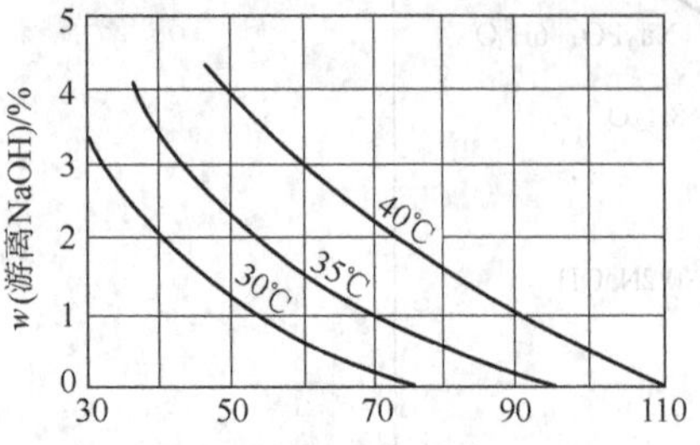

图 3-4　游离 NaOH 对磷酸钠溶解度影响曲线

(2) 磷酸钠生产过程中的结晶研究　为获取高纯、均一的化工产品，需研究结晶这一重要工业过程。一般结晶包括晶核生长和晶体成长两个阶段。当过饱和度较小时，溶液中不会产生晶核，而只能在溶液的原有晶体中进行成长，此时溶液处于介稳定状态。当过饱和度继续增大至某一数值时，大量晶核产生，此时该溶液进入不稳定区。显然，为了获得颗粒粗大而均匀的产品，应当在“介稳区”内进行结晶。研究磷酸钠在工业生产条件下的溶解度与“介稳区”，对指导生产具有重要意义，为制备稳定的磷酸钠结晶，防止氯化钠型复盐出现，要求严格控制钠磷比，同时涉及到过量氢氧化钠的量、溶解度、介稳区等相互关系（见图 3-4、图 3-5）。

溶液过饱和曲线有两条：一条是开始生成新晶核的曲线，另一条是新晶核大量出现的曲线。在连续结晶器中，大量晶种的存在，抑制了新晶核的生成，此时的过饱和度一般为 15g Na_3PO_4/L。新晶核大量生成时，过饱和度一般约为 20g Na_3PO_4/L。在工业化生产的条件下，加入晶种的粒度和数量，对溶液介稳区无明显影响，即结晶器中含固量与结晶是否消除，对过程的结晶区无影响。当溶液 P_2O_5 在 8%～12%，Na/P 比在 3.24～3.26，结晶温度低于 40℃时，其 $Na_3PO_4 \cdot 12H_2O \cdot 1/4NaOH$ 占 86.7%～91.8%，氯化型磷酸钠少于 45%，氟化钠型磷酸钠的量则由氟带入量决定。

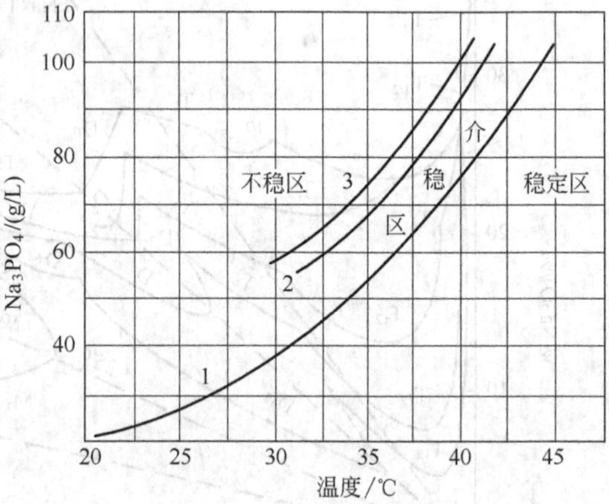

图 3-5　磷酸钠溶液介稳区

1—溶解度曲线；2—首先生成新晶核曲线；3—大量生成新晶核曲线

为使生产处于最佳条件，磷酸钠晶体的成长结晶动力学为研究提供了依据。关于晶体成长的结晶动力学，目前尚有许多不同的见解，但多数学者所接受的是 R. L. Parker、A. A. Clevnoy、G. W. Cullen、J. B. Mulin 等提出的理论，即晶体的成长包括溶质向晶体表面扩散及溶质在晶体表面沉积两个过程，其结晶速率方程为：

$$\frac{dG}{dt}=KS(\Delta C)$$

$$K=\frac{1}{\dfrac{b}{d}+\dfrac{1}{k_s}}$$

式中 G——晶体总质量，kg；

S——晶体总表面积，m^2；

ΔC——溶液过饱和度，kg/m^3；

K——总括结晶成长速率系数，$m^3/(m^2 \cdot min)$；

k_s——表面结晶化学速率常数；

b——扩散膜厚度；

d——扩散系数。

表面结晶化学反应速率和扩散速率目前无法分别测定，因而一般都是测定总括结晶成长速率系数 K，对磷酸钠可采用以下简化式计算：

$$K=\frac{\Delta G}{S_{av}\Delta C_{av}\Delta t}$$

$$S_{av}=\frac{S-S_0}{\ln\frac{S}{S_0}} \quad \Delta C_{av}=\frac{\Delta C-\Delta C_0}{\ln\frac{\Delta C}{\Delta C_0}} \quad S_0=\frac{G\beta}{\rho\alpha l_v^3}\times l_S^2$$

式中 ΔG——晶体成长前后增加的质量，kg；

S_{av}——成长前后晶体总表面积，m^2；

ΔC_{av}——进出口平均过饱和度，kg/m^3；

Δt——晶体成长时间，min；

ΔC_0，ΔC——结晶器进口过饱和度，kg/m^3；

S_0，S——晶体成长前后总表面积，m^2；

ρ——密度，斜方晶系六边形棱柱体为 $1.62kg/m^3$，立方晶系正八面体为 $2.216kg/m^3$。

经试验测定：晶核粒径在 $(1.5\sim2.5)\times10^{-4}m$ 之间，温度对总括结晶成长速率系数的影响不大，而当晶核粒径在 $(2.0\sim5.0)\times10^{-4}m$ 之间，温度对总括结晶成长速率系数的影响如图 3-6 所示。

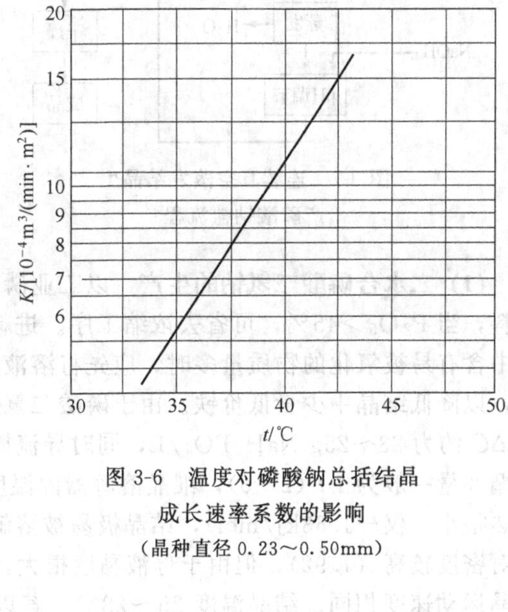

图 3-6 温度对磷酸钠总括结晶成长速率系数的影响

(晶种直径 0.23～0.50mm)

总括成长速率系数与温度间为一线性函数：

$$K=0.088\times1.1265t$$

若晶体直径再增大，K 也随之增加。因此，结晶过程中 K 值实际为一变值，而在生产过程中，当循环晶核在 $(1.25\sim2.8)\times10^{-4}m$、结晶温度变化≤3℃、结晶操作时饱和度为 $0.5\sim1.5kg/m^3$ 时，在结晶温度低于 40℃下，可通过上式计算，求得总括结晶成长速率系数为 $(6.0\sim15)\times10^{-4}m^3/(m^2\cdot min)$。

三、正磷酸钠盐的生产方法

正磷酸钠盐的二十六个品种均为结晶体，因而结晶单元操作为正磷酸钠盐生产的重要过程。同时为降低成本，节能能源，目前多数正磷酸钠盐生产企业均以湿法磷酸和 30％液体烧碱为原料。因而需要进行分离、净化操作，以使产品符合标准。其最简单有效的方法是结晶。为使过程易于液固分离、输送、储存，除了要求晶体质地坚硬，色彩晶莹，还要有合理的粒度分布，以避免结块。在当前国内正磷酸钠的生产以间歇式结晶为主的情况下，适当降低搅拌速度是有利的。当溶液降温已达到或接近稳定区时，控制冷却速度，添加晶种，降低过饱和度是有效的，可获得较为均匀的粒度分布范围，因而对新建厂建议采用连续全循环的DTB结晶器。

1. 冷却结晶法

冷却结晶法主要有两种，一种是间歇式冷却结晶法，为目前国内生产正磷酸钠盐大量采用的流程。在结晶过程中基本上不去除溶剂，而是使溶液冷却降温，成为过饱和溶液。另一种是真空冷却法，即使溶液在真空下，闪急蒸发而绝热冷却（具有高的冷却作用）而结晶。该法设备不需经常清理，易于大型化连续自动生产。为进一步节约能源，大型生产厂可采用多级真空结晶器。

采用连续真空蒸发结晶器的生产流程如图 3-7 所示。

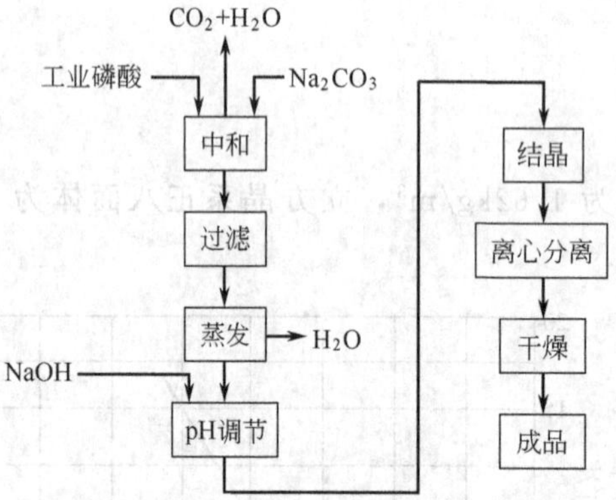

图 3-7　连续真空蒸发结晶生产磷酸钠盐流程

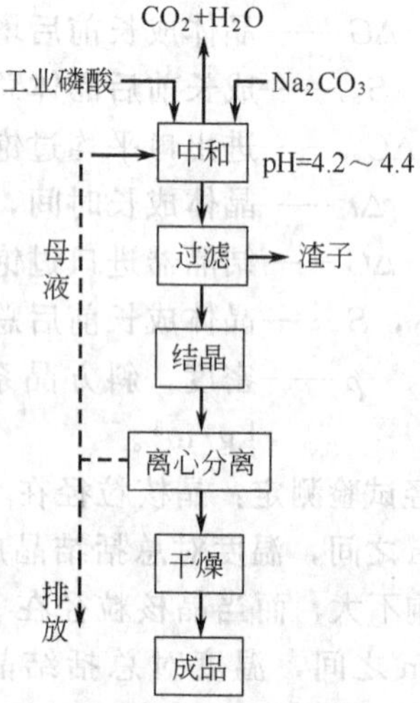

图 3-8　以工业磷酸为原料的二水合磷酸二氢钠生产流程

(1) 二水合磷酸二氢钠的生产　以工业磷酸为原料的工艺流程如图 3-8。以工业磷酸为原料，当 $P_2O_5>45\%$，可省去浓缩工序。进料溶液留有 0.5%～1.5%的磷酸二氢钠，若磷酸中含有易被氧化的物质量多时，应先将溶液加热至 40～50℃，加入少量 30%过氧化氢氧化，以降低结晶中少量低价铁。由于磷酸二氢钠的“介稳区”幅度较大，30℃时溶液过饱和度 ΔC 约为 23～25g NaH_2PO_4/L，同时导流筒中溶液的量为进料量的数百倍时，细晶溶解器循环量一般为 1∶(2～5)，细晶溶解器内温度较结晶器内高 2～4℃（二水合磷酸二氢钠结晶热很小，仅－1.63kJ/mol），结晶极易被溶解。晶浆浓度控制在 30%～40%，虽然其晶体相对密度较高（1.92），但由于母液黏度很大，导流筒推进桨转速可与磷酸氢二钠、磷酸钠结晶运动速度相同。结晶温度 25～28℃，若以湿法磷酸为主，由于杂质含量较高，结晶温度不宜低于 23℃（$Na_2SO_4\cdot 10H_2O$ 的转折点）。如图 3-9 为以湿法磷酸为主的二水合磷酸二氢钠生产流程。为保证产品含量，应将循环次数较多的母液适当排放，然后集中加碱中和制备磷酸钠后排放。

(2) 十二水合磷酸氢二钠　以工业磷酸为原料的十二水合磷酸氢二钠生产工艺流程如图

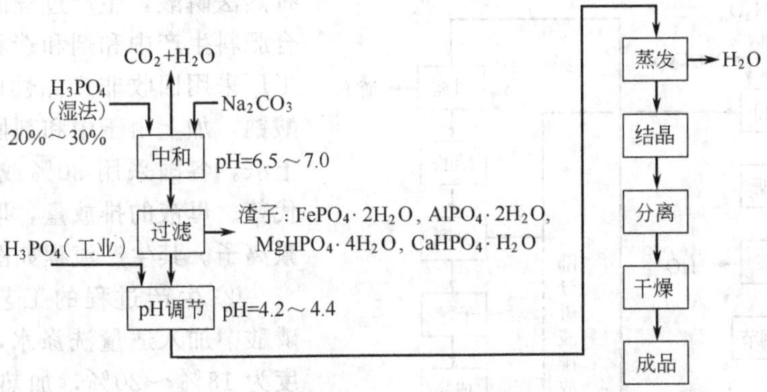

图 3-9 以湿法磷酸为主的二水合磷酸二氢钠生产流程

3-10 所示；而以湿法磷酸为原料的工艺流程如图 3-11 所示。

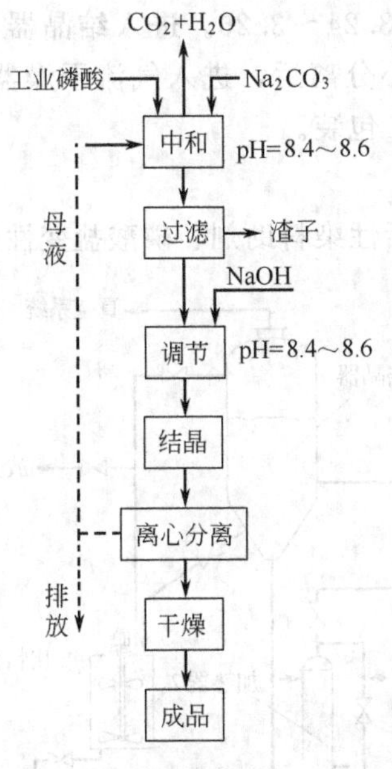

图 3-10 以工业磷酸为原料的十二水合磷酸氢二钠生产流程

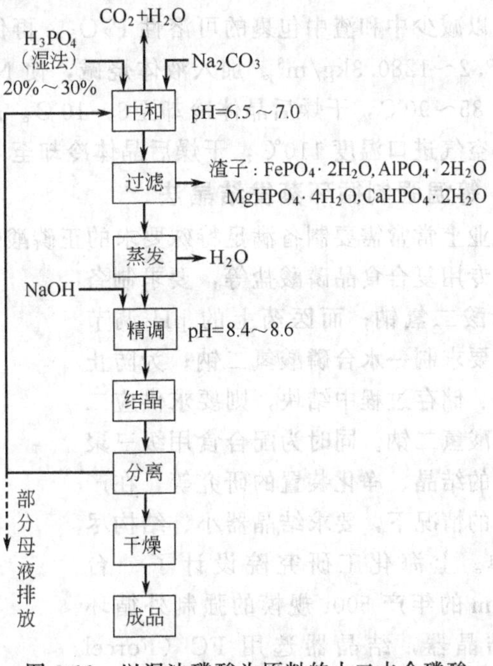

图 3-11 以湿法磷酸为原料的十二水合磷酸氢二钠生产流程

生产过程中，以磷酸含量不低于 30%～35%P_2O_5 的热法磷酸或净化湿法磷酸为原料时，进结晶器溶液密度为 1219～1220kg/m^3；而以湿法磷酸为原料时，先加母液与部分洗涤水，使 P_2O_5 浓度在 10%～12%（视磷酸中 P_2O_5 含量而定）。中和过程速度不宜过快，中和结束后应有一个保温阶段，使沉淀有一个熟化过程。进结晶器溶液密度为 1250～1261kg/m^3。工业热法磷酸和湿法磷酸进料温度均为 70～80℃，溶液 pH 8.2～8.6，溶液中应留有 1.0%～1.5%磷酸二氢钠，结晶溶解器流量为进料量的2～5 倍，细晶溶解温度高于结晶器温度 2～4℃。结晶器结晶温度为 25～27℃，结晶器含固量 35%～40%。平均生产能力 6.78kg/(m^3·h)。

(3) 十二水合磷酸钠的生产

① 生产工艺流程。20 世纪 80 年代末以来，日本等国生产磷酸钠已逐步采用湿法磷酸代

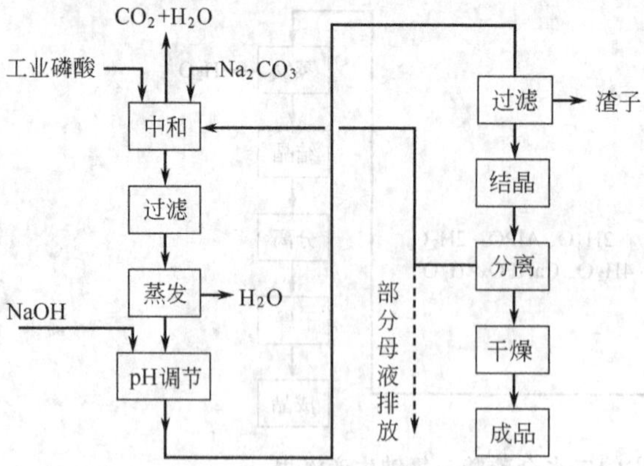

图 3-12　十二水合磷酸钠生产流程

替热法磷酸，生产过程的残渣可作为复合肥料生产中和剂和造粒剂。另有部分工厂采用回收非产品性的 P_2O_5 生产磷酸钠，加上由于中和剂固碱价格大幅度上涨，各国采用 30%或 40%液体烧碱代替。母液的排放量，取决于母液中的氟离子。其生产流程如图 3-12。

② 生产过程的工艺条件。在湿法磷酸中加入适量洗涤水，使其 P_2O_5 浓度为 18%～20%，加热至 85℃，加入密度为 1261.2～1318.8kg/m³ 的碳酸钠溶液中和，使 pH 为 8.0～8.4，搅拌 15～30min，以便使碳酸钠反应尽量完全。再添加磷酸钠母液，使溶液中 P_2O_5 含量低于 12%，以减少中和渣中包裹的可溶性 P_2O_5。再保温 15～20min，过滤、蒸发、浓缩至密度为 1198.2～1280.3kg/m³。加入液体烧碱，使 Na/P 比达 3.24～3.26。进入结晶器，溶液温度为 85～90℃，干燥后晶体冷却至8～10℃。晶浆经离心分离后，进入气流干燥器干燥。干燥热空气进口温度 110℃，干燥后晶体冷却至 40℃以下，包装。

2. 等温强制循环蒸发结晶法

工业上常常需要制备满足特殊要求的正磷酸钠盐，如活性染料助剂、磷酸盐变性淀粉以及配制专用复合食品磷酸盐等，要求制备无水磷酸二氢钠；而医药上的 pH 调节剂，则要求制一水合磷酸氢二钠；为防止在运输、储存过程中结块，则要求供应二水合磷酸氢二钠。同时为配合食用级三聚磷酸钠的结晶、净化装置的研究等，在产品量少的情况下，要求结晶器小、结构尽量简单。上海化工研究院设计了一台 ϕ900mm 的年产 500t 规模的强制外循环等温结晶器，结晶器选用 FC（Forcel Ciraltion）型。由于生产规模小，结晶的温度相对于冷却法又高，为防止管道堵塞，采用了真空平衡间断出料。其生产工艺流程见图 3-13。

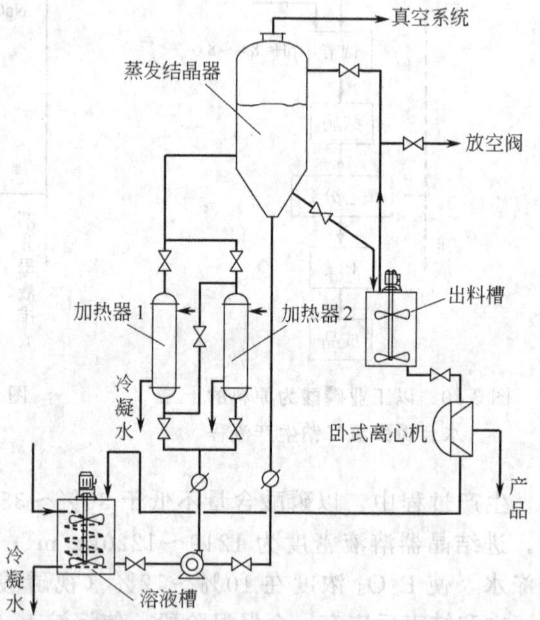

图 3-13　等温强制循环蒸发结晶法生产工艺流程

(1) 斯文森 FC 型结晶器　FC 型结晶器结构如图 3-14 所示。结晶器主要由结晶室、循环管、热交换器组成。结晶器底部为锥形，晶浆由锥体底部排出后，经循环管用轴流式循环泵送至热交换器，溶液经加热后，沿切线方向重新进入结晶室，如此重复循环，故这种结晶器属于晶浆循环型，结晶器进料直接进入泵的进口，与循环晶浆混合，以降低过饱和度，循环量为进料量的100～200 倍。结晶器溶液过饱和度取 0.5～1.5g/L。

热交换器可单程、双程甚至多程，热源为蒸汽，使循环晶浆温度高于结晶器温度 2～

10℃。由于加热过程无溶剂汽化，因而在加热器管壁上不可能结垢。晶浆中多余的结晶被溶解，已加热的晶浆回至结晶室，与室内的晶浆混合，提高了进口处及晶浆螺旋运动段的温度，结晶室内水被蒸发，产生过饱和度，使磷酸盐溶质沉积于旋转运动的悬浮晶体表面，晶体逐步成长为符合要求的产品，排出结晶器。加热器同时也是结晶溶解器，可通过调节其温度，控制成品的粒度，热交换器传热系数可取291～465W/(m²·K)。该产品较DTB型结晶器晶体略细，晶粒分布范围较广，其原因是在外循环部分，由于压头较高，叶轮转速快，易在叶轮处形成晶核。其次是在蒸发结晶室内的晶浆混合不均，存在局部过浓现象。

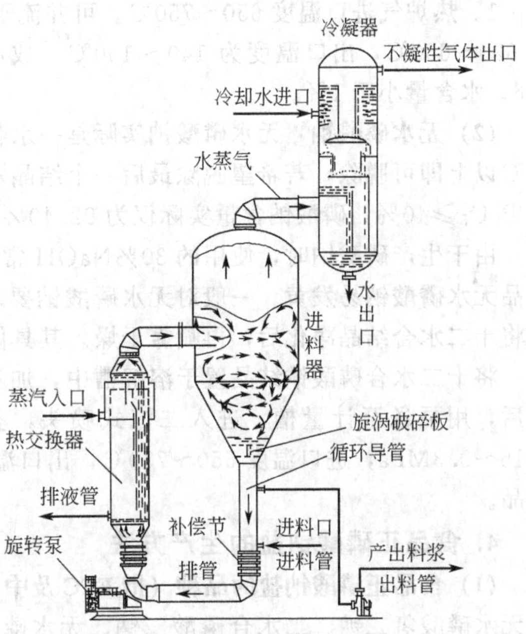

图 3-14 斯文森 FC 型结晶器

(2) 无水物与一水合磷酸二氢钠的生产 由于蒸发结晶料浆浓度较高，排出母液量应尽量减少，以提高 P_2O_5 回收率，同时又要保证成品质量，原料选用以湿法磷酸制得的十二水合磷酸氢二钠。采用加热法时磷酸中和至 pH 4.2～4.4 过滤，进料溶液温度 80～85℃。结晶器结晶温度，无水物取 60～70℃，循环晶浆温度高于结晶温度 6～10℃（由于无水物“介稳区”较大，晶体不易析出）；一水物结晶器结晶温度 45～50℃，循环晶浆高于结晶器 4～6℃，间歇式出料。打开出料槽真空阀，待出料完毕后，先关出料阀，而后关闭真空，打开放空阀，而后放料至离心机分离母液。母液返回进料溶液槽，晶体经气流干燥，包装为成品，含量大于 96%。

(3) 二水与七水合磷酸氢二钠的生产 二水合磷酸氢二钠的结晶温度控制在 60～65℃，循环晶浆高于结晶器内 6～10℃。七水合磷酸氢二钠的结晶温度 45～48℃，循环晶浆高于结晶器内晶浆温度 4～6℃。其他操作同上。

3. 喷雾干燥法制备无水磷酸氢二钠及无水磷酸钠

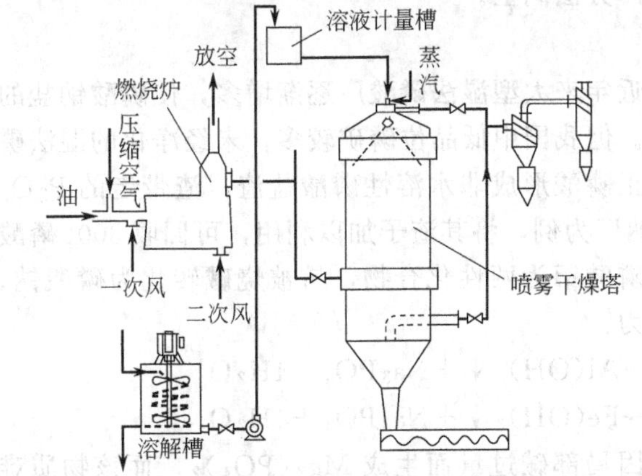

图 3-15 喷雾干燥法制备无水磷酸盐

喷雾干燥器为高生产强度、高热利用率的化工单元设备，其成品无需筛选、破碎等工序，为无水磷酸氢二钠和磷酸钠的合适生产设备。其生产工艺流程见图 3-15。

(1) 无水磷酸氢二钠的生产工艺条件 以湿法磷酸为原料生产的、经冷却结晶为十二水合磷酸氢二钠粗产品，于溶解槽中加热溶解，添加少量工业磷酸，调节 pH 为 8.8～9.0，溶解温度 80～85℃，由计量槽经喷雾器雾化。雾化器选用二流式汽动喷头，蒸汽压力 0.15～0.3MPa，雾化器气流导角与水平成 30°，汽液比（0.4～

5)：1。热炉气进口温度650～750℃。可并流干燥，也可逆流干燥。若逆流干燥，进口温度为620～650℃，出口温度为140～150℃。成品粒度90μm左右占60%，相对密度0.5～0.6，水含量小于1%。

(2) 无水磷酸钠 无水磷酸钠实际是一水物，十二水合磷酸钠中的十一个结晶水，仅需74℃以上即可脱除，若希望脱除最后一个结晶水而成无水物，则需190℃的温度。市售磷酸钠 P_2O_5≥40%，磷酸钠含量实际仅为92.40%。

由于生产磷酸钠时，使用的30%NaOH常含有少量有机物，不经第二次结晶分离杂质，成品无水磷酸钠易发黄。一般对无水磷酸钠要求 Cl^-≤0.5%。因此，为制备合格产品，需先将十二水合结晶净化后，再喷雾干燥。其具体操作过程如下。

将十二水合磷酸钠结晶置于溶解槽中，加10%～15%的水，加热到85～90℃，搅拌溶解后，用泵送至计量槽，进入二流式喷头，雾化蒸汽导角与水平呈30°，雾化蒸汽压力0.15～0.3MPa，进口温度650～750℃，出口温度140～170℃下干燥，可得 P_2O_5>40%的成品。

4. 食品正磷酸钠盐的生产方法

(1) 食品正磷酸钠盐的品种（指FCC及中国已有标准的产品） 食品级正磷酸钠盐主要有无水磷酸氢二钠、二水合磷酸二钠、无水磷酸二氢钠、十二水合磷酸氢二钠、无水磷酸钠、十二水合磷酸钠等。

(2) 生产方法

① 重结晶法。将工业级磷酸二氢钠或磷酸氢二钠在80～85℃配制成饱和溶液，然后过滤、冷却结晶或等温结晶，分离得到产品。

磷酸钠的制备是将净化精制至食品级的磷酸氢二钠，加液体烧碱中和，调节Na/P比为3.24～3.26，而后结晶分离得到产品。

重结晶法净化效果较好，经对24个考核项目检查，发现优于其他方法。结晶后的母液可返回工业级产品生产车间，因而无“三废”处理问题，也不存在热源问题。

② 原料净化法。磷酸、纯碱先净化至食品级，而后中和、结晶制备结晶食品级磷酸盐或喷雾干燥制备无水食品级磷酸盐。

③ 工业级磷酸和纯碱先中和至pH＝4～5，加热至65～80℃，而后加入比理论过量10～50倍的沉淀剂，脱砷和重金属，并加入具吸附作用的五硫化磷、硫化铅，载体为活性炭、硅藻土等。沉淀后过滤，滤液冷却至50℃，添加30%双氧水氧化硫离子为硫黄，经第二次过滤，而后加碱至所需的中和度，其生产方法同上。

5. 综合利用生产磷酸钠盐

(1) 湿法磷酸中和渣回收制备磷酸钠 近年来大型湿法磷酸厂逐渐增多，使磷酸钠盐的生产原料已逐步由热法磷酸转化为湿法磷酸。但我国中低品位磷矿较多，未经净化的湿法磷酸在中和过程中，铁、铝、镁、钙等杂质与正磷酸形成非水溶性磷酸盐渣，渣带走的 P_2O_5 占总量的9%～12%。若以万吨级三聚磷酸钠厂为例，将其渣子加以利用，可回收300t磷酸钠，因而可大大提高磷的利用率。磷酸铁、磷酸铝为两性化合物，易被烧碱转化为磷酸钠。湿法磷酸中和渣以氢氧化钠作用的主要反应为：

$$AlPO_4 \cdot 4H_2O + 3NaOH \longrightarrow Al(OH)_3 \downarrow + Na_3PO_4 + 4H_2O$$

$$FePO_4 \cdot 4H_2O + 3NaOH \longrightarrow Fe(OH)_3 \downarrow + Na_3PO_4 + 4H_2O$$

含镁的磷酸钠盐在中和过程中，有部分因局部碱过量而生成 $Mg_3(PO_4)_2$，而该物质难再被NaOH分解，渣中的磷酸氢镁在强碱性介质中能被逐步转化：

$$MgHPO_4 + 3NaOH \longrightarrow Na_3PO_4 + Mg(OH)_2 \downarrow + H_2O$$

此外，$Al(OH)_3$ 部分被 NaOH 所溶解而形成铝酸钠：

$$Al(OH)_3 + NaOH \longrightarrow NaAlO(OH)_2 + H_2O$$

在液相中，铝酸钠又能与溶液中的磷酸钠进行脱硅反应，生成铝硅酸钠，重新释放出 NaOH。

$$1.7Na_2SiO_3 + 2NaAlO(OH)_2 + 11.7H_2O \longrightarrow Na_2O \cdot Al_2O_3 \cdot 1.7SiO_2 \cdot 12H_2O \downarrow + 3.4NaOH$$

因而当磷酸钠盐系统中存在硅酸钠时，实际并不消耗碱。

中和碱渣的典型组成列于表 3-5 中。碱用量与不溶性磷转化率的关系如表 3-6 所示。

表 3-5　中和碱渣的典型组成

组分(质量分数)/%　编号	0-Ⅰ	0-Ⅱ	0-Ⅲ	组分(质量分数)/%　编号	0-Ⅰ	0-Ⅱ	0-Ⅲ
总 P_2O_5	23.77	22.4	15.48	Fe_2O_3	2.83	2.79	3.74
可溶性 P_2O_5	7.41	6.67	1.825	Al_2O_3	4.63	4.07	2.70

表 3-6　碱用量与不溶性磷转换关系

碱用量/%	70	75	80	90	100	110
碱转化率/%	74.99	79.12	80.65	81.94	82.31	82.50
碱渣转化率/%	73.28	77.67	79.07	80.61	80.50	81.91
碱渣中磷转化率/%	71.10	76.60	77.37	78.04	78.77	79.76

从表 3-6 可见，碱用量为理论用量的 80%～90%时，不溶性磷的转化率较好。

(2) 碱渣回收工艺流程　碱渣回收工艺流程如图 3-16。根据几家工厂生产回收碱渣中 P_2O_5 的生产经验，最佳碱用量以控制料液中碱过量 0.5%～0.6%为宜。

生产工艺条件：渣与过滤洗涤水部分母液配成 30%～40%料浆，加热至 85℃，再加入

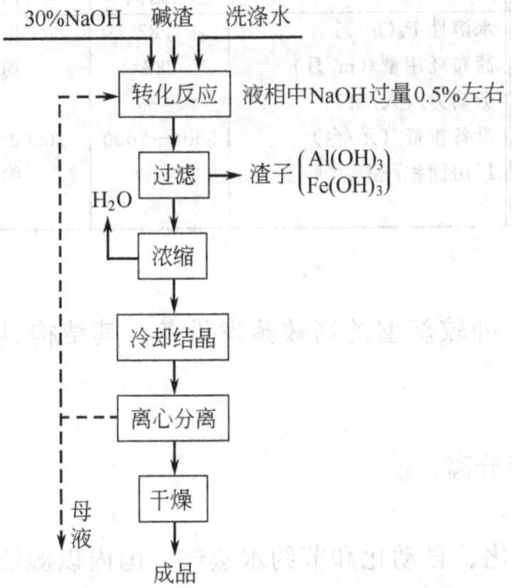

图 3-16　碱渣回收工艺流程图

图 3-17　叶片过滤机结构示意图

30%液碱，反应时间 30～60min，加碱以控制在终了时，液相中 NaOH 过量 0.1%～0.5%为宜，滤液浓度为 1073～1106kg/m³，蒸发至密度为 1188～1198kg/m³（含 $P_2O_5$4.5%～5.5%），结晶温度比冷却水高 1～2℃。

经济技术指标与经济效益：P_2O_5 总收率大于 70%时需 30%液体烧碱 1.20t，成本比以湿法磷酸生产的磷酸钠降低 35%～42%。以磷铁为原料的生产工艺流程与碱渣回收工艺相似，萃取时间 2～3h，磷铁研磨细度要求 95%通过 100 目筛。

四、正磷酸钠盐生产的主要设备

正磷酸钠盐生产的主要设备有叶片过滤机、旋液降膜式蒸发器、DTB 结晶器、WZ 型卧式自动离心分离机、喷雾干燥器、脉冲式气流干燥器等。

1. 叶片过滤机

国内目前定型的 EKY-25 型快开式叶片压滤机，过滤面积为 25m²，适用于难过滤介质的液固分离，具有生产强度大、劳动强度低、滤布损耗小的特点，特别适用于磷酸钠盐生产，是一种较先进的过滤单元设备（见图 3-17）。

(1) 叶片过滤机的结构 外形尺寸为 3000mm × 2000mm × 3000mm，筒身内径 ϕ1300mm，滤板共 28 块，分两组，每组 14 块，滤板宽为 880mm，长度随直径分七种规格，最大滤板面积 1.09m²，最小滤板面积 0.74m²，总有效面积 26m²。整个过滤面积 26m²。整个滤布板框与后轴圈相连，支撑在两支滚筒上，滚轮可在筒体下部轨道上滚动，另一头与盖头前轴相连，吊持在滚轮装置上，滚轮装置可在上面两根工字钢轨道上滑动。

(2) 过滤操作 压滤机的操作程序是：进料、过滤、放余料、进洗涤水、洗涤、放余水、滤饼压干、倒渣、冲洗滤板、复位。每操作一次约需 45～60min。

滤布材质为 260 号涤纶，纤维支架 60×5/4×6×5/2，每 25mm 经径 58、纬径 48，布纹组织为平纹。也有不用滤布的。

(3) 板框式压滤机与快开式叶片压滤机性能比较如表 3-7 所示。

表 3-7 板框式压滤机与快开式叶片压滤机性能比较

项目	板框式压滤机	25m² 快开式叶片压滤机	项目	板框式压滤机	25m² 快开式叶片压滤机
生产能力/(t/a)(正磷酸钠盐)	约 5000	约 5000	水溶性 P_2O_5/%	7.82	2.98
过滤面积/(m²/台)	20	25	滤布耗用量/(m/月)	288	约 40
过滤机台数/台	3	1	劳动力/(人/班)	5～6	1
过滤能力/[kg(干)/(m²·h)]	5.2	20.6	设备投资/(元/台)	5000～7000	70000～80000
最终滤饼含湿量/%	64.91	63～75	厂房面积/m²	约 50	约 45
滤饼含水溶性 P_2O_5/%	2.21～2.4	2.14			

2. 旋液降膜式蒸发器

(1) 薄膜蒸发器的特点 薄膜蒸发器为一种较新型的高效蒸发设备，其结构具有下列特点。

① 停留时间短，仅 2～20s，出口浓度高。

② 液层薄，厚度仅 1～2mm，有利于气液分离。

③ 工作效率高，各效传热系数高。

这种蒸发器有四大特点，即大型化、连续化、自动化和节约水蒸气。国内以湿法磷酸为原料的磷酸盐厂，大部分采用标准真空蒸发器。该种设备存在投资大、材料消耗量大等缺点，特别是蒸发过程中容易析出固态的正磷酸盐（磷酸镁、酸式磷酸镁）和倍半氧化物等，致使蒸发器的清洗周期大大缩短，因而生产效率低。

(2) 蒸发器的结构 旋液降膜式蒸发器主要由三个部分组成，即溶液分配室、加热室、受热室。分配室设在顶部，溶液由循环泵送入分配室，将其充满并保持一定压力，通过设在加热管上的分配头，以一定的、均匀的速度切向进入每一列管。加热室同分配室相连接，对Rocenblacl型降膜蒸发器，列管ϕ50～70mm，管长6～10m，长径比$L/D=100\sim150$，被加热的溶液在管内自上而下旋转流动，形成薄膜受热蒸发，列管空间同时又是蒸发室，因而可减少溶液收集室面积。溶液收集室同加热室连接设在下部，为圆锥筒体，起收集溶液和蒸发排气作用。筒体上设有视孔、排汽和排液等。

3. DTB（Drat-Tube-Buffle）**型结晶器**

20世纪50年代出现的一种高效能结晶器。最初用于氯化钾生产，后来为化工、食品、制药等工业部门所广泛采用。经多年运行考察，证明这种形式的结晶器具有下列优点。

① 能生产颗粒粗大均匀的结晶产品。

② 单位容积生产强度大。

③ 生产操作周期长、稳定。

④ 操作费用低。

⑤ 多级操作，能回收部分热量、节约能源，对于能源不足地区较为适用。

DTB结晶器适用于在母液中沉降速度大于3mm/s的结晶过程，该设备已系列化，其直径0.5～7.9m。而推动导流筒内循环的螺旋桨叶是DTB结晶器的心脏，近年采用的是大轮毂螺旋桨，它在较高的压头下能循环高浓度晶浆。目前，DTB结晶器已很完善。

如图3-18和图3-19为斯文森DTB结晶器基本结构图。

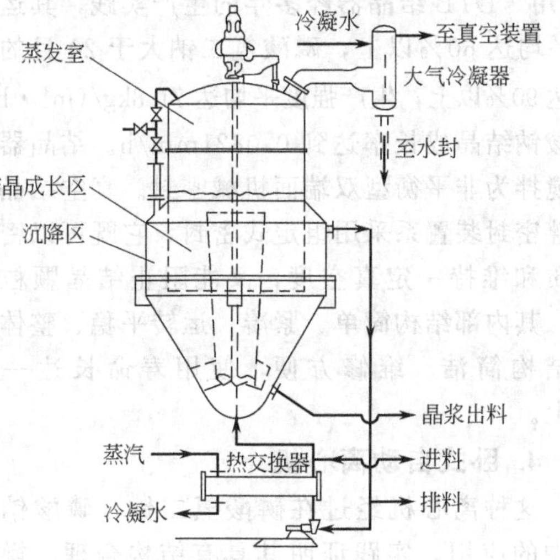

图3-18 斯文森DTB结晶器基本结构

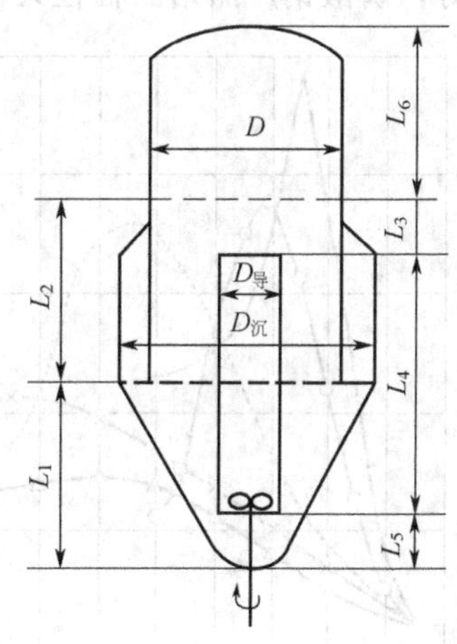

图3-19 DTB结晶器基本比例

$D_导=D/2.2$，$L_1=0.75D$，$L_3=0.75D_导$，$L_5=0.5D_导$，$L_6=2M$

(1) DTB结晶器的操作 结晶器内设置了导流筒，以形成循环通道，只需很低的压头（约1～2kPa），就能在器内实现内循环，器内各流动截面上都可以维持较高的流动速度，并使晶浆浓度高达35%～45%（质量分数）。对于真空冷却法及蒸发结晶法，沸腾液面层是产生的过饱和度趋势最强区域，在此区域中存在着进入不稳定区而大量产生晶核的危险，导流筒则把大量高浓度的晶浆直接送到高处，使表层中随时存在着大量的晶体，从而降低过饱和

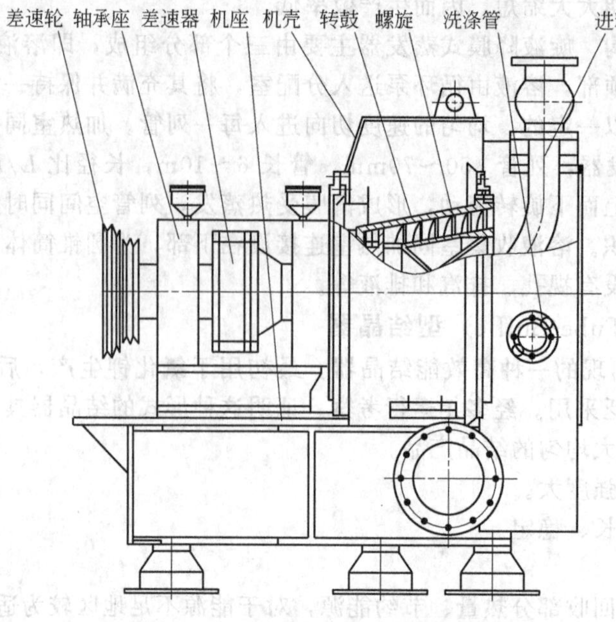

图 3-20　LLW 型离心机结构示意图

度，使之只能处在较低的水平。由于沸腾层的过冷温度仅 0.2～0.3℃，从而避免了在此区域中因过饱和度过高而产生大量晶核，同时也大大降低了沸腾液面处内壁面上结晶垢生成的速度。

(2) DTB 结晶器在正磷酸钠盐生产中的应用　DTB 结晶器经多年的生产实践，其运转情况良好，磷酸钠产品结晶粒径大于 20 目的平均达 60%以上，磷酸氢二钠大于 20 目的平均达 90%以上，生产强度平均达 71.8kg/(m^3 · h)。磷酸钠结晶成长率达到 0.0821mm/h。结晶器底部搅拌为非平衡型双端面机械密封。真空结晶器搅拌密封装置系采用组定式密封，它既可以密封介质和维持一定真空度，又能阻止结晶颗粒进入，其内部结构简单、紧凑，运转平稳、整体装置结构简洁、维修方便，使用寿命长达一年以上。

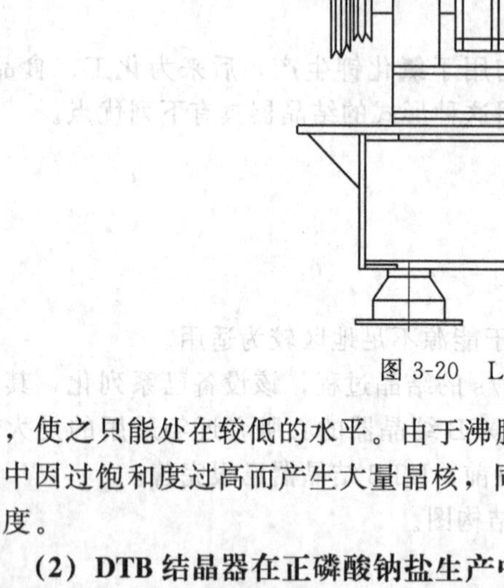

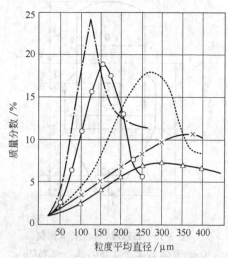

图 3-21　压力与雾化汽液比关系曲线图

—·—·— p=0.29MPa，α=30°，汽液比为 0.6
………… p=0.29MPa，α=30°，汽液比为 0.4
—△—△— p=0.29MPa，α=30°，汽液比为 0.3
—○—○— p=0.15MPa，α=30°，汽液比为 0.6
—×—×— p=0.15MPa，α=30°，汽液比为 0.4

介质为磷酸氢二钠，中和度为 1.98，含盐量为 38.08%（质量分数）

4. 卧式自动离心机

这种离心机经过在磷酸氢二钠、磷酸钠生产中的应用，实践证明其具有结构合理、操作方便、造价低、易维修、生产强度大等特点（见图 3-20）。其筛用材料一般用镍网，使用周期为 1～3个月，不锈钢筛网使用期可达 3 个月。

5. 喷雾干燥器

(1) 喷雾干燥器的特点　喷雾干燥器为一种高强度、流态化化工干燥设备。它有如下几个特点。

① 固体在器中时间短，一般仅为 3～10s。

② 在大部分停留时间中，颗粒本身处于湿球温度下，因而可容许空气的进口温度较其他形式干燥器高出许多，热效率高。

③ 被干燥粉料与热介质直接接触，换热容量大。

④ 喷雾干燥过程中物料形成的粒度已适宜于直接在工业上应用，无需再碾磨、筛分。

(2) 影响喷雾干燥过程的主要因素 影响喷雾干燥过程的主要因素有溶液喷雾的分散程度、干燥介质和溶液微粒的混合以及相互间的热交换程度等。溶液喷雾的好坏，直接影响干燥塔的操作、技术经济指标和产品质量等。因此，喷雾器的选择非常重要。在产量不大时，以选用气流式喷头为宜。喷雾器导角对喷雾效果影响较大，气流导角与水平呈30°的喷嘴导角，喷雾液滴分布较为狭窄，对喷雾雾化气体压力变化影响较小，分散度高。这样液滴粒度的分布较有利于干燥，喷雾干燥塔的操作也较正常。

喷雾雾化压力与汽液比对雾化效果影响也较大。从图3-21中的曲线可知，压力在0.15～0.29MPa下，均可取得好的雾化效果。汽液比低于0.4～0.5时，干燥情况不好，在该喷头条件下，0.4为雾化汽液比的下限。

喷雾干燥器的操作气体出塔温度与物料含水量关系如表3-8所示，一般气体出塔温度在130～160℃之间。

表3-8 气体出塔温度与物料含水量关系

塔出口气体温度/℃	160	133	132	130	129	110	109
物料含水量/%	0.27,0.24,0.25	0.5	0.7	4.6,5.6	5.3	12.8	15.5

提高进口温度，可提高干燥塔的生产强度。如表3-9为进口炉气温度与干燥强度的关系。

表3-9 进口炉气温度与干燥强度的关系

气体进口温度/℃	560～580	560～580	595～600	620～640	660～690	685～710
物料含水量/%	0.56	1.3	0.3	0.85	0.3	0.4
干燥强度/[kg H_2O/(m^3·h)]	8.9～9.76	9.45～10.22	11.6～12.9	12.9～13.1	13.3～13.6	13.7～14.4

表3-9结果说明，在喷雾及分散度等一定条件下，提高进塔炉气温度，可以提高干燥塔的干燥强度，喷雾干燥塔的蒸发水量可以达到12kg H_2O/(m^3·h) 以上。

实际生产中喷雾干燥塔的主要尺寸及工艺条件如下：

喷雾干燥塔高径比：2.5～4.5；热交换量：1750.6～1925.2kJ/(m^3·h·℃)；

干燥强度：8～10kg/(m^3·h)；物料停留时间：4～6s。

6. 脉冲式气流干燥器

气流干燥器因具有干燥强度大、热效率高、设备简单、占地面积小等优点，特别适于热敏性物料的干燥，因而越来越广泛地应用于化工干燥过程中。但由于普通直管式气流干燥器在等速运行段的气固相对速度小，气固间的给热系数也相对较小，单位体积干燥管所提供的气固接触面积也就较小，因而干燥强度低。特别是含过量氢氧化钠的磷酸钠晶体，即使采用较高的干燥管，也难达到水分小于0.3%的干燥要求。因此，为强化生产，需采用脉冲式气流干燥。这种干燥工艺的干燥管径作了若干次变化，使干燥颗粒在管中不断处于加速和减速运动状态，消除了干燥过程的等速运动段，从而大大提高了整个干燥器的干燥强度，降低了干燥器的高度。

脉冲气流干燥器的操作和设计参数，一般可按如下数据进行。

(1) 空气与物料的质量比 一般为1～5，而对于磷酸钠，生产实际为1∶(4.5～5.2)，磷酸氢二钠则可适当低些。

(2) 主要设计参数 气流干燥器由于采用并流操作，而且时间极短，被干燥物料仅除去表面水分，物料始终接近干燥介质的湿球温度。因而进口干燥热空气温度可取较高些，一般取110～115℃。出口温度愈低，热效率愈高，但会降低干燥强度而增加干燥管高度，且易在干燥后的除尘器等设备上析出水珠。所以出口温度应比出口空气露点高20～25℃。一般可选出口物料温度为40℃，而气体出口温度取63℃。取进出口温度的对数平均值80℃作为定性温度，这时空气的密度为0.971kg/m³，黏度为0.21×10^{-3} Pa·s，传热系数为0.03W/(m²·K)，脉冲干燥管的加速段取30m/s，减速段取加速段的三分之一，取9m/s(为颗粒自由沉降速度5.97m/s加上3m/s，等于8.97m/s)。

各段高度设计：第一加速段取2.65m，第二加速段取2.45m，减速段取2.45m，干燥管总高度11.58m，脉冲气流干燥管一般设1～3个，第三个的干燥效果较低，作为安全系数部分。

第二节 正磷酸钾盐

正磷酸钾盐在磷酸盐产品中占有重要的地位，其中以磷酸二氢钾、磷酸氢二钾、磷酸钾(又称磷酸三钾)为主要品种，它们在化工、医药、食品、农牧业、石油、造纸、洗涤剂等部门都有着重要作用。特别是近年来以磷酸二氢钾为基础的高效无氯复合肥的市场需求，极大地促进了正磷酸钾盐的发展。在开发新的工艺路线研究方面，获得了较大的进展，出现了以各种廉价原料为基础的制造磷酸二氢钾的新工艺，以降低成本、提高质量、开辟原料新来源等，使正磷酸钾盐的生产有了较大的发展。

目前正磷酸钾盐的生产方法主要有中和法、复分解法、萃取法、电渗析法、离子交换法等。不同的生产方法，其工艺、原料、生产成本、产品质量、环境污染等情况各不相同，因此应结合实际选择相应的方法和流程。

一、正磷酸钾盐的物理化学性质

1. 磷酸二氢钾

磷酸二氢钾为白色或白色带光泽的斜方晶体，分子式为KH_2PO_4，相对分子质量为136.09，溶于水，水溶液呈酸性，不溶于醇，有一定潮解性。磷酸二氢钾在水、过氧化氢和磷酸中的溶解度见表3-10～表3-12，磷酸二氢钾水溶液的相对密度见表3-13。将磷酸二氢钾加热至400℃时，则熔融成透明的液体，冷却后，即固化为不透明的玻璃状物质——偏磷酸钾$(KPO_3)_n$。各种磷酸钾盐在水中的溶解度曲线如图3-22所示，图3-23为不同温度下正磷酸钾盐的K_2O-P_2O_5-H_2O相图。

表3-10 磷酸二氢钾在水中的溶解度

温度/℃	0	10	20	25	30	40	60	80	90
$w(KH_2PO_4)$/%	12.88	15.50	18.45	20.04	21.90	25.10	3.40	41.30	45.50

表3-11 磷酸二氢钾在过氧化氢中的溶解度

H_2O_2/(g/100g饱和溶液)	0.0	6.590	8.242
$w(KH_2PO_4)$/(g/100g饱和溶液)	12.48	16.07	19.67

表3-12 磷酸二氢钾在磷酸中的溶解度

温度/℃	38.5	84.0	110.0	126.5
$w(KH_2PO_4)$/%	10.56	33.97	45.08	51.90

表 3-13 磷酸二氢钾水溶液的相对密度

$w(KH_2PO_4)/\%$	1	2	4	6	8	10	12	14
d_4^{20}	1.0054	1.0125	1.0204	1.0403	1.0542	1.0635	1.0835	1.0998

磷酸二氢钾1%溶液的pH为4.6，0.1mol/L溶液的pH为4.0。熔点252.6℃，平均比热容（33℃）为0.083×10^4 J/(kg·K)；溶解热为－20kJ/mol；固体生成热1556.45kJ/mol，稀溶液生成热为1536.66kJ/mol。

2. 磷酸氢二钾（磷酸二钾）

化学式为$K_2HPO_4\cdot3H_2O$，相对分子质量为228.23。为白色粒状晶体或粉末，有吸湿性，易溶于水，水溶液呈微碱性。无水结晶的相对密度为2.338，于204℃时分子内脱水。1%K_2HPO_4溶液的pH为8.9，其在水中的溶解度曲线如图3-24。

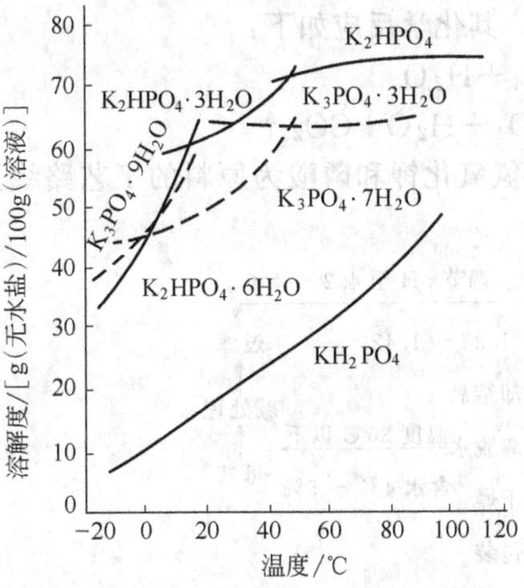

图 3-22 正磷酸钾盐在水中的溶解度

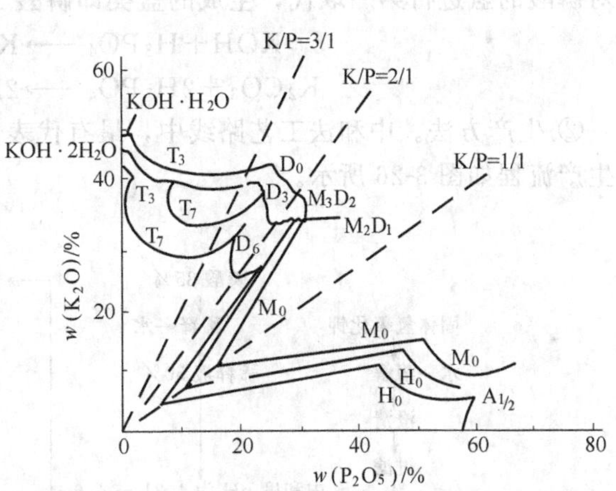

图 3-23 不同温度下正磷酸钾盐的K_2O-P_2O_5-H_2O相图

$T_3=K_3PO_4\cdot3H_2O$；$T_7=K_3PO_4\cdot7H_2O$；
$D_0=K_2HPO_4$；$D_3=K_2HPO_4\cdot7H_2O$；
$D_6=K_2HPO_4\cdot6H_2O$；$M_3D_2=K_7H_5(PO_4)_4\cdot2H_2O$；
$M_2D_1=K_8H_4(PO_4)_4\cdot H_2O$；$M_0=KH_2PO_4$；
$H_0=KH_5(PO_4)_2$；$A_{1/2}=H_3PO_4\cdot1/2H_2O$

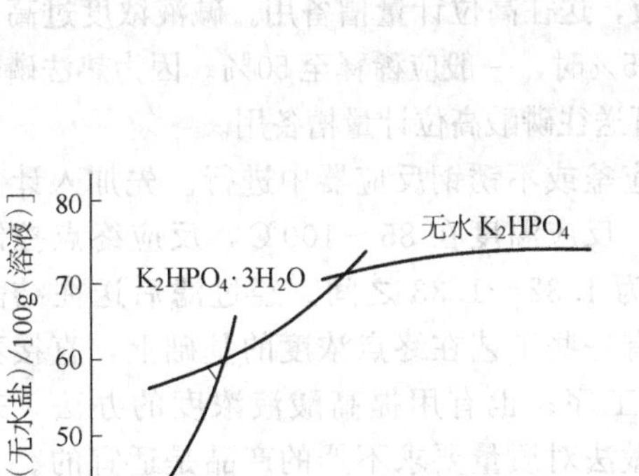

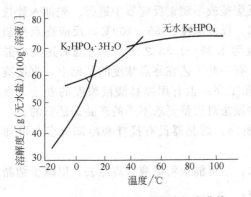

图 3-24 K_2HPO_4在水中的溶解度曲线

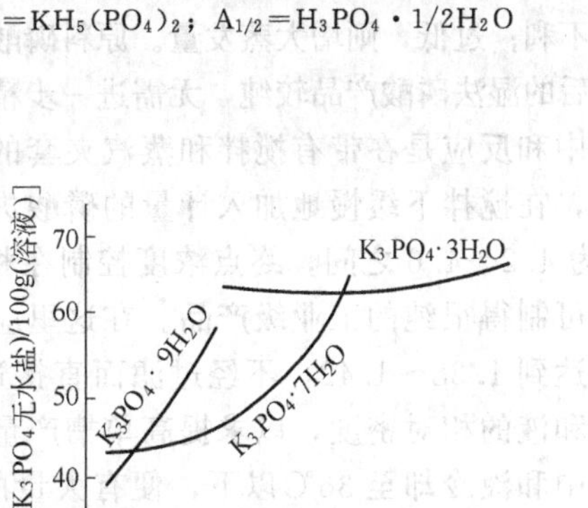

图 3-25 磷酸钾在水中的溶解度

3. 磷酸钾（磷酸三钾）

为无色斜方晶系，白色结晶或粉末。化学式为 K_3PO_4，相对分子质量 212.28。吸湿性较强，可溶于水，不溶于醇。有强碱性，水溶液呈强碱性反应。水合物有三水结晶及八水结晶两种。三水物为六方晶系粒状晶体或粉末，而八水物则为直角小片状结晶。45.1℃时自溶于结晶水中，相对密度（17℃）为 2.564。无水物在水中的溶解度（20℃）为 90g/100mL。不同温度下磷酸钾在水中的溶解度曲线如图 3-25 所示。1% 磷酸钾溶液的 pH 为 11.8，0.1mol/L 溶液的 pH 为 11.2；熔点为 1340℃；生成热 $\Delta H^{\ominus}_{f,298}$ 为 2005.5kJ/mol。

二、正磷酸钾盐的生产原理和生产方法

1. 中和法

(1) 磷酸二氢钾的生产原理和生产方法

① 生产原理。采用的原料是磷酸和氢氧化钾、碳酸钾等，利用酸碱中和机理，使钾离子对磷酸的氢进行第一取代，生成的盐类即磷酸二氢钾。其化学反应如下：

$$KOH + H_3PO_4 \longrightarrow KH_2PO_4 + H_2O$$

$$K_2CO_3 + 2H_3PO_4 \longrightarrow 2KH_2PO_4 + H_2O + CO_2\uparrow$$

② 生产方法。中和法工艺路线中，最有代表性的是氢氧化钾和磷酸为原料的工艺路线。其生产流程如图 3-26 所示。

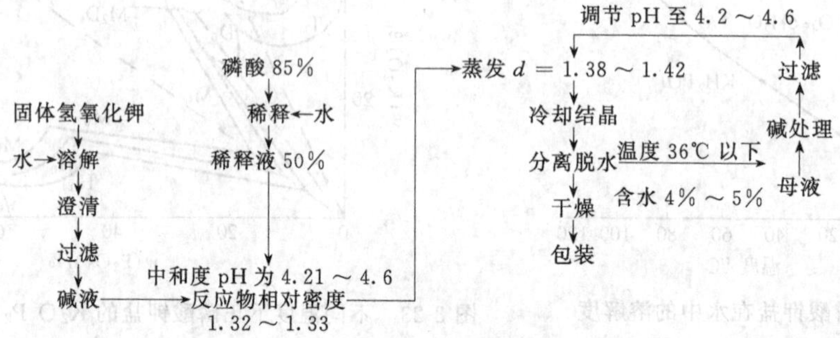

图 3-26　中和法生产磷酸二氢钾示意图

首先将固体碱溶解或将浓碱液稀释，配制成相对密度为 1.31～1.32、浓度约 30% 的溶液，使其在碱溶化槽中澄清除铁，经抽出过滤而得合格碱液，送往高位计量槽备用。碱液浓度过高，对除铁不利；过低，则增大蒸发量。原料磷酸浓度为 85% 时，一般应稀释至 50%。因为热法磷酸或净化后的湿法磷酸产品较纯，无需进一步精制，即可送往磷酸高位计量槽备用。

中和反应是在带有搅拌和蒸汽夹套的搪瓷反应釜或不锈钢反应器中进行。先加入计量的碱液，在搅拌下缓慢地加入计量的磷酸进行中和，反应温度在 85～100℃，反应终点控制在 pH 为 4.2～4.6 之间，终点浓度控制在相对密度为 1.32～1.33 之间。经过滤后送往结晶工序，可制得很纯的工业级产品。在这里应说明，有一些工艺在终点浓度的基础上，直接蒸发浓缩达到 1.38～1.42，不经过滤而直接送往结晶工序；也有用提高酸液浓度的办法，来提高中和液的相对密度，以求提高单槽产量。这种做法对质量要求不严的产品是适宜的。

中和液冷却至 36℃以下，便有大量的结晶析出，结晶器设有搅拌和冷却夹套，可加快冷却速度，以提高产品的产量和质量。

结晶后的料浆，放入离心机中进行分离脱水，尽可能地将母液分离除去，以减少结晶中母液含量，再经适当水洗、卸料、干燥即得成品。

离心后的母液经循环几次以后含有较多杂质，需要处理。一般的处理方法是向母液中加

入少量的碱液，使 pH 至 8 以上，杂质沉析出来，经过滤后而得清液，调 pH 至 4.2～4.6 送蒸发工序。

经离心机脱水之结晶物，一般含水约在 4%～5%之间。经干燥后，取样分析，合格产品包装入库。表 3-14 为磷酸二氢钾生产的主要经济指标。

表 3-14　磷酸二氢钾生产主要经济指标

原料名称	规格	单耗/(t/t)	备注
磷酸	含量 85%	0.855	热法酸
氢氧化钾	含量 92%	0.448	固体碱

(2) 磷酸氢二钾的生产原理和生产方法

① 生产原理。中和法生产磷酸氢二钾，采用的原料是磷酸和氢氧化钾。利用酸碱中和机理，使钾对磷酸中的氢进行第二取代，生成的盐类即磷酸氢二钾。其化学反应如下：

$$KOH + H_3PO_4 \longrightarrow KH_2PO_4 + H_2O$$

$$KOH + KH_2PO_4 \longrightarrow K_2HPO_4 + H_2O$$

或

$$2KOH + H_3PO_4 \longrightarrow K_2HPO_4 + 2H_2O$$

② 生产方法。将固体氢氧化钾溶解，配制成 30%溶液，将杂质过滤得碱液，磷酸稀释至 50%，把碱液和酸液分别送往高位计量槽中，供中和反应使用。其生产过程如图 3-27 所示。

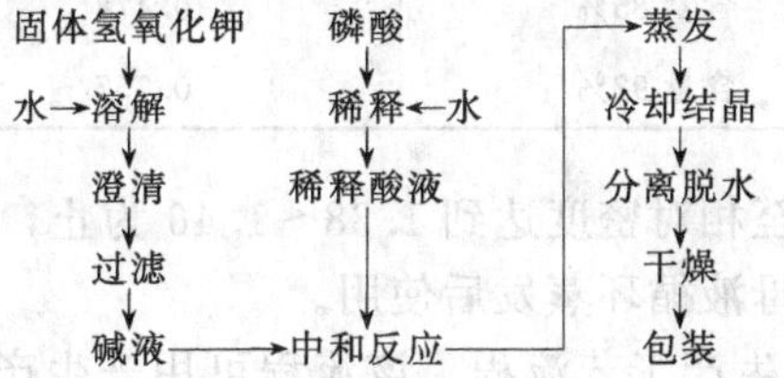

图 3-27　中和法生产磷酸氢二钾的生产过程

中和反应是在耐腐蚀反应罐中进行的，在搅拌下加入计量的钾碱液，然后缓慢地加入酸液进行中和，反应温度 90～100℃，反应终点控制在 pH 为 8.5～9.0（用酚酞作指示剂刚显红色为止）。开启夹套蒸汽，在高温 120～124℃下，浓缩至溶液浓度达到要求范围。放出冷却，并撒入 $K_2HPO_4 \cdot 3H_2O$ 晶种，静置使其结晶，冷却至 20℃以下，可获得大量结晶。将结晶液送往离心机中分离脱水而得三水磷酸氢二钾，稍加风干即可包装。母液经过滤后循环使用。表 3-15 为磷酸氢二钾生产的主要经济指标。

表 3-15　磷酸氢二钾生产的主要经济指标

原料名称	规格	单耗/(t/t)	备注
磷酸	含量 85%	0.561	工业级
氢氧化钾	含量 92%	0.594	工业级

(3) 磷酸钾的生产原理和生产方法

① 生产原理。中和法生产磷酸钾，采用的原料是磷酸和氢氧化钾，利用酸碱中和原理，使钾离子对磷酸进行第三取代，生成的盐即磷酸钾，其化学反应如下：

$$KOH + H_3PO_4 \longrightarrow KH_2PO_4 + H_2O$$

$$KH_2PO_4 + KOH \longrightarrow K_2HPO_4 + H_2O$$

$$K_2HPO_4 + KOH \longrightarrow K_3PO_4 + H_2O$$

或

$$3KOH + H_3PO_4 \longrightarrow K_3PO_4 + 3H_2O$$

② 生产方法。磷酸钾的中和法生产，也是用氢氧化钾中和磷酸，同磷酸氢二钾生产过程一样，先配制成30%的氢氧化钾溶液和50%的磷酸溶液，送高位计量槽中，供中和反应使用。磷酸钾的中和反应，首先是将3mol的碱液，分批与1mol磷酸进行中和，第一步生成磷酸二氢钾；第二步生成磷酸氢二钾，控制pH在8.5～9.0，过滤与否视其原料的纯度决定；第三步将剩余的碱液与磷酸氢二钾溶液继续反应，终点控制pH在12以上，获得磷酸钾中和液。中和法生产磷酸钾工艺流程如图3-28所示。中和法生产磷酸钾的主要经济指标如表3-16。

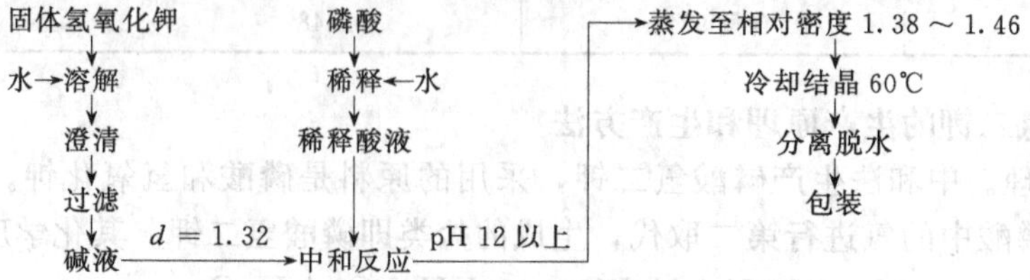

图3-28　中和法生产磷酸钾工艺流程示意图

表3-16　中和法生产磷酸钾的主要经济指标

原料名称	规格	单耗/(t/t)	备注
磷酸	含量85%	0.478	工业级
氢氧化钾	含量92%	0.757	工业级

磷酸钾溶液经蒸发浓缩至相对密度达到1.38～1.46为止，经冷却结晶至60～80℃，离心分离脱水即得产品。分离母液循环蒸发后使用。

图3-29为正磷酸钾盐的生产工艺流程。该流程可用来生产磷酸二氢钾、磷酸氢二钾和磷酸钾。

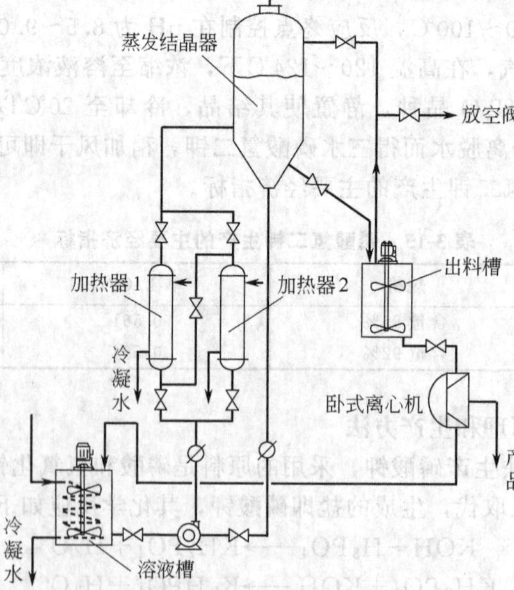

图3-29　等温强制循环蒸发结晶法生产正磷酸钾盐工艺流程

2. 复分解法

复分解法的生产工艺很多，这里只简单介绍几种生产方法的化学反应原理及部分生产方法。其化学反应如下：

$$H_3PO_4 + KCl \longrightarrow KH_2PO_4 + HCl \uparrow$$

$$NH_4H_2PO_4 + KCl \longrightarrow KH_2PO_4 + NH_4Cl$$

$$NaH_2PO_4 + KCl \longrightarrow KH_2PO_4 + NaCl$$

上述反应的特点是：不论哪一种路线，均是氯化钾与磷酸或其酸式盐进行化学反应，即以廉价的氯化钾代替氢氧化钾生产磷酸二氢钾，以降低成本。

(1) 磷酸和氯化钾的复分解原理及生产方法

① 原理。该法是利用磷酸在高温下使氯化钾分解，并与磷酸进行第一取代生成磷酸二氢钾盐，逸出气体氯化氢。其反应式为：

$$H_3PO_4 + KCl \longrightarrow KH_2PO_4 + HCl \uparrow$$

② 生产方法。以磷酸和氯化钾为原料的生产方法很多，较早的方法是将含量大于95%的氯化钾溶于70～80℃的热水中，制取接近于饱和浓度的氯化钾溶液，与75%以上浓度的磷酸，按 $KCl : H_3PO_4 = 1 : 1.2$ 的配比加入反应器中，升温至120～130℃下进行复分解反应。随着反应的进行而产生磷酸二氢钾和氯化氢，所产生的氯化氢经冷却回收盐酸，转化率在95%以上。反应液加入稀氢氧化钾溶液中和游离酸，终点控制pH在4.4～4.6，经冷却结晶、分离脱水、水洗而得磷酸二氢钾产品。母液中含有大量的磷酸二氢钾、氯化钾和游离酸，返回配料使用。

早期采用该法的生产工艺，分解温度大都采用120～130℃，转化率达95%时的反应周期约为8～10h。为提高转化率、缩短反应时间，也曾采用真空负压操作、通热风搅拌等措施，但对生产改善程度不大。后来生产实践证明，分解温度为150～170℃时，转化率在95%时的反应周期为2h，而采用煅烧法在220～260℃的温度下进行操作，反应周期可缩短到1h。

美国Allid化学公司是将氯化钾与热法磷酸连续不断地加到磷酸盐熔体反应器中，温度维持在约170℃，并不断将结晶母液返回加入到反应器中。将热蒸汽通往反应物，反应生成的氯化氢与过热蒸汽从上部带走，逸出的蒸汽中含有3%氯化氢，反应产物连续不断地由反应器流到带有搅拌的冷却器中，在60℃下进行结晶分离，所得产品含有0.5% H_3PO_4，0.05% KCl和4.5% H_2O。

上述几种流程中，虽然都属于同一种工艺路线，但所采用的温度不同，其结果大不相同。温度的高低是复分解操作的关键，温度低，转化率低，反应周期长，产率低；采用较高温度可促使反应加快，缩短反应周期和提高转化率。因为升高温度可以提高脱氯速度。

磷酸和氯化钾的复分解法生产流程种类繁多，过程各不相同，特点也各有所异。此处仅介绍两种生产方法，如图3-30和图3-31所示。

(2) 磷酸二氢钠和氯化钾复分解

① 生产原理。磷酸二氢钠和氯化钾在溶液中的四种离子，达到化学平衡后，便有磷酸二氢钾和氯化钠产生，利用磷酸二氢钾在高、低温度下溶解度相差较大，而氯化钠在高低温度下溶解度变化不大的特性，先加热反应，后降温使磷酸二氢钾析出结晶，再蒸发母液使氯化钠达到饱和，析出晶体。

② 生产方法。将30%氢氧化钠溶液300kg加入反应罐中，同时加水0.3m^3，并进行搅拌，再加入85%的磷酸约250kg，使溶液中和至pH为4.1～4.3，制得磷酸二氢钠。然后加入90%氯化钾约175kg。用夹套蒸汽加热至沸点，进行复分解反应，并保温0.5h使其反应

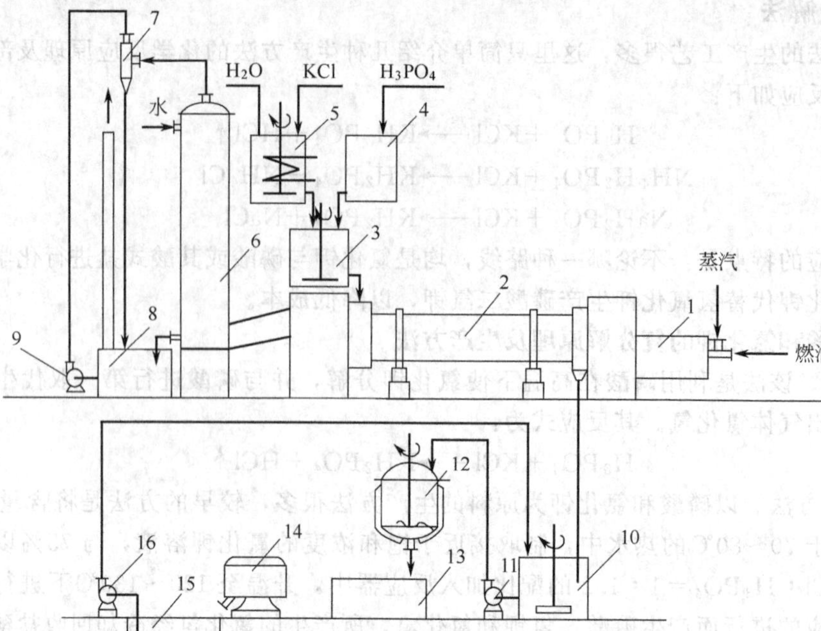

图 3-30 磷酸和氯化钾复分解反应工艺流程（一）

1—燃烧室；2—回转炉；3—混料槽；4—磷酸计量罐；5—化料槽；6—水洗塔；7—文氏管；8—储酸槽；9,11—酸泵；10—中和槽；12—蒸发罐；13—结晶槽；14—分离机；15—母液槽；16—母液泵

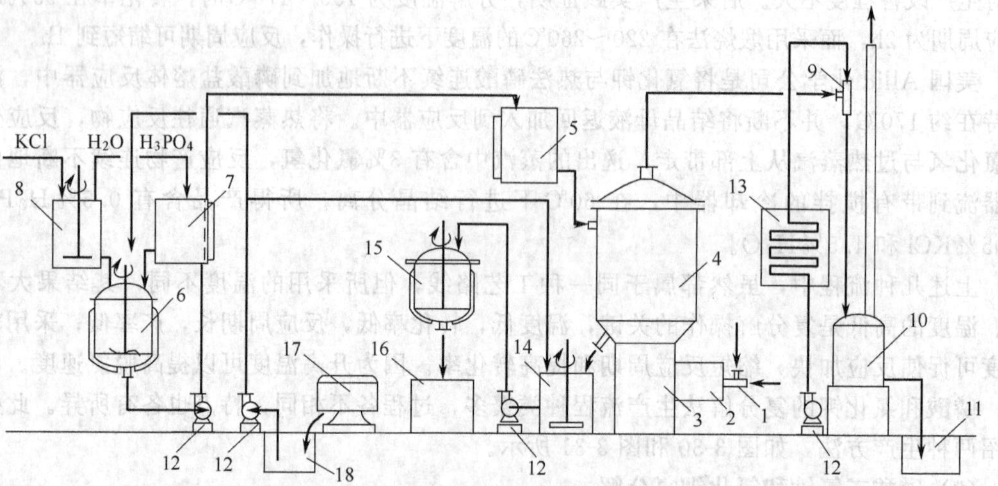

图 3-31 磷酸和氯化钾复分解反应工艺流程（二）

1—喷油器；2—燃烧室；3—沉降室；4—反应室；5—计量罐；6—混料槽；7—磷酸计量槽；8—溶化罐；9—文氏管；10—循环酸储罐；11—地下槽；12—输液泵；13—冷却器；14—中和罐；15—蒸发器；16—结晶槽；17—分离机；18—母液槽

达到平衡。趁热放料进行真空抽滤，分离出杂质。滤液冷却至接近常温，加磷酸调节 pH 至 4.4～4.7 之间，用水调节相对密度至 1.262～1.271，搅拌 30min 后形成含量在 96%以上的结晶。放料进行真空抽滤或离心分离，即得磷酸二氢钾。母液蒸发至料温为 108～109℃，

料液自澄清转为白色得到氯化钠晶体，过滤除去。其滤液再冷却至室温，用磷酸调节 pH 在 4.4～4.7 之间，同时加入适量的氯化钾溶液，使料液的 Cl∶NaH_2PO_4＝1.05∶1（物质的量比），料液相对密度为 1.271，搅拌 30min 后出料过滤，再得磷酸二氢钾结晶。液体送蒸发器，加热至料温达 108～109℃，料液由澄清转为白色时放料，分离再得氯化钠结晶，如此循环。

磷酸二氢钠和氯化钾的复分解，其配料比基本上是按照等物质的量比配制。其浓度则是确保磷酸二氢钠和氯化钾保持接近饱和浓度，使溶液中有足够的钾、钠、磷酸二氢根的离子浓度，促使反应产物大量生成。温度对复分解有重要意义，在实际操作中应根据质量要求、能耗等因素全面考虑。选择适当的温度是创造最佳结晶条件不可忽视的因素，它直接影响着产品的化学组成、结晶的析出和分离等操作，是避免产品含有杂质的关键工序，对产品质量有重要影响。

以磷酸二氢钠和氯化钾为原料的生产流程如图 3-32。

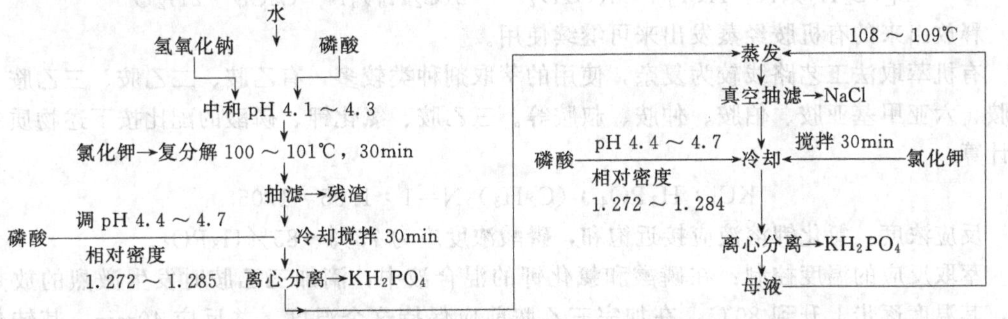

图 3-32　以磷酸二氢钠和氯化钾为原料生产磷酸二氢钾工艺流程

(3) 磷酸二氢铵与氯化钾复分解法

① 反应原理。为寻找最理想的磷酸二氢钾生产工艺，科学工作者在几十年前就提出了用磷酸二氢铵与氯化钾进行复分解反应，生产磷酸二氢钾和氯化铵的生产方法。反应方程如下：

$$NH_4H_2PO_4 + KCl \longrightarrow KH_2PO_4 + NH_4Cl$$

或

$$NH_4HCO_3 + H_3PO_4 + KCl \longrightarrow KH_2PO_4 + NH_4Cl + CO_2\uparrow + H_2O$$

不难看出，该法与 $Na_2CO_3 + H_3PO_4 + KCl \longrightarrow KH_2PO_4 + NaCl + CO_2\uparrow + H_2O$ 相比，成本要低得多。按方程式及实际生产计算，0.4t 纯碱（1300 元/t）520 元，0.6t 碳铵（400 元/t）240 元。0.4t 氯化铵（800 元/t）320 元，0.43t 氯化钠（100 元/t）43 元。成本相差 557 元。

但该法由于反应 $NH_4H_2PO_4 + KCl \longrightarrow KH_2PO_4 + NH_4Cl$ 进行不彻底，因此磷酸二氢钾收率较低。后来在研究者们的不断努力下，改进了生产工艺，收率已大为提高。

② 操作规程及流程简图。碳酸氢铵与磷酸反应生成磷酸二氢铵，控制 pH 在 4.5 以下。磷酸二氢铵与氯化钾按照 100∶65 的比例在 60～100℃下反应。反应结束后冷却至 30℃以下分离出磷酸二氢钾。将分离出磷酸二氢钾的母液蒸发至一定程度冷却至 30℃以下，分离出三元素复合肥。将分离过三元素复合肥的母液加入到第一步。依次循环，流程如图 3-33 所示。

3. 萃取法

萃取法分有机溶剂萃取法和无机溶剂萃取法，下面分别进行介绍。

(1) 有机溶剂萃取法　有机溶剂萃取法生产的磷酸钾盐，主要是磷酸的第一、第二取代

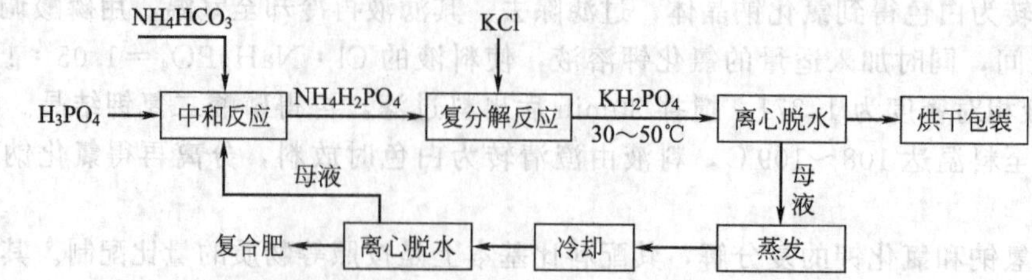

图 3-33　碳酸氢铵、磷酸、氯化钾为原料生产磷酸二氢钾工艺流程

钾盐（酸式盐）。其主要原料为磷酸、氯化钾、三乙胺等。有机萃取法生产磷酸二氢钾的化学反应如下：

$$H_3PO_4 + (C_2H_5)_3N \longrightarrow (C_2H_5)_3N \cdot H_3PO_4$$

$$(C_2H_5)_3N \cdot H_3PO_4 + KCl \longrightarrow KH_2PO_4 + (C_2H_5)_3N \cdot HCl$$

$$2[(C_2H_5)_3N \cdot HCl] + Ca(OH)_2 \longrightarrow 2(C_2H_5)_3N + CaCl_2 + 2H_2O$$

释放出来的有机胺经蒸发出来可继续使用。

有机萃取法工艺路线较为复杂，使用的萃取剂种类较多，有乙胺、二乙胺、三乙胺、异丙胺、六亚甲基亚胺、伯胺、仲胺、叔胺等。三乙胺、氯化钾、磷酸的配比按下述物质的量比计算：

$$KCl : H_3PO_4 : (C_2H_5)_3N = 1 : 1.05 : 1.05$$

反应浓度：氯化钾溶液应接近饱和，磷酸浓度应为 75%～85% H_3PO_4。

萃取反应的温度控制：在磷酸和氯化钾的混合液中，滴加三乙胺时发生激烈的放热反应，其温度逐步上升到 80℃，在加完三乙胺前应保持这个温度，并反应 40min，其转化率可达 98% 以上；冷却降温至 30℃，磷酸二氢钾可大部分析出；蒸馏温度应控制在 80～102℃。

有机萃取法工艺路线有如下特点：

① 氯化钾和磷酸混合液中的氯离子和氢离子，能够和萃取剂在液相中转化为各种类型的氯化物，避免了产生氯化氢气体带来的污染。

② 避免了由于氯化氢气体和溶液对设备的腐蚀。

③ 在较低的温度下使氯化钾转化，从而避免了高温操作，为节省能源创造了条件。

④ 氯化钾的转化率可达 98%。

⑤ 工艺设备的材质没有特殊要求，有利于减少设备投资。

⑥ 可利用含有较多杂质的磷酸，将其先与三乙胺反应，使钙、镁、铝、铁等杂质大部分析出，滤液再与氯化钾反应，可得质量很好的产品，为利用粗磷酸、降低成本奠定了基础。

(2) 无机萃取法　无机萃取法是以无机酸、磷酸粉和钾盐为原料，直接生产磷酸二氢钾的工艺方法。该法近年来有了较大发展，由于原料价格低廉，生成成本低，产品有很大的竞争力。因此，各国都相继进行了开发，并发表了许多专利和文献，但与有机萃取法相比，目前没有成熟的工艺，且产品纯度一直无法得到解决，因此还有待进一步研究以提高其可行性。

4. 电渗析法

以氯化钾（或硫酸钾）和磷酸为原料，采用电渗析法生产磷酸二氢钾，国外早有这方面的专利发表，国内研究也取得了较大进展。

(1) 生产原理　电渗析法生产磷酸钾盐，其主要原料为氯化钾（或硫酸钾）、磷酸等，利用离子交换膜在电场作用下，阴离子和阳离子渗透膜有选择地允许 $H_2PO_4^-$ 和 K^+ 穿过膜层，集中到中和室生成磷酸二氢钾溶液，而 H^+ 和 Cl^- 分别移到阴极和阳极生成氢气和氯气逸出。

化学反应机理：

$$H_3PO_4 \longrightarrow H^+ + H_2PO_4^-$$

$$KCl \longrightarrow K^+ + Cl^-$$

$$K^+ + H_2PO_4^- \longrightarrow KH_2PO_4$$

$$2H^+ + 2e^- \longrightarrow H_2\uparrow \text{（阴极还原）}$$

$$2Cl^- - 2e^- \longrightarrow Cl_2\uparrow \text{（阳极氧化）}$$

(2) 生产方法 氯化钾和磷酸溶液经电渗析器制取磷酸二氢钾，是在电场作用下，使用离子交换膜，让阴离子渗透膜有选择性地允许阴离子（$H_2PO_4^-$）穿过，阳离子渗透膜有选择性允许阳离子 K^+ 穿过。膜层安放在不同料室之间，以使电解液中特定的 K^+ 和 $H_2PO_4^-$ 迁移到相邻的中和室中，并在这里生成磷酸二氢钾溶液，和 $H_2PO_4^-$ 相对离解的 H^+ 移向阴极吸收电子而成为氢气；而和 K^+ 相对应的 Cl^- 移向阳极放出电子而成为氯气。

离子穿过离子渗透膜，是受外加电场的影响。在不断供电的情况下，阴极由于积聚了电子而带负电荷，带正电荷的阳离子受阴极吸引，阳极则缺乏电子而带正电性，所以阴离子向阳极迁移。

设备材质的选择是根据阴极室、阳极室所加入的原料溶液和反应液所形成的离子的性质来决定的。因此，阴极板和阳极板应该选择耐腐蚀材料，而离子渗透膜一般选择耐酸腐蚀的阴离子和阳离子选择性渗透膜，如异丁烯酸树脂膜、氟磺酸型离子交换树脂膜等。

生产过程图示如图 3-34。

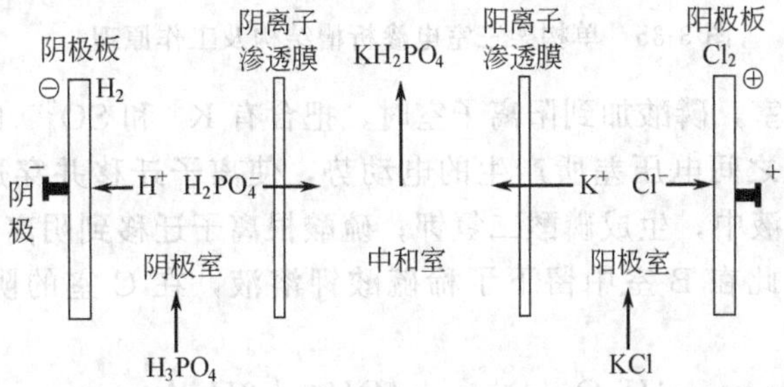

图 3-34 以 H_3PO_4 和 KCl 生产 KH_2PO_4 示意图

在阴极室和阳极室分别加入 196g/L 的磷酸和 149g/L 的氯化钾溶液，反应在 6V 电压和 5～10A 的连续电流下进行，最终产品可得 $n(K) : n(P) = 1 : 1$ 的很接近于纯磷酸二氢钾的溶液的产品。其电流效率可达 95%左右，电渗析装置交换率很高。由于电解时的内电阻，特别是离子迁移和极化效应（离子在表面堆积），电流效率达不到 100%。

据测定 P_2O_5 的利用率可达 97%，每吨工业级产品（含量 98%）其原料消耗如表 3-17 所示。

表 3-17 离子交换膜法磷酸二氢钾生产消耗指标

物料名称	规格	单耗/(kg/t)	备注
磷酸	含量 85%	895～900	工业品
氯化钾	含量 95%	595～600	工业品
电	kW·h	1000	电流效率达 96%时，电耗量达到 734kW·h

在单框架三室电解法中，所生成的各种产品，都与电极上的电流转换有关。单框架电解法的大部分电阻均在电极区域，这会影响电能消耗和成本。因此在双电极的电解法中，可适当地装更多的框架，电解的效率则会更高些，使用多极框架电渗析法，在成本上会得到更佳的效果。这是因为若干重复的电解装置安放在两个电极之间，电极电压在总电压中所占比例不大，由于增加了重复电解槽装置数，在电量消耗、总电压和生产能力的计算中，电极电压不起主要作用。电渗析的电能，消耗于装有电极的槽室中。而整个中间槽室只有离子迁移，不消耗电流，却可产出液体产品，因而降低了电耗。

第二种工艺是以湿法磷酸和硫酸钾为原料，用电渗析法连续制取磷酸二氢钾。该法为美国专利，生产中生成的产品是磷酸二氢钾、硫酸、氢气和氧气。用这种方法生产的磷酸二氢钾质量相当高，通常不含硫酸根杂质。

装置由阳极和阴极组成，在阳极附近安装一阴离子选择性透过膜，在阴极附近装一阳离子选择性渗透膜，使电渗析分成阴离子室 A、阳离子室 C 和中间液体室 B。

单构架三室电渗析槽结构如图 3-35。

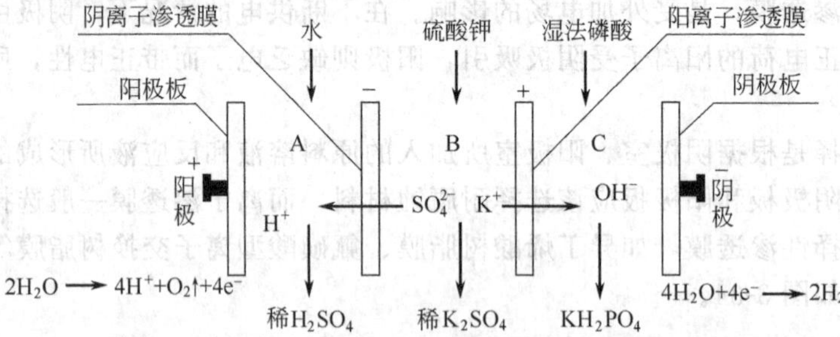

图 3-35　单构架三室电渗析槽结构及工作原理

当把水加到阴离子室，磷酸加到阳离子室时，把含有 K^+ 和 SO_4^{2-} 的硫酸钾溶液加到中间电渗析室 B 中，两级之间电压差所产生的电动势，使离子迁移并穿过渗透膜。钾离子迁移到阴离子室进入磷酸液中，生成磷酸二氢钾；硫酸根离子迁移到阴离子室，进入正流动着的水中，生成硫酸。因此在 B 室中留下了稀硫酸钾溶液，在 C 室的阴极上发生下述离子反应：

$$4H_2O + 4e^- \longrightarrow 4OH^- + 2H_2\uparrow$$

硫酸根离子迁移穿过阴离子渗透膜进入阴离子室，并发生下列离子反应：

$$2H_2O \longrightarrow 4H^+ + O_2\uparrow + 4e^-$$

在设备材质上采用铅阳极和铁阴极，并选用了耐强酸腐蚀的阴离子和阳离子选择性渗透膜。电渗析法主体设备构件是由聚异丁烯树脂制成的，电渗析槽用膜分成几个室，把膜放在带孔的聚异丁烯树脂构件中间，液体穿过这些构件流动，异丁烯树脂构件有 S 形孔，以使膜层表面液流分布良好，每张膜暴露于液流中的实际表面积是 $0.259m^2$，所用电源是 0～16V 的可变直流电，其最大输出量是 10A。

B 室和 C 室分别通入 50g/L 的硫酸钾和 75g/L 的料液。反应在 6V 电压和 4.5A 连续电流下进行。钾离子连续地迁移进电解槽的 C 室，最终产品溶液的 $n(K):n(P)=1.25:1$，接近于磷酸二氢钾溶液的理论值。磷酸二氢钾最终浓缩到以产品溶液中的钾计为 60g/L。

5. 离子交换法

(1) 阳离子树脂离子交换法的生产原理　用氯化钾的溶液通过磺化聚乙烯型的阳离子交换树脂，从溶液中吸附钾离子，然后将磷酸二氢铵的溶液，通过树脂进行转换，得到磷酸二氢钾溶液。经蒸发浓缩、冷却结晶、分离脱水、干燥而得磷酸二氢钾成品。其主要化学反应如下：

$$NH_3 \cdot H_2O + H_3PO_4 \longrightarrow NH_4H_2PO_4 + H_2O$$

$$NH_4H_2PO_4 \longrightarrow NH_4^+ + H_2PO_4^-$$

$$KCl \longrightarrow K^+ + Cl^-$$

用离子交换树脂（以 R 代表）对上述制备的溶液进行离子交换：

$$K^+ + Cl^- + NH_4R \longrightarrow KR + NH_4Cl$$

$$KR + NH_4^+ + H_2PO_4^- \longrightarrow KH_2PO_4 + NH_4R$$

过程分三部分，一是交换溶液的制备，二是离子交换，三是交换溶液的处理。

(2) 阴离子交换树脂法的生产原理 采用阴离子交换树脂，它含的活性基团为碱性；而阳离子交换树脂所含的活性基团为酸性基团。因此，它们的操作原理截然不同。阴离子交换树脂交换的是溶液中的阴离子，把阳离子留在溶液中和解析下来的阴离子结合而生成新的产物；而阳离子交换树脂所交换的是溶液中的阳离子，把阴离子留在溶液中和解析下来的阳离子结合生成新的产物。阴离子交换树脂的化学反应是：

$$H_3PO_4 + R \cdot OH \longrightarrow R \cdot H_2PO_4 + H_2O$$

或

$$NH_4H_2PO_4 + R \cdot OH \longrightarrow R \cdot H_2PO_4 + NH_3 \cdot H_2O$$

$$R \cdot H_2PO_4 + KCl \longrightarrow R \cdot Cl + KH_2PO_4$$

$$RCl + NH_4OH \longrightarrow NH_4Cl + R \cdot OH$$

除上面介绍的生产方法外，还有其他生产方法，如甲酸盐法、磷酸氢钙和磷酸二氢钙法、土碱法、碳化法、苛化法等。

第三节 正磷酸钙盐

正磷酸钙盐在饲料、牙膏、医药、食品、电气、涂料、建材等工业部门中有着广泛的用途，因而成为世界上年产量达数百万吨的大工业行业，在国民经济中具有重要地位。第二次世界大战以前，人们用含有磷的鱼粉、骨粉作为动物饲料的无机添加剂；用石灰石粉等作为基料制牙膏、牙粉来洁齿。第二次世界大战前期，美国田纳西流域管理局首先用热法磷酸为原料生产饲料用磷酸氢钙。1945 年，由于解决了磷矿和磷酸制备中的脱氟工艺技术，脱氟磷酸盐开始工业化生产，美国建造了规模为 5 万吨/年的回转窑烧结脱氟磷酸盐工厂，1951 年又建了一个 9 万吨/年的工厂。用热法磷酸为原料制沉淀磷酸钙的生产，在此时也得到较大发展。

中国精细磷酸钙盐工业发展较晚，1964 年江苏连云港红旗化工厂建成了一个年产 1000t 饲料磷酸氢钙和年产 1200t 牙膏级磷酸氢钙车间。磷酸钙盐生产近年来发展很快，全国相继建成了多家饲料磷酸氢钙厂、脱氟磷酸钙厂，以及部分磷酸二氢钙生产厂家，从用途看，除饲料添加外，食品磷酸钙盐、牙膏用磷酸钙盐以及医用磷酸钙盐等都相继开发生产出来。1999 年共生产饲料磷酸盐 70 多万吨，其中钙盐占 95%以上，而磷酸氢钙又占钙盐的 90%以上，近几年产量更大，已突破百万吨大关。但近年来研究试验结果和实际使用情况发现，饲料级磷酸二氢钙是动物补充磷钙的最优产品，而磷酸氢钙的饲用效果不尽如人意，欧洲多国已明文禁止使用磷酸氢钙。食品添加剂用品种发展也很快，主要品种有磷酸二氢钙、磷酸氢钙和磷酸三钙等。

正磷酸钙盐从化学构成上可分为磷酸氢钙（又称沉淀磷酸钙或二代磷酸钙）、磷酸二氢钙（又称磷酸一钙或一代磷酸钙）、磷酸钙（又称正磷酸钙或磷酸三钙）。它们又有含结晶水和无结晶水之分。但从工业上讲，由于其用途不同，更多的将其分为饲料添加剂、食品添加剂、药品中间体、牙膏牙粉专用等若干级别。以上产品的化学式、相对分子质量和用途列入表 3-18。

表 3-18　正磷酸钙盐的主要品种

化学名称	化学式	相对分子质量	用途
二水磷酸氢钙	$CaHPO_4 \cdot 2H_2O$	172.10	饲料、食品、药品、牙膏
无水磷酸氢钙	$CaHPO_4$	136.06	饲料、食品、药品、牙膏、陶瓷、电器
一水磷酸二氢钙	$Ca(H_2PO_4)_2 \cdot H_2O$	252.08	饲料、食品
无水磷酸二氢钙	$Ca(H_2PO_4)_2$	234.06	饲料、食品
磷酸钙	$Ca_3(PO_4)_2$	310.18	饲料、食品、药品、电器、涂料

一、正磷酸钙盐的性质

1. 磷酸氢钙

磷酸氢钙为无色无味的白色结晶粉末。晶体属单斜晶系，相对密度 2.306。稍溶于水，二水磷酸氢钙在 25℃的 100mL H_2O 中能溶解 0.02g。不溶于乙醇，但易溶于稀盐酸、稀硝酸、醋酸中，变成磷酸二氢钙的酸性溶液。

由于制造工艺不同和使用行业不同，人们对磷酸氢钙的结晶形状、添加物的影响、结晶水的保存和失去等，有过深入的研究。制造牙膏用磷酸氢钙时，首先要制得较纯的二水磷酸氢钙，此盐在不加稳定剂时为四角片状结晶，表面光滑，粒子前端比较直。用分析纯或试剂级磷酸和氢氧化钙反应得到的晶体形状大部分为条状。

事实上，牙膏专用磷酸氢钙是加稳定剂的，通常的稳定剂是磷酸镁和焦磷酸钠，它对产品的溶解度、沉降溶度积（此指标又与牙膏成品的热稳定性、时间稳定性有关）、结晶水变化均有影响。添加稳定剂的磷酸氢钙溶解度列于表 3-19。稳定剂也可使磷酸氢钙在水中的沉降速度大为降低，使其结晶在储存时较为稳定。未加稳定剂的二水磷酸氢钙晶体在 115～120℃时失去两个结晶水；而加有稳定剂的牙膏级磷酸氢钙在 100～125℃时失去 1/4 结晶水，最后转化为 $CaHPO_4$，在 400～430℃时，再失去一个水分子变成 $Ca_2P_2O_7$。

表 3-19　在 50℃水中牙膏用二水磷酸氢钙溶解度　　单位：g/L

品　名	以 CaO 计的溶解度	稳 定 剂
牙膏级 $CaHPO_4 \cdot 2H_2O$	0.034	磷酸镁
牙膏级 $CaHPO_4 \cdot 2H_2O$	0.030	焦磷酸钠
$CaHPO_4 \cdot 2H_2O$	0.262	未加
$CaHPO_4 \cdot 2H_2O$	0.067	未加

2. 磷酸二氢钙

磷酸二氢钙［$Ca(H_2PO_4)_2 \cdot H_2O$］为无色或白色结晶性粉末，晶体属三斜晶系。相对密度为 2.22。稍有吸湿性，易溶于盐酸、硝酸中。稍溶于水，在 30℃时，100mL H_2O 中可溶磷酸二氢钙 1.8g。几乎不溶于乙醇。水溶液显酸性，饱和水溶液的 pH 为 3 左右，在 100～150℃时失去结晶水，反应式如下：

$$Ca(H_2PO_4)_2 \cdot H_2O \xrightarrow{100\sim150^\circ C} Ca(H_2PO_4)_2 + H_2O$$

在 152℃时熔融，失去结构水分而成偏磷酸钙，反应式如下：

$$Ca(H_2PO_4)_2 \xrightarrow{152℃} Ca(PO_3)_2 + 2H_2O$$

3. 磷酸钙

磷酸钙［$Ca_3(PO_4)_2$］又称为磷酸三钙，通常为白色晶体或无定形粉末，相对密度 3.18，熔点 1670℃，可溶于酸，不溶于水和乙醇。在自然界以磷矿、磷灰石、磷灰土的形式存在，构成其主要成分。它可由氯化钙、磷酸钠作用或石灰与磷酸作用制得。磷酸钙在 1180℃以上骤冷变成 α 晶体，在 1180℃以下缓冷，则成为 β 晶体。

4. 磷酸钙盐的相互转化

用石灰水中和磷酸，控制 pH 由低到高，可以依次得到磷酸二氢钙、磷酸氢钙、磷酸钙。

pH 在 3.2 左右时：

$$Ca(OH)_2 + 2H_3PO_4 \rightleftharpoons Ca(H_2PO_4)_2 + 2H_2O$$

pH 在 5.2 左右时：

$$Ca(OH)_2 + H_3PO_4 \rightleftharpoons CaHPO_4 + 2H_2O$$

$$Ca(H_2PO_4)_2 + Ca(OH)_2 \rightleftharpoons 2CaHPO_4 + 2H_2O$$

pH 在 8.1 以上时：

$$3Ca(OH)_2 + 2H_3PO_4 \rightleftharpoons Ca_3(PO_4)_2 + 6H_2O$$

$$2CaHPO_4 + Ca(OH)_2 \rightleftharpoons Ca_3(PO_4)_2 + 2H_2O$$

事实上，生产 $Ca_3(PO_4)_2$ 时，由于 $Ca(OH)_2$ 和 $CaHPO_4$ 溶解度很小，使这一反应进行困难，通常用氯化钙和磷酸钠反应会快些。

$$3CaCl_2 + 2Na_3PO_4 \longrightarrow Ca_3(PO_4)_2 + 6NaCl$$

但工业上生产饲料用磷酸三钙采用的是磷矿粉添加脱氟剂烧结脱氟得到脱氟磷灰石，其生产成本更低而且饲用效果也更好，我国已经大规模生产。

二、正磷酸钙盐的生产原理

1. 化学反应机理

在温度低于 50℃时，用石灰水或方解石粉与磷酸溶液反应生成磷酸氢钙，总反应式为：

$$Ca(OH)_2 + H_3PO_4 \longrightarrow CaHPO_4 \cdot 2H_2O$$

或

$$H_3PO_4 + CaCO_3 + H_2O \longrightarrow CaHPO_4 \cdot 2H_2O + CO_2\uparrow$$

实际上反应是分步进行的。首先，用石灰乳或石灰石粉溶解在磷酸中，生成磷酸二氢钙，化学反应为：

$$Ca(OH)_2 + 2H_3PO_4 \longrightarrow Ca(H_2PO_4)_2 + 2H_2O$$

$$2H_3PO_4 + CaCO_3 \longrightarrow Ca(H_2PO_4)_2 + H_2O + CO_2\uparrow$$

然后，随着石灰乳或石灰石粉的加入，磷酸二氢钙在溶液中不断溶解，进而生成磷酸氢钙，成为固体析出。

$$Ca(H_2PO_4)_2 + Ca(OH)_2 + 2H_2O \longrightarrow 2[CaHPO_4 \cdot 2H_2O]$$

$$Ca(H_2PO_4)_2 + CaCO_3 + 3H_2O \longrightarrow 2[CaHPO_4 \cdot 2H_2O] + CO_2\uparrow$$

如果石灰乳用量大于磷酸氢钙中 CaO/P_2O_5 的理论质量比（$CaO/P_2O_5=0.79$，pH 为 6.3）时，磷酸氢钙将分解，同时生成磷酸二氢钙和磷酸钙，盐中的磷酸根有一半进入磷酸钙中。

$$4CaHPO_4 \longrightarrow Ca(H_2PO_4)_2 + Ca_3(PO_4)_2$$

由于石灰乳的 pH 有限，上述反应不能实现磷酸钙的生产，而用复分解法则能实现。在饲料磷酸氢钙生产中，常用石灰石粉去中和萃取磷酸，在这种情况下，过量的石灰石粉将与酸中杂质反应，而不使 $CaHPO_4$ 分解，反应过程如下：

$$CaCO_3 + H_2SO_4 \longrightarrow CaSO_4 + H_2O + CO_2 \uparrow$$

$$H_2SiF_6 + 3CaCO_3 \longrightarrow 3CaF_2 + SiO_2 + H_2O + 3CO_2 \uparrow$$

胶状的硅酸沉淀出现，将给过滤带来麻烦，但是它也为两段法生产饲料磷酸氢钙提供了脱氟的理论依据。

2. 结晶水的形成与稳定程度

研究 $CaO\text{-}P_2O_5\text{-}H_2O$ 体系发现，当温度低于 36℃时二水磷酸氢钙是稳定的。高于 36℃时无水磷酸氢钙是稳定的。生产中温度一般控制在 40～50℃，可以生成介稳的二水磷酸氢钙，温度超过 60℃则难以实现，温度更高则生成无水盐。

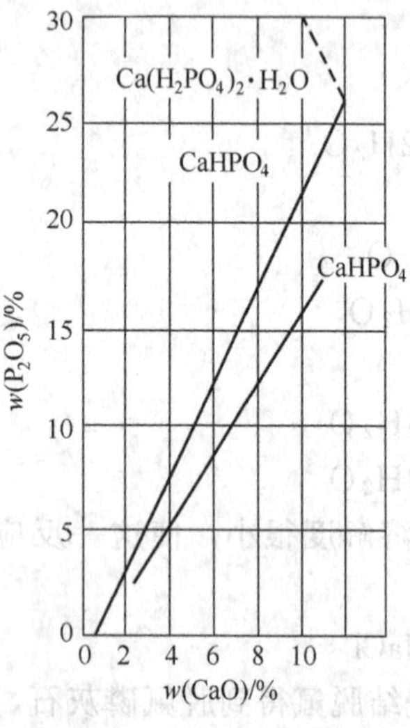

图 3-36 40℃时 $CaO\text{-}P_2O_5\text{-}H_2O$ 体系中介稳相和稳定相 $CaHPO_4$ 的溶解度

图 3-36 说明了 40℃时，介稳相 $CaHPO_4 \cdot 2H_2O$ 和稳定相 $CaHPO_4$ 的溶解度。液相中 P_2O_5 浓度越高，介稳二水磷酸氢钙转变为稳定的无水 $CaHPO_4$ 越迅速。在 P_2O_5 浓度很低时（pH＝6.4～8.0 或更高），$CaO\text{-}P_2O_5\text{-}H_2O$ 体系中的固相里，有碱性较大的磷酸氢钙出现。二水磷酸氢钙在干燥时失去水的温度和速度决定于压力、晶体的几何尺寸和原来形成晶体的方法。在常压下，1h 内将二水磷酸氢钙加热到 100℃以上，其失去结晶水已很明显。加热到 175℃以上，会脱去化合水而成焦磷酸钙。

通常磷酸氢钙吸湿性很小，含有少量磷酸氢镁的磷酸氢钙，不仅能增加其松散性、储存时不吸潮，还能使制成的牙膏膏体长期稳定。所以磷酸氢镁能改善磷酸氢钙的物理性能。

3. 物理化学过程

如图 3-37 为 40℃时用石灰乳沉淀磷酸得磷酸氢钙的沉淀过程中体系相图。通过对该相图的研究表明，用含 12%CaO(点 S) 的石灰沉淀 20%P_2O_5 的磷酸（点 S'），和用液固比相当于 1.5∶1，即 CaO 浓度约为 22%的石灰石悬浮液（点 R）沉淀 25%P_2O_5 的磷酸（点 R'）时，沉淀过程中复合物的组成沿 SS'线和 RR'线变动。

当达到平衡时，点 a 处由游离的 H_3PO_4 和 $Ca(H_2PO_4)_2$ 组成的液相为 $CaHPO_4$ 的饱和溶液。但实际生产时，液相达到饱和时，不在点 a 和 a'，而在介稳线 ML（即固相 $CaHPO_4 \cdot 2H_2O$ 的溶解线）上的点 b 和 b'。要使 $CaHPO_4 \cdot 2H_2O$ 结晶出来，必须形成介稳的饱和溶液。因此说磷酸氢钙的生成开始于磷酸的第一个氢离子完全被中和的瞬间（点 c 和 c'），在 CaO 有一半溶解的时候，磷酸二氢钙的生成数是由于它及根据固相组成比例的平衡液相不相称而分解的结果，磷酸二氢钙的溶解线 ONN'位于该盐的结晶区外。点 c 和 c'处磷酸二氢钙的分解率分别为 32.6%和 36.1%。

研究 60℃时 $CaO\text{-}P_2O_5\text{-}H_2SiF_6\text{-}H_2O$ 的体系表明，生成 CaF_2 时（图 3-37 中等温线 KT），磷酸氢钙的溶解度迅速降低。因此，未脱氟的萃取磷酸用石灰乳沉淀时应在较高的过饱和状态下进行。

4. 磷酸钙盐生成过程的速度控制

用石灰乳中和磷酸的速度较快，瞬息可以完成。但事实上，当磷酸和石灰乳相混时，石

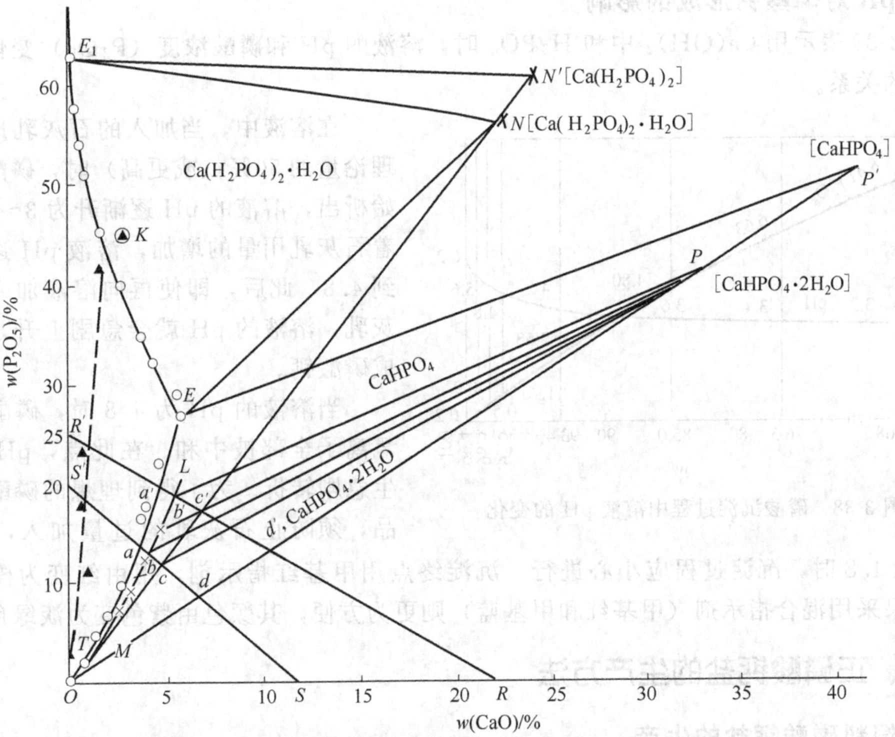

图 3-37 用石灰乳沉淀磷酸得磷酸氢钙的沉淀过程体系相图

OE—CaO-P_2O_5-H_2O 体系，40℃时的稳定溶解度线；ML—CaO-P_2O_5-H_2O 体系 40℃时的介稳溶解度线；KT—$CaHPO_4$ 在 60℃下，于 CaO-P_2O_5-H_2SiF_6-H_2O 体系中的溶解度曲线

灰颗粒表面将会被即刻生成的磷酸钙盐所覆盖，阻碍磷酸与氢氧化钙的接触，延缓了反应的进行。通常的方法是缓慢加入石灰乳，加大搅拌强度，或使用高分散度的石灰乳，以便加快反应。天然的石灰石具有不同的密度，晶体较硬，不易分解，通常是将其粉碎成细粉——即方解石粉，一般磨细到 0.060～0.075mm，也有磨细到 0.075～0.10mm 的。用 10%～15% P_2O_5 的磷酸分解方解石粉，在 10～15min 内分解率可达 80%～90%。当磷酸中和到 pH 为 3.8～4.0 时，$CaCO_3$ 的分解速度急剧减慢。硫酸法萃取磷酸，因部分酸已被阳离子中和，用其分解石灰石粉则速度较慢，而盐酸法萃取磷酸比硫酸法萃取磷酸在相同浓度时分解 $CaCO_3$ 的速度要快得多。

用 $CaCO_3$ 粉中和磷酸时产生大量的 CO_2，形成泡沫，在泡沫表面浮有磷酸氢钙的细小结晶，从而使中和过程复杂化，形成晶体大小不一，影响产品质量。对此可采用消泡剂以除去泡沫，或间断的中和方式进行操作，以便控制反应速率，得到理想晶体。

不论是用石灰石粉还是用石灰乳生产磷酸钙，在反应末期，由于其颗粒表面被不透性的磷酸氢钙结晶薄膜包裹，而液相中 H_3PO_4 也几乎被耗光。因此残存的碳酸盐分解速度极低。理论上根据 CaO-P_2O_5-H_2O 体系的平衡条件，磷酸应当几乎全部被消耗，事实上则不可能，其原因是，除了包裹的阻力外，液相中磷酸盐的第一个氢离子，几乎 100%地被中和掉了。溶液中 P_2O_5 的残留量，通常为 0.2%～0.3%。要使 P_2O_5 有高的沉淀率，必须将石灰石磨得更细一些（不大于 0.15mm）。石灰乳颗粒较粗时，液相中 P_2O_5 的含量可高达 30%。因此石灰乳也需要精制分级，分出小于 0.15mm 的颗粒用于生产，不能用加过量石灰乳的办法，去回收更多的 P_2O_5，因为那样将生成 $Ca_3(PO_4)_2$ 和羟基磷灰石，而影响产品的质量。

5. pH 对磷酸钙形成的影响

图 3-38 表示用 $Ca(OH)_2$ 中和 H_3PO_4 时，溶液的 pH 和磷酸浓度（P_2O_5）变化与石灰加入量的关系。

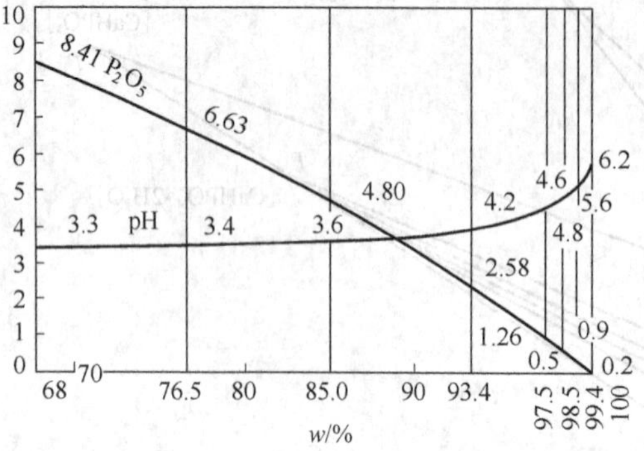

图 3-38　磷酸沉淀过程中溶液 pH 的变化

在溶液中，当加入的石灰乳量为化学理论量的 50%（或更高）时，磷酸氢钙开始析出，溶液的 pH 逐渐升为 3～3.2。随着石灰乳用量的增加，溶液 pH 逐渐增大到 4.8，此后，即使再向溶液加入小量石灰乳，溶液的 pH 就会急剧上升，从而生成磷酸钙。

当溶液的 pH 为 4.8 时，磷酸的第一氢离子全部被中和。在此点，pH 曲线发生急剧转折。为了得到理想的磷酸氢钙产品，须防止石灰乳的过量加入，当溶液 pH 接近 4.8 时，沉淀过程应小心进行。沉淀终点用甲基红指示剂，用由红变为橙色来判断，如果采用混合指示剂（甲基红和甲基蓝）则更为方便，其颜色由紫色变为淡绿色。

三、正磷酸钙盐的生产方法

1. 饲料磷酸钙盐的生产

20 世纪 30 年代后期世界上有不少国家主要以热法磷酸为原料制取饲料磷酸氢钙。1936 年美国的 H. A. Curtis 把石灰石筛为较粗和较细的两个部分，较粗的部分首先与适量的磷酸（浓度＞65%）反应，生成磷酸二氢钙，再将细的部分与磷酸氢钙水合所需的等物质的量的水混合成料浆，使磷酸二氢钙溶液与料浆进一步反应，完成磷酸二氢钙向磷酸氢钙的转化。1938 年有人提出了以更细的石灰石粉和更浓的磷酸为原料生产，取得了较好的效果。图 3-39所示为一段连续沉淀法生产饲料磷酸氢钙工艺流程。

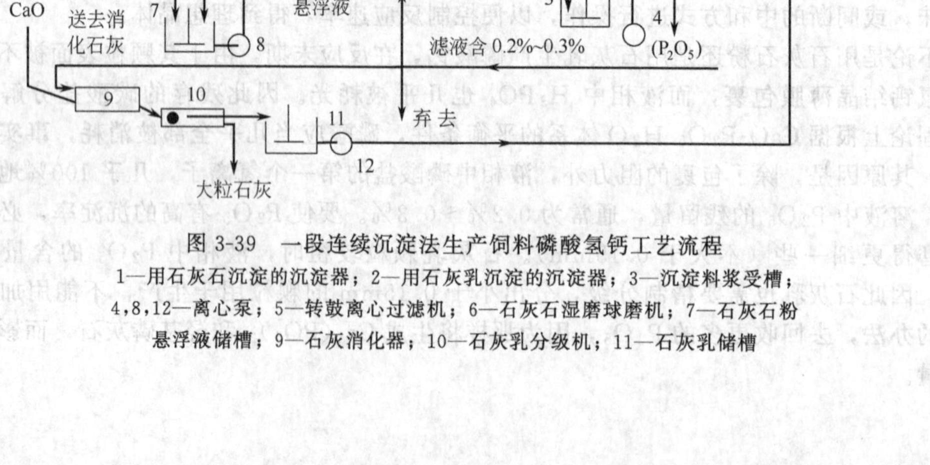

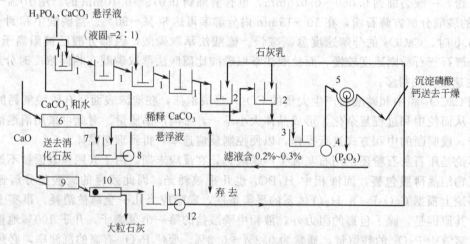

图 3-39　一段连续沉淀法生产饲料磷酸氢钙工艺流程

1—用石灰石沉淀的沉淀器；2—用石灰乳沉淀的沉淀器；3—沉淀料浆受槽；4,8,12—离心泵；5—转鼓离心过滤机；6—石灰石湿磨球磨机；7—石灰石粉悬浮液储槽；9—石灰消化器；10—石灰乳分级机；11—石灰乳储槽

装置由六个沉淀反应器组成。磷酸氢钙料浆连续流过六个反应器，在1～4反应器中用石灰石粉沉淀磷酸，后两个沉淀器用石灰乳进行沉淀（用于提高反应速率及P_2O_5沉淀率）。石灰石粉悬浮液在第一和第三个沉淀器中的分配量，应以防止料浆强烈起泡和能够沉淀出易于过滤的磷酸氢钙为前提，也可借助于消泡剂减少气泡，以便加速反应和得到合适的晶体。全部磷酸和相当于70%～75%的CaO、$CaCO_3$加入第一个沉淀器，其余的$CaCO_3$加入第二个沉淀器，第五、第六沉淀器使用石灰乳。沉淀过程完成后，用真空转鼓过滤机滤出磷酸氢钙，然后送去干燥。为了保持$CaHPO_4 \cdot 2H_2O$中的两个结晶水，物料干燥温度自始至终不能超过100℃。该工艺如用直流转筒式干燥器，则用掺入空气的烟道气混合气加热，控制温度在550～650℃，也可以用煤气进行物料的加热。干燥时间30～40min，就可以达到预期的干燥指标，然后包装出厂。

采用热法磷酸与石灰石粉和石灰乳反应生产饲料磷酸氢钙，工艺比较成熟，但需设备较多，操作复杂，连续性强，控制调整不易等。前苏联开发的无过滤返料法，就省掉了过滤工序，而且可以使用浓磷酸，反应时间大大减少，设备占地面积小，可以制得质量较高的产品。但热法磷酸成本高，现在由于已不具备市场竞争力已逐渐被淘汰。

用湿法磷酸生产饲料磷酸钙盐的方法与前者不同，由于酸中常含有氯化物、硫酸盐、硅酸盐等大大增加了生产合格产品的难度。为了得到理想的产品，常需将其净化，即首先脱氟，再用与热法磷酸近似的方法生产，这就是脱氟萃取磷酸法。如图3-40所示，磷酸脱氟可以和生产磷酸氢钙一起进行，也可以分别进行。

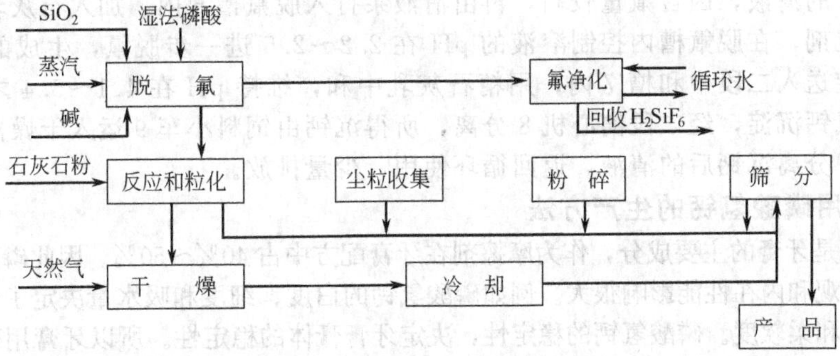

图3-40　西方化学公司磷酸氢钙生产流程图

在反应器中向含氟为1%左右的萃取磷酸（浓度为50%～54%P_2O_5）中加入SiO_2，通入蒸汽，在高温下F呈气态从酸中逸出，以碱液洗涤回收为氟硅酸盐副产品。脱氟后的酸P/F为100∶1，进入另一反应器。加进石灰石粉，根据加入量的不同，可以生产磷酸氢钙（含P为18.5%）或磷酸二氢钙（含P为21%）。然后将磷酸盐粒化、干燥、冷却和筛分。筛下的细粉和一部分粉碎的产物及从除尘系统来的尘粒一起作为返料。大部分磷酸氢钙作为成品储存包装。西方公司生产1t饲料磷酸氢钙或磷酸二氢钙的原料消耗见表3-20所示。

表3-20　西方公司生产1t饲料磷酸氢钙或磷酸二氢钙的原料消耗

原　料	磷酸氢钙	磷酸二氢钙	原　料	磷酸氢钙	磷酸二氢钙
H_3PO_4(54%P_2O_5)/kg	430	740	电/kW·h	70	110
活性SiO_2/kg	7.3	7.3	天然气/MJ	1255.2	2510.4
石灰石粉/kg	480～570	380～450	水/m^3	10	20
蒸汽/kg	75	88			

另有一种生产方法是：不预先脱氟，而采用分段中和的方法，第一段中和得肥料，同时

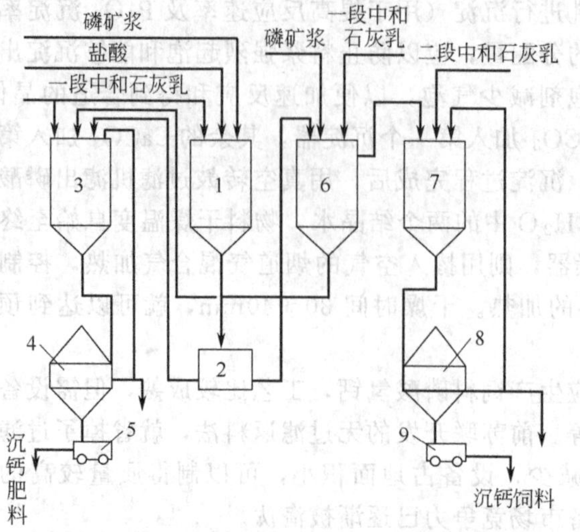

图 3-41　沉淀磷酸钙生产工艺流程简图

1—萃取一段中和槽；2—沉降槽；3——一段二次中和槽；4——一段离心机；5—肥料小车；6—脱氟槽；7—二段中和槽；8—二段离心机；9—饲料小车

除去萃取磷酸中的杂质；第二段中和得饲料磷酸氢钙，这就是所谓两段沉淀法流程。此外还有用骨渣烧成骨炭用硫酸或盐酸浸取，再以石灰或石灰乳中和生产饲料磷酸盐，其原理与工艺和萃取磷酸生产饲料磷酸盐差不多。

图 3-41 为以盐酸和磷矿为原料生产沉淀磷酸钙的工艺流程图。经破碎、粉碎、球磨的磷矿浆和 18%～22%的盐酸及石灰乳一并加入萃取一段中和槽 1 内进行萃取和一段中和反应，反应温度约 40℃，溶液 pH 维持1.7～1.9，反应时间约 1h，生成的氟化钙，铁、铝磷酸盐及少量磷酸氢钙沉淀和溶液一并进入沉降槽 2，沉淀用料浆泵打入一段二次中和槽 3，维持最终 pH 在 4.1～5.4 之间，在此生成大量氟化钙等杂质沉淀，部分母液循环，少量排放。

沉降槽 2 的清液，因含氟量较高，再由清液泵打入脱氟槽 6 内，加入石灰乳中和，并引入矿浆和助沉剂，在脱氟槽内控制溶液的 pH 在 2.2～2.5 进一步脱氟，生成的氟化钙及磷酸氢钙，沉淀送入二段中和槽 7 内，用精石灰乳中和，维持 pH 在 4.1～5.4 之间，在此生成大量磷酸氢钙沉淀，经二段离心机 8 分离，所得沉钙由饲料小车 9 运入干燥器干燥即得饲料沉钙产品，分离沉钙后的清液，返回循环使用，少量排放。

2. 牙膏用磷酸氢钙的生产方法

磷酸氢钙是牙膏的主要成分，作为摩擦剂在牙膏配方中占 40%～50%。因此磷酸氢钙质量好坏，对牙膏外观和内在性能影响很大。例如磷酸氢钙的白度、细度和吸水量决定了膏体的外观色泽、细腻光亮和柔软度。磷酸氢钙的稳定性，决定牙膏膏体的稳定性。所以牙膏用磷酸氢钙的制造在工艺上与饲料磷酸氢钙的生产有很大不同之处，原料精制和后加工处理差别更大，加工过程也很精细。目前国内外采取的生产方法有骨炭法、复分解法、直接中和法和联合法。

(1) 骨炭法　动物的骨骼除大部分为碳、氢、氧、氮外，其中有 18%～22%为无机盐。骨中的无机盐主要有磷酸钙，另外还有氟化钙、碳酸钙、磷酸镁、钠盐等。以骨骼为原料制取磷酸钙的工艺有两种：一种是将动物骨骼高温燃烧至有机物完全炭化，再用盐酸将磷酸盐浸出，加碱中和而得；另一种是由生产明胶浸制骨头时所得的废液，经处理加碱中和而得。骨炭法目前仍有厂家采用。

(2) 复分解法　由于牙膏白度的要求，人们不得不在磷酸氢钙生产原料上下工夫。最可行的办法是将这些原料在溶液中加以精制，去除杂质。因为磷酸钙一旦沉淀出来以后，固体杂质混进去，就很难除掉了。复分解法的总体设想即基于此，图 3-42 为复分解法生产牙膏用磷酸氢钙的工艺流程。

该流程首先将磷酸与纯碱反应制备磷酸钠溶液：

$$H_3PO_4 + Na_2CO_3 \longrightarrow Na_2HPO_4 + H_2O + CO_2$$

事实上，为了使磷酸氢钙成品晶体均匀，结晶水完全，在工艺上是先制备磷酸二氢钠和磷酸氢二钠的混合液：

$$4H_3PO_4 + 3Na_2CO_3 \longrightarrow 2NaH_2PO_4 + 2Na_2HPO_4 + 3H_2O + 3CO_2$$

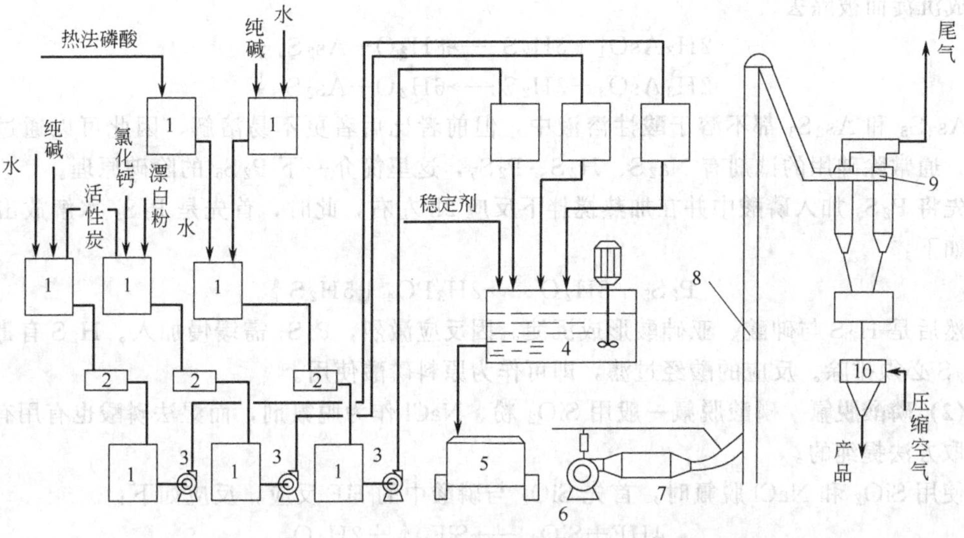

图 3-42　复分解法生产牙膏用磷酸氢钙工艺流程示意图

1—储槽；2—过滤器；3—泵；4—反应器；5—离心机；6—风机；7—热交换器；8—气流干燥器；9—筛；10—气流粉碎机

同时将纯碱、氯化钙也配制成溶液，加活性炭、漂白粉脱色和除去杂质（主要除铁），过滤。将符合中和要求的磷酸二氢钠、磷酸氢二钠混合液送入反应器，该反应器带有一个高速搅拌装置。再将稍少于化学反应理论量的氯化钙溶液与前者在高速搅拌下混合，然后先以较大的速度加入纯碱液中中和，此时混合液体放出大量气泡，pH 缓慢上升。当 pH 上升到 4 以后，降低加碱速度，采用加加停停的办法，用混合指示剂测试终点（甲基红为次甲基蓝混合指示剂由紫色变淡绿色），溶液中发生下列反应：

$$2NaH_2PO_4 + CaCl_2 \longrightarrow Ca(H_2PO_4)_2 + 2NaCl$$

$$Ca(H_2PO_4)_2 + Na_2CO_3 \longrightarrow CaHPO_4 + Na_2HPO_4 + CO_2\uparrow + H_2O$$

$$Na_2HPO_4 + CaCl_2 \longrightarrow CaHPO_4 + 2NaCl$$

反应结束后，经过漂洗、加稳定剂、再漂洗、离心脱水、气流干燥、气流粉碎得成品。其消耗定额见表 3-21。

表 3-21　复分解法牙膏用磷酸氢钙单耗（每吨产品消耗定额）

原料	磷酸(85%)/kg	纯碱(98%)/kg	氯化钙/kg	结晶焦磷酸钠/kg	结晶氧化镁/kg	水/t	电/kW·h	汽/t
单耗	760	690	1120	36	55	23	600	3.5

3. 食品和医药用磷酸钙盐的生产方法

食品添加剂磷酸钙盐主要有磷酸氢钙、磷酸二氢钙和磷酸钙，医药用磷酸钙盐主要有磷酸氢钙，它们的一大特点就是要求纯度高，符合食品和医药有关法典的要求，所含有害元素氟、砷、铅限制非常严格，因此在加工工艺上有别于前述两种专用盐类。一般是将热法磷酸除砷后与无铅、无砷的石灰乳中和。或是磷酸与食用纯碱中和得到磷酸钠盐，然后与氯化钙进行复分解而得。也可将萃取磷酸脱氟，除砷后代替热法磷酸，或者净化后的湿法磷酸作为此种产品的原料。

(1) 磷酸除砷　磷酸除砷的方法很多，其基本原理是 H_2S 与磷酸中的砷酸、亚砷酸均能形成沉淀而被除去。

$$2H_3AsO_4+5H_2S \longrightarrow 8H_2O+As_2S_5\downarrow$$

$$2H_3AsO_3+3H_2S \longrightarrow 6H_2O+As_2S_3\downarrow$$

As_2S_5 和 As_2S_3 都不溶于酸性溶液中，但前者比后者更不易溶解，因此可以通过过滤除去，通常除砷用的试剂有 Na_2S、H_2S、P_2S_5，这里简介一下 P_2S_5 的除砷原理。

先将 P_2S_5 加入磷酸中并在加热搅拌下反应 2h 左右，此时，首先是 P_2S_5 水解放出 H_2S 反应如下：

$$P_2S_5+8H_2O \longrightarrow 2H_3PO_4+5H_2S\uparrow$$

然后是 H_2S 与砷酸、亚砷酸形成沉淀。因反应激烈，P_2S_5 需缓慢加入。H_2S 有毒，过量 H_2S 必须排除。反应的酸经过滤，即可作为原料磷酸使用。

(2) 磷酸脱氟 磷酸脱氟一般用 SiO_2 粉、NaCl 作为脱氟剂，而湿法磷酸也有用有机溶剂萃取方法提纯的。

使用 SiO_2 和 NaCl 脱氟时，首先 SiO_2 与磷酸中的 HF 反应，反应如下：

$$4HF+SiO_2 \longrightarrow SiF_4\uparrow+2H_2O$$

但 SiF_4 并不能全部逸出，此时可借助 NaCl 与 HF 反应生成 NaF，然后再生成 Na_2SiF_6 可以沉淀过滤除去，以达到脱氟的目的。

(3) 钙盐的合成 经脱氟除砷合格的磷酸，可以用于食品和药用磷酸钙盐的生产，生产方法有与 $Ca(OH)_2$ 直接中和法和与氯化钙复分解法（复分解后用 Na_2CO_3 中和）。操作工艺与牙膏用磷酸氢钙的工艺近似，只是不添加稳定剂，另外，为保证产品晶体均匀，一般需通过 80～100 目。

4. 饲料级脱氟磷酸三钙的生产

饲料级脱氟磷酸三钙的生产原料主要为磷矿，但磷矿中常含有害元素砷，重金属铅、镉等，以及少量的放射性元素镭、铀、钍。高温烧结脱氟时砷可被脱除，但重金属铅、镉等非挥发性物质会进入产品，影响其质量。不过研究发现，大部分磷矿石反应活性高，重金属含量较低，放射性元素含量极少，能满足饲料级脱氟磷酸三钙的质量标准和企业标准。

(1) 饲料级脱氟磷酸三钙的生产原理 磷矿的主要成分为氟磷灰石［$Ca_5F(PO_4)_3$］，有时因某些原子取代反应，会形成一些其他类型的磷灰石，如碳氟磷灰石、氯氟磷灰石和羟基磷灰石，在这些磷酸盐中，最稳定的是氟磷灰石。制取饲料级脱氟磷酸三钙的过程，最重要的任务就是充分脱氟。其原理就是在高温下，氟磷灰石进行脱氟反应，与水蒸气反应首先形成羟基磷灰石，然后羟基磷灰石又分解为磷酸四钙和磷酸钙。当二氧化硅存在时，高温下可与羟基磷灰石反应生成硅酸钙和磷酸钙的固溶体，进而促进羟基磷灰石的分解，同时这也是烧结脱氟法和熔融脱氟法在反应中加入硅石的主要原因。当磷酸存在时，高温下磷酸与氟磷灰石反应生成磷酸钙，可促进氟磷灰石的分解，同时也使产品中的含磷量得到相应的提高。因为加酸可以降低脱氟温度，即可使烧结温度较其他方法低 50～100℃，且产品中有效 P_2O_5 含量也高达 36%～42%。另外，添加一定量的磷酸还能有效改善产品的颜色。

(2) 饲料级脱氟磷酸三钙的生产工艺 饲料级脱氟磷酸三钙的生产工艺一般采用高温处理法，主要为熔融脱氟法和烧结脱氟法，其基本原理均是在高温下蒸汽脱氟。熔融脱氟法是以磷矿石为原料，并添加硅砂和其他配料，然后在高温下熔融，使其在熔融状态下脱氟得到脱氟磷酸三钙。烧结法也是以磷矿石为原料，加入配料，但物料不发生整体的熔融，而是在物料表面形成的少量液膜状态下进行脱氟生成脱氟磷酸三钙，过程中要求产生一定的液相，其目的主要是加速反应的进行，同时也要避免物料过分熔融后相互结块，进而黏附到设备壁上形成结圈或结瘤。熔融脱氟法是以低品位磷矿为原料，由于其中杂质含量较多，因此作为饲料级产品不能达到企业标准，现在已逐渐被淘汰。目前烧结脱氟法是世界上通常采用的生产工艺，美国、日本、俄罗斯都采用此法生产脱氟磷酸三钙。此外，根据生产中配料添加剂的不同，烧结脱氟法可大致分为低硅烧结法、高硅烧结法、酸热烧结法和钠盐-磷酸烧结法。低硅烧结法和高硅烧结法由于产品达不到饲料级脱氟磷酸三钙的标准，现均已被淘汰，目前广泛采用的酸热烧结法和钠盐-磷酸烧结法。

① 酸热烧结法。酸热烧结法是以磷矿为生产原料，并添加适量的磷酸和不同配比的脱氟剂及添加剂，在高温下（一般在1300℃左右）烧结脱氟制得饲料级脱氟磷酸三钙。该生产方法优点是：流程短、投资省、成本低、烧结温度低、工艺容易控制，且产品中有效P_2O_5高达36%～42%，钙、磷比例符合饲料添加剂的要求。近几年主要采用该生产技术。

② 钠盐-磷酸烧结法。钠盐-磷酸烧结法是以磷矿粉为原料，并按一定比例添加磷酸和钠盐后造粒，最后在回转窑中高温脱氟，制得饲料级脱氟磷酸三钙。该生产方法优点是：降低了脱氟温度，提高了产品中的含磷品位，且工艺容易控制、操作稳定可靠。在国外早已形成工业化生产规模，美国IMC公司、美国PCS公司、日本小野田化学工业株式会社小野田工厂、俄罗斯均采用此法生产脱氟磷酸三钙。

四、正磷酸钙盐生产的主要设备

1. 中和反应器

在牙膏、药用磷酸氢钙生产中，为了得到完整结晶水的晶体，避免反应物和生成物的相互包裹，必须采用带有高速搅拌装置的反应器。它可由反应釜改制，由钢制槽体经防腐处理而成。其搅拌器都是用电机直接驱动叶轮来搅拌，叶轮直径较小，转速在3000r/min左右。由于高速激烈搅拌，适应了中和（或复分解）反应的特点，可得理想的产品。

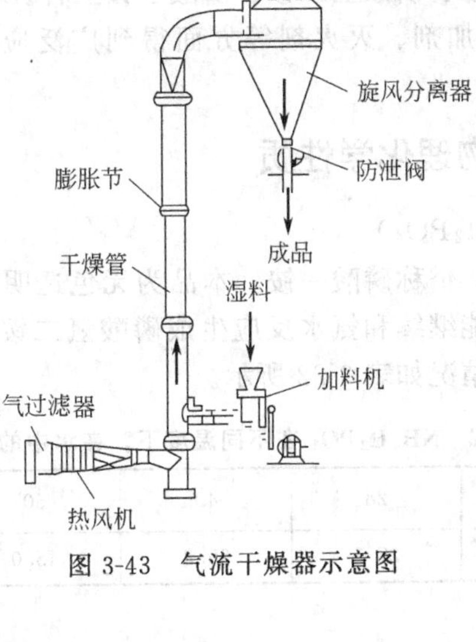

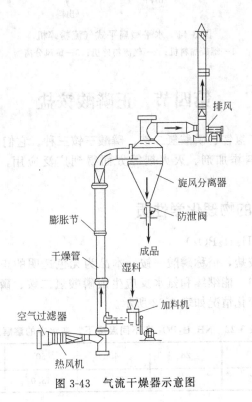

图 3-43　气流干燥器示意图

2. 气流干燥器

气流干燥器是利用热空气为热源，在物料与热气流于高速运动中进行热交换，将湿物料中的水分带走，以达到干燥目的的设备（见图 3-43）。磷酸氢钙通过可以调节的旋转加料器，进入干燥料斗，利用文丘里装置的负压作用将湿物料吸入干燥管，干燥器的热风来源于高压风机与换热器。物料进入干燥器直管以后，与 300～350℃热空气接触，以 15～20m/s 的速度顺流运动，物料得到干燥，进入干燥器缓冲管，再经旋风分离器收入料仓，小部分粉尘随气流经旋风分离器上部出口，进入袋式过滤器，尾气经袋式过滤器排空，不仅干燥强度大，而且能连续操作，设备简单，占地面积小，干燥时间短，物料不失结晶水，是一种较为理想的干燥设备。

3. 气流粉碎机

牙膏用磷酸氢钙成品要求粒度较细，必须通过磨碎方能达到使用要求，通常采用水平型扁平式气流粉碎机，其结构如图 3-44 所示。

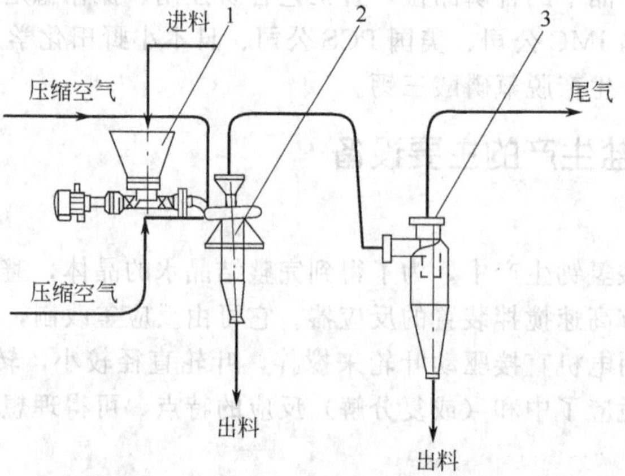

图 3-44　水平型扁平式气流粉碎机

1—螺旋加料机；2—气流粉碎机；3—旋风分离器

第四节　正磷酸铵盐

正磷酸铵盐有磷酸二氢铵、磷酸氢二铵、磷酸三铵三种。它们在肥料、食品发酵、废水生化处理、软水剂、饲料添加剂、灭火剂等方面得到广泛应用，是非常重要的一类正磷酸盐。

一、正磷酸铵盐的物理化学性质

1. 磷酸二氢铵（$NH_4H_2PO_4$）

磷酸的一取代酸式铵盐，俗称磷酸一铵。本品为无色透明的正方晶系晶体，易溶于水，微溶于醇，不溶于丙酮中。能继续和氨水反应生成磷酸氢二铵、磷酸铵等。$NH_4H_2PO_4$ 在水中的溶解度随温度的变化情况如表 3-22 所示。

表 3-22　$NH_4H_2PO_4$ 在不同温度下，在水中的溶解度

温度/℃	0	28	40	60	80	100
$w(NH_4H_2PO_4)$/%	18.2	27.5	35.8	45.0		

磷酸二氢铵的固体相对密度19℃时为1.0803，其水溶液的相对密度见表3-23。

表3-23　磷酸二氢铵水溶液的相对密度

$w(NH_4H_2PO_4)/\%$	8.1	9.6	10.9	13.9	16.9	20.4	27.9	28.3
d^{23}	1.0440	1.0515	1.0634	1.0761	1.0939	1.1141	1.1597	1.1614

在空气中，100℃时有少量分解，高于熔点时失部分氨和水，并生成偏磷酸铵$(NH_4PO_3)_n$和磷酸的混合物。

$$2NH_4H_2PO_4 \xrightarrow{\triangle} NH_4PO_3 + H_3PO_4 + NH_3 + H_2O$$

磷酸二氢铵1%溶液的pH为4.5，0.1mol/L溶液的pH为4.0。熔点为190℃。

2. 磷酸氢二铵［$(NH_4)_2HPO_4$］

磷酸的二取代铵盐即磷酸氢二铵，俗称磷酸二铵，为无色透明单斜晶体或白色粉末。易溶于水，不溶于醇。能继续和氢氧化铵反应生成磷酸铵。表3-24、表3-25为在水中的溶解度随温度的变化情况。

磷酸氢二铵的固体相对密度为1.619，露置空气中即逐渐失去氨而成磷酸二氢铵。磷酸氢二铵水溶液呈碱性反应。

表3-24　$(NH_4)_2HPO_4$在不同温度下，在水中的溶解度（低于100℃时）

温度/℃	10	20	30	40	50	60	70
$w[(NH_4)_2HPO_4]/\%$	38.6	40.8	42.9	45.0	47.2	49.3	51.5

表3-25　$(NH_4)_2HPO_4$在不同温度下，在水中的溶解度（高于100℃时）

温度/℃	117	122	160	180	191	250
$w[(NH_4)_2HPO_4]/\%$	63.9	65.9	74.8	80.6	83.1	100.0

磷酸氢二铵的1%溶液pH为8，0.1mol/L溶液的pH为7.8。熔点155℃（分解），平均比热容（0～99.6℃）为$0.1427\times10^4 J/(kg\cdot K)$。

3. 磷酸铵［$(NH_4)_3PO_4\cdot 3H_2O$］

磷酸的三取代铵盐即称为磷酸铵，又称为磷酸三铵、正磷酸铵等，为无色透明薄片或菱形结晶。易溶于水，25℃时溶液浓度为19%，不溶于乙醇及乙醚。

磷酸铵性质不稳定，在空气中易失去部分氨，故应密闭封存。水溶液加热后，失去两个分子氨，生成磷酸二氢铵。其反应如下：

$$(NH_4)_3PO_4\cdot 3H_2O \longrightarrow NH_4H_2PO_4 + 2NH_3 + 3H_2O$$

因此磷酸铵没有固定的熔点。

磷酸铵的生成热$\Delta H_{生成}$：晶体，－1681.1kJ/mol；溶液，－1648.5kJ/mol。

二、正磷酸铵盐的生产原理

磷酸系中等强度的三元酸，在离解时按下列步骤进行：

$$H_3PO_4 \longrightarrow H^+ + H_2PO_4^-$$

$$H_2PO_4^- \longrightarrow H^+ + HPO_4^{2-}$$

$$HPO_4^{2-} \longrightarrow H^+ + PO_4^{3-}$$

第一个氢最易放出，而被其他阳离子取代，$H_2PO_4^-$的继续离解速率也较快，但比第一个氢离子的放出相对困难些，HPO_4^{2-} 的离解则更难。

在制取磷酸二氢铵时必须采用氨水和氨气进行中和，方能制得磷酸铵。磷酸与氨水（或氨）的化学反应过程如下：

$$NH_3 \cdot H_2O(\text{或}\ NH_3) + H_3PO_4 \longrightarrow NH_4H_2PO_4 + H_2O$$

$$NH_4H_2PO_4 + NH_3 \cdot H_2O(\text{或}\ NH_3) \longrightarrow (NH_4)_2HPO_4 + H_2O$$

$$(NH_4)_2HPO_4 + NH_3 \cdot H_2O(\text{或}\ NH_3) \longrightarrow (NH_4)_3PO_4 + H_2O$$

磷酸和氨水的反应过程，是首先进行一取代生成磷酸二氢铵，在生成磷酸二氢铵的基础上，进行二取代生成磷酸氢二铵，在磷酸氢二铵的基础上进行三取代生成磷酸铵。

磷酸二氢铵、磷酸氢二铵、磷酸铵是正磷酸铵盐的三种类型。由于它们在水溶液中的氢离子和磷酸根离子离解程度不同，所以在溶液中呈现了不同的酸碱度，如表 3-26。在磷酸铵盐的生产中，通过 pH 测定控制中和终点，以确定生产某种盐类。

表 3-26　三种类型正磷酸铵盐的 pH

铵盐名称	0.1mol/L 溶液的 pH	1%溶液的 pH
磷酸二氢铵（$NH_4H_2PO_4$）	4.0	4.5
磷酸氢二铵[$(NH_4)_2HPO_4$]	7.8	8.0
磷酸铵[$(NH_4)_3PO_4$]	14.0	14.0

三、正磷酸铵盐的生产方法

磷酸二氢铵的生产工艺路线有很多种，在实际生产中应用的主要有两大类，即中和法和复分解法。

中和法工艺的种类很多，由不同的原料决定。复分解法的工艺路线现在很少采用。

1. 磷酸二氢铵的生产方法

（1）以磷酸和液氨为原料的中和法　中和法又分为文氏管式循环工艺和常规的磷酸和液氨反应工艺两种。

文氏管式循环反应工艺是，将纯度较高的热法磷酸（含量 85%）稀释 1～4 倍，或用浓度适当的净化后湿法磷酸，经计量泵计量后，送入文氏管式气液混合反应器，在此和通入的氨气充分均匀地混合和反应，并在管道中继续完成反应过程，最后进入循环反应罐中。合格的反应液，可直接送入调整罐中调整酸度后，趁热过滤。精调后的料液酸度应在 pH 4.4～4.6 的范围内。磷酸二氢铵的热溶液在结晶器中冷却至 26℃以下，析出大量结晶。分离脱水后，送往干燥器中进行干燥，干燥后即得成品磷酸二氢铵。母液经母液泵打入除铁罐中，按分析值加入定量的硫化铵使铁沉淀析出，过滤后母液循环使用。

该工艺的优点是氨和磷酸在文氏管混合反应器中进行反应，有利于生产环境的保护和降低氨耗；且生产过程基本上是在连续情况下进行；由于气液两相反应在管道中进行，反应速率很快，比传统工艺先进。

（2）常规的磷酸和液氨反应工艺　先将磷酸稀释至要求的浓度 50%～55%（相对密度为 1.33～1.40）。用泵打入磷酸计量罐中，计量后的稀磷酸，加入带有搅拌和夹套的搪瓷反应罐中，在搅拌的情况下，经圆管氨气分布器通氨进行中和。氨气应缓慢加入以免吸收不完全，增大回收装置的负荷。反应液以氨中和至 pH 为 4.2～4.6。趁热过滤后送入冷却结晶器，冷至温度 26℃左右，结晶并分离得磷酸二氢铵，再经干燥即得成品。分离机脱出的母液送入除铁罐中加硫化铵除铁，过滤后，送至调酸罐中调整至 pH 为 4.4～4.6，精制母液供循环使用。

本工艺的特点是氨气直接由气体分布器通入反应罐的磷酸溶液下部，氨气以鼓泡的方式通过磷酸溶液而进行反应。

其他还有以氨水和磷酸为原料的中和法以及以磷酸二氢钙和硫酸铵为原料的复分解法等。

2. 磷酸氢二铵的生产方法

磷酸氢二铵的生产主要采用中和法。由于中和法使用的原料不同，工艺过程也有不同，一是热法磷酸或净化后的湿法磷酸和氨气为原料的反应路线；二是未经净化的湿法磷酸和氨气的反应路线。

(1) 热法磷酸（或净化湿法磷酸）和液氨为原料的生产方法　由于热法磷酸和液氨的纯度高，生产操作中省略了许多加工过程，因此，其工艺过程也较简单。此法过程为热法磷酸稀释后，与氨在管式反应器中反应，控制反应液 pH 为 8～9。

(2) 未经净化的湿法磷酸和液氨为原料的生产方法　除去氟和硫酸根后的湿法磷酸，通入氨或氨水进行中和时，湿法磷酸由于氨化反应，而使酸度逐步降低，从而导致湿法磷酸中被溶解的金属杂质沉淀。该沉淀物的类型，取决于溶液的 pH 以及温度等因素。

湿法磷酸中，常存在有 $Ca_4SiAlSO_4F_{13}\cdot 12H_2O$ 的复合物以及 CaF_2 等。当 pH 在 5.3～8.0 时，磷酸二铵溶液中的钙离子可以形成稳定的 $Ca(NH_4)_2(HPO_4)_2\cdot H_2O$ 沉淀，在 pH 较高的情况下亦能生成 $Ca_3(PO_4)_2$ 沉淀。对镁来说，当氨化后随着 pH 的升高，镁离子便以 $MgNH_4PO_4\cdot H_2O$ 析出，如果在氟硅酸存在的情况下，则生成氟硅酸镁（$MgSiF_6$）沉淀，可以清除磷酸中的可溶性镁盐。对铁和铝的可溶性盐类，在氨化以后达适当 pH 时，可形成复杂的配合物（Fe，Al）$NH_4HF_2PO_4\cdot xH_2O$，当磷酸中氟不多时，则以磷酸氢铵铝铁（Fe，Al）$NH_4(HPO_4)_2$ 形式形成沉淀，当温度较高时，则生成磷酸氢铵铁$FeNH_4(HPO_4)_2$等。湿法磷酸中氟和硫酸根，由于进行了预处理先行除去，同时在反应过程中又析出，产品质量较好，因此，采用湿法磷酸生产磷酸氢二铵、磷酸铵是一较好的工艺路线。如图 3-45 所示为 ERT-ESPIESA 磷酸氢二铵低循环工艺流程。

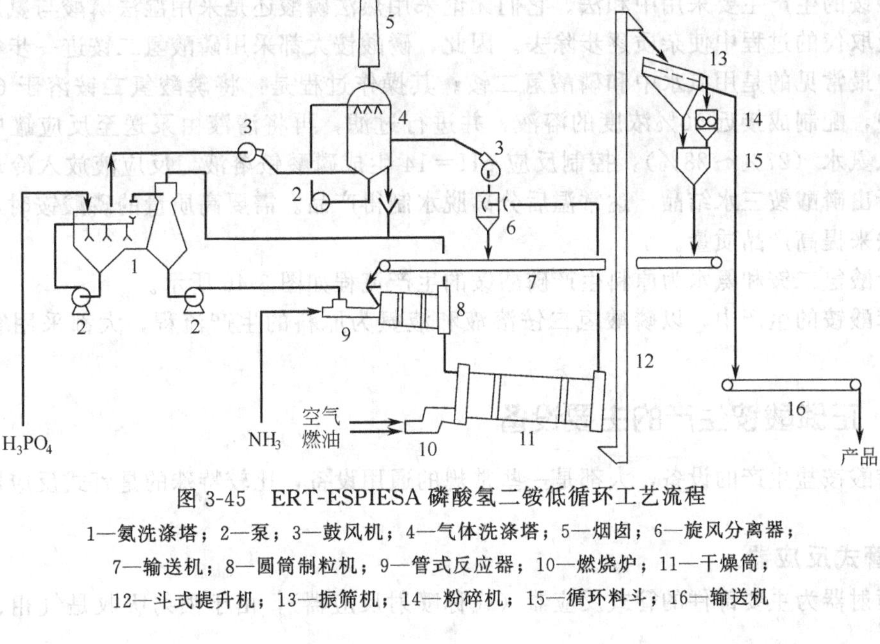

图 3-45　ERT-ESPIESA 磷酸氢二铵低循环工艺流程

1—氨洗涤塔；2—泵；3—鼓风机；4—气体洗涤塔；5—烟囱；6—旋风分离器；7—输送机；8—圆筒制粒机；9—管式反应器；10—燃烧炉；11—干燥筒；12—斗式提升机；13—振筛机；14—粉碎机；15—循环料斗；16—输送机

操作过程：将湿法磷酸加入一定数量的双氧水，使磷酸溶液中二价铁氧化，将磷酸打入管式混合反应器中，同氨气进行中和反应。经二段反应使 pH 达 8.0 左右，放入储罐中，再用泵压入板框过滤机中过滤。滤液在精调罐中精调 pH 至 7.8～8.0，送蒸发罐蒸发浓缩至相对密度 1.3，放入冷却结晶槽中。滤液在板框中应进行水洗，洗液和母液合并送入反应储罐中进行酸调后，过滤除去杂质再循环使用。经冷却后的结晶液，送分离机分离脱水而得磷酸氢二铵湿品，经干燥得产品。

(3) 由湿法磷酸生产饲料磷酸氢二铵 以湿法磷酸为原料，生产饲料磷酸氢二铵，方法为两步法脱氟、三段氨化和磷酸铵热解。此法比用黄磷为原料的方法成本低 25%。

湿法磷酸中含有大量的氟，因此，在生产中需分两步脱氟。第一步完全沉淀出钙、铁、铝、重金属、稀土元素和脱除磷酸中 50%～60% 的氟；第二步利用磷酸铵比磷酸氢二铵的溶解度低的特点，采用磷酸铵结晶法进行最后脱氟。

工艺过程为：将含 20%～30% P_2O_5、1.2%～2.0% F 的萃取磷酸，经气体净化系统后送入反应装置中，经过三段氨化使杂质形成易过滤的沉淀物；沉淀物经压滤机分离，沉淀为 P_2O_5 含量小于 15%、F 为 0.4%、SO_4^{2-} 为 2.5%～3.0% 和近 1% 固体悬浮物的磷酸二铵滤液，为了进一步除去溶解的杂质和部分固体悬浮物，将滤液送入另一反应装置中通氨饱和，再放入冷却器内冷却，生成磷酸铵结晶；经锥形沉降槽使结晶与母液分离，再用离心机脱水。结晶放入沸腾炉热解为磷酸氢二铵；并继续干燥到含有 $P_2O_5>52\%$、$N>19\%$、$F<0.1\%$ 的磷酸氢二铵产品。该产品完全符合饲料产品的质量要求。离心分离后的母液可循环使用。

由磷酸氢二铵溶液转到磷酸铵结晶中的 P_2O_5 量为 80%～85%，由萃取磷酸转到磷酸氢二铵中的总 P_2O_5 量大于 60%。

磷酸铵在沸腾炉内热解，炉气温度用 160～180℃，此时料层温度为 70℃。热解过程为：

$$(NH_4)_3PO_4 \cdot 3H_2O \xrightarrow{70℃} (NH_4)_2HPO_4 + NH_3 + 3H_2O$$

含有磷酸氢二铵粉尘和氨气的混合气体经旋风分离器除尘后，再在洗涤器内用湿法磷酸喷淋吸收。从氨化、饱和与结晶装置逸出的气体，在喷射洗涤器内以湿法磷酸洗涤除净。

3. 磷酸铵的生产方法

磷酸铵的生产主要采用中和法。它们无论采用热法磷酸还是采用湿法磷酸与氨反应，都是在逐级取代的过程中使杂质逐步除去。因此，磷酸铵大都采用磷酸氢二铵进一步氨化来制取。其中最常见的是用氨水中和磷酸氢二铵。其操作过程是：将磷酸氢二铵溶于 60℃ 左右的热水中，配制成接近 50% 浓度的溶液，并进行过滤，再将清液由泵送至反应罐中，在搅拌下加入氨水（27%～28%），控制反应 pH＝14 生成磷酸铵溶液，反应液放入冷却器中冷却结晶析出磷酸铵三水结晶，达常温后分离脱水制得产品。需要高质量的磷酸铵时，可采用重结晶法来提高产品质量。

以磷酸氢二铵和氨水为原料生产磷酸铵的生产流程如图 3-46 所示。

在磷酸铵的生产中，以磷酸氢二铵溶液和液氨为原料的生产流程，大都采用管式反应装置。

四、正磷酸铵生产的主要设备

正磷酸铵盐生产的设备，大都是一些常规的通用设备，比较特殊的是管式反应器和转鼓氨化器。

1. 管式反应器

以喷射器为主要部件的管式反应器（或称喷射反应器），由于喷射吸收是气相、液相并

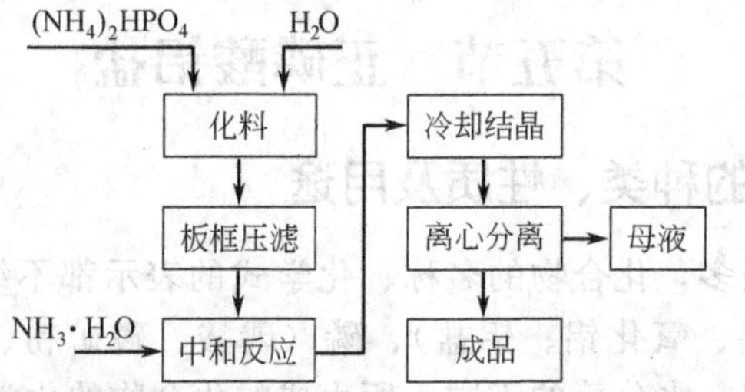

图 3-46 以磷酸氢二铵和氨水为原料生产磷酸铵工艺流程

流运行，气液两相混合效果极好，具有较大的接触面积，泵打入的高速液流，有力地强化了吸收过程的传质速度。吸收效率要比其他类型的反应器，例如鼓泡反应器、填料吸收塔等高得多。

喷射吸收管式反应器具有结构简单、生产强度大和反应速率快以及维修方便等优点。

管式反应器结构如图 3-47 所示，主要由四部分组成，即喷射段、吸收段、分离段和循环泵。

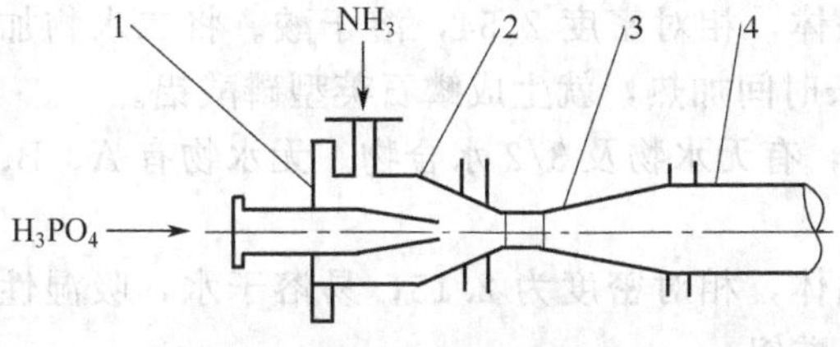

图 3-47 管式反应器结构示意图

1—器盖；2—器体；3—扩散管；4—反应管

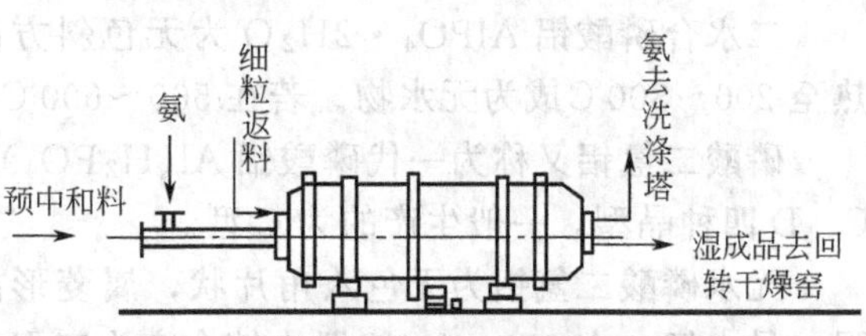

图 3-48 转鼓氨化器

(1) 喷射段 由喷射器的器体、器盖和扩散管组成。氨气由磷酸喷射形成的负压吸入混合室，气液在湍动状态下进行强烈的吸收和化合反应。本装置可以单一或并联几台使用。其器体、器盖和扩散管的材料，可用不锈钢管及其他防腐材料。

(2) 吸收段 在此段内气液减速，吸收液在内筒壁呈膜状而下，气液进行传质反应，完成整个化学反应过程。其材质可采用不锈钢管，用钢质夹套冷却。

(3) 分离段 反应完成液在此段内气液分离。此段大都采用夹套冷却的不锈钢罐或钢质防腐罐，内装不锈钢盘管或外配搪瓷夹套。

(4) 循环泵 它是管式反应器的主要动力来源。根据喷射器的流量、流速、压头要求选定循环泵。

管式反应器还可改型为多段管式反应器、螺旋混合管式反应器等，进一步改进生产工艺和简化设备。

2. 转鼓氨化器

转鼓氨化器是制备粒状磷酸铵盐的专用设备。它是将氨（液氨或气氨）和磷酸加入预中和器中，中和至中和度为 1.30～1.35 之间（即料浆中有 65%～70%的磷酸二氢铵和 30%～35%磷酸氢二铵），得到的中和料浆，流入特制的转鼓氨化器中，继续用气氨或液氨进行氨化中和。大多数厂家采用管式反应器，使磷酸和氨进行预氨化，达到规定的中和度后，再进入转鼓氨化器中继续进行氨化中和。料浆与干燥后筛分的细粒返料，在器中混合造粒后，进入回转干燥炉进行干燥。如图 3-48 所示，转鼓氨化器主要由管式反应器、密闭的滚筒式氨化造粒机所组成。

第五节　正磷酸铝盐

一、正磷酸铝盐的种类、性质及用途

正磷酸铝盐的种类繁多，化合物的名称、化学式的表示都不统一，一般按其生成条件，所用的原料铝（氢氧化铝、氧化铝、铝盐）、磷（磷酸、磷矿粉、磷化物、磷酸盐）不同，混合的比例、温度、时间、水分等的不同，所生成的化合物的化学特性差异较大。特别是名称、术语尚不统一，致使分类困难。现将含正磷酸基（PO_4^{3-}）的合成的或天然的化合物，均列为正磷酸铝盐；含氢的正磷酸铝盐为酸式磷酸铝；含氢氧离子基团（OH^-）的正磷酸铝盐为碱式磷酸铝。只含有金属铝离子和正磷酸基的铝盐为磷酸铝，也叫正磷酸铝。工业化生产的磷酸铝盐主要有磷酸铝和磷酸二氢铝等品种。

磷酸铝 $AlPO_4$ 的无水物为六方晶系晶体，相对密度 2.56，熔点 1500℃以上，不溶于水，可溶于酸和碱。无水物对热极为稳定，其晶型随温度变化如下：

$$\text{柏林石型} \xrightleftharpoons{(815\pm4)℃} \text{鳞石英型} \xrightleftharpoons{1025℃} \text{方石英型} \xrightleftharpoons{>1600℃} \text{熔融}$$

二水合磷酸铝 $AlPO_4 \cdot 2H_2O$ 为无色斜方晶体，相对密度 2.54，溶于酸。将二水物加热至 200～300℃成为无水物。若在 500～600℃长时间加热，就生成鳞石英型磷酸铝。

磷酸二氢铝又称为一代磷酸铝 $Al(H_2PO_4)_3$，有无水物及 3/2 水合物。无水物有 A、B、C、D 四种晶型，一般生产的为 C 型。

无水磷酸二氢铝为无色六角片状，属菱形晶体，相对密度为 2.15，易溶于水，吸湿性强，易水解，在 290～400℃脱水缩合变为三聚磷酸铝。

50％液体磷酸二氢铝为无色透明黏稠状液体，pH 为 0.8～1，相对密度为 1.4636(25℃)。

磷酸铝是制造特种玻璃的助熔剂，也作陶瓷、牙齿的黏结剂，还可作生产润肤剂、防火涂料、导电水泥等的添加剂，纺织工业作抗污剂，有机合成作催化剂，此外还用于医药工业和造纸工业。磷酸二氢铝主要用于电气工业、高温窑炉、热处理电阻炉、陶瓷建筑、电气绝缘等，主要用于高温窑炉耐火材料的黏结剂。

二、正磷酸铝

1. 正磷酸铝的生产原理

用含铝化物（氧化铝、氢氧化铝、铝盐等）、含磷化合物（磷酸、磷酸盐、磷化合物和含氧磷化物），在一定温度、水、生成环境、铝和磷的物质的量比为 1∶1 的条件下，使反应生成沉淀，从母液中分离出来，在不同条件下则生成不同类型的磷酸铝。

① 以氢氧化铝和正磷酸为原料，在不同温度条件下进行脱水，则生成不同类型的磷酸铝盐，其热转变可用图 3-49 所示。

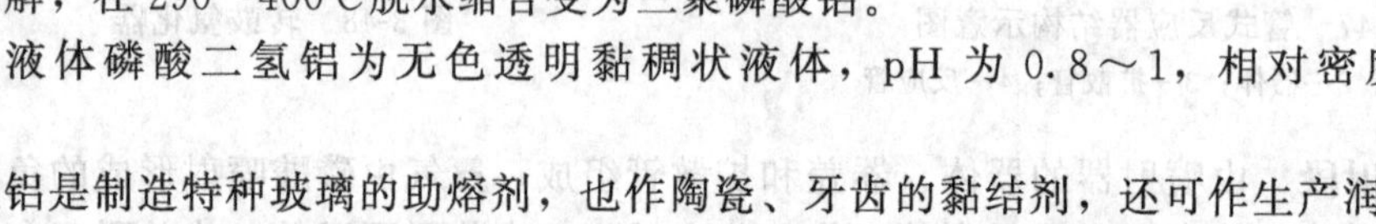

图 3-49　以 $Al(OH)_3$ 和 H_3PO_4 为原料制正磷酸铝热转变

② 以 α-Al_2O_3 或 γ-Al_2O_3 与正磷酸为原料时，在不同温度下及不同加热速度条件下，生成不同类型的磷酸铝盐。它们分别可以生成方石英、磷铝石、磷铝矿、鳞石英等，以及它

们之间的混合物。其相互转变过程如图 3-50 所示。

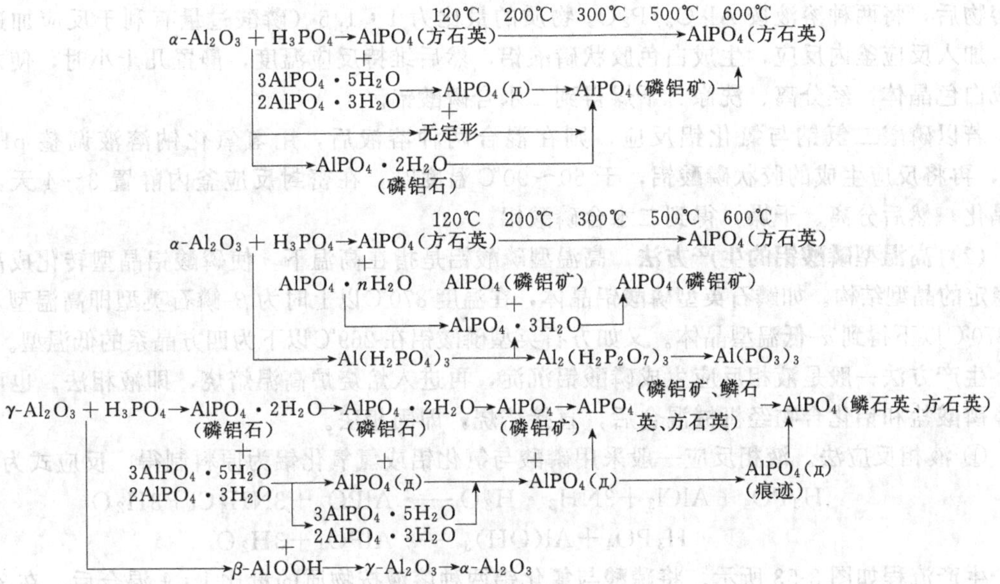

图 3-50 磷酸铝热转变

2. 磷酸铝的生产方法

磷酸铝的合成方法很多，分类方法也各有不同。按合成的方法可分为液相反应法、周期反应法、加热合成法、喷雾干燥法、水热合成法等；按产品要求，一般分为低温型（晶化温度＜300℃），高温型（产物在 500～900℃焙烧）以及沸石型（微孔型）磷酸铝的生产方法。

(1) 低温型磷酸铝生产方法

① 磷酸-铝酸钠水热生产工艺，其反应为：

$$2H_3PO_4 + NaAlO_2 \longrightarrow AlPO_4 + NaH_2PO_4 + 2H_2O$$

生产流程如图 3-51 所示。将铝酸钠溶解在热水中，溶液温度为 85℃，再加入到 85%磷酸中，反应生成白色胶状沉淀，控制反应终点 pH 为 4.2～4.5，然后将反应物移入耐压密封反应釜中，升温至 250℃，搅拌并维持此温度数小时，使之水热晶化，再将物料离心分离，得到白色晶体磷酸铝。以 1∶5 的稀盐酸洗涤、再用清水洗数次，除去水溶性杂质，过滤，干燥得到产品，含磷酸二氢钠母液回收利用。

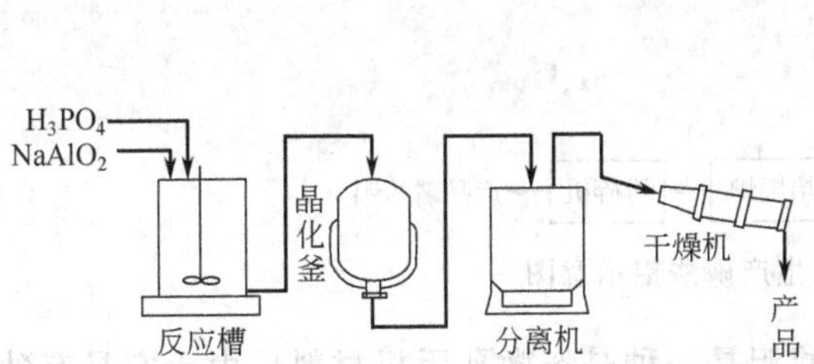

图 3-51 磷酸-铝酸钠水热生产工艺流程示意图

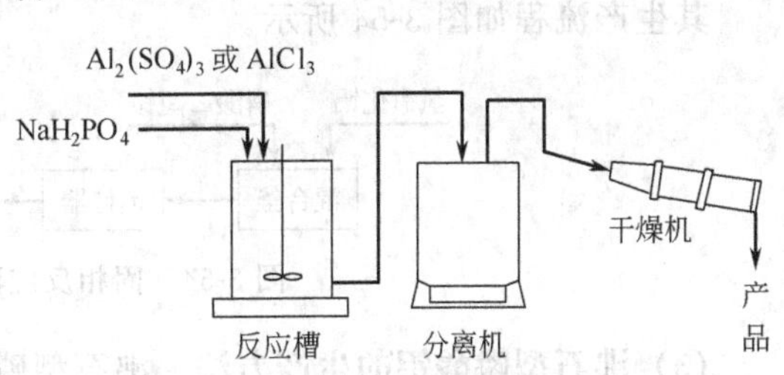

图 3-52 磷酸钠盐与硫酸铝液相复分解工艺流程示意图

② 磷酸钠盐与硫酸铝液相复分解生产工艺。磷酸钠盐与硫酸铝或氯化铝反应生成二水合磷酸铝。反应如下：

$$Al_2(SO_4)_3 + 2Na_3PO_4 \longrightarrow 3Na_2SO_4 + 2AlPO_4$$

$$Al_2(SO_4)_3 + 4Na_2HPO_4 \longrightarrow 3Na_2SO_4 + 2AlPO_4 + 2NaH_2PO_4$$

$$3NaOH + AlCl_3 + Na_2HPO_4 \longrightarrow 3NaCl + AlPO_4 + 3H_2O$$

生产工艺流程如图 3-52 所示。将磷酸钠盐与铝盐分别溶于 85～95℃热水中，过滤除去不溶物后，将两种溶液按 Al_2O_3/P_2O_5 物质的量比为 1∶1.5（磷酸过量有利于反应加速沉淀）加入反应釜内反应，生成白色胶状磷酸铝，然后维持反应温度，静置几十小时，使之晶化成白色晶体，经分离、洗涤、干燥得到二水合磷酸铝。

若以磷酸二氢钠与氯化铝反应，则在混合两种溶液后，用氢氧化钠溶液调整 pH 为 3.8，再将反应生成的胶状磷酸铝，于 60～90℃温度时，在密封反应釜内静置 3～4 天，使之晶化，然后分离、干燥，得到二水合磷酸铝。

(2) 高温型磷酸铝的生产方法 高温型磷酸铝是指在高温下，使磷酸铝晶型转化成高温时稳定的晶型结构。如鳞石英型磷酸铝晶体，在温度 870℃以上时为 β-鳞石英型即高温型，而在 870℃以下得到 α-低温型晶体。又如方石英型磷酸铝在 269℃以下为四方晶系的低温型。

生产方法一般是液相反应生成磷酸铝沉淀，再进入焙烧炉高温焙烧，即液相法。也可将固体磷酸盐和铝化合物经机械混合后，直接焙烧，即固相法。

① 液相反应法。液相反应一般采用磷酸与氯化铝或氢氧化铝为原料制得。反应式为：

$$H_3PO_4 + AlCl_3 + 3NH_3 \cdot H_2O \longrightarrow AlPO_4 + 3NH_4Cl + 3H_2O$$

$$H_3PO_4 + Al(OH)_3 \longrightarrow AlPO_4 + 3H_2O$$

生产流程如图 3-53 所示。将磷酸与氯化铝两种溶液按物质的量比 1∶1 混合后，在 30℃通往氨气使溶液 pH 为 4.2～6.0，得到白色沉淀，经分离水洗除去氯化铵后，再送入焙烧炉经 800～900℃高温焙烧，得到六方晶系高温型磷酸铝。

磷酸与氢氧化铝反应是将 60%磷酸加热至 85～90℃，在搅拌下缓慢加入到氢氧化铝溶液中，加料完毕，继续加热使之完全溶解，调整终点 pH，得到糊状溶液，再加水 20～30 倍稀释，生成白色沉淀，经搅拌后压滤分离、水洗、烘干后再经 800℃以上温度焙烧。

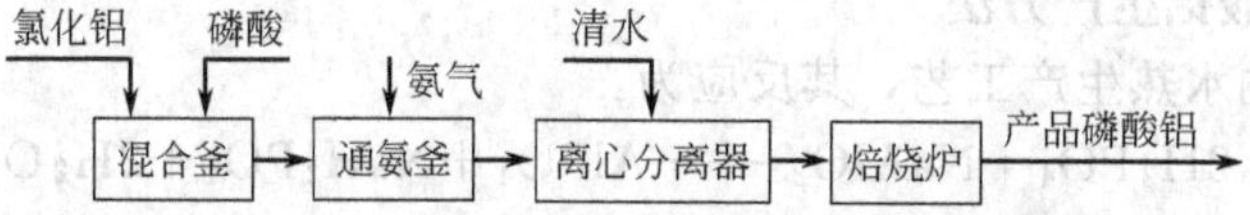

图 3-53 液相反应法生产磷酸铝示意图

② 固相反应法。固相法可采用磷酸二氢铵与氢氧化铝为原料，按 1∶(1～3) 的物质的量比，在混合容器内混合均匀，进入捏合机捏合后，再进入焙烧炉，在 500～900℃温度下焙烧，粉碎得到产品。

其生产流程如图 3-54 所示。

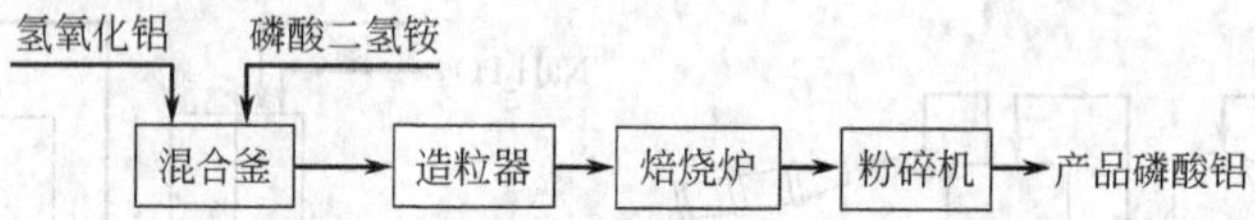

图 3-54 固相反应法生产磷酸铝示意图

(3) 沸石型磷酸铝的生产方法 沸石型磷酸铝是一种晶态微孔无机材料，由于它具有独特的晶体结构和性质，在合成分子筛上引起人们广泛关注。美国联合碳化公司 1982 年首次发表专利报道，磷酸与水合氧化铝为原料，用不同有机胺作模板剂，在水热条件下，合成这类磷酸铝。

其生产过程是将反应物按 $R : P_2O_5 : Al_2O_3 : H_2O = 1 : 1 : 1 : (40 \sim 50)$ 的物质的量比配料（其中 Al_2O_3 为拜铝石或水铝矿；P_2O_5 为磷酸；R 为有机胺或氨，如三乙胺、N,N-二甲基乙醇胺、四甲基乙二胺、乙醇胺、乙二胺、氨等)，按顺序将水和磷酸加入反应釜内搅拌均匀，再加入氢氧化铝，最后加入有机胺。控制反应温度为150～200℃，视加入有机胺种类和三氧化二铝的品种，在密封釜内晶化24～150h。如乙二胺作模板剂晶化24h，四甲基乙二胺和拜铝石需晶化142h。分别可制得 $AlPO_4$-5、$AlPO_4$-2、$AlPO_4$-20 等型产品。

此外用磷酸、一水软铝石和氢氧化四乙基铵（I），按 Al∶P∶I＝1∶1∶1 的物质的量比混合，在180℃水热法处理120h，得到晶体，再在450℃下加热2h，制得具有确定构型的沸石型磷酸铝。

总之，沸石型磷酸铝的研究和开发十分活跃，目前已有大量的文献资料，尤其是专利文献，作为人工合成分子筛在石油化工上的应用发展很快。

三、磷酸二氢铝

工业上磷酸二氢铝一般生产固体和液体两种产品，均由磷酸与氢氧化铝物质的量比按 Al/P＝1∶3 直接合成而得。反应式为：

$$Al(OH)_3+3H_3PO_4 \longrightarrow Al(H_2PO_4)_3+3H_2O$$

该反应在120～170℃间生成 $Al(H_2PO_4)_3$-C 型，当低于120℃时，生成 $AlH_3(PO_4)_2 \cdot H_2O$，高于170℃时可能生成三聚磷酸铝。因此，反应温度控制在120～170℃间为宜。

生产方法是将氢氧化铝用热水浸泡、洗涤以除去杂质，将80%磷酸用水稀释为60%左右，并加热至沸腾，在搅拌下缓缓加入氢氧化铝，由于反应放热，使反应始终保持在沸腾状态。反应结束后，用水调整其溶液相对密度，得到液体产品。

若用蒸汽加热60%磷酸并回流搅拌下，按磷酸与水合氧化铝质量比为6.7∶1的比例加入水合氧化铝，冷却后得到相对密度为1.5～1.6的液态产品，其中 $w(P_2O_5) \leqslant 36\%$，$w(Al_2O_3) \geqslant 8\%$。

固体磷酸二氢铝可用喷雾干燥制得，其制备工艺条件要求为：热空气进口温度为170～200℃，出口温度为100～110℃，液体喷入速度应使物料温度控制在170℃左右。

第四章　缩聚磷酸盐

第一节　缩聚磷酸盐基础理论

一、缩聚磷酸盐的分类与结构

磷酸盐可广义地认为是磷氧四面体 PO_4 的化合物，而缩聚磷酸盐是两个或两个以上的 PO_4 通过共用氧原子而相互结合的磷酸盐。根据磷氧四面体的聚集方式不同，聚磷酸盐可分为线性聚磷酸盐、偏磷酸盐和超磷酸盐三类。

1. 线性聚磷酸盐

线性聚磷酸盐是由两个或两个以上的 PO_4 四面体通过共用氧原子形成的直链结构：

式中　M——+1 价金属离子。

长链聚磷酸盐多为无定形玻璃体，也有以晶体形式存在。聚磷酸盐的晶体结构表明，每个 PO_4 基团保持着 O—P—O 键角为 95°～125°的近似四面体结构，P—O—P 键角在 120°～180°之间变化。长链聚磷酸盐通式为 $M_{n+2}P_nO_{3n+1}$（$n=2\sim10^5$），当 n 很大时，$M_{n+2}P_nO_{3n+1}$ 趋近于 $(MPO_3)_n$，在组成上变得与偏磷酸盐不可区分，所以在一些文献中也常把长链聚磷酸盐称为偏磷酸盐，严格地说只有组成为 $(MPO_3)_n$ 的环状结构的磷酸盐才是偏磷酸盐。

2. 偏磷酸盐

由三个或三个以上 PO_4 四面体通过共用氧原子而连接成环状结构的磷酸盐，通式为 $(MPO_3)_n$。常见的有三偏磷酸盐和四偏磷酸盐，其阴离子结构如下：

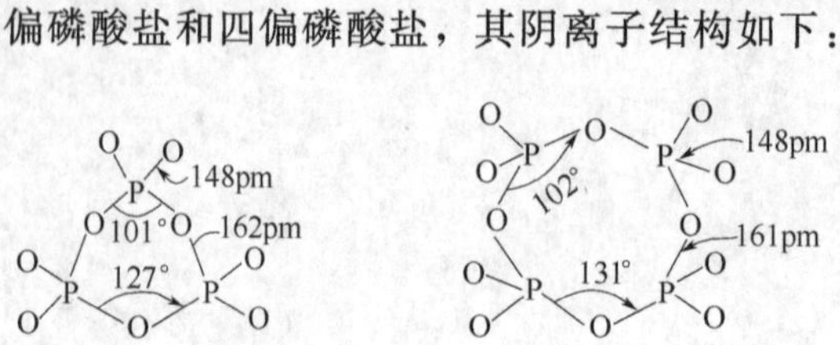

三偏磷酸钠和四偏磷酸钠都是可溶性的晶体环状聚磷酸盐。此外还有五偏、六偏、八偏

等环状偏磷酸盐。

3. 超磷酸盐

通过每个 PO_4 四面体相互共用三个氧原子形成三维交联的笼状或支链的网络结构的物质，通式为 $M_{n+2m}P_nO_{3n+m}$。超磷酸盐是无定形的玻璃体，具有良好的可塑性。

综上所述，聚磷酸盐的分类和结构可概括为：

线性聚磷酸盐	$P_nO_{3n+1}^{(n+2)-}$	链状
偏磷酸盐	$P_nO_{3n}^{n-}$	环状
超磷酸盐	$P_nO_{3n+m}^{(n+2m)-}$　$(1\leqslant m\leqslant n/2)$	笼状、片状、三维结构

除了同系磷酸盐外，还有取代聚磷酸盐，它们具有良好的可塑性和其他特性，成为各种功能磷酸盐材料。

二、缩聚磷酸盐的加热生成机理

酸式正磷酸盐（包括 MH_2PO_4、M_2HPO_4）在不同温度下加热脱水可制得各种缩聚磷酸盐。如焦磷酸四钠无水物就是由 Na_2HPO_4 在 500℃加热脱水制得。焦磷酸二氢钠可由 NaH_2PO_4 在 200℃下加热脱水制得，三聚磷酸钠则是由 $2Na_2HPO_4$ 及 NaH_2PO_4 混合加热脱水制得。四偏磷酸盐可由 Al、Cu(Ⅱ)、Mg、Ni(Ⅱ)、Co(Ⅱ)、Mn(Ⅱ)、Fe(Ⅱ)、Zn、Cd 等的酸性磷酸盐，在 400～500℃下加热生成。

聚合度在 4 以上的环状磷酸盐有：Na、Ag、Ba 的五偏磷酸盐、六偏磷酸盐；Li、Na 的六偏磷酸盐；Pb、Na 的八偏磷酸盐等。

长链状聚磷酸盐通常指聚合度 $n=50$ 以上的长链。在这类化合物中，大多数 n 的平均值通常保持在 500～1000 范围内。实际上，制得 n 大于 4 的纯态聚磷酸盐是很困难的。长链状聚磷酸盐由各种链长分子的混合物组成，链长很大时，则长链聚磷酸盐的组成近似于偏磷酸盐 $(MPO_3)_n$。所以，较早的文献中把“格腊哈姆盐”这类长链状聚磷酸盐称为偏磷酸盐。长链状聚磷酸盐多为无定形态，但也有几种呈晶态形式存在。

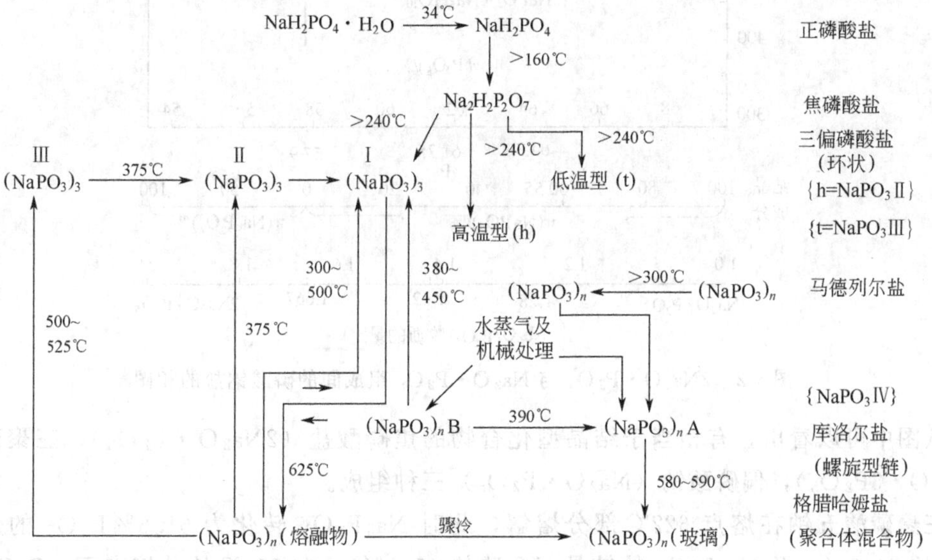

图 4-1　磷酸二氢钠加热缩聚图

制备过程的条件不同所生成的链状聚磷酸盐的平均链长也不同。其链长度在很大程度上受链“终止”原子团 OH 的影响。例如水蒸气压过大，将使链长变短。磷酸二氢钠加热脱水历程如图 4-1 所示。由 NaH_2PO_4 加热脱水生成的长链状聚磷酸盐有结晶型马德列尔盐和库洛尔盐，它们是通过缓慢冷却 $Na_2O/P_2O_5=1$ 的偏磷酸盐熔体，并在适当条件下加入晶种制得的。这两种盐都是具有高聚物性质的大相对分子质量聚磷酸盐，两者都不溶于水，但库洛尔盐在各种碱金属阳离子存在下会溶解。将 $Na_2O/P_2O_5=1$ 的熔体迅速冷却，则得到玻璃状长链聚磷酸盐——格腊哈姆盐（俗称六偏磷酸钠），由于 1832 年格腊哈姆制得此盐后，以氨处理，其 5/6 的钠与铵交换，因此误将其称为六偏磷酸钠。后来研究证明，它是末端由具有 OH 的 PO_4 四面体组成的长链状聚磷酸盐的混合物，可以用通式 $Na_nH_2P_nO_{3n+1}$ 表示。

一般格腊哈姆盐中常含有 5%～6%的三偏及四偏磷酸盐，少量的五偏、六偏磷酸盐。

三、缩聚磷酸盐的主要性质

1. 缩聚磷酸盐的相平衡

$2Na_2O\cdot P_2O_5$ 及 $Na_2O\cdot P_2O_5$ 组成间的磷酸钠盐的相平衡如图 4-2 所示。

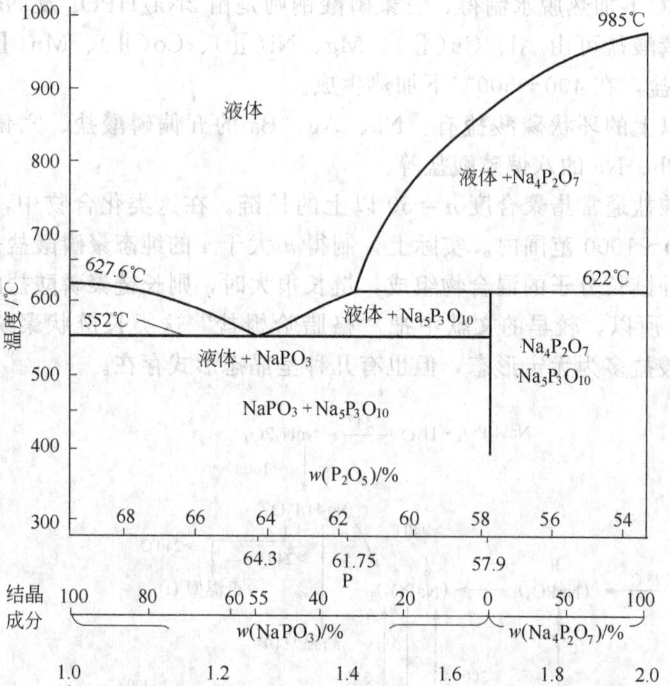

图 4-2　$2Na_2O\cdot P_2O_5$ 与 $Na_2O\cdot P_2O_5$ 组成间的磷酸钠盐的相图

从图中可以看出，有相当于结晶型化合物的焦磷酸盐（$2Na_2O\cdot P_2O_5$），三聚磷酸盐（$5Na_2O\cdot 3P_2O_5$），偏磷酸钠（$Na_2O\cdot P_2O_5$）三种组成。

三聚磷酸五钠在熔点 622℃部分熔解，此时 $Na_5P_3O_{10}$ 转化为 61.6%P_2O_5 的熔融盐（全磷的 54.9%）及 $Na_4P_2O_7$ 的结晶（全磷的 45.1%）。在 552℃的共熔点下，P_2O_5 含量为 64.3%，此点的组成几乎相当于 $Na_9P_7O_{22}$ 及 $Na_{10}O_8O_{25}$ 组成的中间值。在共熔点析出的物质为 45%$Na_5P_3O_{10}$-Ⅰ及 $Na_3P_3O_9$ 的紧密混合物。

磷酸钾盐系的相图如图 4-3 所示。磷酸钾盐系相图与钠盐系非常相似，但是，此时无水盐的组成 $K_4P_2O_7 \cdot K_5P_3O_7 \cdot KPO_3$ 各只一个结晶型。$2K_2O \cdot P_2O_5$-$K_2O \cdot P_2O_5$ 系的共熔点为 613℃，因而化合物 KPO_3 在 641.5℃不全部溶解。

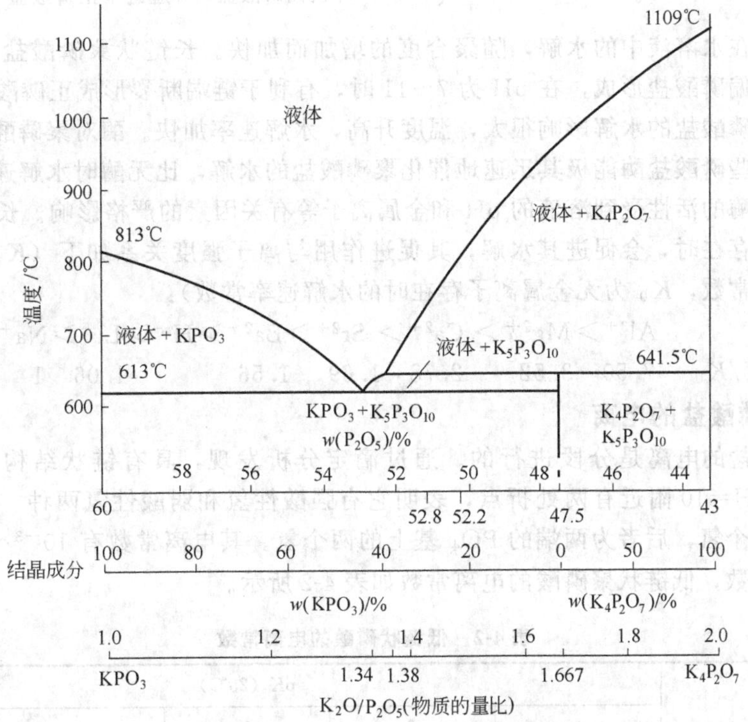

图 4-3　K_2O-P_2O_5 与 $2K_2O$-P_2O_5 间磷酸钾盐相图

2. 缩聚磷酸盐的水解

缩聚磷酸盐在水溶液中会发生水解，水解时，所有的 P—O—P 键均能断裂。随着水解的进行，其聚合度逐渐减小，直至最后全部成为正磷酸盐。影响缩聚磷酸盐水解的因素较多，主要因素及其影响见表 4-1。低聚链状磷酸盐的水解中，酸起催化作用，pH 对速率常数的影响随 pH 的增加而降低。对焦磷酸钠和三聚磷酸钠，当 pH 增至 9 左右，一次反应速率常数即变为 0。而环状磷酸的水解则受 OH^- 的强烈作用，即在强碱性溶液中环状磷酸盐迅速断裂，形成的链状磷酸盐在此溶液中稳定。因此可以利用三偏、四偏磷酸盐分别制三聚磷酸盐、四聚磷酸盐。

表 4-1　影响缩聚磷酸盐水解的因素及其影响

因素	对水解影响的大体比例	因素	对水解影响的大体比例
温度	由冰点至沸点加快 10^5～10^6 倍	配合阳离子	大多数情况下加快几倍
pH	由强酸到碱性减慢 10^3～10^4 倍	浓度	大约成比例
酵素	加快 10^5～10^6 倍	离子强度	变化数倍
凝胶	加快 10^5～10^6 倍		

中等聚合度链状磷酸盐也在很大程度在受 pH 的影响，水解速度在 pH＝9 以上的碱性溶液中非常小，几乎为常数。但随 pH 减小水解速率加快。

长链状聚磷酸盐的水解可用下式表示：

聚合度为 n 的长链聚磷酸盐
- 过程Ⅰ → $(n-1)$ 链-正磷酸盐
- 过程Ⅱ → x-链 + $(n-x)$ 链
- 过程Ⅲ → 环状偏磷酸盐 ⟶ 短链 + 正磷酸盐

聚磷酸盐在水溶液中的水解，随聚合度的增加而加快。长链状聚磷酸盐在 pH 为 4～7 时，有利于三偏磷酸盐形成，在 pH 为 7～11 时，有利于链端断裂形成正磷酸盐。

温度对聚磷酸盐的水解影响很大，温度升高，水解速率加快。酶对聚磷酸盐水解的影响也很显著，某些磷酸盐酶能极其迅速地催化聚磷酸盐的水解，比无酶时水解速率快 10^6 倍以上。但是这些酶的活性受到溶液的 pH 和金属离子等有关因素的严格影响。长链状磷酸盐有下列金属离子存在时，会促进其水解，其促进作用与离子强度关系如下（K 为有金属离子时的水解速率常数，K_0 为无金属离子存在时的水解速率常数）：

	Al^{3+} >	Mg^{2+} >	Ca^{2+} >	Sr^{2+} >	Ba^{2+} >	H^+ >	Li^+ >	Na^+ >	K^+
K/K_0	7.50	3.52	2.78	1.69	1.56		1.06	1	1

3. 缩聚磷酸盐的电离

缩聚磷酸盐的电离是分段进行的。通过滴定分析发现，具有链状结构的聚磷酸，在 pH＝4.5 和 pH＝10 附近有两处折点，表明它有强酸性氢和弱酸性氢两种。前者为每一个 PO_4 对应的一个氢，后者为两端的 PO_4 基上的两个氢。其电离常数有 10^{-3}～10^0、10^{-9}～10^{-7} 之间两个数，低链状聚磷酸的电离常数如表 4-2 所示。

表 4-2　低链状磷酸的电离常数

酸	pK_a(25℃)				
	1	2	3	4	5
正磷酸(H_3PO_4)	2.15	7.20	12.44	—	—
焦磷酸($H_4P_2O_7$)	小	2.64	6.76	9.42	—
三聚磷酸($H_5P_3O_{10}$)	小	小	2.30	6.50	9.24

具有环状结构的三偏、四偏磷酸的滴定曲线只在 pH 为 6～8 间有一个折点，这意味着所有的氢都为强电离的强酸性物质。

4. 与金属离子的配合能力

聚磷酸盐能够和所有的金属离子发生配合作用，形成各种组成的配合物。由于聚磷酸盐系 PO_4 结合成链状结构，相邻的 PO_4 基上的氧与金属间可形成如下的螯合环状的水溶性配合离子：

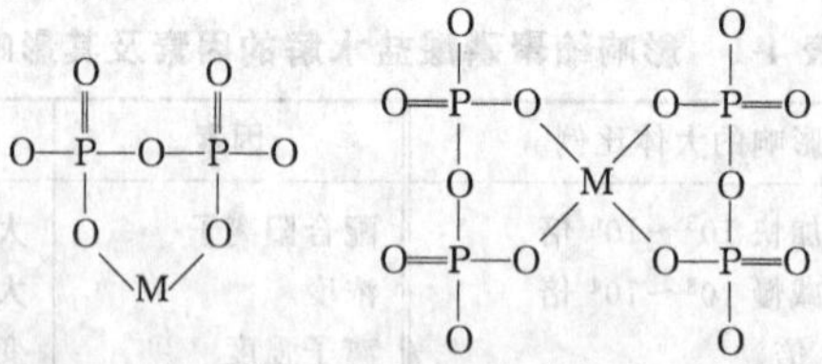

这种螯合环在链的末端形成，则其中氧的电子密度减小，弱碱性氢解离性增强。环状磷酸盐中环大者，在溶液中共有氧的 P—O—P 键，由于是柔性的，可形成配合物；环小者，例如三偏、四偏磷酸盐，相邻 PO_4 间不能形成螯合结构，因此环虽可扭曲而难于螯合化。另外，阳离子的大小也可能对螯合物的形成有较大的影响。

对于水质软化，实际上是要控制碱土金属的沉淀，此时所必需的磷酸量即为“钙值”。

通常，链状磷酸盐对钙、镁有封闭效果，特别是焦磷酸盐对镁比三聚磷酸盐更有效，而三聚磷酸盐比焦磷酸盐碱土金属离子的封闭能力大。短链状磷酸盐对铁离子也有封闭效果。常见聚磷酸盐对钙、镁、铁离子的配合能力见表4-3。

表4-3 聚磷酸盐对钙、镁、铁离子的配合能力

磷酸盐/100g	钙(Ca^{2+})/g	镁(Mg^{2+})/g	铁(Fe^{2+})/g	磷酸盐/100g	钙(Ca^{2+})/g	镁(Mg^{2+})/g	铁(Fe^{2+})/g
焦磷酸钠	4.7	8.3	0.273	四聚磷酸钠	18.5	3.8	0.092
三聚磷酸钠	13.4	6.4	0.184	六偏磷酸钠	19.5	2.9	0.031

5. 催化作用

聚磷酸及其盐对某些化学反应具有催化作用。其催化作用是通过与反应物之间进行质子交换而促进化学反应的，能催化链状烯烃的聚合、异构化、水合、烯烃烷基化以及醇类脱水等。例如，磷酸锆对环氧乙烷的高聚反应和乙烯聚合反应具有良好的催化作用；P_2O_5为82%～84%的聚磷酸用作石油工业的催化剂，无焦化现象，副产物少，反应后的磷酸易于除去，这些对生产过程极为有利。

6. 胶溶作用

聚磷酸盐具有高分子性质，能使浊液变为溶胶，具有乳化分散和反絮凝作用，广泛用于食品工业中作乳化剂，钻井泥浆、油漆颜料和矿石浮选的分散剂。例如，在每一吨浮选料浆中添加约1kg六偏磷酸钠，可使精矿中的有效成分增加一倍。

第二节 焦磷酸钠盐

焦磷酸盐是最简单的线性聚磷酸盐。焦磷酸根阴离子（$P_2O_7^{4-}$）是由两个PO_4四面体共用一个氧原子桥连接而形成的，P—O—P键键角在120°～180°范围内变化。许多焦磷酸盐晶体显示不同的线性结构是由于连接于P—O—P键的PO_4四面体的旋转，这也是焦磷酸盐在晶体结构上发生多晶相变的原因之一。

焦磷酸盐的生产是随其作为合成洗涤剂的助剂而发展起来的，后来广泛应用于稳定剂、电镀、毛纺工业、水处理、食品添加剂、造纸、印染等方面。

工业品焦磷酸盐主要有钠盐、钾盐、钙盐等，其他焦磷酸盐虽有生产，但产量不大、应用也不广。焦磷酸盐生产的主要方法是由酸式磷酸盐加热脱水缩合，或由可溶性的金属盐与焦磷酸钠反应而得。

一、焦磷酸钠盐的物理化学性质

1. 物理性质

焦磷酸属于四元酸，相应的焦磷酸钠盐有四种，即焦磷酸一钠（$NaH_3P_2O_7$）、焦磷酸二钠（$Na_2H_2P_2O_7$）、焦磷酸三钠（$Na_3HP_2O_7$）和焦磷酸四钠（$Na_4P_2O_7$）。具有工业用途的是焦磷酸四钠（又称焦磷酸钠）和焦磷酸二钠（又称焦磷酸二氢钠或酸式焦磷酸钠）。

(1) 焦磷酸钠 焦磷酸钠（简写SPP）按有无结晶水又分为无水焦磷酸钠和焦磷酸钠结晶两种。焦磷酸钠结晶的分子式为$Na_4P_2O_7 \cdot 10H_2O$，相对分子质量为446.06，为无色透明或白色结晶或结晶粉末。在干燥空气中易风化，加热到100℃时失去结晶水。相对密度1.824。可溶于水，不溶于乙醇。其水溶液呈碱性（1%的水溶液pH为10.0～10.2）。因有吸湿性，需密封保存。

无水焦磷酸钠（$Na_4P_2O_7$）的相对分子质量为 265.90，产品为白色块状固体或固体粉末，可溶于水，水溶液呈碱性。无水焦磷酸钠的相对密度为 2.45，熔点985℃。无水焦磷酸钠在水中的溶解度见表 4-4。

表 4-4　不同温度下无水焦磷酸钠在水中的溶解度

温度/℃	0	10	20	30	40	50	60	80	100
溶解度/(g/100g H_2O)	3.16	3.95	6.23	9.95	13.50	17.45	21.83	30.04	40.26

焦磷酸钠在室温和熔点之间可以存在五种晶型：

$$Na_4P_2O_7 \quad \text{V} \xrightleftharpoons{400℃} \text{IV} \xrightleftharpoons{510℃} \text{III} \xrightleftharpoons{520℃} \text{II} \xrightleftharpoons{545℃} \text{I} \rightleftharpoons \text{熔点(985℃)}$$

(2) 酸式焦磷酸钠　酸式焦磷酸钠称为焦磷酸二氢钠更准确，因为商品上使用最广泛的是焦磷酸二氢钠盐，焦磷酸一钠和三钠盐虽然存在，但应用不广。所以把焦磷酸二氢钠俗称为酸式焦磷酸钠。产品为熔融状固体或结晶性粉末。可溶于水，不溶于乙醇。在水中的溶解度见表 4-5。酸式焦磷酸钠稍有吸湿性，吸水后形成六分子结晶水合物。酸式焦磷酸钠的水溶液呈碱性，其 1%的水溶液 pH 约为 9.7。

表 4-5　不同温度下 $Na_2H_2P_2O_7$ 在水中的溶解度

温度/℃	20	60	100
溶解度/(g/100g H_2O)	6.23	21.83	40.26

2. 化学性质

(1) 与碱土金属离子的螯合　焦磷酸钠与其他缩聚磷酸盐一样，能与水中的碱土金属离子 Ca^{2+}、Mg^{2+} 等发生螯合作用，形成可溶性螯合物。反应如下：

$$Ca^{2+} + P_2O_7^{4-} \longrightarrow (CaP_2O_7)^{2-}$$

$$Mg^{2+} + P_2O_7^{4-} \longrightarrow (MgP_2O_7)^{2-}$$

为此，钙镁离子即被螯合失去了原来的作用，螯合的结果是使得这两种离子不再会生成金属皂沉淀，因而水质被软化了。对于同一单位质量的钙、镁离子，为防止其生成金属皂而需用的几种磷酸盐用量见表 4-6。

从表中可以看出，对钙离子螯合能力最强的是六偏磷酸钠；而对镁离子，螯合能力最强的是焦磷酸四钠。三聚磷酸钠对钙、镁离子的螯合能力居中。

在使用磷酸盐作软水剂时，还有一个现象值得注意，即硬水可以使它们溶液的 pH 下降。这也是由于螯合作用的结果。一些聚磷酸盐在硬水中 pH 降低的情况见表 4-7。pH 的降低，会使洗涤剂中表面活性物质作用降低，因此在配制时应予以校正。

表 4-6　为防止单位质量金属皂沉淀所需磷酸盐实际用量

名　称	镁皂	钙皂
焦磷酸四钠	11	130
三聚磷酸钠	14	30
六偏磷酸钠	16	16

表 4-7　硬水对磷酸盐溶液 pH 的影响

磷 酸 盐	蒸馏水中 1%溶液的 pH	硬水(4×10^{-4})中1%溶液的 pH
焦磷酸四钠	10.1	9.4
三聚磷酸钠	10.3	9.5
六偏磷酸钠	9.4	8.9

(2) 焦磷酸钠的助洗作用　焦磷酸钠盐与表面活性物质配伍，制成合成洗涤剂，焦磷酸盐在其中有明显的助洗作用。

① 对不溶性钙、镁盐的再溶解。焦磷酸钠除了有软化水的功能外，还能再溶解钙和镁等金属的不溶性盐类，如衣物纤维中夹杂着的以前洗涤时遗留下来的不溶性钙皂以及其他金属形成的污垢。聚磷酸盐能溶解这种皂，螯合其钙离子，并且钠离子从磷酸盐中离解出来，与金属皂中解离出的脂肪酸阴离子化合重新生成肥皂。这种皂的生成增强了洗涤剂的洗涤功能，合成洗涤剂行业称此为协同作用。

② 缩聚磷酸盐的反絮凝作用。当洗涤剂洗涤衣物时，缩聚磷酸盐与一些不溶性的尘土等发生反絮凝作用而保持悬浮状态，同时使不溶性的油状物乳化。

③ 降低表面活性剂物质的表面张力或界面张力。表面活性剂的作用就是降低表面张力或界面张力。聚磷酸盐的这一作用可以减少表面活性物质的用量。

(3) 与铁离子的螯合 焦磷酸钠能与铁、铜等金属离子形成无色的配合物。这一作用一是当其作为稳定剂时，增加双氧水的漂白效果；二是作为食品添加剂时，掩蔽 Mg^{2+}、Ca^{2+}、Fe^{2+}、Cu^{2+} 等金属离子，形成无色配合物，避免食品、水果加工后变色。

(4) 焦磷酸钠盐水解 焦磷酸钠在通常状态下是稳定的，但煮沸其水溶液时，则发生降解，其反应如下：

$$Na_4P_2O_7 + H_2O \xrightarrow{\text{煮沸}} 2Na_2HPO_4$$

所以在使用时，要求控制温度不得超过 75℃。

酸式焦磷酸钠与稀无机酸一起加热，即水解成磷酸，反应如下：

$$Na_2H_2P_2O_7 + 2HCl + H_2O \longrightarrow 2NaCl + 2H_3PO_4$$

将其水溶液煮沸，也发生水解，反应如下：

$$Na_2H_2P_2O_7 + H_2O \xrightarrow{\text{煮沸}} 2NaH_2PO_4$$

这一反应可用于面食加工中，当面粉中的添加剂酸式焦磷酸钠受热时分解生成 NaH_2PO_4，它与 Na_2CO_3 反应，产出 CO_2，使面包多孔而蓬松。

焦磷酸钠盐和钾盐是无氰镀铜的常用配合剂。其反应式为：

$$2CuSO_4 + Na_4P_2O_7 \longrightarrow Cu_2P_2O_7\downarrow + 2Na_2SO_4$$

$$Cu_2P_2O_7 + 3K_4P_2O_7 \longrightarrow 2K_6[Cu(P_2O_7)_2]$$

二、焦磷酸钠生产的化学原理

1. 磷酸二氢钠的聚合

磷酸二氢钠在 40.8℃以下为二水物，在 40.8～57.4℃为一水物，57.4～140℃为无水盐。将其加热到 140～200℃，由于失去 1/2 个结晶水成为酸式焦磷酸钠（温度过高，则生成偏磷酸盐）：

$$NaH_2PO_4\cdot 2H_2O \xrightarrow{40.8\sim 57.4℃} NaH_2PO_4\cdot H_2O + H_2O$$

$$NaH_2PO_4\cdot H_2O \xrightarrow{57.4\sim 140℃} NaH_2PO_4 + H_2O$$

$$2NaH_2PO_4 \xrightarrow{140\sim 200℃} Na_2H_2P_2O_7 + H_2O$$

从上述反应看出，用纯净的磷酸二氢钠控制适当温度脱水聚合，就可得到各种用途的酸式焦磷酸二钠产品。

2. 磷酸氢二钠的聚合

磷酸氢二钠在 350～400℃时脱水聚合成焦磷酸四钠：

$$2Na_2HPO_4 \xrightarrow{350\sim400℃} Na_4P_2O_7 + H_2O$$

影响聚合反应的因素主要有：Na_2O/P_2O_5 物质的量比 R，当 $R=2$ 时生成焦磷酸钠的速率最大；反应温度以 350～400℃为宜，温度过低聚合不完全，温度过高会出现“烧死”现象。添加适量的 NH_4NO_3 催化剂于无水 Na_2HPO_4 中将使焦磷酸钠盐的生成速率加快约一倍。

利用重结晶原理，可将工业焦磷酸钠制成食品级焦磷酸钠。

三、焦磷酸钠盐的生产方法

1. 无水焦磷酸钠盐的生产

工业或食品添加剂焦磷酸钠，通常是用磷酸氢二钠溶液经干燥得无水磷酸氢二钠，然后高温脱水、聚合而得焦磷酸钠。这两个过程可在一个设备中进行，其工艺称为干燥聚合一步法；也可在两个设备中进行，称为干燥聚合两步法。

(1) 干燥聚合一步法 磷酸氢二钠的干燥聚合在一个设备中进行。生产焦磷酸钠的工艺流程如图 4-4 所示。

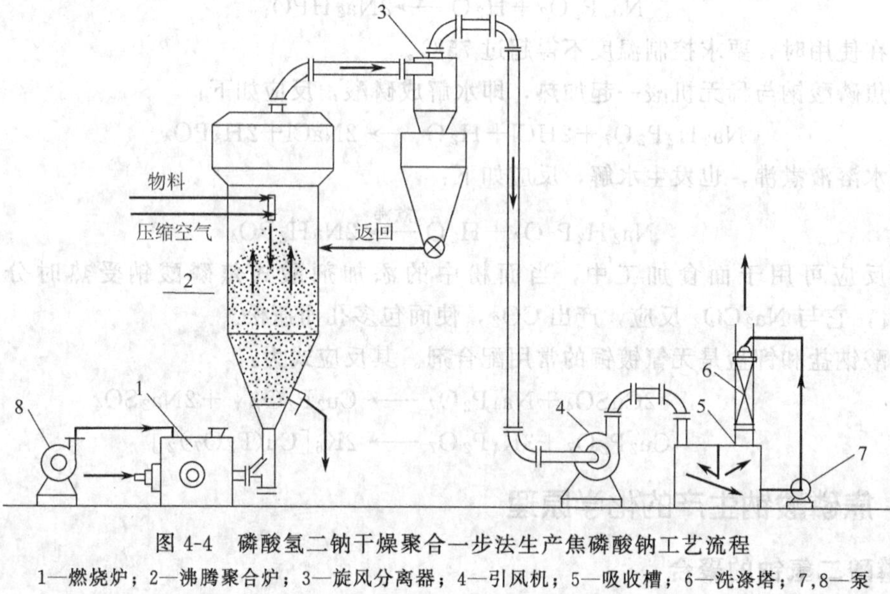

图 4-4 磷酸氢二钠干燥聚合一步法生产焦磷酸钠工艺流程

1—燃烧炉；2—沸腾聚合炉；3—旋风分离器；4—引风机；5—吸收槽；6—洗涤塔；7,8—泵

可燃气体（天然气或煤气）或油在燃烧炉 1 中与鼓风机送来的空气混合燃烧，产生的高温气体从沸腾聚合炉 2 的下部进入，然后通过筛板（也称布风板），进入炉膛的固定料层。固定层由干燥后初步煅烧聚合的磷酸氢二钠固体颗粒组成，物料将在此被进一步加热聚合，成品 $Na_4P_2O_7$ 连续地从筛板上部出料口排出。加热气体继续上行，通过炉膛的沸腾层与还未干燥的磷酸氢二钠在此上下浮动，发生混合、干燥、聚合等几个过程，其主要变化是失去最后两个结晶水和初步聚合。加热气体继续上行，与从炉顶部喷下来的接近饱和的磷酸氢二钠溶液进行逆流热交换，磷酸氢二钠被急速干燥失水，成为粉料落入沸腾层。而加热气体温度在此急剧下降，变成尾气夹带部分小粒固体物料从炉顶排出。尾气经旋风分离器 3 处理，收集下部固体物料返回沸腾炉，气体经引风机 4 进入吸收槽 5，然后经洗涤塔 6 排空。吸收塔及洗涤槽的水溶液达到一定浓度时，可送入磷酸氢二钠配料工序配制溶液。

整个过程连续进行，只要控制好沸腾层、固定层高度、炉体各段温度、物料停留时间的长短，就能得到预想的合格产品。

(2) 干燥聚合两步法　该法是先制得干燥的无水磷酸氢二钠，然后将无水磷酸氢二钠送进箱式聚合炉中加热聚合，控制物料温度在 350～400℃之间。聚合完全的焦磷酸钠经冷却后粉碎、筛分，包装出厂。图 4-5 所示为间歇式干燥聚合两步法生产工艺流程。

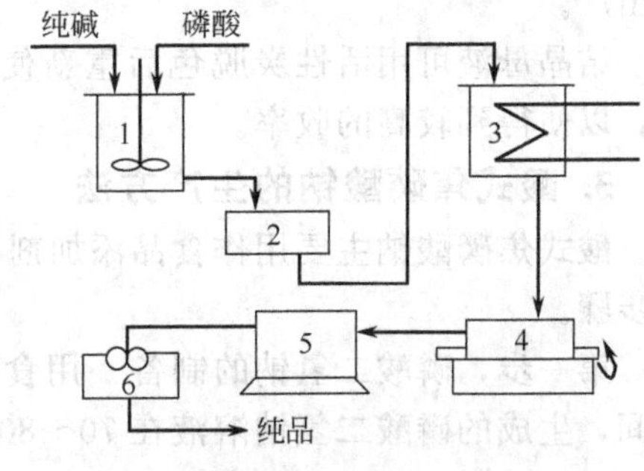

图 4-5　干燥聚合两步法（间歇式）生产焦磷酸钠工艺流程

1—中和槽；2—过滤器；3—浓缩器；4—刮片机；5—聚合炉；6—粉碎机

第一步，将纯碱加入磷酸中和，控制中和度使其生成磷酸氢二钠。反应如下：

$$H_3PO_4 + Na_2CO_3 \longrightarrow Na_2HPO_4 + CO_2\uparrow + H_2O$$

中和度的控制是用酚酞作指示剂，控制反应终点的 pH 为 8.2～8.6，到达终点后脱色过滤。

第二步，磷酸氢二钠溶液浓缩到相对密度不低于 1.498，送至刮片机的转动圆筒部分，由于有蒸汽加热，使磷酸氢二钠溶液很快得以再浓缩，结成薄片附着在圆筒上，然后用刮刀将其刮下，成为无定形、无结晶水的磷酸氢二钠薄片。

第三步，将磷酸氢二钠薄片送至箱式聚合炉中加热聚合，控制物料温度在 350～400℃。

第四步，将聚合完全的焦磷酸钠经冷却、粉碎、筛分后即可包装出厂。

两步法的连续生产工艺是将磷酸氢二钠的干燥设备改为喷雾干燥塔，将聚合设备改为回转聚合炉，如图 4-6 所示。

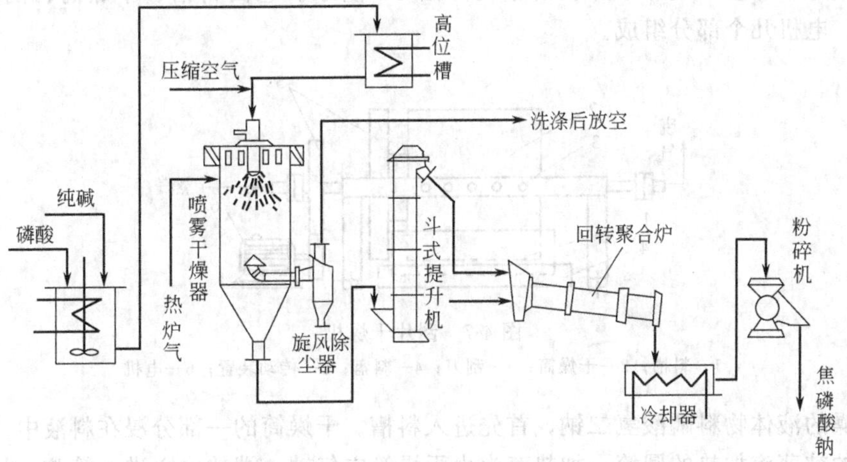

图 4-6　干燥聚合两步法连续生产焦磷酸钠工艺流程

2. 结晶焦磷酸钠的生产方法

将无水焦磷酸钠用水在 65～75℃溶解，控制溶液浓度在相对密度 1.152～1.171 之间，夏天生产温度高，浓度可适当提高。然后加少量活性炭脱色，用静止的自流过滤器过滤。过滤好的溶液进入中间槽备用。溶液进入结晶器，控制好结晶器的搅拌速度和结晶温度下降速度。随着温度的降低，结晶焦磷酸钠析出，结晶温度越低，结晶率越高。为了得到理想的结晶产品，一般控制结晶率在 70%～75%即可，这时晶体的形状、外观及内在质量都较为理想。

结晶好的焦磷酸钠，送至离心机甩干（一般不必干燥即能达到产品指标要求），然后包装出厂。

结晶母液可用活性炭脱色后重新使用，也可直接作为稀溶液用于配制焦磷酸钠结晶溶液，以便得到较高的收率。

3. 酸式焦磷酸钠的生产方法

酸式焦磷酸钠主要用作食品添加剂，用量不大，质量要求较高，其生产过程包括以下几个步骤。

第一步，磷酸二氢钠的制备　用食品磷酸与食用纯碱中和，控制终点 pH 在 4.0～4.4 之间，生成的磷酸二氢钠溶液在 70～80℃下过滤备用。反应如下：

$$2H_3PO_4 + Na_2CO_3 \xrightarrow{70\sim80℃} 2NaH_2PO_4 + H_2O + CO_2$$

第二步，干燥与转化　用制备焦磷酸钠同样的干燥和聚合方法，将磷酸二氢钠转化为焦磷酸二钠，所不同的是聚合温度稍低，控制在 140～200℃即可。

$$2NaH_2PO_4 \xrightarrow{140\sim200℃} Na_2H_2P_2O_7 + H_2O$$

聚合炉可采用箱式转化炉，也可采用连续的沸腾煅烧炉。

第三步，成品的处理　用箱式炉转化的焦磷酸二钠需经粉碎后才能包装，而用沸腾炉产出的产品按用户要求，确定是否粉碎再加工，因为食品加工工业常需要使用较细的产品，所以需要粉碎加工为粉状焦磷酸二钠。

四、焦磷酸钠盐生产的主要设备

焦磷酸钠盐生产的主要设备有刮片干燥机、喷粉干燥机、箱式聚合炉、沸腾聚合炉等。

（1）刮片干燥机　刮片干燥机的结构如图 4-7 所示。它由料槽、干燥筒、刮刀、料盘、传动装置、电机几个部分组成。

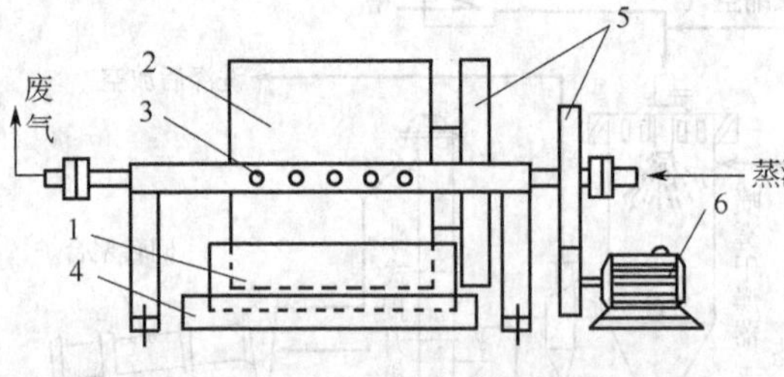

图 4-7　刮片干燥机

1—料槽；2—干燥筒；3—刮刀；4—料盘；5—传动装置；6—电机

被干燥的液体物料磷酸氢二钠，首先进入料槽。干燥筒的一部分浸在料液中，干燥筒是一个转动的被蒸汽加热的圆筒。加热蒸汽由干燥筒空气轴一端的中心进入筒腔，从另一端排出废气，筒体被加热。饱和的液体物料被转动的筒体带走后，迅速被干燥，形成薄片附着在筒体上。附着的厚度达到一定程度时，启动活动刮刀，使刀片慢慢接近筒壁，干燥物料即被刮下，落入料盘中。刮刀每刮一周，即恢复至原位。刮刀由 3～5 片组成一组。用这种设备生产焦磷酸钠比较方便，但生产能力小，质量较差。不过作为中间工序，因设备占地小，又易操作控制，故常常被采用。

（2）喷粉干燥机　其结构与一般喷雾干燥塔相同，由塔顶、加料泵、喷头、塔体、塔底及加料机构组成。此设备的优点是可以连续操作，生产能力大，热损失小。但不适于小规模的生产。

（3）箱式聚合炉　又叫马弗炉或反射炉，其结构比较简单。它由炉头、火道、烟道、炉

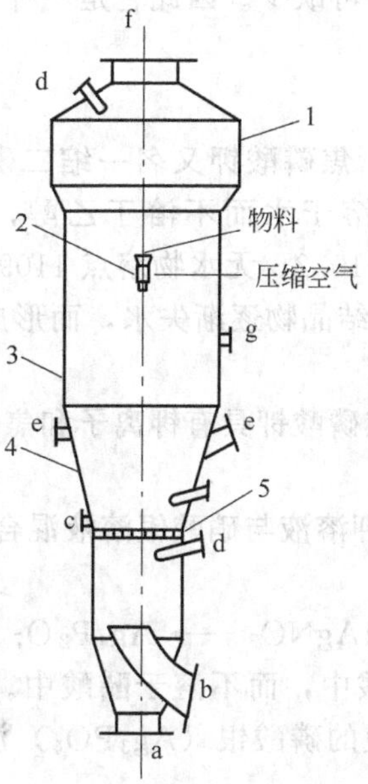

图 4-8 沸腾聚合炉结构简图

1—炉顶；2—喷头；3—炉体中段；4—炉体下段；5—布风板；

a—清扫口；b—热风进口；c—出料口；d—测温处；e—视镜；f—尾气出口；g—返料口

膛几个部分组成。炉头也是炉子的燃烧室，高热值的煤在此燃烧，火头顺火道前进，炉渣通过炉条排出。

整个炉体与炉腔由两层炉墙砌成，炉腔套在炉体中，炉体与炉腔之间为火道，煤炭燃烧后的火头顺火道前进，炉腔被加热。加热废气及烟尘前进，顺烟道排出。炉腔加热后，保持一定温度，磷酸钠盐在此聚合成为焦磷酸钠盐。

箱式聚合炉的燃料，可以是煤炭，也可以是天然气或重油。不过，不管何种燃料，其热效率都不高，这是其最大的缺点，但是在小规模生产中还是被人们采用。

(4) 沸腾聚合炉 结构如图 4-8 所示，它是焦磷酸钠生产的主要设备。沸腾聚合炉是一个上大下小的塔形结构。此种炉型结构属一次扩散型。由于炉底直径小，沸腾层的下段具有自上而下截面逐渐变小，而气速逐渐变大的特性，可以比较顺利地建立沸腾层的锥形床，易于保证良好的沸腾，不积粉、不结块，可抑制粉尘夹带，是一种较为理想的聚合炉。

第三节 其他焦磷酸盐

一、焦磷酸钾

焦磷酸钾有 $K_4P_2O_7$（无水物、三水物和 3.5 水物）、$K_3HP_2O_7$（无水物、半水物）、$K_2H_2P_2O_7$（无水物、半水物）、$KH_3P_2O_7$ 等，在工业上广泛应用的是 $K_4P_2O_7$。

焦磷酸钾盐与焦磷酸钠盐有许多相似之处，因而在工业应用上能互相替代，但也有微小的区别，焦磷酸钾盐在特定条件下占有一定市场，它是电镀行业和食品加工行业不可缺少的精细化工原料。在洗涤剂行业，有两种特殊情况必须使用焦磷酸钾，一是控制泡沫的重垢型液体洗涤剂；另一是硬表面洗涤剂，主要用于机器、墙壁、门、玻璃、瓷砖、灶具等表面的清洗。

磷和钾都属生物元素，生命不可缺少。因此它是一种食品添加剂，还是植物生长的营养补充物质。

1. 焦磷酸钾盐的性质

(1) 焦磷酸钾盐的物理性质 焦磷酸钾又名一缩二磷酸钾，通常为无色块状（或粉末状）晶体，极易吸湿而潮解。易溶于水而不溶于乙醇，25℃时在100g水中的溶解度为187g。浓度为1%的水溶液pH为10.2。无水物熔点1109℃（其中Ⅰ型为1090℃），相对密度2.534。随着温度的升高，含水结晶物逐渐失水，而形成不同的变体。Ⅰ型向Ⅱ型的转变温度为278℃。

(2) 焦磷酸钾的化学性质 焦磷酸钾具有钾离子和焦磷酸根的各种化学性质。与生产和应用有关的有以下几种。

① 焦磷酸根的鉴别。焦磷酸钾溶液与硝酸银溶液混合时，将生成白色的焦磷酸银沉淀，反应如下：

$$K_4P_2O_7+4AgNO_3 \longrightarrow Ag_4P_2O_7\downarrow+4KNO_3$$

此沉淀溶解于稀氨水和稀硝酸中，而不溶于醋酸中。这是焦磷酸根离子的一个特性反应。而磷酸根与银离子则生成黄色的磷酸银（Ag_3PO_4）沉淀，这种沉淀溶于硝酸、氨水和醋酸中。

② 与焦磷酸钠一样，能与水中的碱土金属离子发生螯合反应，对这些离子产生封闭作用。

③ 焦磷酸钾能与铁离子发生螯合作用，形成可溶性无色的配合离子，因而在食品加工业中应用。

④ 焦磷酸钾的水解。焦磷酸钾通常是稳定的，但在沸水中发生下列水解反应，降解为磷酸氢二钾。

$$K_4P_2O_7+H_2O \xrightarrow{煮沸} 2K_2HPO_4$$

与焦磷酸钠相比，这一反应速率稍慢，如在纯水中，这一反应更慢，或几乎不降解。因此，在采用二者作为漂染助剂时是有区别的。

2. 焦磷酸钾盐的生产原理和生产方法

焦磷酸钾盐一般是由酸式正磷酸钾盐加热脱水聚合而得。由于正磷酸钾盐都是水溶性的，精制比较容易，只要控制好原料的纯度和生产时的转化温度，就能得到理想的焦磷酸钾产品。

(1) 酸式焦磷酸钾的生产方法 工业上酸式焦磷酸钾的生产都是以磷酸二氢钾为原料，或是用碳酸钾或氢氧化钾和磷酸为原料。但工业磷酸二氢钾的纯度不够理想，常混进磷酸氢二钾，这将在聚合时产生焦磷酸钾或磷酸钾，从而影响产品纯度。因此常以碳酸钾（或氢氧化钾）和磷酸为原料，首先制得理想的磷酸二氢钾，然后干燥、聚合得产品焦磷酸二钾。其化学反应如下：

$$K_2CO_3+2H_3PO_4 \longrightarrow 2KH_2PO_4+H_2O+CO_2\uparrow$$

或

$$KOH+H_3PO_4 \longrightarrow KH_2PO_4+H_2O$$

$$2KH_2PO_4 \xrightarrow{200℃} K_2H_2P_2O_7+H_2O$$

将工业K_2CO_3（或KOH）溶解（必要时加炭脱色）、过滤，然后与经过滤的工业磷酸反应，严格控制终点pH在4.4～4.7（最好控制在4.6），将生成物再过滤（必要时应除铁、硅、砷等杂质），浓缩结晶待用。

制得的磷酸二氢钾在70～80℃下干燥，然后转移到箱式转化炉中，慢慢升温聚合。聚合时要严格控制聚合温度不得超过 230℃，因为在 240℃以上将产生多分子聚合物 $(KPO_3)_n$，反应如下：

$$n KH_2PO_4 \xrightarrow{240\sim260℃} (KPO_3)_n + nH_2O$$

反应终点以反应产物使硝酸银溶液变白为准。

(2) 焦磷酸钾盐的生产方法　焦磷酸钾是由磷酸氢二钾在 350～400℃时脱水聚合而得，反应如下：

$$2K_2HPO_4 \xrightarrow{350\sim400℃} K_4P_2O_7 + H_2O$$

将无水焦磷酸钾溶于水可以制取焦磷酸钾的有水结晶盐，反应如下：

$$K_4P_2O_7 + 3.5H_2O \xrightarrow{0\sim79℃} K_4P_2O_7 \cdot 3.5H_2O$$

从 79℃开始将 $K_4P_2O_7 \cdot 3.5H_2O$ 加热，到 155℃以上，则经过三水合物、一水合物最后变成无水物，反应如下：

$$K_4P_2O_7 \cdot 3.5H_2O \xrightarrow{79℃} K_4P_2O_7 \cdot 3H_2O + 0.5H_2O$$

$$K_4P_2O_7 \cdot 3H_2O \xrightarrow{<155℃} K_4P_2O_7 \cdot H_2O + 2H_2O$$

$$K_4P_2O_7 \cdot H_2O \xrightarrow{>155℃} K_4P_2O_7 + H_2O$$

工业生产现多以氢氧化钾和磷酸反应生产工艺为主。现以中和煅烧两步法为例，其工艺流程如图 4-9 所示。

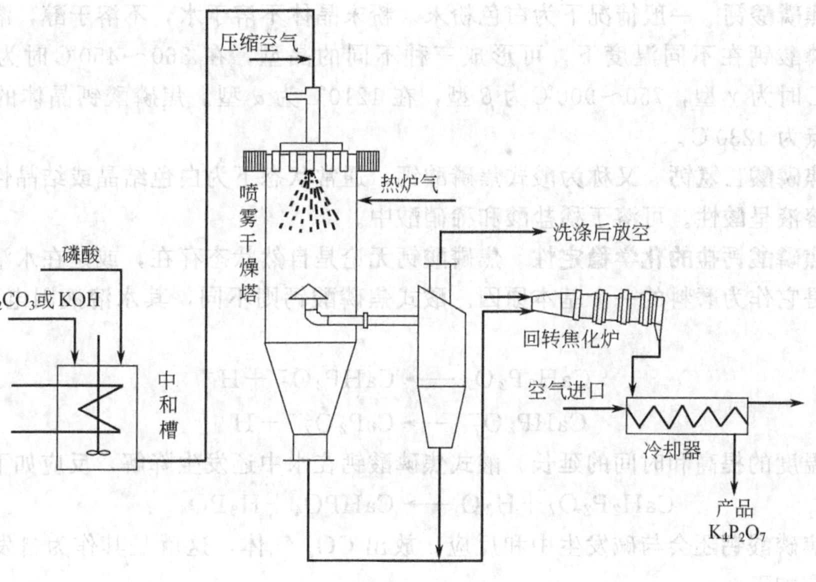

图 4-9　中和煅烧两步法生产焦磷酸钾工艺流程

将氢氧化钾（碳酸钾）投入中和槽中，加水溶解，在搅拌下加磷酸中和。若以碳酸钾为原料，可将其直接投入中和槽，用量为生成磷酸氢二钾的理论用量，然后加磷酸，控制 pH 为 8.8 左右，将反应后的溶液加热，并加入活性炭脱色，经过滤器和浓缩结晶器，然后经离心机脱水，干燥后得磷酸氢二钾晶体，再通过转化炉煅烧聚合得焦磷酸钾成品。

焦磷酸产品主要用于电镀，而电镀中对一些杂质离子的要求是很严格的，不合格的电镀液将直接影响电镀效果。因此严格控制工艺条件成为保证焦磷酸钾质量的首要任务。重要的工艺条件有 pH 的控制、聚合转化温度、煅烧后成品质量控制。

① pH 的控制。生产时，如果中和液 pH 偏低，生成的磷酸氢二钾中将混有磷酸二氢钾，在聚合时将有一部分（KPO_3）$_n$ 生成；而如果中和液 pH 偏高，将有磷酸钾混入磷酸氢二钾中，聚合时磷酸钾即使在高温下也不可能聚合。K_3PO_4 或（KPO_3）$_n$ 的存在将影响焦磷酸钾用于电镀液的电化学性质。因此，反应中和度的控制以反应终点时 pH=8.4 为宜。

② 聚合转化温度。聚合温度在理论上为 350～400℃，实际上转化炉与物料有一定温差，在测温时应予以校正。实际炉温高达 500℃，但不能超过 600℃，因为温度太高，生成的产品虽然色泽洁白，但水不溶物增加，且无法处理，生产上称为“烧死”，同样造成产品质量不合格。如果有 K_3PO_4 存在，煅烧时产物会变黑。

③ 煅烧后成品质量控制。煅烧后的产品要求不黑也不洁白，产品的检验以溶液滴加硝酸银溶液不生成黄色沉淀为合格。

二、焦磷酸钙

焦磷酸钙盐中具有工业用途的是焦磷酸钙（$Ca_2P_2O_7$）和酸式焦磷酸钙（$CaH_2P_2O_7$）。由于焦磷酸钙在牙膏中不与可溶性氟盐 CaF_2 沉淀，摩擦值适中，而生产焦磷酸钙又比较容易，因此，在美国、英国、德国、日本等国采用 $Ca_2P_2O_7$ 作为牙膏摩擦剂，提高防龋效果。它也可用作食品添加剂、涂料填料、电材荧光体、无毒防锈颜料等。焦磷酸二氢钙作为食品添加剂，主要用作面包的发泡以及作为钙的营养源。

1. 焦磷酸钙

(1) 焦磷酸钙 一般情况下为白色粉末。粉末晶体不溶于水，不溶于醇，溶于稀盐酸和硝酸。焦磷酸钙在不同温度下，可形成三种不同的晶型，在 360～450℃时为无定形，在 530～750℃时为 γ 型，750～900℃为 β 型，在 1210℃为 α 型。焦磷酸钙晶体的相对密度为 3.09，熔点为 1230℃。

(2) 焦磷酸二氢钙 又称为酸式焦磷酸钙，通常状态下为白色结晶或结晶性粉末。稍溶于水，水溶液呈酸性。可溶于稀盐酸和稀硝酸中。

(3) 焦磷酸钙盐的化学稳定性 焦磷酸钙无论是自然状态存在，或是在水溶液中都比较稳定，这是它作为磨料的一个基本原因。酸式焦磷酸钙则不同，其水溶液因电离而呈酸性，反应如下：

$$CaH_2P_2O_7 \longrightarrow CaHP_2O_7^- + H^+$$
$$CaHP_2O_7^- \longrightarrow CaP_2O_7^{2-} + H^+$$

随着温度的提高和时间的延长，酸式焦磷酸钙在水中还发生降解，反应如下：

$$CaH_2P_2O_7 + H_2O \longrightarrow CaHPO_4 + H_3PO_4$$

酸式焦磷酸钙还会与碱发生中和反应，放出 CO_2 气体，这就是其作为自发面粉的理论依据，反应如下：

$$CaH_2P_2O_7 + Na_2CO_3 \longrightarrow CaNa_2P_2O_7 + CO_2\uparrow + H_2O$$

2. 焦磷酸钙的生产原理和生产方法

工业生产焦磷酸钙的方法很多种，例如焦磷酸与氢氧化钙直接合成；通过磷酸氢钙加热脱水聚合生产；利用焦磷酸的可溶性盐类（主要是钠盐和铵盐），与氯化钙进行复分解反应制得等。

(1) 磷酸氢钙脱水生产焦磷酸钙 只需一台箱式煅烧炉或回转煅烧聚合炉即可。关键是控制好聚合温度，因为温度对焦磷酸钙的晶型影响很大，如下式所示，不同煅烧温度便得到不同晶型的焦磷酸钙。

$$CaHPO_4 \cdot 2H_2O \xrightarrow{135℃} CaHPO_4 \xrightarrow{360\sim450℃} \text{无定形 } Ca_2P_2O_7 \xrightarrow{530℃}$$

$$\gamma\text{-}Ca_2P_2O_7 \xrightarrow{750℃} \beta\text{-}Ca_2P_2O_7 \xrightarrow{1171\sim1191℃} \alpha\text{-}Ca_2P_2O_7$$

上式中晶相转变温度是从热分析中得出的，但实际上二水磷酸氢钙的脱水是分步进行的，135℃时开始脱水，直到195℃时结晶水才脱除完全，成为无水磷酸氢钙。从上式可以看出，只要控制适当的聚合温度，以及适当的升温速度，便能得到一定比例的β-$Ca_2P_2O_7$和γ-$Ca_2P_2O_7$的混合物，满足不同对象人们所用牙膏的需要。一般来说，煅烧聚合温度在650～700℃，当温度超过700℃时，γ相就会超过50%，摩擦剂的摩擦值就会随之升高。升温速度一般控制在20～50℃/min即可。

利用磷酸氢钙生产牙膏级焦磷酸钙是一条理想的工艺路线，因为磷酸氢钙可由磷酸和消石灰制得，煅烧聚合工艺简单，设备费用低，易于工业化。

(2) 利用焦磷酸生产焦磷酸钙　生产过程可分为如下几个步骤。

第一步，固体焦磷酸的制备。将熔点为70℃的晶体焦磷酸与含P_2O_5为78%～92%的黏稠状的焦磷酸以1：(4～20)的比例混合，在搅拌下加料，控制温度在50～65℃，因为此时焦磷酸吸湿性极强，必须保持空气干燥。可以搅拌到全部物料变成固体。

第二步，合成。将上述固体焦磷酸溶于水中，使其成为含水85%～95%的溶液。然后用Ca^{2+}合成。这种Ca^{2+}可以采用钙的氢氧化物、氧化物、无机盐以及低碳链的羧酸盐类。若用氢氧化钙则反应为：

$$2Ca(OH)_2 + H_4P_2O_7 \longrightarrow Ca_2P_2O_7 + 4H_2O$$

如用钙的无机盐类，则反应为：

$$2Ca^{2+} + H_4P_2O_7 \longrightarrow Ca_2P_2O_7 + 4H^+$$

反应生成的H^+需用Na_2CO_3中和，控制pH为5.1～5.2，才能使反应完成。

不论采用何种原料，这些原料都必须提纯。

第三步，脱水。在溶液中合成的焦磷酸钙，由于控制条件不同，可以带有不同数目的结晶水，因此必须在分离水分后，再干燥脱去结晶水，才能符合其他工业生产的需要。

第四步，后处理。将无结晶水的焦磷酸钙煅烧转化，粉碎得到一定晶型而细微的焦磷酸钙成品。

该法生产之关键是固体焦磷酸的制备，由于操作困难，大规模生产不易实现。

(3) 利用焦磷酸钠生产焦磷酸钙　利用焦磷酸的可溶性盐类，同氯化钙进行复分解反应，可以制得焦磷酸钙。生产工艺包括下面几个过程。

第一步，焦磷酸钠盐的精制。由于焦磷酸钙产品纯度要求高，原料焦磷酸钠必须精制。这需要把工业焦磷酸钠进行重结晶，使其达到食品或接近食品添加剂标准要求，然后溶解配制备用。

第二步，氯化钙溶液的配制。将工业氯化钙溶解后加漂白粉脱色，除铁过滤，制得必要浓度的溶液。

第三步，合成。将氯化钙溶液放入反应器中，在搅拌下加入焦磷酸钠溶液，控制反应温度在90℃左右，发生下列复分解反应，生成无水焦磷酸钙。

$$Na_4P_2O_7 + 2CaCl_2 \longrightarrow Ca_2P_2O_7 + 4NaCl$$

反应温度过低，可能生成焦磷酸钙的四水物或二水物。

第四步，后处理。反应完成以后，停止搅拌，放掉上层清液，水洗两遍，加入离心机脱水，水洗至Cl^-合格。物料送去干燥、煅烧到呈一定晶型，粉碎后即为成品。产品如用作牙膏磨料，则需要在合成时加入稳定剂，后处理中要磨细到通过325目筛，如是食品添加剂，则不加入稳定剂。用焦磷酸钠生产牙膏用焦磷酸钙的工艺流程如图 4-10 所示。

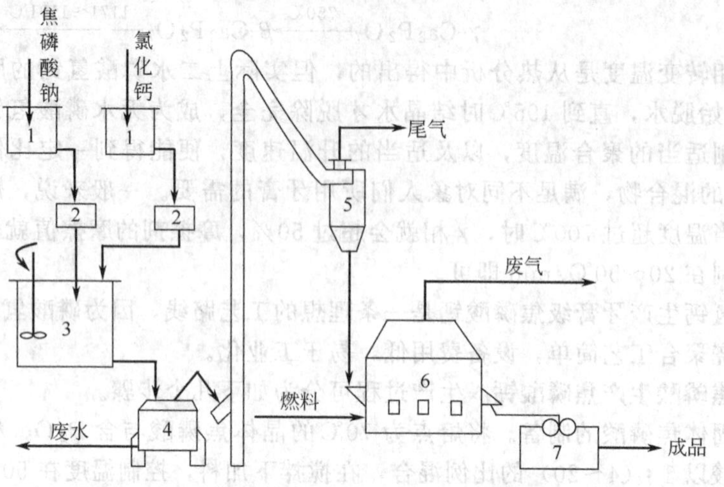

图 4-10　用焦磷酸钠生产牙膏用焦磷酸钙工艺流程

1—储槽；2—过滤器；3—反应器；4—离心机；5—干燥器；6—煅烧炉；7—粉碎机

该工艺生产操作控制比较容易，产品质量有保障，是一个较为理想的方法。但该法原材料比较昂贵，工艺路线比较长，因此成本高，设备费用比较高，一次性投资大。

第四节　聚磷酸钠盐

一、聚磷酸钠盐的种类

聚磷酸钠盐为一系列高分子磷酸钠盐的总称。它的阴离子是由氧原子键合（PO_4）的四面体组成。链的环数或其聚合度可以是 $n=1\sim10^6$。它们的组成可用通式 $Na_{n+2}P_nO_{3n+1}$ 或 $Na_nH_2P_nO_{3n+1}$。其阴离子的链状结构形式为：

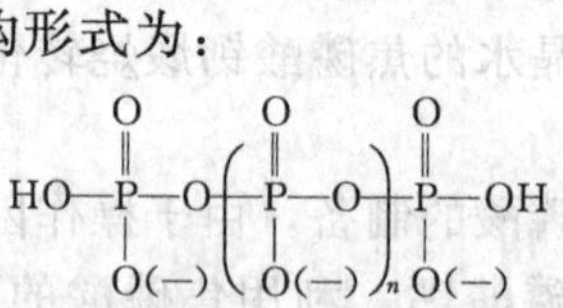

它们都是由磷酸氢二钠和磷酸二氢钠，单独或按不同物质的量比的混合物，经干燥脱水后加以煅烧聚合而成，如：

焦磷酸钠　　$2Na_2HPO_4 \longrightarrow Na_4P_2O_7 + H_2O$

三聚磷酸钠　　$2Na_2HPO_4 + NaH_2PO_4 \longrightarrow Na_5P_3O_{10} + 2H_2O$

四聚磷酸钠　　$2Na_2HPO_4 + 2NaH_2PO_4 \longrightarrow Na_6P_4O_{13} + 3H_2O$

十聚磷酸钠　　$2Na_2HPO_4 + 8NaH_2PO_4 \longrightarrow Na_{12}P_{10}O_{31} + 9H_2O$

聚磷酸钠盐用途广泛，可用于洗涤剂助剂、纤维工业上的精炼、漂白、染色加工、上胶的助剂、水质软化及锅炉的除垢、钻井料浆的乳化剂、金属选矿的浮选剂等。

聚磷酸钠盐种类繁多，具有代表性的是三聚磷酸钠，近年来三聚磷酸钾也有发展。三聚磷酸钠是磷酸盐工业中的大宗产品，在磷酸盐中占有非常重要的地位，是合成洗涤剂中的一种主要助剂，与人们生活、生产有着密切关系。目前中国三聚磷酸钠产量居世界第一位，1999 年中国三聚磷酸钠的年实际产量为 47.06 万吨，2010 年[1]，三聚磷酸钠 200 万吨/年；饲料磷酸盐 420 万吨/年，加上其他方面的用途，其消费量将更大。由于环境问题，一些发达国家三聚磷酸钠的产量和用量停滞不前或显著下降，中国也出台了相应的限磷或禁磷政策，但三聚磷酸钠的总产量仍在增长。中国三聚磷酸钠的生产发展很快，产量和质量提高都很快，在生产技术方面，已接近或达到了国际先进水平，而且在成本控制、节能降耗方面也都取得了显著成效。

二、三聚磷酸钠

1. 三聚磷酸钠的结构和性质

三聚磷酸钠又称焦偏磷酸钠、三磷酸五钠，简称磷酸五钠或五钠，化学式为 $Na_5P_3O_{10}$。外观为白色粉末，表观密度为 0.35～0.9g/cm³，熔点为 622℃。易溶于水，水溶液呈碱性，其 1% 水溶液的 pH 为 9.7。

(1) 结构及特性　三聚磷酸钠有无水物和六水合物两种，其中无水物又有两种不同的构型：STP-Ⅰ型（α-型，高温型）和 STP-Ⅱ型（β-型，低温型）。两种构型之间的转换关系如下所示：

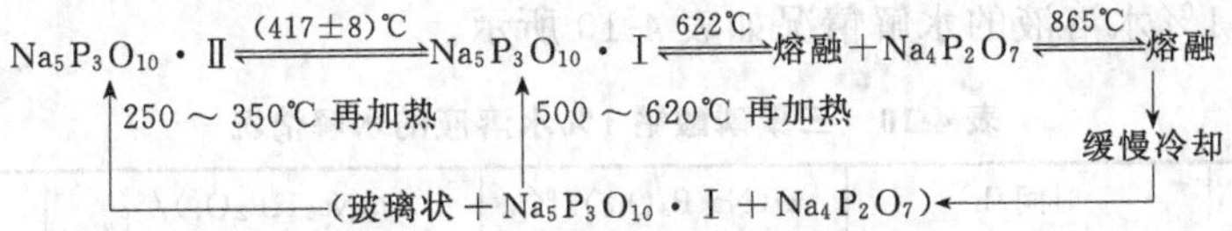

当温度升到 417℃以上，STP-Ⅱ型很容易转变成 STP-Ⅰ型，然而 STP-Ⅰ型转变成 STP-Ⅱ型是困难和极其缓慢的。因此，在室温时三聚磷酸钠的两种无水物形式可以认为是稳定的和共存的，工业三聚磷酸钠产品往往是 STP-Ⅰ型和 STP-Ⅱ型的混合物，至于两者的比例则取决于生产过程的工艺条件。无水三聚磷酸钠两种构型的化学性质相同，均可得到相同的水溶液及结晶水合物。其区别在于热稳定性不同，溶解度不同，以及溶解时水合热量不同，吸湿性不同等。

两种晶型热稳定性条件见表 4-8 所示。

表 4-8　STP-Ⅰ型和 STP-Ⅱ型的热稳定性条件

温度/℃	Ⅰ型	Ⅱ型	温度/℃	Ⅰ型	Ⅱ型
<250	介稳定	稳定	450～625	稳定	不稳定
300～400	不稳定	稳定	>625	不稳定	不稳定

讨论三聚磷酸钠在水中的溶解度，应首先考虑其瞬时溶解度和最终溶解度。在室温时的瞬时溶解度约为 35g/100g H_2O。其中，Ⅱ型的瞬时溶解度为 32g/100g H_2O，随着六水物的形成，溶解度慢慢地降低，经过 15～20min，便降到六水物的平衡溶解度 13g/100g H_2O。Ⅰ型在水中会很快地形成六水物，当Ⅰ型形成六水物时，其溶解度也迅速从Ⅰ型的溶解度降到六水物的溶解度。过饱和的六水物将成为白色晶体从溶液中析出。由于Ⅰ型的溶解度降到六水物的过程快，所以过饱和的六水物晶体从溶液中析出也快，这些析出的晶体会迅速地形成难溶的团块或砂粒。三聚磷酸钠在水中的溶解性见表 4-9 所示。

表 4-9　三聚磷酸钠在水中的溶解性

温度/℃	10	20	30	40	50	60	70	80
溶解度/(g/100g H_2O)	14.5	14.6	15	15.7	16.6	18.2	20.6	23.7
饱和溶液中溶质质量分数/%	12.6	12.7	13	13.6	14.2	15.4	17.1	19.32

值得指出的是，上述的Ⅰ型和Ⅱ型的溶解度特性仅适用于纯净晶体。通常工业三聚磷酸

钠中总含有少量的其他磷酸盐，这些磷酸盐会降低六水合物的生成速率。例如，当三聚磷酸钠中夹有少量的玻璃体偏磷酸盐时，即使几个小时后，三聚磷酸钠的溶解度也不降到六合水物的平衡溶解度。

三聚磷酸钠六水合物加热至550℃时转变成STP-Ⅰ型，在350℃时变成STP-Ⅱ型，整个脱水过程比较复杂。

(2) 降解 三聚磷酸钠蜕变成焦磷酸钠和正磷酸钠的过程称为三聚磷酸钠的降解过程。三聚磷酸钠的水溶液在室温下相当稳定，但加热、加酸、加碱会促进其水解，溶液中三聚磷酸钠的含量会越来越少。其水解反应如下：

$$Na_5P_3O_{10}\cdot 6H_2O \longrightarrow 2Na_2HPO_4+NaH_2PO_4+4H_2O$$

其实，三聚磷酸钠在空气中或是在水中，都会发生水合作用生成六水合物，而六水合物是亚稳定状态，会进一步发生降解反应生成焦磷酸钠和正磷酸钠。

$$Na_5P_3O_{10}+H_2O \longrightarrow Na_4P_2O_7+NaH_2PO_4$$

$$Na_5P_3O_{10}\cdot 6H_2O \longrightarrow Na_3HP_2O_7+Na_2HPO_4+5H_2O$$

三聚磷酸钠1%水溶液的水解情况如表4-10所示。

表 4-10 三聚磷酸钠1%水溶液的水解情况

温度/℃	时间/h	$w(Na_5P_3O_{10})$/%	$w(Na_3HP_2O_7)$/%	$w(Na_2HPO_4)$/%
100	10	20	40	15
70	60	80	15	5

在80℃时，三聚磷酸钠六水合物稳定，85～120℃脱水并分解成磷酸氢二钠和焦磷酸钠，120℃以上时，又重新化合成三聚磷酸钠。

影响水解的因素主要有：溶液的pH减小，水解速率增大；温度升高，水解加快。其他如酶、金属离子等水解影响也很大（见表4-1）。

(3) 配合作用 三聚磷酸钠属水溶性较好的线性聚磷酸盐，$P_3O_{10}^{5-}$是一种很好的配合剂，同其他线性聚磷酸盐一样，能与钙、镁、铁、铜等金属离子形成可溶性配合物（见第四章第一节），因此可以作为硬水软化剂、食品加工中的品质改良剂以及H_2O_2的稳定剂。

(4) 缓冲作用 三聚磷酸钠的聚磷酸盐特殊分子结构，使其具有强烈的缓冲作用，可以保持溶液的pH在最适宜的范围内。此外，还可防止和消除锅垢，防止碱对金属的危害。聚磷酸盐在pH为4～14范围内，缓冲效果非常显著。

(5) 胶溶、乳化、分散作用 同其他聚磷酸盐一样，三聚磷酸钠是一种无机表面活性剂，具有表面活性剂的胶溶、乳化、分散作用。其作用详见第四章第一节。

2. 三聚磷酸钠的生产原理

(1) 生产原理 工业生产三聚磷酸钠的方法，是以热法磷酸或湿法磷酸用碱（纯碱、烧碱）中和后脱水缩聚而得，其生产分三个阶段进行。

第一阶段，磷酸与纯碱中和，制取磷酸钠盐的混合溶液。反应如下：

$$3H_3PO_4+2.5Na_2CO_3+nH_2O \longrightarrow 2Na_2HPO_4+NaH_2PO_4+(n+2.5)H_2O+2.5CO_2\uparrow$$

若用热法磷酸，不需要净化磷酸，其中和液可直接进行聚合。若用湿法磷酸，由于其中含有不同量的SO_4^{2-}、$Fe_2O_3\cdot 4H_3PO_4$、$Al_2O_3\cdot 4H_3PO_4$、$CaH_4(PO_4)_2$和H_2SiF_6等，在中和过程中发生下列反应：

$$H_2SO_4+Na_2CO_3 \longrightarrow Na_2SO_4+H_2O+CO_2\uparrow$$

$$H_2SiF_6 + Na_2CO_3 \longrightarrow Na_2SiF_6\downarrow + H_2O + CO_2\uparrow$$

$$Fe_2O_3 \cdot 4H_3PO_4 + Na_2CO_3 \longrightarrow 2FePO_4\downarrow + 2NaH_2PO_4 + 4H_2O + CO_2\uparrow$$

$$Al_2O_3 \cdot 4H_3PO_4 + Na_2CO_3 \longrightarrow 2AlPO_4\downarrow + 2NaH_2PO_4 + 4H_2O + CO_2\uparrow$$

$$CaH_4(PO_4)_2 + Na_2CO_3 \longrightarrow CaHPO_4\downarrow + Na_2HPO_4 + H_2O + CO_2\uparrow$$

$$Na_2SiF_6 + 4Na_2HPO_4 + 2H_2O \longrightarrow 6NaF + 4NaH_2PO_4 + SiO_2$$

$$Na_2SiF_6 + 2Na_2CO_3 \longrightarrow 6NaF + SiO_2 + 2CO_2\uparrow$$

中和时，首先析出氟硅酸钠，接着是铁、铝和钙的磷酸盐。这些中和沉淀物（俗称碱渣）必须分离。若在中和之前于湿法磷酸事先脱氟，并分离出氟硅酸钠，可以改善中和沉淀物的过滤性能，以防止局部过度碱化而引起氟硅酸钠的分解，因氟硅酸钠分解生成的氟化钠比氟硅酸钠的溶解度大，先分离再中和，滤液中和氟含量会降低些。

湿法磷酸中的 SO_4^{2-} 需用碳酸钡进行脱除，反应如下：

$$H_2SO_4 + BaCO_3 \longrightarrow BaSO_4\downarrow + H_2O + CO_2\uparrow$$

$$BaCO_3 + MgSO_4 + H_3PO_4 \longrightarrow MgHPO_4\downarrow + BaSO_4\downarrow + H_2O + CO_2\uparrow$$

$$BaCO_3 + Na_2SO_4 + H_3PO_4 \longrightarrow Na_2HPO_4 + BaSO_4\downarrow + H_2O + CO_2\uparrow$$

用碳酸钡脱硫时，若湿法磷酸中和 P_2O_5/SO_4^{2-} 低于 60，三聚磷酸钠的质量难以达到标准要求。若 SO_4^{2-} 含量过高，则碳酸钡消耗量大，同时也消耗和浪费了磷酸。为了减少碳酸钡和磷酸的耗量，在萃取过程中希望制得的磷酸所含的硫酸盐尽量少，同时又不影响其萃取率，这可用减少硫酸用量来达到。生产要求湿法磷酸中的五氧化二磷与硫酸根的比在 20～25 范围内。

第二阶段，正磷酸钠溶液中和度的控制。控制磷酸钠混合溶液的中和度是保证三聚磷酸钠质量的重要条件。

所谓中和度就是指磷酸的氢离子被中和的程度。对生产三聚磷酸钠，中和度的定义是：在中和的磷酸钠盐混合溶液中，磷酸氢二钠的含量占磷酸氢二钠与磷酸二氢钠含量之和的物质的量分数。即：

$$中和度=\frac{n(磷酸氢二钠)}{n(磷酸氢二钠)+n(磷酸二氢钠)}\times 100\%$$

在磷酸盐中，常用 Na_2O 与 P_2O_5 物质的量比来表示磷酸盐的组成，亦即表示了相应的中和度。对三聚磷酸钠，$n(Na_2O)/n(P_2O_5)=5/3=1.67$。这两种表示方法的意义是相同的，在工厂中都有使用。

中和度对三聚磷酸钠质量的好坏影响很大，这从其聚合反应式可以看出。

$$2Na_2HPO_4 + NaH_2PO_4 \xrightarrow{\triangle} Na_5P_3O_{10} + 2H_2O$$

当中和度等于 66.67%时（或钠磷比 Na/P 为 1.67），产物为三聚磷酸钠和水。这时产品三聚磷酸钠和五氧化二磷含量理论值，分别为 100%和 57.88%。若中和度大于 66.67%，聚合时过量的磷酸氢二钠就会缩合而成焦磷酸钠，反应如下：

$$2Na_2HPO_4 \xrightarrow{\triangle} Na_4P_2O_7 + H_2O$$

这使最终产品内的焦磷酸钠含量增加，同时导致产品中 P_2O_5 含量下降，小于 57.88%。若中和度小于 66.67%，在聚合反应过程中，过量的磷酸二氢钠就会发生缩聚反应，生成偏磷酸钠，反应如下：

$$3NaH_2PO_4 \xrightarrow{\triangle} (NaPO_3)_3 + 3H_2O$$

这使最终产品中偏磷酸钠盐含量增加，产品成为三聚磷酸钠和偏磷酸钠的混合物，并导

致产品中 P_2O_5 含量提高，大于57.88%。另外，由于偏磷酸钠盐含量的增加，使得产品中水不溶物含量提高。

第三阶段，正磷酸钠溶液干燥脱水，缩聚而成三聚磷酸钠。

将浓缩、精调中和度并经净化和澄清的磷酸钠盐溶液干燥，即可获得组成为 $2Na_2HPO_4+NaH_2PO_4$ 的无水均匀的混合盐，然后使其分子内脱水，缩聚成三聚磷酸钠。

为制得无水均匀的混合物，浓缩时必须控制好混合溶液的浓缩程度。因为混合溶液在浓缩时，首先析出的是 $Na_2HPO_4 \cdot 12H_2O$，在溶液已成稠状时 $NaH_2PO_4 \cdot 2H_2O$ 才析出，因而得不到混合均匀的物相。当温度为90～100℃时，对磷酸盐混合溶液的极限浓度研究证明，为了避免磷酸氢二钠的析出，溶液中 P_2O_5 含量应在31%～32%的范围内，即相当于 Na_2HPO_4 含量在40%～42%、NaH_2PO_4 含量在17.7%～18%时（盐的总含量约60%）溶液开始饱和。

反应的最后阶段是在磷酸氢二钠和磷酸二氢钠或焦磷酸钠和偏磷酸钠颗粒间进行，如果二者混合不均匀，聚合时就会在磷酸氢二钠相对过剩的地方生成焦磷酸钠，而在磷酸二氢钠相对过剩的地方生成偏磷酸钠，从而影响产品质量。因此，当磷酸氢二钠和磷酸二氢钠的混合物相对脱水时的物理状态要固化时，必须采用瞬间快速干燥，以便得到近似分子状态的固相混合物，不使混合物原料分层成为 Na_2HPO_4 和 NaH_2PO_4。为此，工业上常采用薄膜干燥和喷雾干燥两种方法。

关于三聚磷酸钠的缩聚历程，通常认为在180～290℃时正磷酸盐先缩聚成焦磷酸盐，反应如下：

$$4Na_2HPO_4+2NaH_2PO_4 \longrightarrow 2Na_4P_2O_7+Na_2H_2P_2O_7+3H_2O$$

当温度升到290～310℃时焦磷酸盐缩聚成三聚磷酸钠。为使聚合反应进行得更快更完全，反应温度宜控制在350～400℃。

$$2Na_4P_2O_7+Na_2H_2P_2O_7 \longrightarrow 2Na_5P_3O_{10}+H_2O$$

也有人认为，煅烧正磷酸钠盐时，Na_2HPO_4 与 NaH_2PO_4 首先变成焦磷酸钠和偏磷酸钠盐，反应如下：

$$2Na_2HPO_4+NaH_2PO_4 \longrightarrow Na_4P_2O_7+NaPO_3+2H_2O$$

在185～220℃以最大速率生成中间化合物，然后焦磷酸钠和偏磷酸钠相互作用生成三聚磷酸钠，并且在290～310℃时反应速率最快，反应如下：

$$Na_4P_2O_7+NaPO_3 \longrightarrow Na_5P_3O_{10}$$

（2）影响缩聚反应的因素 影响三聚磷酸钠的因素很多，这里只简要讨论钠磷比、温度和催化剂等因素对缩聚反应的影响。

① 钠磷比。如上所述，精调中和度，使钠磷比等于1.67，是制取合格的STP的必要条件，也是影响缩聚反应的重要因素。

② 温度。实验证明，温度越高，完成缩聚反应所需的时间越短。例如，225℃时需要2h，250℃需要50min，300℃时需要20min。而且温度越高，产品中STP的含量越高，225℃时STP为36%；250℃时为48%；300℃时为84.5%。实际生产中，为使磷酸二氢钠和磷酸氢二钠快速而完全地转化为STP，反应温度通常控制在（400±20)℃。

③ 催化剂。在精调过的中和液中添加0.5%～1%的 NH_4NO_3 作催化剂，可以加快 Na_2HPO_4 和 NaH_2PO_4 的聚合，使聚合反应在较低温度下进行，同时也有利于STP-Ⅱ的生成，降低STP-Ⅰ的含量。可作为催化剂的化合物主要有水、硝酸盐、尿素以及氨的无机盐和有机盐，通常采用 NH_4NO_3。

（3）产品中STP-Ⅰ和STP-Ⅱ型含量的控制 由于STP-Ⅰ型吸湿快、易结块，从实际应用看，STP-Ⅱ型在合成洗涤剂生产中更有价值。因此产品中STP-Ⅰ型含量不宜过高。中国三聚磷酸钠内控指标STP-Ⅰ型含量为5%～20%。为了制得高含量STP-Ⅱ型的三聚磷酸钠，在工业上采取下列措施。

① 加入适量硝酸盐作催化剂，降低缩聚反应的温度，稳定STP-Ⅱ型，使产品白度增加，同时降低能耗，节约能源。

② 在正磷酸钠无水物缩聚时保持适量水蒸气分压，有利于STP-Ⅰ向STP-Ⅱ型转变。

③ 在正磷酸钠盐 [$n(Na_2O)/n(P_2O_5)=5:3$] 中，加入少量STP晶体，可以提高STP-Ⅱ型的得率。三种三聚磷酸钠（Ⅰ型、Ⅱ型、六水物）都有此作用，不过，STP-Ⅰ型和六水物晶体比STP-Ⅱ型更有效。其用量不多，一般只要求大于1%，最好大于2%。

④ 控制缩聚反应温度在（400±20）℃。因为STP-Ⅰ型为高温型，在450～622℃范围内稳定，温度越高，越有利于STP-Ⅰ型生成。

3. 三聚磷酸钠的生产方法

目前世界上生产三聚磷酸钠的方法基本上都采用两种工艺，即用热法磷酸与纯碱中和的热法工艺和用湿法磷酸与纯碱中和的湿法工艺。由于热法磷酸能耗较高，加之湿法磷酸净化技术日趋完善，因此湿法工艺近年来发展很快。尽管三聚磷酸钠生产发展迅速，且生产规模也比较大，但用纯碱中和磷酸（不论是热法或是湿法磷酸）的过程，仍是在间歇或半连续的情况下进行（即中和、精调未能连续化）。

三聚磷酸钠生产按正磷酸钠盐的干燥和分子脱水聚合过程，在一个设备中一步完成的，称为干燥聚合一步法；先制得无水正磷酸钠盐，再聚合成三聚磷酸钠的生产方法称为干燥聚合两步法。结合原料，五钠生产又有热法磷酸一步法和两步法、湿法磷酸一步法和两步法、返酸一步法和两步法之分。两步法主要是在喷雾塔内干燥和回转炉聚合。一步法又分为回转炉内干燥聚合一步法、返料回转炉一步法、沸腾床干燥聚合一步法、空塔一步法。中国主要采用回转炉一步法、空塔一步法和喷雾干燥回转聚合两步法。

(1) 热法磷酸生产三聚磷酸钠 热法工艺包括磷酸的生产、磷酸的中和、磷酸钠盐的干燥缩聚、尾气的回收和排放等。

磷酸的中和目前国内外大都采用间歇法，即粗中和、精调间歇进行。中和时要注意以下几点。

① 投料可先酸后碱或先碱后酸，不管采用哪种方式，加碱或加酸的速度要均匀而适当，以防止中和反应过快产生大量CO_2和水蒸气而引起溢料。

② 中和时加碱方式有两种：一是加固体纯碱，二是加预制好的纯碱溶液。由于国产纯碱属轻质碱，相对密度为0.56～0.74，实行固体加料时一定要均匀，避免局部过碱现象，使析出的Na_2HPO_4固体包裹纯碱，阻碍其进一步反应。

③ 控制好中和度。投料停止后，煮沸50min以使中和反应完全，控制反应终点pH为6.5～7.0，调整好中和度。中和料浆浓度常控制在50%，相对密度为1.50～1.60。然后加入适量0.5%～1% NH_4NO_3，制得合格的正磷酸钠盐中和液以备聚合之用。

另一种操作方法是在中和槽中加入一定量的水（或洗涤水），升温、搅拌，将定量的固体粉末纯碱放入槽中，使其溶解成纯碱液。制成碱液用高位磷酸槽的酸中和，其速度以不溢为准，逸出的CO_2和蒸汽由烟囱排出。加酸完毕后煮沸、精调中和度，打入储槽备用。其余操作与上述流程同。图4-11为热法磷酸喷雾干燥-回转聚合二步法生产流程图。

(2) 湿法磷酸生产三聚磷酸钠 以湿法磷酸为原料生产三聚磷酸钠，其生产系统包括湿法磷酸及其净化系统、磷酸和纯碱中和系统、浓缩系统、干燥聚合系统、尾气回收排放系

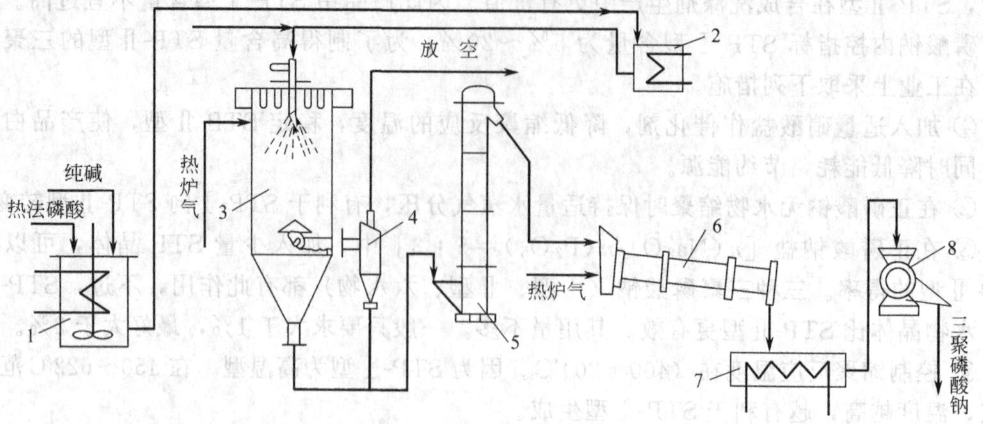

图 4-11　热法磷酸喷雾干燥-回转聚合二步法生产三聚磷酸钠流程

1—中和槽；2—高位槽；3—喷雾干燥塔；4—旋风分离器；5—斗式提升机；6—回转聚合炉；7—冷却器；8—粉碎机

统。其工艺过程包括湿法磷酸及其净化、脱氟、脱硫、脱色、中和、浓缩以及干燥聚合等。

① 脱氟。首先用纯碱（或烧碱）脱除磷酸中的氟，使其成氟硅酸钠沉淀而析出并回收利用。反应在 pH 为 4.2 时，氟硅酸钠沉淀最完全，如果 pH 小于 4.2，则沉淀不完全；pH 大于 4.2 时，又会有一部分沉淀溶解。

② 脱硫、脱色。经脱氟分离（或未分离）的湿法酸，用碳酸钡进行脱硫，使磷酸中的 SO_4^{2-} 转变成磷酸钡沉淀析出。在此过程中，保持脱硫温度 60℃。同时分析硫酸钡的沉淀值，来确定碳酸钡的投入量。脱硫合格后，加入活性炭进行脱色，有的将其分离，有的则不分离，视情况而定。而脱色与否应根据磷矿情况来决定。

③ 中和。经上述净化处理，并分离沉淀的磷酸定量地泵入不锈钢中和槽中。用事先制备好的纯碱液（质量分数约 35%）在加热搅拌的情况下进行中和。此时逸出的大量 CO_2 和水蒸气由烟囱排出。用标定好的盐酸、氢氧化钠溶液滴定，控制中和度约 63%，此时溶液的 pH 约为 7。钙、镁、铁、铝等盐沉淀出来，用压滤机进行液固分离，得正磷酸钠混合盐溶液和中和渣（俗称碱渣，主要成分为磷酸铁、铝盐）。碱渣经返洗，洗水送去作化碱水，碱渣可综合利用，如用于制取复合肥。

④ 精调。将正磷酸钠混合盐液在精调槽中进行精调，用标定好的酸、碱液进行滴定，分析控制其中和度，使符合生产要求。精调好的料液再进行压滤分离其杂质。

⑤ 浓缩。将精调压滤后的正磷酸钠混合盐液送去单效、双效或多效真空蒸发器进行浓缩。浓缩到料浆相对密度为 1.4～1.5 时，即可放料，此时料浆含 P_2O_5 约 30%。同时加入催化剂硝酸铵或尿素，用泵打入储槽作干燥、分子脱水用。其生产流程如图 4-12 所示。

(3) 三聚磷酸钠的干燥脱水聚合方法　在三聚磷酸钠的生产中，反应物料的干燥和分子脱水，分为两步法和一步法。主要有下列六种流程。

两步法：① 在滚筒上干燥（薄膜干燥）、回转炉聚合。

② 在喷雾塔内干燥、聚合。

一步法：① 在回转炉内干燥、聚合。

② 返料回转炉内干燥、聚合。

③ 沸腾床干燥、聚合。

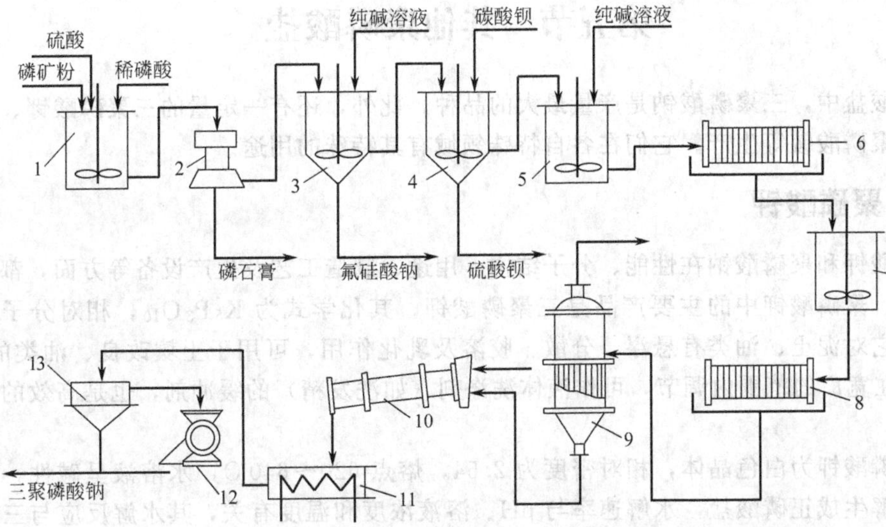

图 4-12　湿法磷酸生产三聚磷酸钠流程

1—萃取槽；2—翻盘过滤机；3—槽；4—脱硫槽；5—中和槽；6,8—压滤机；7—精调槽；9—蒸发器；10—回转聚合炉；11—冷却器；12—粉碎机；13—筛子

④ 塔式法。

滚筒干燥两步法已渐渐不用。国外主要有两步法、回转炉一步法、返料回转炉一步法、塔式一步法和沸腾床一步法等。国内主要有喷雾塔干燥回转炉两步法、回转炉一步法及塔式一步法等。下面简介三种流程。

① 喷雾干燥-回转聚合两步法。此法的干燥聚合在两个主体设备中进行，即喷雾干燥塔内干燥，在回转聚合炉中聚合，如图 4-11 所示。

磷酸钠混合料浆（相对密度 1.4～1.5）由高压泵送至喷雾塔顶部，由喷嘴向下喷出。热风炉供应热风（热风温度为 550～650℃），也从塔顶进入塔内作为干燥介质。喷雾干燥后的磷酸钠混盐落于底部，由螺旋输送机将干燥物料送入斗式提升机，再送至聚合炉。分离细粉后的尾气，由抽风机抽出后，送至水膜除尘器（图中未画出）洗涤后放空。向聚合炉供应热风，进入聚合炉的磷酸钠混合干盐，受热风的加热，便迅速升温脱水聚合成五钠。出聚合炉的五钠，经冷却、粉碎、筛分后进入料仓（图中未画出），包装即得成品。尾气经抽风机抽出而排空。

② 回转炉一步法。参见图 4-12。

③ 塔式一步法。主要设备为喷粉塔。生产流程如图 4-13。磷酸钠混合盐料浆由泵送至喷雾塔 1 顶的雾化器中，向塔内喷出料浆。燃料气、空气也送至塔顶的燃烧器中，燃烧嘴围绕雾化器均匀地分布在雾化器的圆周喷气燃烧。物料受热迅速干燥脱水聚合而成五钠，并落入塔底。尾气经旋风分离器 2 分离细粉后，再经文丘洗涤器处理，进入旋风除雾器中，最后由尾气抽风机抽放排空（图中未画出）。五钠经螺旋输送机 3 送入冷却器 4。经粉碎、筛析进入料仓而包装。

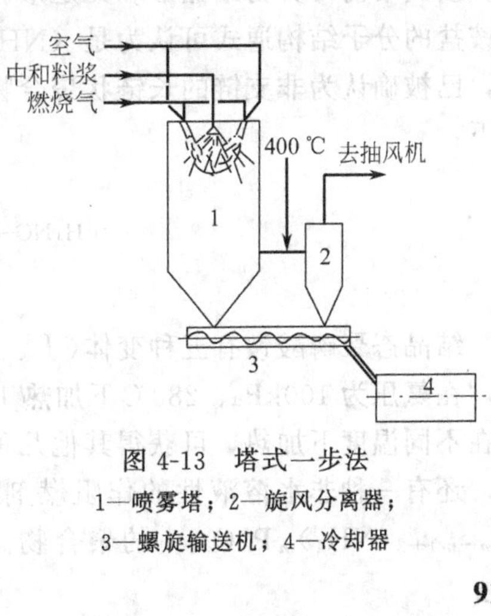

图 4-13　塔式一步法

1—喷雾塔；2—旋风分离器；3—螺旋输送机；4—冷却器

第五节　其他聚磷酸盐

聚磷酸盐中，三聚磷酸钠是产量最大的品种，此外，还有一定量的三聚磷酸钾、三聚磷酸铝、三聚磷酸铵等生产。它们在各自特殊领域有其特殊的用途。

一、聚磷酸钾

聚磷酸钾和聚磷酸钠在性能、分子结构、用途、制造工艺及生产设备等方面，都有很多相似之处。聚磷酸钾中的主要产品是三聚磷酸钾，其化学式为 $K_5P_3O_{10}$，相对分子质量为 448.35。它对泥土、油类有悬浮、分散、胶溶及乳化作用，可用于土壤改良、油类的乳化。其 pH 可在宽广的范围内调节，可作液体洗涤剂（如洗发精）的缓冲剂，也是高效的植物营养剂。

三聚磷酸钾为白色晶体，相对密度为 2.54，熔点 620～640℃，水溶液呈碱性，在水中会逐渐水解生成正磷酸盐，水解速率与 pH、溶液浓度和温度有关，其水解反应与三聚磷酸钠水解相似。与三聚磷酸钠一样，三聚磷酸钾也具有聚磷酸盐所具有的共同性质，如对金属离子的配合能力、助洗能力、乳化分散能力等。

三聚磷酸钾的生成是由 2mol 的磷酸氢二钾和 1mol 的磷酸二氢钾，在特定的温度下经缩聚而制得的。其生产首先需制得正磷酸的钾盐溶液，该溶液的氧化钾与五氧化二磷的分子比为 1.667，pH 为 6.7～7.0。将正磷酸钾溶液干燥脱水，制得无水正磷酸钾盐，然后正磷酸钾干料在特定条件下进行聚合反应，先生成焦磷酸钾盐再继续聚合而成三聚磷酸钾盐。

三聚磷酸钾的生产方法比较多，按所用磷酸可分为湿法和热法；按钾的来源可分为碳酸钾法、氯化钾法、硝酸钾法、氢氧化钾法等。此外，还有磷铁烧结法、湿法磷酸与硫酸钾混合煅烧法、过磷酸钙和重过磷酸钙法、磷酐法、磷灰石烧结法、电解法、过磷酸与碳酸钠一步合成法等。

二、聚磷酸铵

聚磷酸铵是氨离子取代聚磷酸中的氢离子而形成的磷酸盐，它主要是作为阻燃剂而发展起来的。聚磷酸钠按聚合度大小，可分为低聚、中聚、高聚三种。聚合度愈大，水溶性愈小。按其结构可分为结晶形和无定形。结晶态聚磷酸铵为水不溶性和长链状聚磷酸盐。聚磷酸铵盐的分子结构通式可认为是 $(NH_4)_{n+2}P_nO_{3n+1}$，n 等于或大于 50。其精确的分子结构式，已被确认为非支链的长链状聚合物，其 n 可高达 20000。聚磷酸铵盐的分子结构示意图如下：

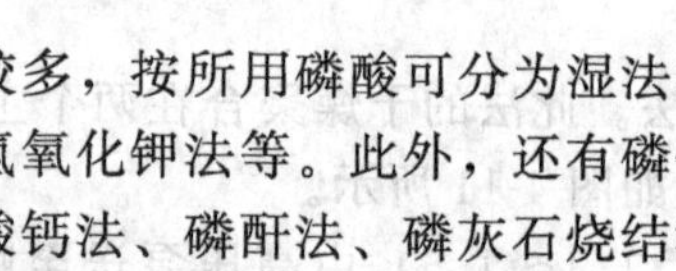

结晶态聚磷酸铵有五种变体（Ⅰ、Ⅱ、Ⅲ、Ⅳ、Ⅴ）。Ⅰ型为等分子数的一铵和尿素混合物，在氨压为 100kPa、280℃下加热 16h 制得的产品，与由聚磷酸氨化所得的产品相同。Ⅰ型在不同温度下加热，可获得其他几种变体。

还有一种非水溶液性的作阻燃剂的聚磷酸铵，其结构为含 P—O—P 链为主的通式为 $H_{(n-m)+2}(NH_4)_mP_nO_{3n+1}$ 的聚合物。其中 n 为整数，平均大于 10，有的高达 20～400。

m/n为 0.7～1.1 之间。m 的最高值为$n+2$，这样的聚合物既可是直链结构，也可是支链结构，其结构中大多数氮都是氨态氮，只有 10%作为核氮存在。

聚磷酸铵属热不稳定化合物，受热易分解放出氨气。聚磷酸铵有一定的吸湿性，其吸湿程度随氨化度升高而增加。在水溶液聚磷酸铵会水解，水解的最后阶段生成正磷酸铵盐。

固态聚磷酸铵可由以下几种制得：气态 P_2O_5、NH_3 和水蒸气反应；氨中和聚磷酸；低级磷酸铵加热脱水，或正磷酸被氨高温中和生成的正磷酸铵同时脱水制得。

1. 磷酐、氨及水蒸气的反应

$$P_4+5O_2 \longrightarrow P_4O_{10}$$

$$P_4O_{10}+4NH_3 \longrightarrow 4(HO)_2PN+2H_2O$$

$$(HO)_2PN+H_2O \longrightarrow NH_4PO_3$$

$$(HO)_2PN+NH_3 \longrightarrow PNO_2HNH_4$$

得到的亚硝酰磷铵在高温下用水蒸气处理，按下式水解成偏磷酸铵。

$$PNO_2HNH_4+H_2O \longrightarrow NH_4PO_3+NH_3$$

2. 聚磷酸氨化

在加压下用氨氨化聚磷酸可得到聚磷酸铵产品。生产方法有间歇和连续两种。聚磷酸铵的性质很大程度上取决于产品的 N 与 P_2O_5 的物质的量比。

3. 正磷酸铵脱水制聚磷酸铵

用氨中和磷酸后的溶液，进行加热脱水缩聚可制得聚磷酸铵。由于温度升高，氨逸出而不能得到无水聚磷酸铵纯品。

将尿素与正磷酸铵一起加热脱水，可以制得高纯的聚磷酸铵，加热温度为 130～200℃。此处尿素既是氨源又起“缩聚剂”的作用。正磷酸盐可以是磷酸二氢铵、磷酸氢二铵或其混合物。但此法在温度较高时会生成缩二脲，使产品不纯。因此最适宜的加热脱水温度为 145～160℃。工艺流程如图 4-14。

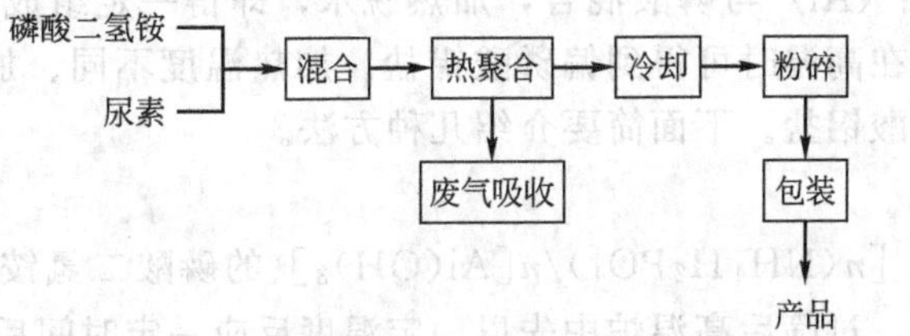

图 4-14　磷酸二氢铵、尿素制聚磷酸铵工艺流程示意图

4. 水不溶性结晶状聚磷酸铵的制备

用正磷酸二氢铵与氨化缩聚剂——尿素加热脱水，可制得实际上不溶于水的结晶状聚磷酸铵。另有种方法是将磷酸与尿素之物质的量比为 1.5～2.0 的原料在（160±5)℃加热熔融，再加热至 250～300℃短时间内使物料固化，反应物于 5%氨气下，于 270～300℃熟化 0.5～4h，可制得聚合度为 15 以上的难溶聚磷酸铵，如图 4-15。

5. 磷酸铵盐与五氧化二磷聚合法

该法可以采用正磷酸铵或磷酸氢二铵、磷酸二氢铵与五氧化二磷聚合，在氨气环境中加热（280～300℃），持续时间为 1.5～2h。这种方法可以制得的聚磷酸铵产品为Ⅱ型产品，溶解度较低，一般在 0.05g/100g 水以下，分解温度较高（>300℃），聚合度也有大幅度提高。该方法是生产Ⅱ型聚磷酸铵的主要方法。

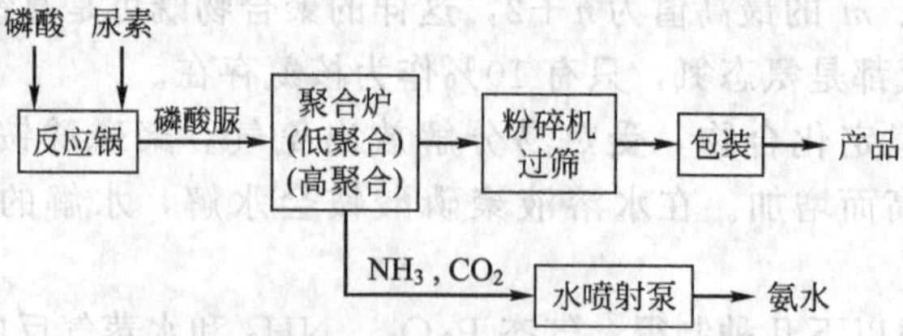

图 4-15　以磷酸、尿素为原料制聚磷酸铵工艺流程示意图

6. 五氧化二磷、乙基醚和氨气反应

1mol 五氧化二磷和 2mol 乙基醚回流加热 2h 得到偏磷酸的乙酯。该酯是一种油状物质，可以和一定量的无水氨在大于 150℃的条件下反应，产物中具有一定量不溶于水的长链聚磷酸铵。

三、聚磷酸铝

聚磷酸铝为磷酸盐中一类特殊的化合物，包括聚磷酸铝、焦磷酸铝、偏磷酸铝等，目前已知约有 80 种以上，可做催化剂、无害颜料、水玻璃硬化剂、吸附剂等。

目前对磷酸铝化合物的分类尚无系统论述，因此一般以 Al/P 的物质的量比和化学式来分。Al/P 的物质的量比范围在 3/1～1/3 之间变化，得出一系列磷酸铝盐。

聚磷酸铝的聚合度不同，其物理化学性质也不同，晶型也各不相同。聚磷酸铝具有一些比较特殊的性质，如固体酸性质、催化性质等。聚磷酸铝的固体酸性质，以及表面积、催化活性等性质，与制备时铝及磷的原料、pH、洗涤、热处理等条件的不同而有很大差别。聚磷酸铝可用作固体酸催化剂，用于裂解、脱水、异构化、聚合、脱氢及加氢反应等各种有机化学反应中。例如，丁烷的异构化反应和 2-丙醇的脱水反应。

焦磷酸铝、聚磷酸铝、偏磷酸铝都是由正磷酸铝在不同加热条件下生成的。

聚磷酸铝的生产制备是根据其用途的不同，采用不同的原料按不同的配比进行的。一般是将 Al_2O_3 或金属铝（Al）与磷酸混合，加热脱水，即得一定组成的聚磷酸铝盐。温度较低时得到聚磷酸铝，在高温时可得到偏磷酸铝盐。加热温度不同、加热时的升温速度不同，可得到一系列的聚磷酸铝盐。下面简要介绍几种方法。

1. 固相法

将一定量摩尔比［$n(NH_4H_2PO_4)/n[Al(OH)_3]$］的磷酸二氢铵和氢氧化铝固体，在球磨机中将其混合均匀，过筛后高温炉中先以一定温度反应一定时间后，然后升温至另一温度下缩合一定时间，再经过水化、干燥、粉碎、过筛得到产品。反应过程中会放出 NH_3，将其回收。固相合成反应历程如下：

铵盐分解　$NH_4H_2PO_4 \longrightarrow H_3PO_4 + NH_3\uparrow$

中和反应　$Al(OH)_3 + 3H_3PO_4 \longrightarrow Al(H_2PO_4)_3 + 3H_2O$

缩合过程　$2Al(H_2PO_4)_3 \longrightarrow Al_2(H_2P_2O_7)_3 + 3H_2O$

$Al_2(H_2P_2O_7)_3 \longrightarrow 2AlH_2P_3O_{10} + H_2O$

2. 磷酸二氢铝聚合法

将磷酸二氢铝置于箱式电阻炉加热聚合，然后加水水化分散，控制一定的摩尔比、聚合温度和聚合时间，可得三聚磷酸二氢铝二水产物。

3. 磷酸、流体三氯化铝法

以磷酸、液体三氯化铝和有机胺缔合剂为原料，经缔合、置换、解缔制取磷酸二氢铝后，经加热水化制得三聚磷酸二氢铝。

除上面介绍的方法外，学者们还在不断探索新的制备生产工艺和生产方法，以期得到性能更好、质量更佳、更符合使用要求的聚磷酸铝产品。

第六节 偏磷酸盐

偏磷酸盐是指组成为 MPO_3 或（MPO_3）$_n$ 的缩聚磷酸盐，但由于长链状缩聚磷酸盐 $M_{n+2}P_nO_{3n+1}$ 在 n 非常大时分子组成非常接近偏磷酸盐，因此工业上将长链状缩聚磷酸盐也习惯地称为偏磷酸盐，如六偏磷酸钠。偏磷酸盐可由正磷酸盐脱水可制得偏磷酸盐。其主要品种有三偏磷酸盐、四偏磷酸盐、六偏磷酸盐等。偏磷酸盐的用途广泛，它们主要用于食品饮料加工、肥料、水处理、采矿、印染、洗涤等部门。

一、偏磷酸盐的生成机理

1. 偏磷酸盐的性质

① 当加热固体四偏磷酸钠或四偏磷酸镁，会成为三偏磷酸盐。而加热一些六偏磷酸盐，则转变成长链状聚磷酸盐。

② 环状偏磷酸盐在碱性溶液中水解，环被破坏，最初转变为对应的线性聚磷酸盐，然后进一步裂解，最终溶液中只剩下正磷酸盐。

③ 偏磷酸盐与氨经过各种反应生成氨基衍生物、铵盐和环亚氨磷酸盐。在碱性条件下与酒精反应生成单烷基直链酯。

2. 三偏磷酸盐的生成

三偏磷酸钠（$Na_3P_3O_9$）又称环状三磷酸盐，可以在适当的条件下，加热磷酸二氢钠脱水而后冷却制得。但是，加热时可生成许多不同的产品，加热过程如下：

$$NaH_2PO_4 \xrightarrow{140\sim200℃} Na_2H_2P_2O_7 \xrightarrow{260℃} (NaPO_3)_n \xrightarrow{500℃} (NaPO_3)_3$$

具体制法是将 Na_2O/P_2O_5 的物质的量比为 1∶1 的正磷酸盐溶液蒸发，于500～600℃脱水而生成。将熔融的偏磷酸钠在上述温度下，缓慢冷却也可得到结晶型产品。

其他的三偏磷酸盐，几乎都可以钠盐为原料制得。酸性三偏磷酸钠（$Na_2HP_3O_9$）是将 Na_2O/P_2O_5 的物质的量比为 2/3 的正磷酸钠溶液蒸发，于300℃下加热，而生成的结晶。其他三偏磷酸盐可由水溶性三偏磷酸钠盐用离子交换法制得。

三偏磷酸钠可与过氧化氢生成复合化合物 $Na_3P_3O_9 \cdot H_2O_2$。此过氧化物易分解，极少量的重金属存在即可促进其分解。四偏磷酸钠不能与过氧化氢发生此类反应。

3. 四偏磷酸钠的生成

多价金属的酸性正磷酸盐加热脱水可制得四偏磷酸盐，由四偏磷酸与金属盐类经复分解反应也可制得四偏磷酸盐。四偏磷酸可由五氧化二磷低温水解制得，但该水解反应在不同条件下可制得不同的磷酸产物，所以水解条件的控制是很重要的。

四偏磷酸钠可溶于水，由溶液中生成十水物、四水物。四水物有两个晶型，即舟型和椅子型。

二、长链状结晶偏磷酸盐

聚合度很大的高分子长链状聚磷酸盐，具有与偏磷酸盐近似的组成。即当 $n \to \infty$ 时，$Na_{n+2}P_nO_{3n+1} \longrightarrow Na_nP_nO_{3n}$ 或（$NaPO_3$）$_n$。这类盐中大多数 n 的平均值一般保持在500～

1000 的范围内。通常将长链状结晶型聚磷酸钠、钾盐称为马列德尔盐和库洛尔盐。钠盐有三种结晶形态，即马列德尔盐高温型（$NaPO_3$-Ⅱ）、马列德尔盐低温型（$NaPO_3$-Ⅲ）、库洛尔盐（$NaPO_3$-Ⅸ）三种变体，钾盐只有库洛尔盐一种。

长链状聚磷酸盐都不溶于水，但库洛尔盐在各种碱金属阳离子存在时会溶解。长链状结晶聚磷酸盐在中性溶液中是较稳定的，但是像所有的缩聚磷酸那样，由于条件变化或其他物质的存在，水解会被催化加速。一般 pH 等于 9 或小于 9 时，链长小于 10 的聚磷酸盐的稳定性较差，链长增加，稳定性提高。升高温度可加快其水解速率，直至最后被水解成正磷酸盐。

长链状结晶聚磷酸盐的生产，是通过加热聚合磷酸二氢盐或缓慢冷却熔融玻璃状磷酸盐制得。

三、六偏磷酸钠

六偏磷酸钠是 Na_2O/P_2O_5 物质的量比近于 1 的玻璃状磷酸盐，过去称为“格腊哈姆”盐，于 1832 年由格腊哈姆发现的。由于当时认为它是六元环状体，因此一直不准确地称其为六偏磷酸钠，并沿用至今。后来研究发现，它是在链的末端有 OH 基团的由 PO_4 四面体构成的长链状阴离子盐的混合物，其通式为 $H_2Na_nP_nO_{3n+1}$，端基为弱酸性 OH 基，其结构式如下：

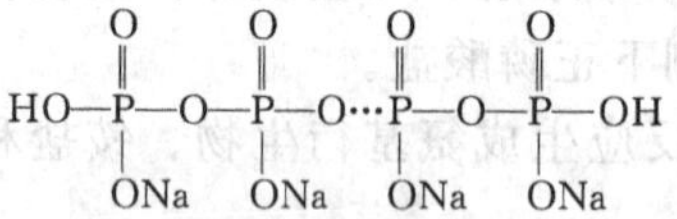

这一结论与由聚磷酸钠玻璃及其熔融物的物化性质研究导出的结论一致。X 射线分析指出，其为由 PO_4 四面体的长链构成的聚磷酸阴离子。

六偏磷酸钠虽很早就制得了，但真正大量应用，则是在 20 世纪 30 年代将其用于自来水处理，可以克服“红水”现象后才开始的。目前各国在循环水处理、发电站和机车车辆锅炉水处理、洗涤剂助剂、防腐剂、建材、医药、造纸、采矿、钻井、纺织、印染等许多方面已大量应用，需求量逐年上升。

1. 六偏磷酸钠的性质

六偏磷酸钠是链状聚磷酸钠盐（磷原子数在 10 以上）及少量环状偏磷酸钠盐的混合物。商品六偏磷酸钠为无色或白色玻璃状无定形固体，成片状、纤维状或粉末状。其平均相对分子质量为 611.82，相对密度 2.484（20℃），在空气中易潮解。易溶于水，不溶于乙醇、乙醚等有机溶剂。在水中溶解度 20℃时 973.2g/L，80℃时为 1744g/L，1%的水溶液 pH 为 5.5～6.5。

六偏磷酸钠具有聚磷酸盐玻璃的一般性质，加热后缓慢冷却会结晶化，从而降低其水溶性；聚磷酸钠盐玻璃在光学折射和电导度的作用下，会显示出各向异性，聚合度越大，这种性质越强。经测定，沿链长的方向的电导度比与链长垂直方向大。六偏磷酸钠的水解符合聚磷酸盐的水解规律（参见本章第一节）。六偏磷酸钠是一种优良的沉淀剂，当与其他离子或化合物结合时，可生成絮凝状或凝胶状两种形式的沉淀。与银、铝、钡、锶和亚汞盐形成絮凝状物，而与铜、钙、锰、铁、镍和汞盐则生成油状或凝胶状物。六偏磷酸钠与阴离子染料或蛋白质在等电点下形成沉淀，也可与高分子量的阴离子，如长链有机基团的季铵离子形成沉淀，它还是一种反絮凝剂和胶溶剂。

2. 六偏磷酸钠的生产原理

六偏磷酸钠商品系由磷酸二氢钠加热脱水溶聚，再经骤冷而形成的透明玻璃状粉末或鳞片状固体。其生产包括以下几个步骤。

① 用纯碱中和磷酸制得磷酸二氢钠溶液。溶液经蒸发、结晶，制得结晶状磷酸二氢钠；或经喷雾干燥，制得无水磷酸二氢钠。

$$Na_2CO_3 + 2H_3PO_4 + H_2O \longrightarrow 2NaH_2PO_4 \cdot 2H_2O + CO_2\uparrow$$

② 磷酸二氢钠加热脱去结晶水。

$$NaH_2PO_4 \cdot 2H_2O \longrightarrow NaH_2PO_4 + 2H_2O$$

③ 继续加热至250℃脱去结构水。

$$2NaH_2PO_4 \longrightarrow Na_2H_2P_2O_7 + H_2O$$

$$Na_2H_2P_2O_7 \longrightarrow 2NaPO_3 + H_2O$$

④ 进一步加热至620℃时，脱水生成的偏磷酸钠熔融，聚合为六偏磷酸钠。

$$6NaPO_3 \longrightarrow (NaPO_3)_6$$

在聚合炉中于700℃时，使六偏磷酸钠熔融体停留15～20min，然后将其卸出，迅速冷却，熔融凝固为透明无色玻璃状小块（含铁等杂质时微带绿色）。

为保证质量，在制磷酸二氢钠时，应从溶液中除去三价金属离子，以免使最终产品六偏磷酸钠受污染。

也可直接使用五氧化二磷与纯碱按一定比例混合，使 Na_2O/P_2O_5 的物质的量比达到1.0～1.1，将混合粉料置于坩埚中，间接加热使其脱水聚合，生成六偏磷酸钠熔体，再倾入被冷却水间接冷却的不锈钢冷却盘上骤冷，而制得六偏磷酸钠产品。

$$3P_2O_5 + 3Na_2CO_3 \longrightarrow (NaPO_3)_6 + 3CO_2\uparrow$$

但此法由于加工过程难于控制，生产出的产品质量不稳定，一般不选用。

3. 影响六偏磷酸钠生产的因素

六偏磷酸钠产品的质量与生产过程中工艺条件的控制关系很大，工艺条件不同，可制得不同链长的六偏磷酸钠。其聚合度可在6～50以致200以上范围内变动。用于循环水处理作水稳定剂时，聚合度为16～22；用作浮选剂时，聚合度为30～50；用作钻井泥浆分散剂时，则聚合度要求更高。

影响六偏磷酸钠产品质量的因素，除原料中的杂质外，主要为中和度、加热熔聚温度、在熔点温度下的停留时间、熔聚物表面的水蒸气分压、熔体冷却速率。

(1) 中和度 生产六偏磷酸钠时的中和液 pH 约为4.0～4.4，即中和得磷酸二氢钠溶液。中和液中和度 $R=Na_2O/P_2O_5$ 越接近1，则链越长，越易制得玻璃体。当 $R=1.0\sim1.66$ 间则为玻璃状磷酸盐；$R=1.0\sim1.5$ 时为透明玻璃体，$R=1.5\sim1.66$ 为不透明玻璃体；$R=1.66\sim2.0$ 则全部为结晶状聚磷酸盐。当 R 近于1.34时，即使熔体骤冷，也逐渐晶化崩裂成粉状。

(2) 加热熔聚温度 加热温度越高，平均链长越长。三偏、四偏磷酸盐的聚合温度分别为240℃、400℃，马列德尔盐的生成温度为400℃左右，而在580～590℃时，六偏磷酸钠也可转化为库洛尔盐。马列德尔盐与库洛尔盐都是不溶性的，属六偏磷酸钠中的非活性成分。为提高六偏磷酸钠的质量，需提高熔聚温度以尽量减少非活性成分的含量。

(3) 在熔聚炉中的停留时间 熔体在熔炉中的停留时间越长，制得的磷酸盐的链长越长或聚合度越大。当温度在700～800℃间熔融一个月，并几天在700～500℃之间冷却一次，多次重复可制得最大平均链长为250～500之间的六偏磷酸钠。一般在700℃下，对 Na_2O/P_2O_5 分子比较精确的磷酸二氢钠，在熔聚炉内熔聚脱水15min以上，即可制得聚合度在20～50之间的六偏磷酸钠。由于加热时间短，组分中残存的水分不易完全除去，而水在熔体中起阻聚剂的作用，从而阻碍了长链状聚磷酸盐的生成。

(4) 熔体表面水蒸气分压的影响 六偏磷酸钠的生成过程是一个由正磷酸盐脱除结晶水和结合水的聚合过程。在系统中存在的水越少，则反应越向正向进行，即聚合度越高。因此生产中应设法使熔体表面水蒸气分压降低，或尽量将脱出的水分排出，提高产品的聚合度。只含 Na_2O 和 P_2O_5 及微量水的系统中，其平均链长$\bar{n}$可由下式计算：

$$[n(Na_2O)+n(H_2O)/n(P_2O_5)]=(\bar{n}+2)\sqrt{n}$$

式中，$n(Na_2O)\gg n(H_2O)$。

由上式可见，即使少量水分存在，也可大大影响六偏磷酸钠的聚合度。

(5) 熔体的冷却速率 六偏磷酸钠熔体生成后，若缓慢冷却至室温，则根据结晶化理论，将逐步结晶成不溶性库洛尔盐或其他偏磷酸盐。为使熔体在室温仍保持玻璃态，生成可溶性六偏磷酸钠，需将高温熔体骤冷。

4. 六偏磷酸钠生产的工艺条件

磷酸二氢钠中和工序：

中和温度	80～100℃	中和 pH	4.2～4.4
中和液质量分数	55%～60%	中和反应时间	2h

二氢钠液脱水工序：

脱水温度	110～230℃	脱水器内停留时间	10～20s
脱水强度	10～15kg/(m^3·h)		

熔聚、骤冷工序：

熔聚温度	750～850℃	熔聚时间	20min
骤冷条件	650℃→60～80℃	骤冷时间	3～5s
产品粒度	<1.5mm		

5. 主要设备

(1) 中和设备 为搪瓷（或不锈钢）反应釜，带搪瓷（或不锈钢）搅拌器，釜体有夹套可加热。

(2) 熔聚炉 为一长方形池炉，外部为普通砖，中衬耐火砖，内衬碳化硅砖或辉绿岩板。碳化硅砖或辉绿岩板表面附着一层冷的六偏磷酸钠料液，以保护内衬材料不被高温酸性物料腐蚀。

内部熔池为长方形，在炉头下面或侧面设有出料口。出料口前有一挡墙，以使熔料保持一定熔融体液面和停留一定时间。内炉头送入燃烧用天然气，或用喷嘴燃烧重油或柴油，以保持炉内温度。炉气经尾部烟道从烟囱放空。

原料磷酸二氢钠经尾部炉顶或炉端部引入，原料连续送入，产品连续卸出。

参 考 文 献

[1] 陶俊法，杨建中. 中国磷化工行业现状和发展方向 [J]. 无机盐工业，2011，43 (1)：1-3.

第五章 次、亚磷酸盐

第一节 概 述

次磷酸（H_3PO_2）是含氧量最少的磷含氧酸，俗称卑磷酸或次亚磷酸。次磷酸盐中以钠盐最为重要。

次磷酸盐是1816年P. L. Dulong用水分解碱土金属磷化物而首次制得的。早期由于次磷酸及其盐合成困难，用途有限，所以未能大规模生产。在20世纪40年代，美国开始研究将次磷酸盐用于化学镀镍和镀钴中，50年代以后，欧洲、美国、前苏联等广泛用化学法镀镍，因而大大刺激了次磷酸及其盐的生产发展。

次磷酸钠用于化学镀镍（又称无电镀、无电解镀）是还原剂，它可很方便地把金属镀在玻璃纤维、塑料上，就像镀在金属上一样，镀膜均匀而有抗腐蚀性。它适于形状复杂的金属镀制，尤其适宜于非金属件镀制，而且使用方便。随着塑料的不断发展和应用面的扩大，次磷酸钠的需要量正不断增加。

除用作化学镀镍外，还发现次磷酸钠在电解时混合于树脂或涂料内，有屏蔽效果，可用于电磁波干扰材料上；它还可用作脂肪酸稳定剂；可使硫酸盐纸浆收率、质量提高，可用于酸性废水脱砷、医药及聚氯乙烯的颜色稳定剂和光稳定剂、聚碳酸酯的热稳定剂等；用于磷金属合金的制备。有机合成催化剂的制备。次磷酸铝等用作有机复合材料的阻燃剂，次磷酸及其盐还可用作植物的全株或局部杀菌剂，次磷酸铵可制软焊剂，用于焊接不锈钢；用作有机合成的催化剂、制冷剂，还用于食品加工与保鲜以及镍、氢电池阴极生产。次磷酸在砷、碲的测定与铌、钽分离上作为化学试剂应用，电容器的生产中也用到高纯次磷酸及铵盐。

国外生产次磷酸钠的国家主要有美国、德国、日本、法国等，其中美国的产量最大。中国次磷酸钠生产开始于1965年的江苏张家港市化工厂［现为罗地亚-恒昌（张家港）精细化工有限公司］，它是中国主要的也是最大的次磷酸钠生产厂家，近年来又成为世界最大的次磷酸盐生产厂家之一。近年来欧美等发达国家渐渐地缩减高能耗而又污染较大的化工产品的生产，加快了中国次磷酸盐行业的发展，近年相继建成了多条生产线。中国次磷酸盐产品主要销往欧洲、美国、日本等地，国内销售较少。

亚磷酸主要用于制造亚磷酸盐、亚磷酸酯、有机磷化物、有机磷农药，可用作尼龙的抗氧化剂和增白剂、多种树脂和塑料的稳定剂等。亚磷酸盐主要用作还原剂；亚磷酸铵还可用作增塑剂；亚磷酸锌、亚磷酸铝用作防锈颜料，特别是亚磷酸锌和亚磷酸钙，用于还原性防锈颜料以其无毒环保而不断得到发展。它还用于制药等行业。

亚磷酸盐的种类很多，如钠、钾、铵、镁、钙、锌、铁、铅、锰、铜的亚磷酸盐等无机盐，以及亚磷酸酯、有机磷化物、有机磷农药等有机化合物，有几十种之多。

第二节 次磷酸盐

一、次磷酸及其盐的物理化学性质

1. 次磷酸的性质

纯次磷酸为无色片状结晶，或大的透明棱柱形结晶。相对密度 1.435，熔点 26.5℃，含水时其熔点大大降低。在 100℃左右发生分解，据有关资料报道，次磷酸在温度高于 50℃时即发生分解。无水 H_3PO_2 结晶在常温下完全是稳定的，在干燥空气中放置三个月后并无变化。次磷酸易溶于水，在水中的溶解热为 0.75kJ/mol。

次磷酸为一元酸，电离常数为 8.0×10^{-2}，可用甲基橙或酚酞作指示剂进行滴定，图 5-1为其滴定曲线，表 5-1 列出了一些磷含氧酸的电离常数。

表 5-1 一些磷含氧酸的电离常数

酸	化学式	pK_1	pK_2	pK_3	pK_4
次磷酸	$H^+ + H_2PO_2^-$	1.1			
亚磷酸	$2H^+ + HPO_3^{2-}$	1.3	6.7		
亚磷酸单乙酯	$H^+ + (RO)HPO_2^-$	0.8			
甲膦酸	$2H^+ + RPO_3^{2-}$	2.3	7.9		
正磷酸	$3H^+ + PO_4^{3-}$	2.1	7.1	12.3	
正磷酸单乙酯	$2H^+ + (RO)PO_3^{2-}$	1.8	7.0		
连二磷酸	$4H^+ + O_3^{2-}PPO_3^{2-}$	2.0	2.6	7.2	10.0
焦磷酸	$4H^+ + O_3^{2-}POPO_3^{2-}$	1.0	2.0	6.6	9.6
丙膦酸	$2H^+ + RPO_3^{2-}$	2.4	8.2		

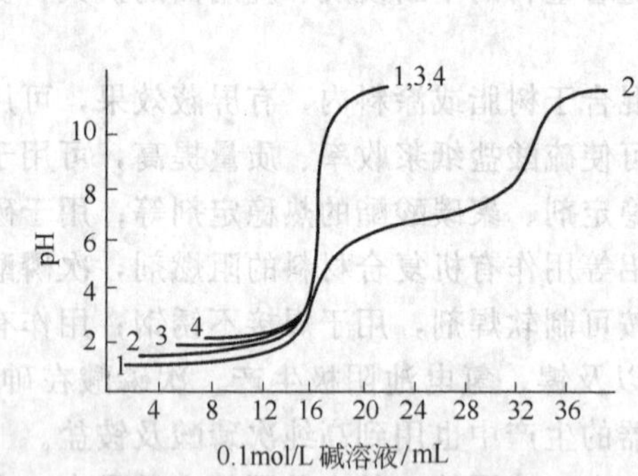

图 5-1 次、亚磷酸的滴定曲线

1—盐酸；2—亚磷酸；3—次磷酸；4—焦亚磷酸

现已确定了次磷酸及次磷酸根的结构。用 X 射线研究次磷酸铵的阴离子结果表明，次磷酸根离子具有非正四面体结构，两个氧原子和两个氢原子分别处于四面体的四个顶点，磷原子处于四面体的中心。此四面体有两个对称面，一个对称面通过磷原子和两个氧原子，另一个对称面通过磷原子和两个氢原子。各键键长：P—O 为 (0.15±0.011) nm，P—H 为 0.15nm。各键键角：O—P—O 为 (120±8)°，H—P—H 为 90°，O—P—H 为 117°。研究次磷酸钙、次磷酸镁等所得与此相近。无水液态次磷酸的拉曼光谱与次磷酸根离子的拉曼光谱一致，说明次磷酸分子具有与次磷酸根相似的四面体结构，如图 5-2 所示。次磷酸分子中有两个氢原子直接与磷原子相连，只有一个氢原子与氧原子相连，所以表现为一元酸。

次磷酸是强还原剂，特别是在碱性溶液中。有关的反应和标准电极电势如下。

酸性溶液中：$H_3PO_3 + 2H^+ + 2e^- \longrightarrow H_3PO_2 + H_2O \quad E^{\ominus} = -0.499V$

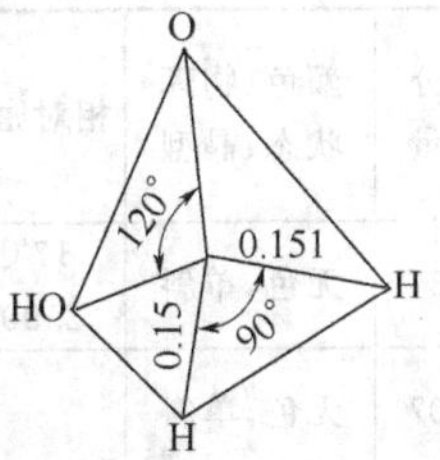

图 5-2　次磷酸的结构
（图中长度单位为 nm）

碱性溶液中：$HPO_3^{2-}+2H_2O+2e^- \longrightarrow H_2PO_2^-+3OH^-$　　$E^\ominus=-1.565V$

次磷酸可将 Cu、Ag、Pt、Hg、Ni、Cr、Co 等的盐还原成金属状态，遇强氧化剂会发生爆炸。另一方面金属镍（粉）能将次磷酸还原成 PH_3，所以次磷酸又是一种弱氧化剂。没有氧化还原剂存在时，在碱性溶液中，次磷酸也非常不稳定，容易歧化成 HPO_3^{2-} 和 PH_3。有关的反应和电极电势如下：

$$H_3PO_2+2H_2O+4e^- \longrightarrow PH_3+4OH^- \qquad E^\ominus=-0.499V$$

$$HPO_3^{2-}+2H_2O+2e^- \longrightarrow H_2PO_2^-+3OH^- \qquad E^\ominus=-1.565V$$

虽然，次磷酸在水溶液中是强还原剂，然而在大多数情况下，它们的还原过程进行得很慢。氧化反应的动力学研究表明，次磷酸存在正常型和活泼型两种形式，次磷酸的正常型（不活泼型）转变为活泼型的比例，决定氧化作用的速率。正常型转变为活泼型的速度很慢，但氢离子对此转变有催化作用。在互变平衡中活泼型的浓度很低，但是它与氧化剂的反应很快。通常认为正常型与活泼型次磷酸的结构及其互变如下：

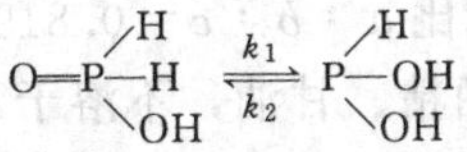

正常型　　活泼型

据计算，在 10℃时互变平衡常数 $K=k_1/k_2\approx10^{-12}$，即达到平衡时，活泼型的浓度约为正常型浓度的 $1/10^{12}$。

$H_2PO(OH)$ 结构以及上述 X 射线光谱研究结果，都表明次磷酸是一元酸。实际上，虽然次磷酸通常表现为一元酸，但是使 KH_2PO_2 于液氨中与 KNH_2 反应时，制得了组成为 K_2HPO_2 的盐，说明 H_3PO_2 在液氨中是二元酸，这一现象可用 $HP(OH)_2$ 式来说明。

在某些粉末状金属（如 Pt、Pd、Co、Cu、Au、Ag 等）存在下，次磷酸水溶液可分解放出氢气，反应如下：

$$H_3PO_2+H_2O \longrightarrow H_3PO_3+H_2\uparrow$$

用同位素进行研究表明，放出的氢一半来自磷酸根，一半来自水。即反应如下：

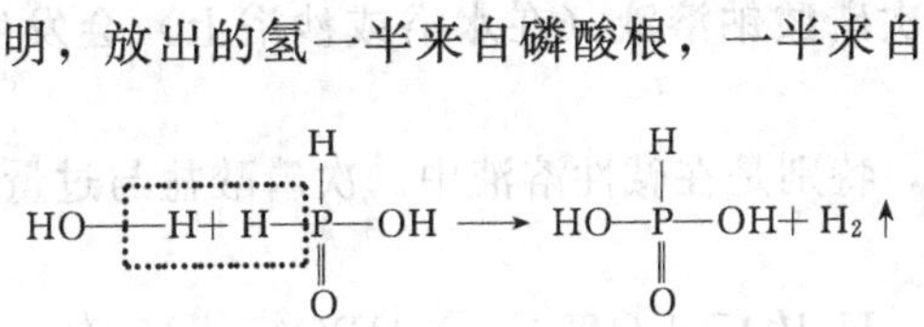

2. 次磷酸盐的性质

已制得的各种次磷酸盐，除铅盐外，几乎都不溶于水。从水溶液制的次磷酸盐结晶，大都含有结晶水。部分次磷酸盐的性质见表 5-2 所示。

表 5-2　部分次磷酸盐的性质

化学式	名称	相对分子质量	颜色、物理状态、晶型	相对密度	在100份溶剂中的溶解度		
					在冷水中	热水或沸水中	在其他溶剂中
$Ba(H_2PO_2)_2 \cdot H_2O$	一水合次磷酸钡	285.37	无色，单斜	17℃ 2.902		100℃ 33.3	不溶于醇
$Ca(H_2PO_2)_2$	次磷酸钙	170.07	无色，单斜		29	100℃ 12.5	不溶于醇
$Fe(H_2PO_2)_3$	次磷酸铁	250.84	灰色，粉末		25℃ 15.4	100℃ 0.083	柠檬酸钠或钾
KH_2PO_2	次磷酸钾	104.09	六角，潮解		25℃ 2.00	330	1.48(25℃)醇，微溶于NH_3，不溶于乙醚
$Mg(H_2PO_2)_2 \cdot 6H_2O$	六水合次磷酸镁	262.41	白色，结晶	13℃ 1.59	25℃ 20		微溶于醇
$Mn(H_2PO_2)_2 \cdot H_2O$	一水合次磷酸锰	207.94	浅红色，单斜		12.5	16.6	不溶于醇
$NH_4H_2PO_2$	次磷酸铵	83.04	无色，正交	2.515	溶解	极易溶解	极易溶于醇
$NaH_2PO_2 \cdot H_2O$	一水合次磷酸钠	105.99	无色，单斜		25℃ 100	100℃ 667	微溶于NH_3，极易溶于醇
$Ni(H_2PO_2)_2 \cdot 6H_2O$	六水合次磷酸镍	296.78	绿色，立方	1.824	溶解		

次磷酸钙 $Ca(H_2PO_2)_2 \cdot H_2O$ 和次磷酸钡 $Ba(H_2PO_2)_2 \cdot H_2O$ 室温下在水中的溶解度，分别为 17g/100g H_2O 和 29g/100g H_2O。

从水溶液制得的次磷酸钠结晶为一水合物 $NaH_2PO_2 \cdot H_2O$，相对分子质量为 105.99，相对密度为 1.388，单斜棱晶，晶轴比 $a:b:c=0.8199:1:2.2320$，$\beta=123°16'$。无色、无臭、味咸、易潮解，易溶于水、酒精、甘油，不溶于乙醚，水溶液呈中性。25℃时，次磷酸钠在水、乙二醇、丙二醇中的溶解度为 100g/100g H_2O、33.01g/100g 乙二醇、9.7 g/100g丙二醇。100℃时在水中的溶解度为 667g/100g H_2O。在干燥状态下保存时较为稳定，遇强热会爆炸，与氯酸钾或其他氧化剂相混合也会爆炸。加热超过 200℃时迅速分解，放出可以自燃的磷化氢，其分解反应如下：

$$5NaH_2PO_2 \xrightarrow{\triangle} Na_4P_2O_7 + NaPO_3 + 2PH_3 + 2H_2 \uparrow$$

另有资料报道，次磷酸钠在氨气中加热至 130℃时，迅速分解。

次磷酸钠的水溶液在某些金属粉末（如 Pt、Pd、Co、Ni、Cu、Ag、Au 等）存在下，可分解而放出氢气。

$$NaH_2PO_2 + H_2O \longrightarrow NaH_2PO_3 + H_2 \uparrow$$

在常压下，加热蒸发次磷酸钠溶液（在水浴或沙浴上）会发生爆炸，故蒸发在减压下进行。

次磷酸盐是强还原剂，特别是在碱性溶液中。次磷酸盐与过量的碱液共热时，生成亚磷酸盐并放出氢气。

$$H_2PO_2^- + OH^- \longrightarrow HPO_3^{2-} + H_2 \uparrow$$

研究此反应的动力学得出以下反应的速率方程。

$$-d[c(H_2PO_2^-)]/dt = k[c(H_2PO_2^-)][c(OH^-)]^2$$

在 100℃时，k 值约为 3×10^{-4}/min，此反应历程如下：

$$H_2PO_2^- + 2OH^- \longrightarrow H_2PO_3^- + O^{2-} + H_2\uparrow$$

$$O^{2-} + H_2O \longrightarrow 2OH^-$$

在碱浓度高时，反应生成磷酸盐。

次磷酸盐可将Au、Ag、Pt、Hg、Ni、Cr、Co等的盐还原成金属状态，遇强氧化剂则发生爆炸。

次磷酸盐在水溶液中是还原剂，然后大多数情况下，它们的氧化作用进行得很慢。

口服或注射次磷酸盐后，均迅速从尿中排走，小白鼠腹腔注射次磷酸钠，其半致死量LD_{50}（30天）为1.6g/kg，毒性很小，在目前的用量水平，按现在的使用方法，次磷酸钠盐、钾盐、钙盐、亚锰盐都是安全的。

二、次磷酸盐的生产原理

合成次磷酸盐的历程比较复杂，人们有不同的看法。一些学者认为主要进行如下反应。

$$P_4 + 4OH^- + 4H_2O \longrightarrow 4H_2PO_2^- + 2H_2\uparrow \quad (a)$$

$$P_4 + 4OH^- + 2H_2O \longrightarrow 2HPO_3^{2-} + 2PH_3\uparrow \quad (b)$$

同时，有少量次磷酸盐与碱生成亚磷酸盐。

$$H_2PO_2^- + OH^- \longrightarrow HPO_3^{2-} + H_2\uparrow \quad (c)$$

这种看法的主要依据是在一定条件下，等量的磷变为PH_3和亚磷酸盐，而放出的氢量，大致与生成的次磷酸盐成正比。

有的研究工作表明，合成时气相的组成，取决于合成次磷酸盐的类型（例如次磷酸钙或次磷酸钠），也就是合成的次磷酸盐不同，反应历程也不同。有的学者认为，主要反应如下：

$$P_4 + 3OH^- + 3H_2O \longrightarrow 3H_2PO_2^- + PH_3\uparrow \quad (d)$$

也有人认为主要反应是（d）和（b）。表5-3是与次磷酸及盐生成有关的一些化学反应的化学位。从热力学来说，除了最后一个反应外，表上所列的其余所有反应都是可能发生的。

表5-3 一些与次磷酸及盐合成有关的化学反应化学位

化学反应	化学位/kJ
$P_4 + 3OH^- + 3H_2O \longrightarrow 3H_2PO_2^- + PH_3\uparrow$	−336.0
$H_2PO_2^- + OH^- \longrightarrow HPO_3^{2-} + H_2\uparrow$	−142.8
$P_4 + 4OH^- + 4H_2O \longrightarrow 4H_2PO_2^- + 2H_2\uparrow$	−472.2
$P_4 + 4OH^- + 2H_2O \longrightarrow 2HPO_3^{2-} + 2PH_3\uparrow$	−485.2
$P_4 + 6H_2O \longrightarrow 3H_3PO_2 + PH_3\uparrow$	−126.4
$H_2PO_2^- + 2OH^- \longrightarrow PO_4^{3-} + 2H_2\uparrow$	−199.5
$3H_3PO_2 \longrightarrow 2H_3PO_3 + PH_3\uparrow$	−125.5
$H_3PO_2 + H_2O \longrightarrow H_3PO_3 + H_2\uparrow$	−96.6
$4H_3PO_3 \longrightarrow 3H_3PO_4 + PH_3\uparrow$	+3.8

三、次磷酸盐的生产方法

1. 次磷酸钠的生产方法

自次磷酸钠工业生产以来，大体上依然是采用一百多年前H·Rose提出的以黄磷与碱金属和（或）碱土金属氢氧化物的反应为基础的方法。只是在缩短反应时间、减少原料消耗、提高产品收率及纯度，副产品利用以及降低成本，采用电子计算机控制等方面，取得了很大的进步。

次磷酸钠的工业生产方法可分为一步法和两步法，下面对两种方法分别进行简介。

(1) 一步法 指用黄磷与以下反应物之一，进行反应而直接制得次磷酸钠的方法。常用于生产次磷酸钠的反应物为：NaOH；碱土金属氢氧化物和 NaOH 的混合物（以 NaOH 为主）；碱土金属氢氧化物和 Na_2CO_3 的混合物。例如黄磷在惰性气氛中与石灰乳和 Na_2CO_3 溶液的混合物加热反应，放出磷化氢和氢气，反应结束后过滤、分离反应物，滤液为次磷酸钠溶液，滤饼由未反应完的石灰和亚磷酸钙组成。滤液通过 CO_2 以除去溶解在其中的氢氧化钙，过滤，滤液减压浓缩，最后即得 $NaH_2PO_2 \cdot H_2O$。

其工艺流程如图 5-3 所示。

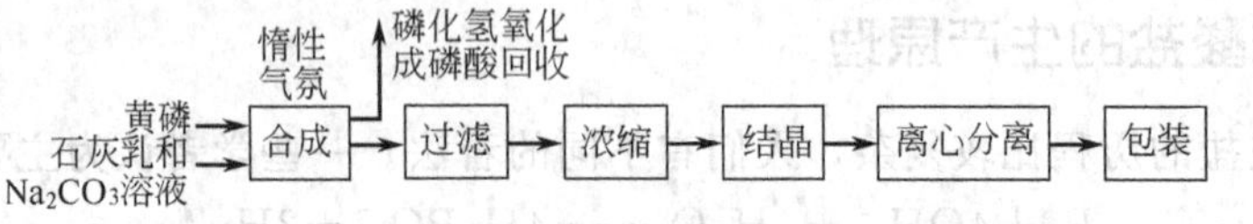

图 5-3 一步法生产次磷酸钠方框流程图

(2) 两步法 首先用黄磷在惰性气氛中，与碱土金属氢氧化物反应或与碱土金属氢氧化物和 NaOH 的混合物反应（以碱土金属氢氧化物为主）制得碱土金属次磷酸盐，然后使碱土金属次磷酸盐与碳酸钠进行复分解而制得次磷酸钠。常用氮气作惰性气体，最常用的碱土金属氢氧化物是 $Ca(OH)_2$，也可用氢氧化钡、氢氧化镁，但原料成本较高。复分解法生产次磷酸钠的流程见图 5-4。

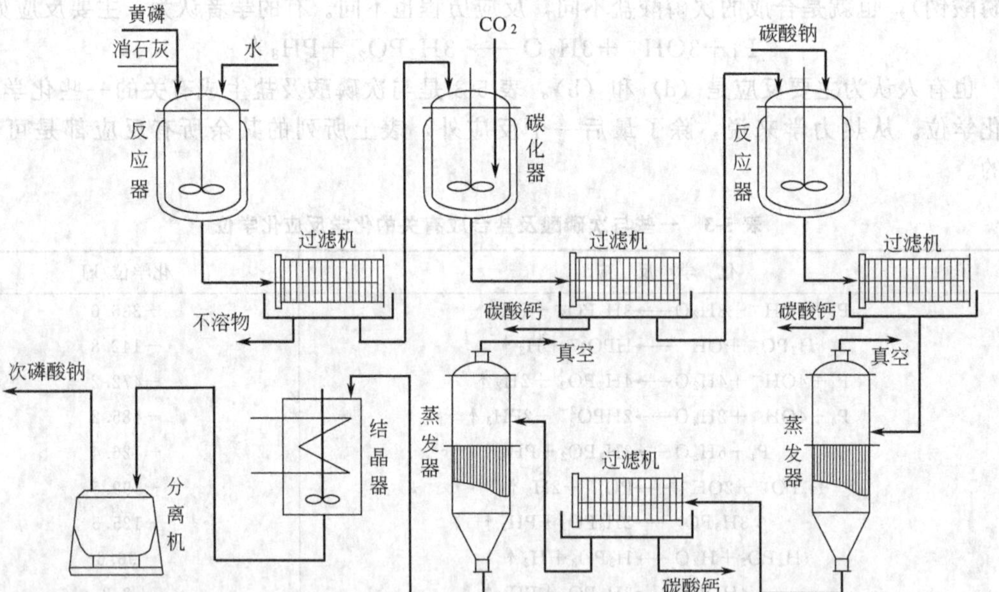

图 5-4 两步法生产次磷酸钠工艺流程

次磷酸钠生产时，首先将黄磷和消石灰在反应器中，于 98℃下进行反应生产次磷酸钙。反应过程中有磷化氢生成，需注意安全防护。过滤未反应物，然后通入 CO_2，进一步除去少量的氢氧化钙，在次磷酸钙溶液中，加入碳酸钠溶液生成次磷酸钠，其反应如下：

$$2P_4+3Ca(OH)_2+6H_2O \longrightarrow 3Ca(H_2PO_2)_2+2PH_3$$

$$CO_2+Ca(OH)_2 \longrightarrow CaCO_3 \downarrow +H_2O$$

$$Ca(H_2PO_2)_2+Na_2CO_3 \longrightarrow 2NaH_2PO_2+CaCO_3\downarrow$$

过滤碳酸钙，把滤液浓缩至约1.16kg/L时，再次过滤除去碳酸钙，把滤液进行第二次浓缩，至液面呈现结晶膜为止。在结晶器中进行冷却结晶，再经离心分离除去母液即得成品，母液可回收利用。

早期多用两步法，两步法的工艺流程较长，多一道过滤、洗涤工序，而次磷酸钙的溶解度低于次磷酸钠，要想减少滤饼中残留的次磷酸盐量，必须增多洗涤水用量，并将洗涤液与滤液合并，这样得到的溶液很稀，蒸发浓缩时耗能量很多。一步法工艺较两步法简单，可以制得较浓的溶液，能耗较低，产品收率较高，总的说来一步法优于两步法。实际上近期的专利方法，都是一步法。

黄磷不溶于水和碱的水溶液，合成反应是多相反应。如果黄磷分散得不细，则反应时间很长，反应时间长会使副反应增加。为了使黄磷分散得细，可采用速度高的搅拌器，或采用高速乳化反应器，或者在搅拌的同时加入分散助剂。分散助剂有用固体的，如玻璃粉、活性炭、不溶性盐类。也有用液体助剂的，如乙醇、戊醇，或用可溶解黄磷，而密度与碱溶液相近的疏水有机溶剂。采用这些措施后，使磷的比表面积大大增加，因而反应速率大为加快，反应时间缩短到几小时，甚至几十分钟。有的实验结果表明，反应时间可以缩短到2～3min。

温度越高，合成反应速率越快，但是次磷酸盐转化为亚磷酸盐的副反应速率也越快。当温度超过90～92℃时，由于反应速率太快，反应混合物有从反应器喷出来的危险。较低的温度（40～50℃）虽然可以发生反应，但反应速率慢，时间长，生成物不易过滤，而且会生成固态的聚磷化氢（PH_3）$_x$，它将残留在次磷酸盐产品中，并会在空气中慢慢分散为单体，使产品具有极大毒性。通常采用的温度在45～90℃之间。

按投料的磷计算，长期以来认为收率一般为60%，最高不过73%。这种生产方法用的磷过量，反应结束后至少有50%的磷未参加反应，所以应按参加反应的磷来计算收率。过量的磷需要回收，但分离回收这些过量的磷是比较麻烦而危险的。

反应尾气为PH_3和H_2的混合气体，其中含有少量的P_2H_4以及少量元素磷、水蒸气、惰性气体（氮气）等。此尾气可在空气中自燃，与空气混合则成为爆炸性气体。因此在加碱与黄磷反应之前，必须用惰性气体置换空气，然后在惰性气体保护下进行反应。这时反应尾气不含空气，不是爆炸性气体。一般用管道将它送至燃烧室燃烧，制成磷酸。尾气燃烧只要操作得当，不会出现危险。当然，反应器和管道都不能漏气。磷化氢极毒，按中国规定，在空气中最高允许浓度为0.3mg/m^3。据有关资料报道，在常温和酸性条件下，可以用H_2O_2将副产的PH_3大部分氧化成次磷酸，再将次磷酸变成次磷酸钠或其他盐，这样可以提高次磷酸盐的收率。

从反应器出来的反应尾气，可通过一个水封使未反应的磷分离出来，同时也使一部分水蒸气冷凝下来。水封的水可用于下次配料。

副产的亚磷酸盐通常以亚磷酸钙的形式存在于滤饼中，可用于生产亚磷酸钠以及亚磷酸。

(3) 彼斯特里茨法 民主德国彼斯特里茨（Pyestyitz）厂磷分厂研究出用泥磷代替黄磷为原料制次磷酸钠的方法。如图5-5所示为该法的工艺流程示意图。将泥磷加入带有搅拌桨的反应器1（20m^3）加热熔化，在通氮气保护下，加入石灰$Ca(OH)_2$溶液，产生的PH_3、H_2和空气混合气体是爆炸性气体。因此加入碱液之前，必须用氮置换驱除空气，则反应后生成的混合气体（N_2、H_2、PH_3）不是爆炸性的。混合气体送至磷酸车间燃烧室，燃烧后生成P_2O_5制磷酸。

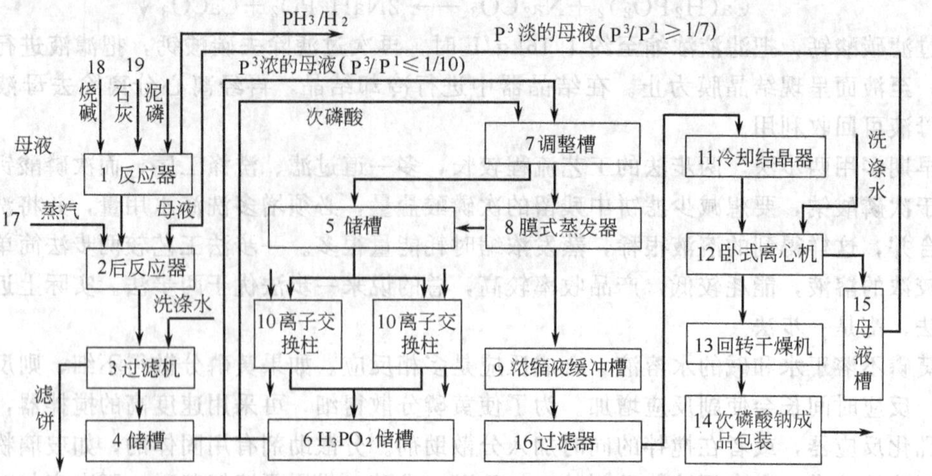

图 5-5　彼斯特里茨法以磷泥制 NaH_2PO_2 工艺流程示意图

反应器下部的黑色溶液有很多杂质，引入后反应器 2 并鼓入空气，加入母液槽 15 中的母液，从后反应器 2 出来，进入过滤机 3，并用水洗涤，滤渣作粘接剂，滤液入储槽经过离子交换柱生成 H_3PO_2，放入储槽 6。大部分溶液进入膜式蒸发器 8 滤液浓缩后，浓缩液进入缓冲槽 9，再进入 $3m^3$ 冷却结晶器 11，在带有搅拌机和冷却管的槽中进行冷却，经离心机分离出来的固体物料进入回转干燥机，干燥后包装，滤液进入母液槽 15，返回后反应器 2。

此法可用老化后的泥磷，不进行预处理直接与 NaOH 和 $Ca(OH)_2$ 混合物进行反应。泥磷本身是稳定的分散体系。所以反应时不再加入分散助剂或辅助溶剂，也不要高速搅拌设备。据前民主德国专利 80011 的实例，200L 实验型反应器搅拌转速仅 20r/min。反应时间 3～6h，原料中 $n(OH):n(P)=1.5$，反应温度为 60～80℃，或为 95～110℃，反应尾气用一般的方法燃烧加工为磷酸。反应结束后黑灰色的料液中，含有 NaH_2PO_2、少量 $Ca(H_2PO_2)_2$ 以及固体物质［$Ca(OH)_2$、$CaHPO_3$、磷酸钙、SiO_2、C、Fe_2O_3 和氟化物等］等。过滤之前另由次磷酸钠结晶工序所得母液（有相当多 Na_2HPO_3 的次磷酸钠溶液）处理，使料液中存在多余的 $Ca(OH)_2$，然后加结晶母液处理后，并未出现常见的 pH 显著升高的现象，可能是料中某些组分起了一定的缓冲作用。然后过滤，滤液不含钙或只含很少的钙，适合进一步按一般方法加工为纯的 $NaH_2PO_2 \cdot H_2O$ 结晶。在不加母液处理的情况下，到溶液阶段，次磷酸盐收率为 40%～59%。在加母液处理情况下，收率还要高一些。此法用泥磷制成价值很高的产品值得借鉴。

(4) 电化学法、离子交换树脂精制法、一步连续法　近年来国外次磷酸钠的工业制法有了较大的改进，出现了电化学法、离子交换树脂法和电子计算机控制的一步连续法等。这些方法的特点是能够根据提高产品的纯度、减少次磷酸盐副产物 PH_3 的量、改善工作环境、简化工艺等，大大地提高了劳动生产率。

1983 年前民主德国在彼斯特里茨法的基础上，研究了用 NaOH 和 $Ca(OH)_2$ 在 0.05%脂肪醇（如异丙醇）存在下，分解泥磷制成次磷酸钠产品。其特点是减少三价磷的含量，提高产品纯度，使 P(Ⅲ) 质量分数降为 0.09%、$w(Ca)<0.005\%$、$w(Pb)<0.001\%$、$w(As)<0.0005\%$。

1981 年美国在彼斯特里茨法的基础上，用 H_3PO_4 或酸式磷酸盐（如酸式焦磷酸钠或磷酸二氢钠）调节 pH 至 6.5～7.0，除去反应液中的 Ca^{2+}，再用载有钠离子的交换树脂（可以是强酸型，也可是弱酸型）处理后，可制得次磷酸钠。

1978 年以来苏联采用了电化工艺即用隔膜电解池的阴极部分，在碱金属氢氧化物中对磷电化学氧化而制得碱金属次磷酸盐，在电流强度 2～3A 下，进行电化学氧化作用，使生成有毒 PH_3 的量减少，从而使工作条件得到改善。或在 NaOH 浓度为 2.5mol/L 溶液用电解法氧化元素磷，阳极电流密度为 1000～1500A/m^2。

美国斯托弗公司和虎克公司采用了电子计算机控制的一步连续法生产工艺，即将元素磷、氢氧化钠和氢氧化钙进行一步法连续生产。纯次磷酸钠溶液送至连续结晶器结晶。每个工序的蒸气可循环使用，以节约能量，废水全部循环使用，副产气体磷化氢和氢气用一个连续燃烧室把它们变成磷酸。过滤除去亚磷酸钙。全部过程由电子计算机控制，遇有危险，计算机可截断有关工序，消除错误操作者的错误指令。由于计算机控制，所生产的次磷酸钠质量好、纯度可超过 99%。

综合上述次磷酸钠的生产工艺可知，一步法优于两步法，一步连续法优于一步间歇法。从目前各种次磷酸钠的生产来看，采用电子计算机控制的一步连续法是当今生产次磷酸钠最有发展前途的方法。

2. 次磷酸钙的生产方法

将黄磷和熟石灰水反应生成次磷酸钙，料液经过滤、炭化、浓缩、调整、过滤，再调整、浓缩、冷却、结晶、脱水、烘干而得产品。

其工艺流程简图如图 5-6 所示。

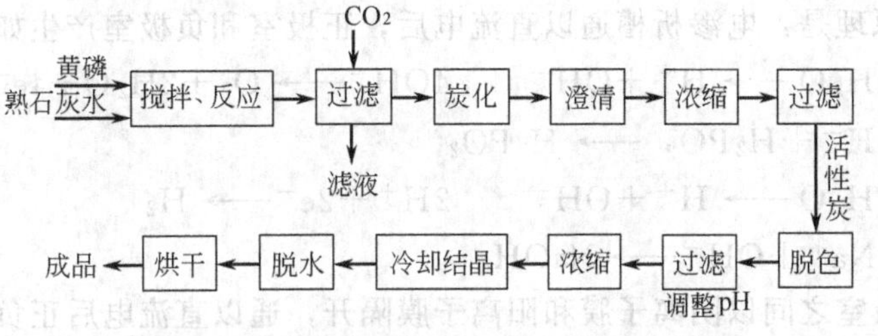

图 5-6 次磷酸钙生产工艺流程方框示意图

反应方程式如下：

$$CaO + H_2O \longrightarrow Ca(OH)_2$$

$$3Ca(OH)_2 + 2P_4 + 6H_2O \longrightarrow 3Ca(H_2PO_2)_2 + 2PH_3$$

3. 次磷酸镍的生产方法[1]

次磷酸镍是化学镀镍的原料，在化学镀工业中应用十分广泛。次磷酸镍的生产方法很多，主要有下面几种生产方法。

(1) 复分解法 采用硫酸镍、硝酸镍或氯化镍与次磷酸钠进行复分解反应均可制得次磷酸镍。这些方法的不足是产品的纯度低，而另一类复分解法是采用次磷酸钡或钙盐与硫酸镍反应，为生成的硫酸钡或硫酸钙不溶或微溶于水，所以母液中硫酸盐较少，产品的纯度较高些，但是钡资源较缺乏、钡盐毒性大，同时钡盐溶解度较小，所得次磷酸镍浓度较小，因此用钙盐复分解工艺较为适宜。

(2) 中和法 采用碳酸镍、氢氧化镍或碱式碳酸镍与次磷酸反应，生成次磷酸镍溶液，进而蒸发浓缩得 $Ni(H_2PO_2)_2 \cdot 6H_2O$，产品的纯度取决于镍原料及次磷酸。采用纯净的原料，加上重结晶，能得到纯净的次磷酸镍。

(3) 离子交换法 离子交换法是采用阳离子交换树脂进行前处理后转化成镍型树脂，即树脂以镍饱和，再以次磷酸洗脱镍，从而得到次磷酸镍水溶液，浓缩结晶。该法能得到高纯产品，但树脂需用量大，再生与清洗繁琐，产生大量的清洗酸碱废水，成本高，不适合大规模生产。

(4) 电解法 电解法分为金属镍阳极电解法和镍盐电渗析法。后者以硫酸镍和次磷酸钠为原料，采用3室、5室的电渗析槽制取次磷酸镍，该法的优点是可得到纯度较高的产品。而前者是以金属镍、次磷酸钠为原料，采用电解法，使用电解槽或3室或以上的电渗析槽制备次磷酸镍。方法简单，适合于大规模生产，成本较低些，产品纯度更高。

四、次磷酸的生产方法[1]

1. 黄磷与氢氧化钡反应

次磷酸一般由黄磷与氢氧化钡反应，再加硫酸除钡制得，但钡盐溶解度较小，制得的次磷酸浓度不高，还需浓缩、重结晶提纯。

2. 离子交换法

离子交换树脂制取次磷酸是一研究较多的方法，也就是以次磷酸钠为原料，采用强酸型阳离子交换树脂除钠，而得到稀次磷酸溶液。此法所需树脂量大，而且树脂的再生和清洗步骤繁琐。此法适合于小批量生产，所得次磷酸稀溶液的浓度与钡盐法的浓度相差不大，但产品纯度高些。

3. 电渗析法

电渗析法的原理是：电渗析槽通以直流电后，正极室和负极室产生如下反应：

正极室：　$H_2O \longrightarrow H^+ + OH^-$　　$4OH^- \longrightarrow O_2 + 2H_2O + 4e^-$

$H^+ + H_2PO_2^- \longrightarrow H_3PO_2$

负极室：　$H_2O \longrightarrow H^+ + OH^-$　　$2H^+ + 2e^- \longrightarrow H_2$

$Na^+ + OH^- \longrightarrow NaOH$

正极室与负极室之间以阴离子膜和阳离子膜隔开，通以直流电后正负离子分别向负极和正极移动。阴离子膜只允许负离子通过，阳离子膜只允许正离子通过。与此同时正极电解水放出氧气，并释放氢离子，从而与渗析过来的次磷酸根结合成次磷酸，负极放出氢气，释放氢氧根，与渗析过来的钠离子结合成氢氧化钠。电渗析法方法简单，适合于大规模生产，无废水废渣产生，但产品的纯度要进一步提高。

4. 磷高温反应

磷在高温下直接与氧反应生成亚磷酸酐或次磷酸酐，水解得相应的酸，分离后得次磷酸和亚磷酸。该法生产效率高，总磷收率高，但要较为复杂的分离工序，较少采用。

第三节　亚磷酸盐

一、亚磷酸及其盐的种类和性质

亚磷酸是1816年P. L. Pulong发现的一种磷的低含氧酸。1977年有人在湿空气中缓慢燃烧黄磷制得了这种低含氧酸。亚磷酸可用于制造亚磷酸盐、亚磷酸酯、有机磷化物、有机磷农药、尼龙增白剂等。

已制得的亚磷酸盐种类很多，如锂、钠、钾、铵、铍、镁、钙、锶、钡、锌、铁、铅、钛、锰、银等的盐类。亚磷酸盐主要用作还原剂，还可用作增塑剂；亚磷酸锌用于制药；亚磷酸铝复合物 $Al_2(HPO_3)_3 \cdot xAl_2O_3 \cdot nH_2O$ 的防锈性能优于 $ZnCrO_4$，可用作防锈颜料。

1. 亚磷酸的物理化学性质

(1) 物理性质　亚磷酸 H_3PO_3 或 $H_2(O_3PH)$，相对分子质量为 82，为无色透明的斜方晶体，有大蒜似气味。其熔融物加晶种冷却，得到很大的双棱晶体。熔点 74℃，极易吸潮并易溶于水，21.2℃下相对密度为 1.651。亚磷酸通常表现为二元酸，其酸性比磷酸稍强，18℃时，电离常数 $K_{a1}=1.6\times10^{-2}$、$K_{a2}=1.6\times10^{-7}$。它具有强还原性，容易将 Ag^+ 还原成金属银，能将浓硫酸还原成二氧化硫。

亚磷酸水溶液的溶解度见表 5-4 所示。

表 5-4　不同温度下亚磷酸在水中的溶解度

温度/℃	0	20.3	25.4	30	35	39.4
质量分数/%	75.53	81.85	83.64	84.12	85.0	87.43

亚磷酸的有关反应和标准电极电势如下。

酸性溶液：$H_3PO_4+2H^++2e^-\longrightarrow H_3PO_3+H_2O$　　　$E^{\ominus}=-0.276V$

碱性溶液：$PO_4^{3-}+2H_2O+2e^-\longrightarrow HPO_3^{2-}+3OH^-$　　　$E^{\ominus}=-0.112V$

亚磷酸的分子结构如图 5-7 所示。

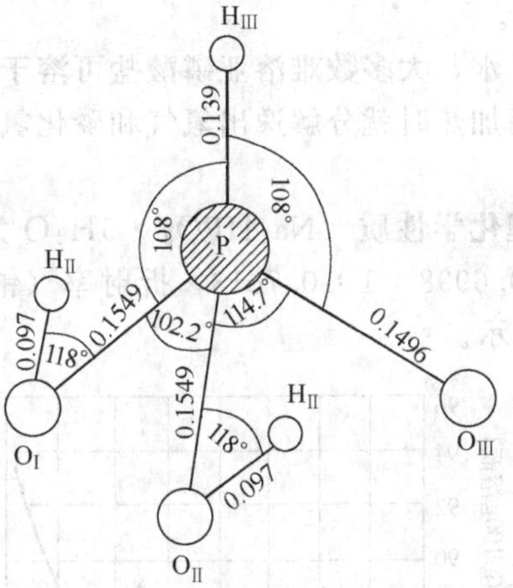

图 5-7　H_3PO_3 分子结构

（原子距离以 nm 计）

亚磷酸的溶解热为 29.6kJ/mol，生成热为 94.05kJ/mol，水溶液的生成热为 952.8kJ/mol，有过量水的 H_3PO_3 的溶解热为 975.6kJ/mol，$H_3PO_3\cdot3H_2O$ 的溶解热为 636.4kJ/mol。

(2) 化学性质　亚磷酸的两个氢原子相似地被配置在分子中，而第三个氢原子则与它们不同。其磷原子仅与两个氢氧基结合，即 $O\!\!=\!\!PH(OH)_2$，因此表现出二元酸的性质。在酸性溶液中，用碘进行还原的动力学研究表明，除正常型外，还有极少量的活泼型 $P(OH)_3$，其互变异构体如下所示。

$$O=P\begin{smallmatrix}H\\OH\\OH\end{smallmatrix}\rightleftharpoons P\begin{smallmatrix}OH\\OH\\OH\end{smallmatrix}$$

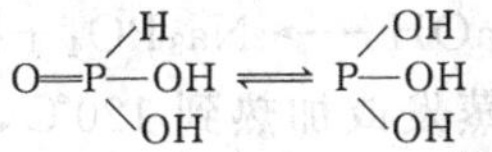

正常型　　　　活泼型

(3) 热分解反应　大体来说亚磷酸有两种热分解反应方式，纯亚磷酸或亚磷酸溶液受强热时，发生下列歧化反应：

$$4H_3PO_3 \xrightarrow{\triangle} 3H_3PO_4 + PH_3$$

在 80℃时真空脱水或在常压下生成焦磷酸，其分解方程式为：

$$2H_3PO_3 \longrightarrow H_4P_2O_5 + H_2O$$

$$2H_4P_2O_5 \longrightarrow H_4P_2O_7 + HPO_3 + PH_3\uparrow$$

此外，还分解出氢气或少量的固体磷化物。

(4) 与卤化物反应 80℃时亚磷酸与氯化氢不反应，与三氯化磷、三溴化磷常温下反应，反应方程如下：

$$PX_3 + 5H_3PO_3 \longrightarrow 3H_4P_2O_5 + 3HX$$

常温下，亚磷酸与 $POCl_3$ 发生弱放热反应，反应方程如下：

$$2H_3PO_3 + 3POCl_3 \longrightarrow 3HPO_3 + 2PCl_3 + 3HCl$$

亚磷酸与 PCl_3 反应激烈，反应方程如下：

$$H_3PO_3 + 3PCl_5 \longrightarrow PCl_3 + 3POCl_3 + 3HCl$$

2. 亚磷酸盐的物理化学性质

按照金属离子对氢原子的取代方式不同，亚磷酸盐有两种形式，即 M_2HPO_3 和 MH_2PO_3（M 表示一价金属）。

亚磷酸的两种盐都可溶于水，大多数难溶亚磷酸盐可溶于过量的酸。固体亚磷酸在常温下，在空气中相当稳定，但当加热时就分解逸出氢气和磷化氢，并生成正或焦磷酸盐。部分亚磷酸盐的性质见表 5-5。

(1) 亚磷酸氢二钠的物理化学性质 $Na_2HPO_3 \cdot 5H_2O$ 为无色斜方晶系晶体，有潮解性，其晶体轴比 $a:b:c = 0.6998:1:0.7813$，折射率（钠光）$\beta = 1.4434$，熔点 53℃。其在水中的溶解度见图 5-8 所示。

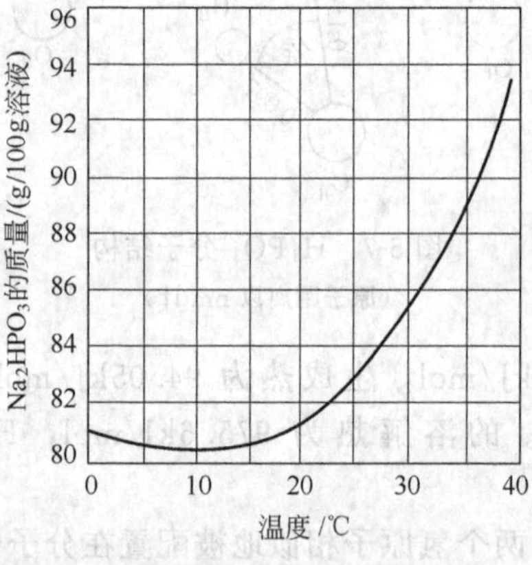

图 5-8 亚磷酸氢二钠在水中的溶解度

亚磷酸钠还原性强，可从多种金属盐水溶液中析出金属。稀溶液相当稳定，但与苛性钠煮沸可产生氢气，反应如下：

$$Na_2HPO_3 + NaOH \longrightarrow Na_3PO_4 + H_2\uparrow$$

五水物放入真空中或用浓硫酸蒸发或加热到 120℃，可脱水变成无水盐。200℃以下变成焦磷酸钠，当用热空气流加热时，在 200～250℃时放出少量的磷化氢。

(2) 亚磷酸二氢钠的性质 五水合亚磷酸二氢钠（$NaH_2PO_3 \cdot 5H_2O$）为单斜晶系晶体，有潮解性，熔点 42℃，其他性质见表 5-5 所示。

表 5-5 部分亚磷酸盐的性质

化学式	名称	相对分子质量	颜色，物理状态，晶型折射率	相对密度	在 100 份质量溶剂中的溶解度		
					在冷水中	在热或沸水中	在其他溶剂中
$2CaHPO_3 \cdot 3H_2O$	三水合二(亚磷酸氢钙)	294.19			微溶	分解	NH_4Cl 水溶液
$CoHPO_3 \cdot 2H_2O$	二水合亚磷酸氢钴	174.96	红色针状体		微溶		
K_2HPO_3	亚磷酸氢二钾	158.18	白色粉末		极易溶解	极易溶解	不溶于乙醇
$MgHPO_3 \cdot 3H_2O$	三水合亚磷酸氢镁	158.36			0.25		酸
$MnHPO_3 \cdot H_2O$	一水合亚磷酸氢锰	152.93	浅红色		微溶		
$NH_4H_2PO_3$	亚磷酸二氢铵	99.09	无色潮解	123	0℃ 171	31℃ 260	不溶于醇
$Na_2HPO_3 \cdot 5H_2O$	五水合亚磷酸氢二钠	216.06	无色潮解		0℃ 400	43℃ 1100	不溶于醇
$2NaH_2PO_3 \cdot 5H_2O$	五水合二(亚磷酸二氢钠)	298.07	单斜棱柱		0℃ 56	42℃ 193	
$PbHPO_3$	亚磷酸氢铅	287.20	白色晶体		不溶解	不溶解	HNO_3
$CuHPO_3 \cdot 2H_2O$	二水合亚磷酸氢铜	380.92	立方 2.345	16.1 5.63	18℃ 0.0008		

亚磷酸二氢钠还原性强，可从金属盐水溶液中析出金属，稀水溶液较稳定。

(3) 亚磷酸二氢钾的性质 KH_2PO_3 是单斜晶体，其晶体保留有一些吸附水。

(4) 亚磷酸氢二铵的性质 亚磷酸水溶液通氨至饱和、蒸发、浓缩制得。$(NH_4)_2HPO_3 \cdot H_2O$ 为白色粉末或无色块状结晶，其晶体为四斜棱晶，很易潮解，易溶于水。

亚磷酸氢二铵在 100℃以下是稳定的，120℃下伴随部分分解而熔化，痕量水的存在可降低熔点。当被加热时，它就失去氨，在 45℃开始分解。

(5) 亚磷酸钙的性质 亚磷酸钙在 205℃时失去结晶水，在赤热下放出氢气，同时还有一些磷把残余物染上浅黄褐色，形成焦磷酸钙。当在试管中加热时，有磷化氢放出并有微弱的爆炸。这种盐与水共沸而分解，形成不溶性碱或盐和可溶性酸式盐。

二、亚磷酸及其盐的生产原理和生产方法

1. 亚磷酸的生产原理及生产方法

亚磷酸生产有两种方法，即用硫酸处理亚磷酸盐法和三氯化磷水解法。

(1) 硫酸处理亚磷酸盐法 该法的化学反应方程式如下：

$$HPO_3^{2-} + 2H^+ \longrightarrow H_3PO_3$$

该法可用合成次磷酸钙时的副产品亚磷酸钙为原料，用硫酸处理制得，或用足量的碳酸钠加入含大量亚磷酸钙的废料中，使所有的 Ca^{2+} 变成 $CaCO_3$ 沉淀，并除去其他杂质如 Fe、Mg、Al，先制得亚磷酸钠。所得亚磷酸钠通过 H 型离子交换生成 H_3PO_3；也可用 Na_2HPO_3 浓饱和溶液为原料，加 $NaHSO_4$ 水溶液或 H_2SO_4 水溶液低温冷却（－23℃或－44℃），过滤除去沉淀 $Na_2SO_4 \cdot 10H_2O$ 得到浓 H_3PO_3 溶液。

(2) 三氯化磷水解法 该法的化学反应如下：

$$PCl_3 + 3H_2O \longrightarrow H_3PO_3 + 3HCl$$

其生产工艺是将三氯化磷和20%～30%的水，在76℃下反应；也可将三氯化磷、水和水蒸气在140～160℃进行水解，或是在氮气流中向反应器喷射三氯化磷，同时在185～190℃和过剩水蒸气下反应，在氮气中于166℃脱水、脱盐酸，所得亚磷酸纯度$w(Cl^-)<0.05\%$、$w(PO_4^{3-})<1.4\%$、$w(H_2O)<1.5\%$。三氯化磷又可在盐酸和亚磷酸的混合物中[$w(HCl)$ 为15%、$w(H_3PO_3)$ 为85%] 于90℃下进行水解。三氯化磷水解，应在25℃以下，以免生成副产物。或将三氯化磷滴加到盐酸中，加料时既要防止过于激烈的分解，但又要使其能够反应。然后脱盐得到亚磷酸。

三氯化磷法生产亚磷酸的流程如图 5-9 所示。

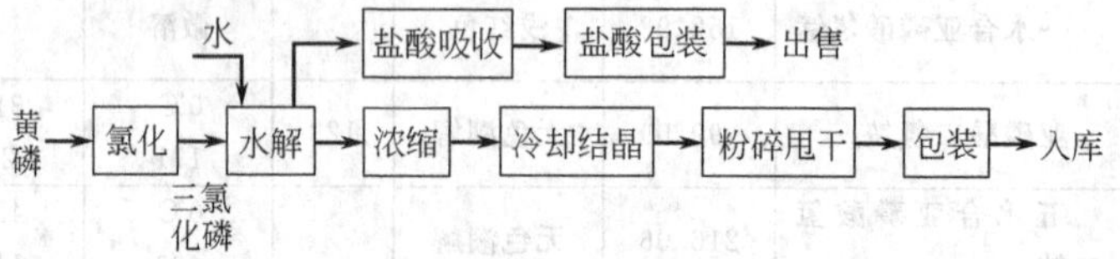

图 5-9 三氯化磷法生产亚磷酸工艺流程方框图

2. 亚磷酸钠的生产原理及生产方法

亚磷酸钠可用亚磷酸钙与硫酸钠进行复分解反应，反应方程如下：

$$CaHPO_3 + Na_2SO_4 \longrightarrow Na_2HPO_3 + CaSO_4 \downarrow$$

将亚磷酸水溶液加入化学计量的氢氧化钠进行中和，浓缩使结晶析出，从水溶液中可制得五水物结晶（$Na_2HPO_3 \cdot 5H_2O$）。如将亚磷酸水溶液加入化学计量的氢氧化钠进行中和，使pH为4.6，并将此浓溶液浓缩，则可得2.5水合物结晶（$NaH_2PO_3 \cdot 2.5H_2O$）。也可用合成次磷酸钙的副产品亚磷酸钙用硫酸钠处理制得亚磷酸钠。

3. 次磷酸、亚磷酸、正磷酸联合生产工艺[2]

以黄磷与氢氧化钠、氢氧化钙反应同时生成次磷酸钠、亚磷酸氢钙、磷化氢等产品和副产品。产品次磷酸钠经离子膜电渗析法生成氢氧化钠（质量分数25%～30%）和次磷酸(质量分数25%～30%)。实际操作中是将净化后的次磷酸钠液加入电渗析中间室，在直流电场作用下，次磷酸根离子经阴膜进入补以纯水或循环液的阳极室，生成稀高纯次磷酸。部分返回中和次磷酸钠反应液，大部分送至次磷酸浓缩工段，真空浓缩至质量分数为50%～52%作为商品出售。钠离子经阳膜进入补有纯水或循环液的阴极室与OH^-反应生成稀氢氧化钠液，返回化碱工段配制原料碱液。

副产品磷化氢经初步净化，在燃烧塔内生成质量分数为75%的纯度较高的正磷酸(H_3PO_4)。

副反应生成的亚磷酸根与石灰反应，生成亚磷酸氢钙（$CaHPO_3 \cdot 1.5H_2O$）。亚磷酸氢钙与硫酸钠进行复分解反应生成石膏及亚磷酸钠。亚磷酸钠溶液经离子膜电渗析法分离成为氢氧化钠（质量分数为20%～25%）及亚磷酸（质量分数为20%～25%）。亚磷酸的制备：经洗涤后的亚钙渣用泥浆泵打入不锈钢反应釜，按计量加入无水芒硝进行反应，反应温度为90℃，反应时间约1h。反应生成亚磷酸钠及硫酸钙。其反应式如下：

$$CaHPO_3 + Na_2SO_4 + 2H_2O \longrightarrow CaSO_4 \cdot 2H_2O \downarrow + Na_2HPO_3$$

将反应液过滤即得亚磷酸钠溶液、硫酸钙沉淀。硫酸钙干燥后以纯石膏产品出售。

亚磷酸钠溶液经精密过滤后再经计量送入离子膜电渗析器中间室，在直流电场的作用下，亚磷酸根离子和钠离子分别经阴、阳膜进入阳极室和阴极室，生成亚磷酸和氢氧化钠溶液。氢氧化钠溶液返回原料工段，亚磷酸送入真空蒸发器，在低于 80℃、－0.7～－0.6MPa下，稀亚磷酸经真空浓缩生成质量分数为50%的亚磷酸出售，也可浓缩至98%亚磷酸结晶出售。

该流程中使用的离子交换膜为：PE-001 阳离子交换膜；PE-203 阴离子交换膜。电渗析器材料为聚丙烯，阴极板材料为钛板（1.5mm），阳极板材料为钛材涂活性铱或二氧化铅电极。极间距为 50mm。操作运行数据为：电压 5～10V，电流密度 100～120A/m^2。电渗析阳极材料需耐酸腐蚀，并作成低析氧过电位电极，防止对酸氧化。在电渗析器运行过程中需要防止浓差极化发生，影响电渗析操作的运行。经生产和中试测定该类型的离子膜电渗析器生产强度为 3.8kg/(m^2·h)（100%酸）。

参考文献

[1] 毛谙章，陈志传. 次磷酸及其盐的制备与副产物的回收利用综述. 广东化工，2004，1：1-3.

[2] 陈嘉甫. 次磷酸、亚磷酸、正磷酸联合生产新工艺. 无机盐工业，2007，39（12）：31-33.

第六章　其他磷酸盐

第一节　磷酸铁、钴、镍盐

磷酸铁、钴、镍及其衍生物，主要包括磷酸铁、焦磷酸铁、磷酸钴、磷酸镍等，多用于作添加剂，近年来还大量用于生产磷酸铁锂电池；钴盐可用作釉、搪瓷、颜料及电池材料等；镍盐用于电镀和作颜料。这里只简单介绍它们的物理化学性质和制法。

一、磷酸铁

1. 磷酸铁的物理化学性质

磷酸铁（$FePO_4$）为白色或浅黄色粉末，相对密度 2.87，不溶于冷水和硝酸，溶于盐酸。粒度细，易分散。$FePO_4$ 的生成热 $\Delta H=-1254.4\text{kJ/mol}$。

磷酸亚铁 $Fe_3(PO_4)_2 \cdot 8H_2O$，即蓝铁矿，它是一种 P—O 键距离较长的矿物磷酸盐。

焦磷酸铁 $Fe_4(P_2O_7)_3 \cdot 9H_2O$ 为黄色粉末，溶于酸，主要用于药品或食品作添加剂、强化剂等。制备方法是将浓硝酸和 $Fe(NO_3)_3 \cdot 9H_2O$ 溶于水中，搅拌下慢慢加入无水 $Na_4P_2O_7$，15min 后，迅速加入新制备的聚丙烯酰胺水溶液，静置、倾出上层清液，将液进行过滤，用热水洗涤，最后再用甲醇洗涤，在 80～90℃下干燥后，即得焦磷酸铁。

2. 磷酸铁的制备原理及方法

（1）磷矿粉-三氯化铁法　在 100～150℃和高压下，用三氯化铁和盐酸或硝酸或硝酸铁溶液处理摩洛哥磷矿（P_2O_5 33.5%），生成白色的磷酸铁沉淀，过滤并洗涤，然后进行干燥。

（2）磷矿粉-硫酸铁法　其工艺过程如图 6-1 所示。

（3）三氯化铁-磷酸法　三氯化铁溶液和磷酸在密闭的容器中，于 180～190℃加热 2～3h，即制得磷酸铁。

（4）亚铁盐法　在氧化剂存在下，用磷酸处理亚铁盐，然后加碱调节 pH 至 2～6，白色的磷酸铁即析出。亚铁盐可选择硝酸亚铁、硫酸亚铁、氯化亚铁；氧化剂可选择双氧水、氯化铵、氯酸钠等。此处仅介绍硝酸亚铁法，其主要反应如下：

$$Fe(NO_3)_2 \cdot 9H_2O + H_3PO_4 \xrightarrow{FePO_4 \cdot 2H_2O\ \text{晶种}} FePO_4 \cdot 2H_2O + HNO_3 + H_2O$$

如称取 606g 硝酸亚铁 $Fe(NO_3)_2 \cdot 9H_2O$，于 95～110℃加热，搅拌到硝酸亚铁全部溶解后，加入 102mL 浓磷酸，加热维持 12h。为提高磷酸铁产品的耐热性和比表面，采用

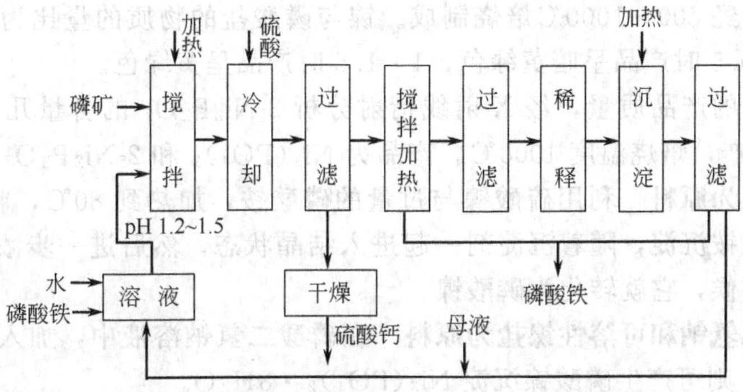

图 6-1　磷矿粉-硫酸铁法工艺流程示意图

300～400℃下干燥后又煅烧法，即制得结晶的磷酸铁。

硝酸亚铁法制得的磷酸铁产品质量较纯，不产生诸如硫酸亚铁法、氯化亚铁法工艺中出现的难分离 NaCl 副产物等。

(5) 其他方法　由铁的化合物如 Fe_2O_3、Fe_3O_4 或天然铁矿，钢铁生产产生的转炉灰等与磷酸或聚磷酸反应，适当加入氧化亚铁粉促进反应，使之生成磷酸铁。

二、磷酸钴

1. 磷酸钴的性质

磷酸钴［$Co_3(PO_4)_2$］的相对分子质量为 366.77，有无水盐、二水盐、八水盐以及含水不明的盐。主要用于釉、搪瓷、颜料中。

无水盐为赤色块状固体，$d_4^{25}=2.587$，不溶于水，溶于氨水及磷酸中。

八水盐为赤色粉末结晶，$d_4^{25}=2.769$，250℃脱水，不溶于水，溶于磷酸。

含水不明盐：加热后经过紫色变为青紫色，在 200℃变为无水盐，不溶于甲醇，新的沉淀可溶于浓氨水中。

2. 磷酸钴的制备

无水盐：$CoHPO_4$ 和水一起加热到 250℃制得，或将钴盐水溶液［或 $Co(NO_3)_2$］，与磷酸盐水溶液［如 $Ca(H_2PO_4)_2$］一起在密闭容器中混合加热，共沉淀制得。

八水盐：把含水不明的磷酸钴长期放置，使其沉淀或者在 $CoHPO_4$ 溶液中加入乙醇。

含水不明盐：钴盐加入 Na_3PO_4 或在密闭容器中，用焦磷酸钴和水于 280～300℃共热而制得。

三、磷酸镍

1. 磷酸镍的物理化学性质

磷酸镍 $Ni_3(PO_4)_2 \cdot 8H_2O$ 为淡绿色结晶，长期暴露在空气中，转变为灰白色。溶于无机酸、氨水及液氨中，不溶于水，也不溶于 Na_2HPO_4 溶液，微溶于 $(NH_4)_2HPO_4$ 热溶液。受强热时失掉部分水，成为半熔的黄色体，叫做"镍黄"，用于绘画颜料，另外还用于电镀及其他黄色颜料。脱水盐加热至红热状质量不会减少，而成为炸肉片的颜色。它的组成为 $5NiO \cdot 2P_2O_5$ 或者 $Ni_3(PO_4)_2 \cdot 2NiHPO_4$。灼热时，或在氢气流中于白热状态下，可被还原为磷化物和氢，和盐酸或 HBr 作用分别成为 $Ni_3(PO_4)_2 \cdot 2H_2O \cdot 6HCl$ 和 $Ni_3(PO_4)_2 \cdot 2H_2O \cdot 7HBr$，可溶于二价镍盐溶液。

2. 磷酸镍盐的制备方法

(1) 以碱式碳酸镍为原料　如以 $NiCO_3$、$2Ni(OH)_2 \cdot 4H_2O$ 与正磷酸铵，按一定物质

的量比干式混合，经800～1000℃焙烧制成。镍与磷酸盐的物质的量比为1∶1时，产品呈鲜艳的黄色；1∶0.5时产品呈暗黄绿色；1∶1.5时产品呈黄绿色。

该法生产出来的产品质量，经X射线衍射分析2-$Ni_2P_2O_7$的含量几乎为100%，采用$(NH_4)_3PO_4$法生产，焙烧温度1000℃，产品为$Ni_3(PO_4)_2$和2-$Ni_2P_2O_7$的混合物。

(2) 以硫酸镍为原料 利用硫酸镍与过量的磷酸铵，加热到80℃，将其熔化，获得一种六面体的磷酸镍铵沉淀，随着沉淀剂一起进入结晶状态，然后进一步浓缩、结晶、过滤，当焙烧这种盐的时候，它就转化为磷酸镍。

(3) 以磷酸二氢钠和可溶性镍盐为原料 在磷酸二氢钠溶液中，加入可溶性镍盐反应，溶液pH为7.63，则可产生磷酸镍沉淀$Ni_3(PO_4)_2 \cdot 8H_2O$。

3. 其他镍盐的性质及制备方法

(1) 焦磷酸镍（$Ni_2P_2O_7 \cdot nH_2O$）物理化学性质 焦磷酸镍与水一起被加热到80～300℃，可以分解为水合磷酸镍与磷酸镍。可溶于矿物酸、磷酸钠水溶液和氨水。在有钴存在时，磷酸钴先于磷酸镍沉淀。

(2) 焦磷酸镍的制备方法 采用可溶解于酸的淡绿色的正磷酸镍铵，于110℃下干燥煅烧，失去26.05%的水，先转变为黄色的焦磷酸镍盐，还可采用焦磷酸钠和镍盐在一起熔解而制得。

(3) 磷酸镍钾$KNiPO_4$制备方法 将氧化镍与含水或无水正磷酸钾放在一起熔融，或将正磷酸镍与氯化钾等放在一起熔融，即得到菱形的易溶于酸的磷酸镍钾结晶物。

第二节 磷酸锰、铬盐

一、磷酸锰

1. 磷酸锰的物理化学性质

磷酸锰［$Mn_3(PO_4)_2$］的相对分子质量为354.77，生成热$\Delta H=-3228kJ/mol$。三水盐为斜方晶系，硬度为3.0～3.5。七水盐为淡赤色无定形粉末，100℃时脱水，溶于无机酸，易溶于水。磷酸锰主要用于制药、玻璃和陶瓷工业、电池工业中。

2. 磷酸锰盐的制备

(1) 正磷酸锰的制备 磷酸与氧化亚锰或磷酸钠与硫酸锰溶液混合，反应生成沉淀，过滤即得正磷酸锰；也可采用硝酸锰在硝酸与磷酸的溶液中于130℃下相互作用，但该法得到的磷酸锰含量不高，一般不超过97%。为了提高产品收率，有的采用提高反应温度，接着分离产品、洗涤、干燥后用1∶(2.9～3.1)物质的量比的硝酸与盐酸处理等一系列措施。另外还可选用含量为86.5%的二氧化锰与85%的工业磷酸为原料，物质的量比为1∶(1.05～3.25)，在坩埚中混合，搅拌加热，升温速度为3～5℃/min，在180℃（或略高些）下，保持6h，然后冷却，用水洗涤，并于110～120℃下干燥而得。

(2) 酸式磷酸锰 酸式磷酸锰主要是指磷酸二氢锰或磷酸一锰，又叫季戈法特盐。纯净的磷酸一锰中，MnO_2与P_2O_5的物质的量比为0.5，为白色至灰白色带微红色的细粒结晶，相对分子质量为248.94。溶于水后水解为絮状沉淀，吸湿，与氧化剂接触后易变质，呈酸性，有腐蚀作用。二水物$Mn(H_2PO_4)_2 \cdot 2H_2O$，100℃时脱水析出介稳的三水合物$MnHPO_4 \cdot 3H_2O$。此物经过几天后，则可完全转化为稳定的无水$MnHPO_4$。

酸式磷酸锰的生产方法有磷酸-硫酸锰法、磷酸-碳酸锰法、磷酸-氧化锰法、磷酸-碳酸铵法等。这里仅介绍前两种方法。

① 磷酸-硫酸锰法。首先将工业硫酸锰（$MnSO_4$ 含量大于 98%），纯碱（Na_2CO_3 含量大于 98%），加热溶解，不断搅拌下，将纯碱溶液逐步加入硫酸锰溶液中，然后加入 85%磷酸进行一次转化，主要反应如下：

$$MnSO_4 + Na_2CO_3 \longrightarrow MnCO_3 \downarrow + Na_2SO_4$$

$$3MnCO_3 + 2H_3PO_4 \longrightarrow Mn_3(PO_4)_2 \downarrow + 3CO_2 \uparrow + 3H_2O$$

以蒸馏水洗涤以上反应得到的磷酸锰沉淀物，至硫酸根小于 0.06%，再加入 85%磷酸进行二次转化，主要反应如下：

$$Mn_3(PO_4)_2 + 4H_3PO_4 \xrightarrow{\text{碳酸钡}} 3Mn(H_2PO_4)_2$$

加入碳酸钡可进一步除去硫酸根，然后澄清、浓缩、结晶、过滤即得酸式磷酸锰产品。其生产流程如图 6-2 所示。

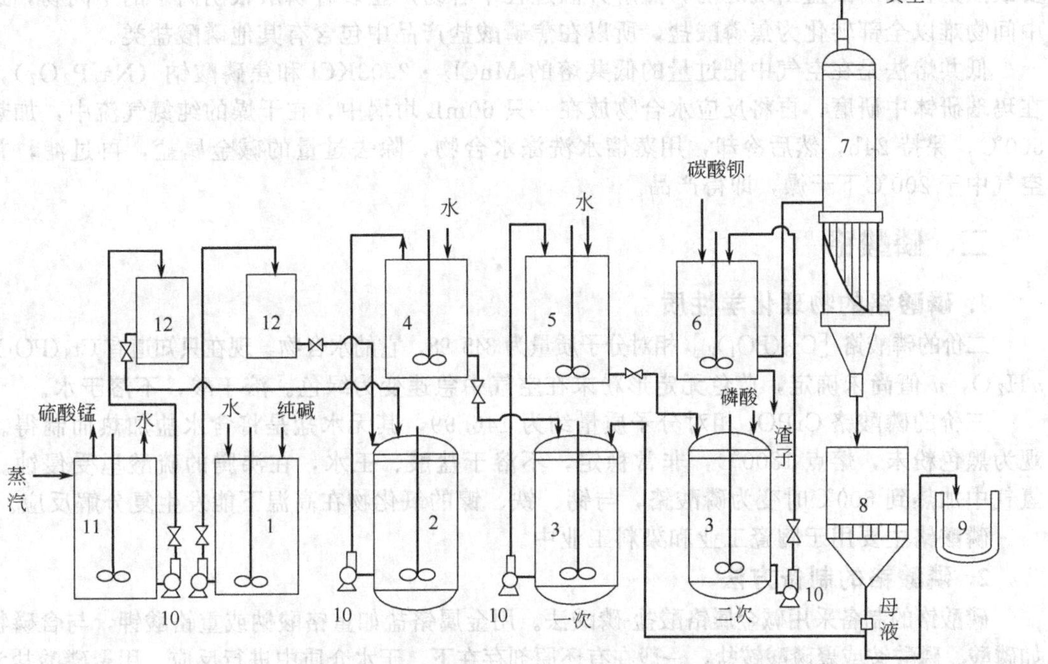

图 6-2　磷酸-硫酸锰法制酸式磷酸锰工艺流程示意图

1—化碱池；2—反应釜；3—转化釜；4,5,6—洗涤池；7—真空蒸发器；8—离心机；9—母液池；10—泵；11—硫酸锰溶液储槽；12—高位槽

② 磷酸-碳酸锰法。该法的主要反应如下：

$$MnCO_3 + 2H_3PO_4 \longrightarrow Mn(H_2PO_4)_2 + CO_2 \uparrow + H_2O$$

该法是直接以工业碳酸锰为原料，以 85%工业磷酸进行酸解，经洗涤后，进一步加入磷酸进行二次转化，使反应完全，并转化成酸式磷酸锰。加入碳酸钡除去杂质，再澄清、浓缩、分离，即得酸式磷酸锰产品。

该工艺的特点是：工艺简单，产品质量较纯，没有副产品，消耗原材料少，每吨消耗工业磷酸（85%）约 0.876t，碳酸锰（$MnCO_3$ 70%）约 0.20t。

(3) 马日夫盐　马日夫盐的组成是由以磷酸一锰［$Mn(H_2PO_4)_2 \cdot xH_2O$］为主体，并含有少量磷酸铁盐［$Fe(H_2PO_4)_2$］和磷酸二锰（$MnHPO_4$）所组成的混合物。其中两盐的比例为(10～15)：1，该制剂主要用于钢、铁制品的磷化处理。其性能优于纯净的磷酸锰盐等制剂。

马日夫盐的制备方法大致与酸式磷酸锰相同，只是由于该制剂中还包含有$Fe(H_2PO_4)_2$，所以在制备中需引入含铁类物质。一种比较好的方法是直接使用锰和铁的磷酸盐，溶解于过量的热法磷酸中，主要反应如下：

$$Mn_3(PO_4)_2+4H_3PO_4 \longrightarrow 3Mn(H_2PO_4)_2$$

$$Fe_3(PO_4)_2+4H_3PO_4 \longrightarrow 3Fe(H_2PO_4)_2$$

$$Mn_3(PO_4)_2+Mn(H_2PO_4)_2 \longrightarrow 4MnHPO_4$$

用水洗涤以上反应析出的磷酸一锰、磷酸一铁及少量的磷酸二锰，至洗液中无硫酸根，冷却、结晶、干燥。这样制得的产品质量较好，特别是不溶性残渣含量较低。

(4) 焦磷酸锰（$Mn_2P_2O_7$） 焦磷酸锰为浅红色粉末，在空气中性能稳定，微溶于水，单斜晶体。该产品主要用作磁化率测量中的核准材料，其磁化率在－80°～＋485°之间。

焦磷酸锰的制备主要有热解法和低共熔法。

热解法工艺简单，即直接使用$MnNH_4PO_4 \cdot H_2O$，在空气中热解而制得。但该法的主要缺点是在焦磷酸盐出现之前，热解升温过程中容易产生多种磷酸根阴离子的中间物，这些中间物难以全部转化为焦磷酸盐，所以在焦磷酸盐产品中包含有其他磷酸盐类。

低共熔法是在空气中把过量的低共熔的$MnCl_2 \cdot 2.03KCl$和焦磷酸钠（$Na_4P_2O_7$），放在玛瑙研钵中研磨，再将反应水合物放在一只60mL坩埚中，在干燥的纯氮气流中，加热到500℃，保持24h，然后冷却，用蒸馏水洗涤水合物，除去过量的碱金属盐，再过滤，并在空气中于200℃下干燥，即得产品。

二、磷酸铬

1. 磷酸铬的物理化学性质

二价的磷酸铬［$Cr_3(PO_4)_2$］相对分子质量为345.98，它的水合物，现在只知道有$Cr_3(PO_4)_2 \cdot nH_2O$，n值尚未确定，蓝色无定形粉末在空气中急速变为绿色。溶于酸，不溶于水。

三价的磷酸铬$CrPO_4$相对分子质量约为146.99，其无水盐是将含水盐加热而制得。外观为黑色粉末，熔点1800℃，非常稳定，不溶于盐酸、王水，在沸腾的硫酸里受侵蚀。于氢气中加热到600℃时变为磷酸铬，与钙、铁、镍的氧化物在高温下能发生复分解反应。

磷酸铬主要用于陶瓷工业和染料工业中。

2. 磷酸铬的制备方法

磷酸铬的制备采用碱金属铬酸盐-磷酸法。用金属铬盐如重铬酸钠或重铬酸钾，与含磷物质如磷酸、磷酸铵或聚磷酸铵盐，一般在有还原剂存在下，于水介质中进行反应。用聚磷酸盐为原料，能提高产品收率，还可省去还原剂，但控制温度较高，约需750～900℃下煅烧。

第三节 磷酸铅、锌盐

磷酸铅、锌盐及其衍生物，有的可用作塑料的稳定剂，有的可作黑色金属防腐涂层、颜料、填充剂等。特别是磷酸锌用途广泛，它在电镀工业中用于黑色金属制作的防腐处理，也用作金属表面处理剂，陶瓷工业中用作着色剂是一种新型无毒防锈颜料。用作醇酸、酚醛、环氧树脂等各类涂料的基料，也用于生产无毒防锈颜料和水溶性涂料。还用作氯化橡胶、合成高分子材料的阻燃剂，也可用作牙科的印模材料等。

一、磷酸铅

1. 磷酸铅的物理化学性质

$Pb_3(PO_4)_2$为白色或无色六方晶系结晶，有毒，熔点1015℃，相对密度6.9～7.2，生成

热 $\Delta H=-2597.2$kJ/mol。不溶于水和丙酮，在热水中缓慢水解成磷酸及少量的 $PbHPO_4$。20℃时在 100g H_2O 中的溶解度为 1.2×10^{-5}g，可溶于硝酸及氢氧化钠、氨水中。

2. 磷酸铅的制备方法

磷酸铅的制备方法主要有两种，一种是将 Na_2HPO_4 加入醋酸铅溶液中反应而得；另一种是将磷酸氢铅浸入氨水中反应而得。

3. 磷酸铅的衍生物

(1) 焦磷酸铅［$Pb_2P_2O_7$］ 为无色斜方晶体，熔点 815℃，相对分子质量 588.37，相对密度为 5.8。在高温时变成偏磷酸铅，溶于强酸、强碱，不溶于冷水、丙酮，加温水时水解。其制备是将磷酸氢铅 $PbHPO_4$ 进一步反应脱水即生成焦磷酸铅的无水盐；也可往硝酸铅水溶液中加入焦磷酸盐制取。

(2) 二盐基亚磷酸铅（二碱式亚磷酸铅，分子式为 $2PbO\cdot PbHPO_3\cdot H_2O$） 该盐为白色至微褐色粉末，味甜，有毒，遇明火燃烧。相对分子质量为 745.57，相对密度为 6.94，折射率为 2.25。溶于盐酸、硝酸，不溶于水及所有的有机溶剂。加热时分解，450℃左右变成灰黑色。具有持续还原能力，有较好的防老化、耐寒、耐紫外线性能，所以广泛用作软、硬聚氯乙烯塑料制品的热稳定剂，特别是室外电缆、建筑材料、板、管材等。

二盐基亚磷酸铅的制备方法，是先制得氧化铅，再用醋酸作催化剂，让氧化铅与亚磷酸反应而得。其化学反应如下：

$$PbO+2CH_3COOH \longrightarrow Pb(CH_3COO)_2+H_2O$$

$$PbO+H_3PO_3 \longrightarrow PbHPO_3\cdot H_2O$$

$$5PbO+Pb(CH_3COO)_2+2H_3PO_3 \longrightarrow 2(2PbO\cdot PbHPO_3\cdot 1/2H_2O)+2CH_3COOH$$

二盐基亚磷酸铅的生产工艺流程如图 6-3 所示，其生产过程操作步骤如下。

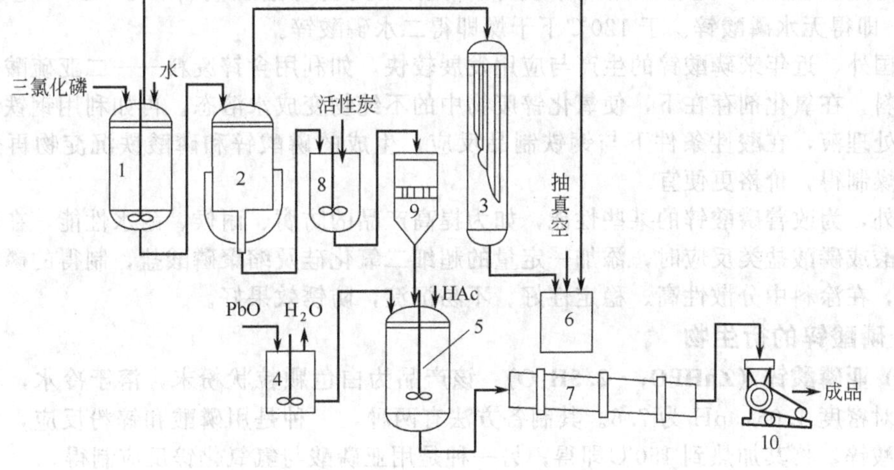

图 6-3　二盐基亚磷酸铅的生产工艺流程示意图

1—反应釜；2—浓缩釜；3—冷凝器；4—调浆桶；5—合成釜；
6—回收罐；7—干燥器；8—脱色槽；9—过滤器；10—粉碎机

第一步，将青铅（Pb）投入熔铅炉中，加热熔融，然后在不锈钢的黄丹炉中，进一步氧化成一氧化铅。

第二步，将三氯化磷吸入预加水的反应锅中，于 50℃下水解，慢慢升温浓缩至 146～148℃，加入活性炭脱色，过滤制得亚磷酸（亚磷酸也可从其他方法或途径获得）。

第三步，在配料桶中加入冰醋酸，然后加入计量好的黄丹、亚磷酸，适当的磷酸，pH 达到 6.9 时，即得白色的二盐基亚磷酸铅悬浮液，经滚筒干燥，万能粉碎机粉碎、除尘、包装即得产品。

二、磷酸锌

1. 磷酸锌的物理化学性质

磷酸锌［$Zn_3(PO_4)_2 \cdot 4H_2O$］为无色或白色斜方晶系针状或片状结晶，相对分子质量为386，相对密度3.109，pH为6.5～8.0，其组成中ZnO占53.3%，P_2O_5占31.0%，结晶水占15.7%，Cl含量小于0.005%。天然物亦以四水盐存在，而且目前已知道有α、β及平行的（混合型）三种形态，加热到100℃时脱掉两个分子水。190℃失去三个分子水，250℃失去四个分子水，成为无水盐。

二水磷酸锌$Zn_3(PO_4)_2 \cdot 2H_2O$，白色微晶粉末，视密度为0.8～1kg/L，在水中几乎不溶，其溶解度随温度上升反而减少，易溶于稀酸、氨水、铵盐溶液中，不溶于酒精。

2. 制备方法

磷酸锌的制备方法主要有两种。

(1) 复分解法 由硫酸锌与磷酸氢二钠的热稀溶液搅拌混合制得，主要化学反应如下：

$$2Na_2HPO_4 + 3ZnSO_4 + 4H_2O \longrightarrow Zn_3(PO_4)_2 \cdot 4H_2O\downarrow + 2Na_2SO_4 + H_2SO_4$$

(2) 氧化锌直接法 主要反应如下：

$$2H_3PO_4 + 3ZnO + H_2O \longrightarrow Zn_3(PO_4)_2 \cdot 4H_2O$$

或

$$2H_3PO_4 + 3ZnO \longrightarrow Zn_3(PO_4)_2 \cdot 2H_2O + H_2O$$

氧化锌法的生产过程是将氧化锌浆液（约20%），逐渐加入15%磷酸溶液中，搅拌下加碱调节pH至2.0，并使温度保持在30℃以下，加磷酸锌$Zn_3(PO_4)_2 \cdot 4H_2O$晶种于滤液中，在pH=3.0的情况下，加热至80℃以上（反应温度低于70℃生成物收率较低，高于80℃工艺过程复杂），过滤，用热水洗涤，最后用陶瓷球磨机粉碎，于650℃电炉中脱水30min，即得无水磷酸锌。于120℃下干燥即得二水磷酸锌。

在国外，近年来磷酸锌的生产与应用发展较快，如利用含锌废料——二亚硫酸锌生成的工业废料，在氧化剂存在下，使氧化锌废物中的不纯物变成水溶态。再如利用钢铁制品的含锌残渣处理液，在酸性条件下与钢铁制品反应，生成的磷酸锌和磷酸铁沉淀物再过滤、水洗、干燥制得，价格更便宜。

另外，为改善磷酸锌的某些性能，如为提高产品的防腐、耐候、耐水性能，在锌的氯化物与磷酸或磷酸盐类反应时，添加一定量的超细二氧化硅及缩聚磷酸盐，制得的磷酸锌产品光泽好，在涂料中分散性高、稳定性好、不易沉淀，防锈效果好。

3. 磷酸锌的衍生物

(1) 亚磷酸锌（$ZnHPO_3 \cdot 2.5H_2O$） 该产品为白色颗粒状粉末，溶于冷水，不溶于热水，相对密度4.06，pH为7.6。其制备方法有两种，一种是用磷酸和锌粉反应，先制得十水偏磷酸锌，将其加热到150℃即得；另一种是用亚磷酸与氢氧化锌反应制得。

(2) 磷酸二氢锌［$Zn(H_2PO_4)_2 \cdot 2H_2O$］ 该产品为白色晶体，相对分子质量为295.40，易潮解，有无水物和二水物两种，在水中分解。溶于水和碱，有腐蚀性，需密封保存。斜方结晶或凝固状物100℃分解。用于黑色金属防腐处理，性能优于磷酸二氢锰，还可做磷化剂。

磷酸二氢锌的制备常用冷磷酸与磷酸锌反应，经常温蒸发得六水合物；经100℃干燥得一水物。另一种方法是以磷酸钠和硫酸锌为原料进行生产，其过程是用硫酸锌与磷酸钠反应先制得磷酸锌，再用工业磷酸将其转化为磷酸二氢锌。

此外，还有磷酸-氯化锌法，该法直接用氧化锌与磷酸中和反应，通过控制磷酸与氧化锌的物质的量比制取磷酸二氢锌。该法生产流程简单，投资省。

第四节　磷酸复盐

磷酸和磷酸盐在一定条件下，能与某些无机酸、碱、盐或过氧化物等发生化学反应，生成一种新的化合物，这些化合物大多呈复盐结构，常用 $x\text{A}\cdot y\text{B}$ 表示其分子式（A 表示磷酸或磷酸盐，B 代表其他无机酸、碱、盐或过氧化物等，x、y 表示化合物 A 和 B 的物质的量），通常将这类型的化合物称为磷酸复盐。

一、尿素磷酸盐

1. 尿素磷酸盐的性质和用途

尿素磷酸盐又称磷酸脲，它是磷酸与尿素在一定条件下反应生成的一种磷酸复盐，化学分子式为 $H_3PO_4\cdot CO(NH_2)_2$，相对分子质量为 158.06，其生成反应如下：

$$CO(NH_2)_2+H_3PO_4 \longrightarrow H_3PO_4\cdot CO(NH_2)_2+Q$$

按化学量计算，尿素磷酸盐含 P_2O_5 44.9%、N 17.7%，为无色透明棱柱状晶体，该晶体呈平行层状结构，层与层之间以氢键相连，属斜方晶系。密度 1.74g/cm³，熔点 117.3℃，晶体易溶于和乙醇水，不溶于非极性的有机溶剂（醚类、甲苯、四氯化碳和二噁烷）。水溶液呈酸性，1%水溶液的 pH 为 1.89。46℃时的溶解度为 202g/L。其标准生成热 $\Delta H^{\ominus}_{298.16}=-1646.5$kJ/mol，在水中的溶解热为 -32.03kJ/mol。磷酸脲的氨基结构决定了其热稳定性较差，受热易分解。产品在 120℃以下稳定，120～126℃分解速度缓慢，随温度的升高分解速度加快。127～185℃分解生成偏磷酸铵，220～450℃分解生成偏磷酸并放出氨气，当温度高于 445℃时，偏磷酸分解生成的 P_2O_5 开始蒸发。由差热和 X 射线、光谱分析确定，尿素磷酸盐是一种具有氨基结构的配位化合物 $[NH_2CO(^+NH_3)\cdot H_2PO_4^-]$。受热分解时发生下列反应：

$$2[H_3PO_4\cdot CO(NH_2)_2] \xrightarrow{127\sim135℃} (NH_4)_2H_2P_2O_7+CO(NH_2)_2+CO_2$$

前苏联学者 Н. Н. Нурахметов 等，对 $CO(NH_2)_2+H_3PO_4+H_2O$ 体系的溶解度进行了研究，作出了该体系的多温溶解度图如图 6-4，溶解度数据见表 6-1 所示。

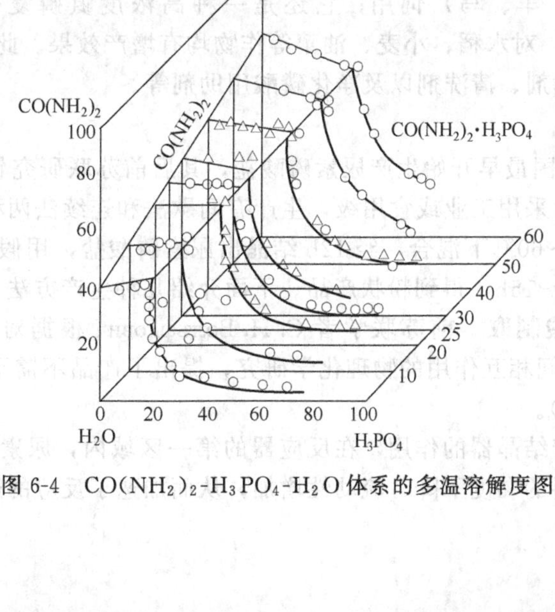

图 6-4　$CO(NH_2)_2$-H_3PO_4-H_2O 体系的多温溶解度图

表 6-1　$CO(NH_2)_2$-H_3PO_4-H_2O 体系溶解度（选择的数据）

温度/℃	液相组成(质量分数)/%			固相组成(质量分数)/%		平衡固相
	$CO(NH_2)_2$	H_3PO_4	总和	$CO(NH_2)_2$	H_3PO_4	
0	41.00	12.10	53.10	—	—	$CO(NH_2)_2$
	44.70	18.64	63.34	67.02	28.73	$CO(NH_2)_2+H_3PO_4\cdot CO(NH_2)_2$
	34.42	18.41	52.83	37.90	57.33	$H_3PO_4\cdot CO(NH_2)_2$
	19.78	26.36	37.14	35.43	59.74	$H_3PO_4\cdot CO(NH_2)_2$
	4.09	67.54	71.63	31.11	64.07	$H_3PO_4\cdot CO(NH_2)_2$
10	47.30	15.34	62.64	32.67	2.03	$CO(NH_2)_2$
	48.50	21.17	69.67	72.83	22.74	$CO(NH_2)_2+H_3PO_4\cdot CO(NH_2)_2$
	20.85	25.30	46.15	34.90	55.81	$H_3PO_4\cdot CO(NH_2)_2$
	10.21	38.10	48.31	36.07	60.64	$H_3PO_4\cdot CO(NH_2)_2$
	4.97	69.13	74.10	33.42	63.97	$H_3PO_4\cdot CO(NH_2)_2$
20	54.42	15.71	70.13	88.80	4.24	$CO(NH_2)_2$
	53.48	25.01	78.49	83.85	13.04	$CO(NH_2)_2+H_3PO_4\cdot CO(NH_2)_2$
	48.76	25.51	74.26	39.33	58.20	$H_3PO_4\cdot CO(NH_2)_2$
	26.15	28.48	54.63	35.37	52.71	$H_3PO_4\cdot CO(NH_2)_2$
	5.88	75.43	81.31	30.91	65.50	$H_3PO_4\cdot CO(NH_2)_2$
40	59.71	18.40	78.11	78.77	11.06	$CO(NH_2)_2$
	55.47	29.31	84.78	50.14	47.14	$CO(NH_2)_2+H_3PO_4\cdot CO(NH_2)_2$
	40.85	31.04	71.89	40.48	42.03	$H_3PO_4\cdot CO(NH_2)_2$
	18.09	45.00	63.09	—	—	$H_3PO_4\cdot CO(NH_2)_2$
	10.03	64.79	74.82	—	—	$H_3PO_4\cdot CO(NH_2)_2$
50	63.43	17.50	79.93	—	—	$CO(NH_2)_2$
	58.14	32.47	90.61	53.75	45.16	$CO(NH_2)_2+H_3PO_4\cdot CO(NH_2)_2$
	55.12	32.66	87.63	—	—	$H_3PO_4\cdot CO(NH_2)_2$
	31.28	39.66	70.94	35.29	54.62	$H_3PO_4\cdot CO(NH_2)_2$
	15.56	60.74	76.30	—	—	$H_3PO_4\cdot CO(NH_2)_2$
60	65.07	19.41	84.48	—	—	$CO(NH_2)_2$
	59.54	33.60	93.14	83.50	10.11	$CO(NH_2)_2+H_3PO_4\cdot CO(NH_2)_2$
	60.05	34.78	94.83	72.20	21.76	$H_3PO_4\cdot CO(NH_2)_2$
	22.51	53.70	76.21	—	—	$H_3PO_4\cdot CO(NH_2)_2$
	18.96	60.04	79.00	—	—	$H_3PO_4\cdot CO(NH_2)_2$

尿素磷酸盐是一种优良的饲料添加剂，它为牲畜提供磷和非蛋白氮两种营养元素，特别适用于反刍动物（牛、羊、马）饲用；它还是一种高浓度氮磷复合肥料（总营养元素63%），适于酸性土壤，对水稻、小麦、油菜等作物均有增产效果。此外，它还可用阻燃剂、金属表面处理剂、发酵剂、清洗剂以及净化磷酸用助剂等。

2. 生产方法

20 世纪 30 年代德国最早开始生产尿素磷酸盐，其后前苏联研究较多。所用原料为热法磷酸或湿法磷酸，尿素采用工业或食用级，生产有间歇法和连续法两种，前者的步骤包括磷酸和尿素在温度为 50～60℃下混合，经 12h 结晶出尿素磷酸盐，用假底过滤器分离出产品，并在 50～70℃干燥 12～15h，得到粉状产品。下面介绍几种生产方法。

（1）由尿素和磷酸制取　前苏联学者 С. Н. Вольфкович 根据对尿素和含 65%～73% P_2O_5 的聚磷酸熔融物间相互作用的物理化学研究，提出了产品不需干燥制尿素磷酸盐的连续工艺流程（见图 6-5）。

反应混合器也起着结晶器的作用，在反应器的第一区域内，尿素与熔融的磷酸起反应，由于放出反应热使物料的黏度下降，流动性增加，从而加速了反应的进行，在第二区域内尿

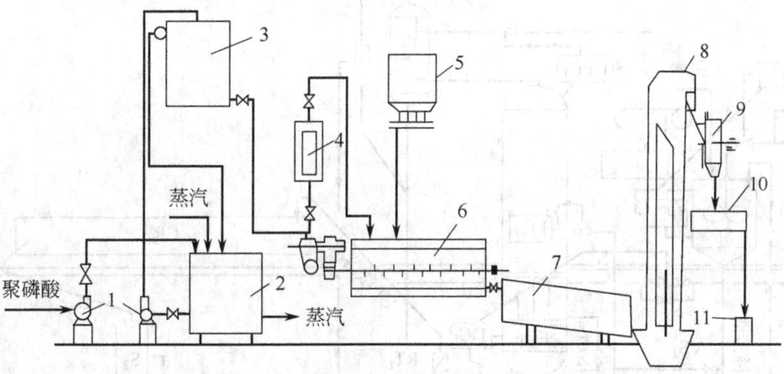

图 6-5　由聚磷酸与尿素制取尿素磷酸盐工艺流程示意图

1—泵；2—磷酸储槽；3—高位槽；4—流量计；5—带式尿素计量器；6—反应混合器；7—转鼓干燥器；8—提升机；9—破碎机；10—卸料运输机；11—包装

素磷酸盐发生结晶。反应混合器 6 的操作条件需满足获得粗大、均匀晶粒的要求，反应物料的混合速度起着特别重要的作用。在转轴速度为 120r/min 时，直径 0.25～0.50mm 的晶粒占 70%～80%，得到的粒状产物由反应混合器卸出，包装送仓库。反应物料在反应器中的停留时间为3～6min。

(2) 美国 TVA 两步法　该法采用未焙烧的佛罗里达磷矿萃取的磷酸或用焙烧过的北方卡洛里纳磷矿萃取的磷酸，与尿素反应制得纯净的尿素磷酸盐。80%的原料尿素和 P_2O_5 进入产品，大约 85%矿物杂质、碳化物留在母液中。生产流程如图 6-6 所示。

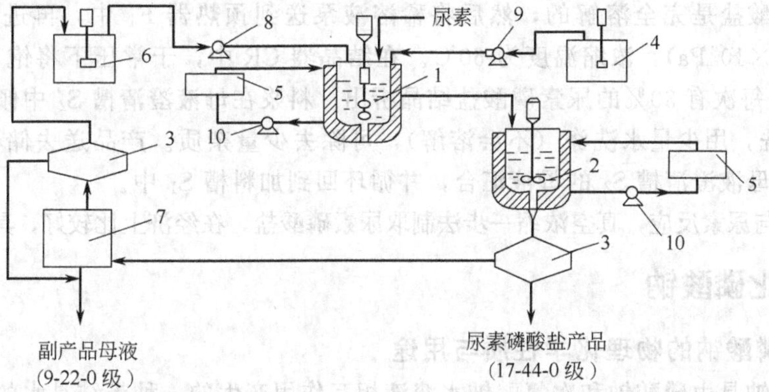

图 6-6　用尿素和湿法磷酸制取尿素磷酸盐结晶的两步法流程示意图

1—第一级反应结晶器；2—第二级反应结晶器；3—间歇式离心机；4—磷酸（54% P_2O_5）储罐；5—制冷装置；6—循环母液储槽；7—缓冲中和澄清槽；8—循环母液；9—磷酸泵；10—制冷循环泵

两步法流程简单，能耗较小，其最佳操作条件为：第一级操作温度 32℃，停留时间 1h；第二级 1～2h，循环母液对磷酸的质量比为 2∶1。

(3) 由尿素和稀磷酸制取　上述方法中原料磷酸均要求 P_2O_5 浓度在 40%以上，即湿法磷酸需经浓缩，这样势必增加能耗，同时设备材质要求较高。1984 年意大利石油化学区建立的年产十万吨尿素磷酸盐的生产装置，则是采用 25%P_2O_5 的稀磷酸与尿素作用，并在真空条件下，进行反应和浓缩，该法流程见图 6-7 所示。

稀磷酸（含 6%杂质）用氢氧化钠预处理，并倾析以除去呈钠盐形式的氟硅酸盐，然后

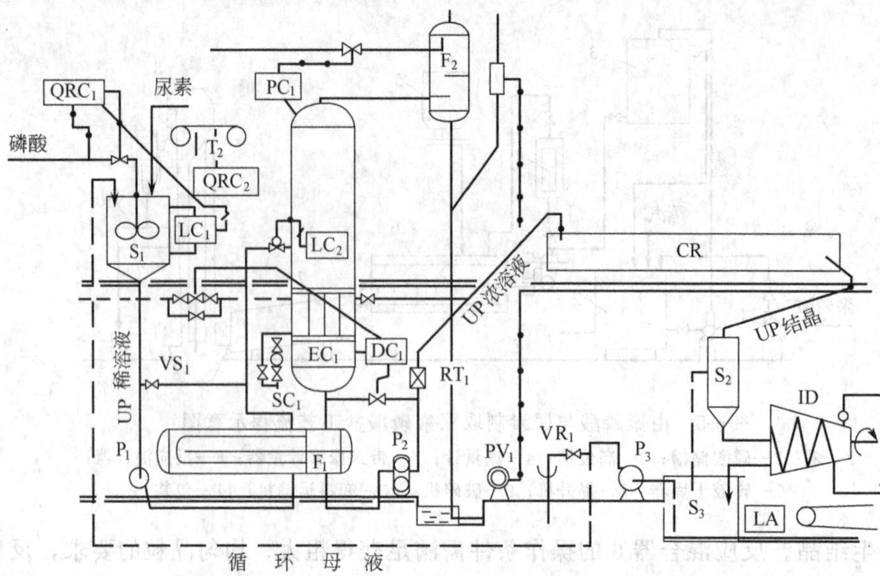

图 6-7 由尿素和湿法稀磷酸生产尿素磷酸盐流程

S_1—加料槽；S_2—母液澄清槽；S_3—母液槽；P_1，P_3—加料泵；P_2—润滑泵；VS_1—旁通阀；EC_1—真空浓缩器；CR—结晶器；ID—洗涤塔；T_2—皮带输送机；F_1—预热器；F_2—冷凝器；PV_1—燃料柱塞泵；LC_1，LC_2—水平指示器；LA—水平浮动控制器；PC_1—压力计；DC_1—密度测量计；SC_1—废料冷凝管；RT_1—止逆阀；QRC_1，QRC_2—流量计；VR_1—调节阀

将其加到有熔融尿素的间歇反应槽内，配料比为 21g 尿素对 100g 磷酸溶液。在该条件下，尿素、尿素磷酸盐是完全溶解的，然后将稀溶液泵送到预热器 F_1 中，再进入真空浓缩器 EC_1（$p<13.3\times10^3$Pa），浓缩温度为 60℃。在结晶器 CR 中，于常压下将饱和溶液从 60℃ 冷却到 20℃，每次有 30％的尿素磷酸盐结晶析出。料浆在母液澄清槽 S_2 中倾析，产品在洗涤塔 ID 中清洗，用少量水洗涤（不会溶解），可除去少量杂质。产品送去储存，洗涤塔 ID 的洗液与来自母液澄清槽 S_2 的母液汇合，并循环回到加料槽 S_1 中。

用稀磷酸与尿素反应，真空浓缩一步法制取尿素磷酸盐，在经济上比较好，具有竞争能力。

二、氯化磷酸钠

1. 氯化磷酸钠的物理化学性质与用途

氯化磷酸钠是由磷酸钠和次氯酸钠水溶液相互作用产生的一种带结晶水的复盐，因此又称水合氯化磷酸盐。产品为白色针状或棒条状晶体。微有氯气气味，易溶于水，水溶液为碱性，pH 为 11.7。在常温下较稳定，熔点 62℃，受热易分解，无毒。

磷酸钠（Na_3PO_4）可以和 NaY 形式的化合物生成复合物，其通式为（$Na_3PO_4\cdot xH_2O)_n\cdot NaY$，式中系数 n 的值为 4～7，x 值为 11 或 12，Y 代表一种一阶的阴离子（Cl^-、OH^- 或 OCl^- 等）。经 X 射线分析研究确定，氯化磷酸钠的分子式为 $Na_3PO_4\cdot 1/4NaOCl\cdot 12H_2O$，相对分子质量为 398.6。按化学理论量计算，其中含 Na_2O 26.5％，P_2O_5 18.6％，活性氯（有效 Cl^-）2.22％～2.33％。氯化磷酸钠在水溶液中可直接与钙、镁及重金属离子形成不溶性杂质凝聚而沉降。

1984 年成都科技大学苏裕光、郭志琴研究了在 25℃ 和 30℃ 条件下 Na_3PO_4-NaOCl-NaCl-H_2O(NaOCl∶NaCl＝1∶1) 体系平衡，得出 30℃ 下该体系的溶解度数据（表 6-2）和

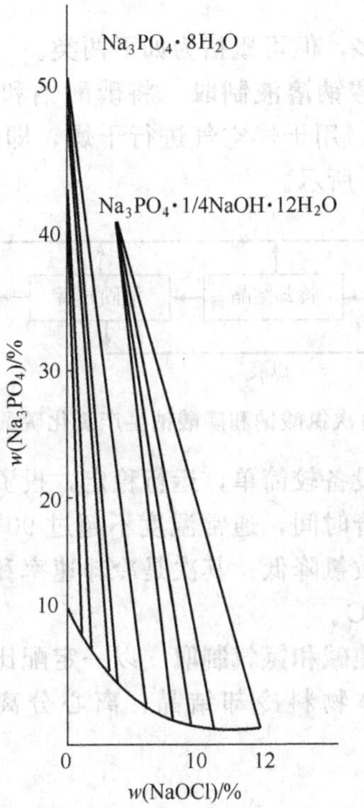

图 6-8 30℃时 Na_3PO_4-NaOCl-NaCl-H_2O 体系相图（NaOCl∶NaCl=1∶1）

相图（图 6-8）。图 6-8 表明，$Na_3PO_4 \cdot 1/4NaOCl \cdot 12H_2O$ 为一非相称性复盐，为了要析出该种盐，其结晶条件要控制曲线的数据，与 30℃溶解 1h 的介稳溶解度曲线的数据接近，结晶操作可在 25～30℃范围内进行。

表 6-2 30℃下 Na_3PO_4-NaOCl-NaCl-H_2O（NaOCl∶NaCl=1∶1）**三组分物系溶解度数据**

组成 / 样号	液相(质量分数)/%				固相(质量分数)/%			
	NaOCl	Na_3PO_4	NaCl	H_2O	NaOCl	Na_3PO_4	NaCl	H_2O
1	—	10.5	—	89.5				
2	0.94	8.44	0.738	89.9	0.470	27.4	0.369	71.8
3	1.51	7.60	1.19	89.7	0.790	29.5	0.620	69.1
4	2.79	5.85	2.19	89.2	1.39	28.3	1.09	69.2
5	3.59	4.51	2.85	89.1	1.76	26.2	1.38	70.7
6	6.02	2.68	4.73	86.6	3.02	24.6	2.37	70.0
7	7.82	1.55	6.14	84.5	4.87	25.1	2.36	67.7
8	9.20	1.49	7.22	82.1	5.87	22.1	2.35	69.7
9	9.70	1.20	7.62	81.5	7.10	15.0	2.50	75.4
10	10.8	1.01	8.48	79.7	7.82	15.1	2.30	74.8
11	13.7	0.88	10.8	74.6	7.95	24.6	2.30	65.2

氯化磷酸钠因兼具磷酸钠的洗涤功能和次氯酸钠的漂白、杀菌能力，是一种很好的精细化工产品，它具有洗涤、净水、去垢、保鲜、乳化和皂化等多种功能，特别适用于医疗器械的消毒处理、餐馆及家用餐具的清洗和消毒、食品厂生产设备的消毒和清洗、饮用水的净化等。

2. 生产方法

氯化磷酸钠的生产方法很多，但可概括为如下两类。

(1) 由次氯酸钠溶液和磷酸钠溶液制取　将磷酸钠和含有效氯 15%的次氯酸钠混合，湿结晶在低温（低于 30℃）下，用干燥空气进行干燥，即得所需产品。此法是目前工业上通用的方法，流程简图见图 6-9 所示。

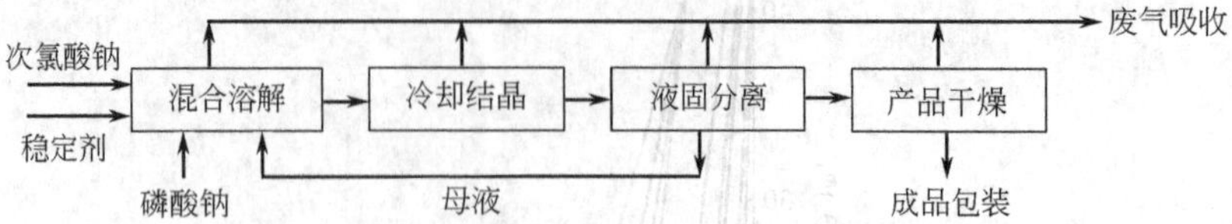

图 6-9　由次氯酸钠和磷酸钠生产氯化磷酸钠流程简图

这种方法易于操作控制，设备较简单，运行稳定，投资较少，三废污染小。操作中主要控制物料混合反应的温度和混合时间，通常温度不超过 90℃，混合时间约 0.5h。温度过高和时间太长，都会使产物中有效氯降低。其次是冷却速率和干燥温度，均对产品的稳定性有影响，通常干燥温度不超过 35℃。

(2) 由磷酸、氢氧化钠、纯碱和氯气制取　以一定配比的磷酸和氢氧化钠、纯碱溶液与氯气逆流接触，将生成的液体物料冷却结晶、离心分离、干燥即得产品。流程简图见图 6-10所示。

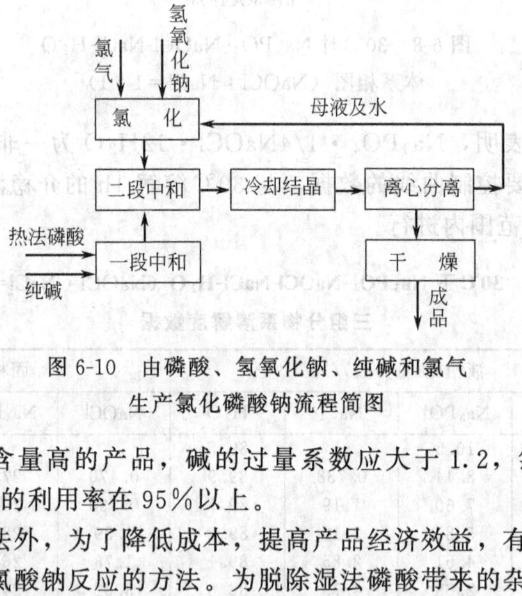

图 6-10　由磷酸、氢氧化钠、纯碱和氯气生产氯化磷酸钠流程简图

该法为得到有效氯含量高的产品，碱的过量系数应大于 1.2，氯气的过量系数应大于 6.3，氯气和五氧化二磷的利用率在 95%以上。

除上述两种生产方法外，为了降低成本，提高产品经济效益，有采取直接由湿法磷酸生产磷酸钠，然后再与次氯酸钠反应的方法。为脱除湿法磷酸带来的杂质，加入碳酸钙或碳酸钡，然后过滤出沉淀，于溶液中加入氢氧化钠，进一步提高 pH，将溶液从 80℃冷却到 20℃左右，离心分离出磷酸钠结晶，并将其与次氯酸钠加热反应，冷却即得氯化磷酸钠产品。

若操作中工艺条件控制不稳，则所得产品质量不好，有效氯含量低，而且随放置时间增长，可使有效氯降低到 1%以下。此外，氯化磷酸钠若干燥不好，水分含量较多，在较高温度和压力下储存时，易发生结块。因此，提高氯化磷酸钠产品的稳定性（维持 2%以上有效氯含量）和防止产品的结块，是目前生产中亟待解决的问题。

解决氯化磷酸钠稳定性的途径，除了与采用的原料（无水磷酸钠或水合磷酸钠）有关外，控制适宜的操作条件十分重要，混合、冷却和干燥的温度过高、时间延长，都会促使产品中有效氯降低。此外，加入一些稳定剂，加碱金属的脂肪酸盐或碱金属的高碘酸盐和硅酸盐（硅酸钠）等，都有一定的稳定效果。

为防止氯化磷酸钠的结块，需严格控制生产工艺。如配料比、温度、混合时间和干燥、包装温度等，以便得到质量合格的产品。此外，加入防结剂，使获得结晶性良好的晶体产品，如加入用量0.001%～0.05%的*N*-甲基油酰牛磺酸钠、十二烷基苯磺酸钠、十二烷基磺酸钠等表面活性剂都能起较好的防结块效果。

三、单氟磷酸钠

1. 单氟磷酸钠的性质与用途

单氟磷酸钠为白色固体，化学分子式为 Na_2PO_3F，相对分子质量为 143.95，熔点为625℃，饱和水溶液在25℃时含盐42%，2%稀溶液的 pH 为6.5～8.0。

单氟磷酸钠可从0℃的水溶液中结晶出十水合物 $Na_2PO_3F \cdot 10H_2O$，此结晶水若用加热的方法除去，将导致单氟磷酸钠水解。因此，可用乙醇或其他有机溶剂多次萃取得到无水的单氟磷酸钠。

单氟磷酸钠主要用于牙膏配方中作防龋剂。但近年来由于有研究证明，长期使用含氟牙膏会伤害人体，其用量已显著下降。

2. 制备方法

单氟磷酸钠的制备方法较多[1]，主要有：熔融法及熔融盐工艺；液相中和法；气相氟化法。熔融法由于易于实现，因而在工业上最早采用，而且直到现在都还在普遍采用。下面对各种工艺进行较为详细的比较介绍。

(1) 熔融法 熔融法主要采用以偏磷酸钠（或正磷酸钠、焦磷酸钠、聚磷酸钠等）和氟化钠为原料，经干燥、混合等预处理后，在特殊材质反应器（一般选用铂、石墨、银、铂铑合金等为内衬）中加热到600～800℃熔融状态下反应得到单氟磷酸钠，其工艺流程如图6-11所示。

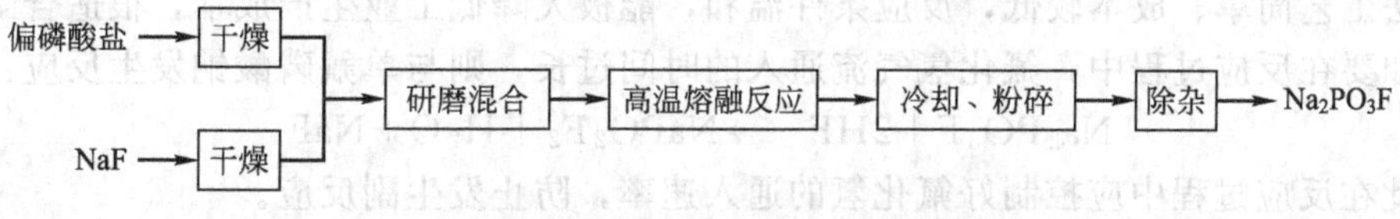

图 6-11 熔融法制备单氟磷酸钠工艺流程示意图

熔融法是由美国 Ozark-Mahoning 公司取得的专利（专利号 USP2481807），在1949年以偏磷酸钠和氟化钠为原料，于密闭的铂容器中加热熔融，温度650～800℃，冷却后得单氟磷酸钠成品。该法虽易实施且产品纯度较高，但其缺点是反应装置和流程设计上，考虑为避免物料在熔融反应和冷却过程中与空气接触吸潮水解，采用了间歇操作生产，使物料反应和冷却在同一装置内完成，这导致了氟磷酸钠产量偏低且难以扩大生产，同时铂容器在急剧的加热和冷却的交替冲击下，使用寿命缩短，成本增高，热损失较大。

$$(NaPO_3)_n + n\,NaF \xrightarrow{650\sim800^\circ C} n\,Na_2PO_3F$$

在随后的几十年中，各国研究者对熔融法制备单氟磷酸钠进行了一系列研究，其工艺流程基本相似，主要解决的问题包括两个方面：一是开发新颖的连续生产装置并寻求新的耐腐蚀材料作为反应器内衬；二是研发使用新的生产原料的制备工艺，以期降低反应温度、减少材质腐蚀，为连续生产创造条件。

(2) 液相中和法 美国 Hans-Walter Swidersky 等人1995年取得专利（US393506），提

出了用液相中和法制备单氟磷酸盐 M_2PO_3F(M 指周期表中第一主族金属离子）的方法。其流程如图 6-12 所示。

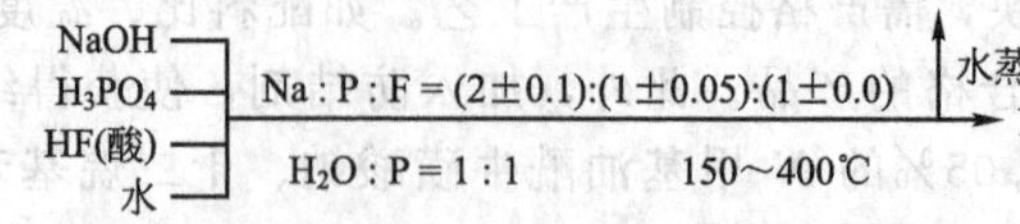

图 6-12　液相中和法流程示意图

此法用磷酸、氢氟酸、碳酸钠或氢氧化钠为原料进行液相中和。随着中和液蒸发、浓缩、结晶、干燥，可得到单氟磷酸钠产品。但由于氟磷酸腐蚀性极强，对设备结构和材质要求特殊，且生产过程控制较难，生产装置投资高，腐蚀产物易使产品引入杂质。

(3) 气相氟化法　以往的氟化法采用五氧化二磷和无水氟化氢制备中间产物单氟磷酸 H_2PO_3F，再将中间产物与钠盐反应从而得到单氟磷酸钠。由于使用了剧毒且强腐蚀性的原料 HF，因此在工业应用中要求性能佳、结构复杂的装置及较高的操作技术。1983 年美国 Yasuji Nakaso 等人申请了关于用氟化法制备单氟磷酸钠方法的专利，该工艺的特点是：先将固态的焦磷酸钠或磷酸氢二钠经干燥后置于反应容器中，控制温度在 200～450℃之间进行加热，然后通往氟化氢气流，当通往氟化氢的量达到由方程计算出的理论值的 100%～150%时，固态原料与氟化氢经反应则可制得单氟磷酸钠。其反应机理如下：

$$Na_4P_2O_7 + 2HF \longrightarrow 2Na_2PO_3 + H_2O$$

$$Na_2HPO_4 + HF \longrightarrow Na_2PO_3F + H_2O$$

制备工艺流程如图 6-13 所示。

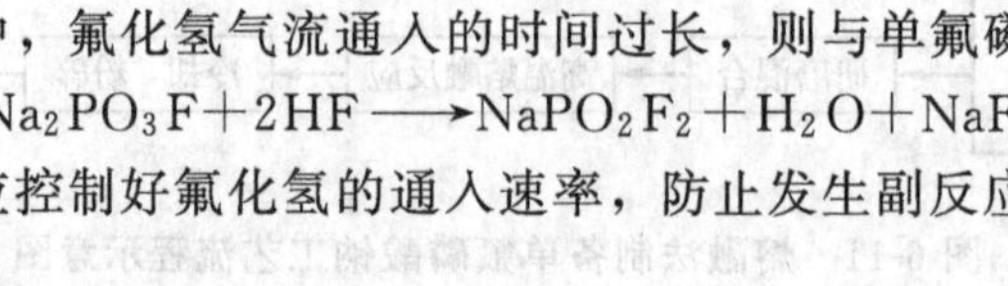

图 6-13　气相氟化法流程示意图

此法工艺简单、成本较低，反应条件温和，能极大降低工业生产成本，很适合工业化生产。但如要在反应过程中，氟化氢气流通入的时间过长，则与单氟磷酸钠发生反应：

$$Na_2PO_3F + 2HF \longrightarrow NaPO_2F_2 + H_2O + NaF$$

因此在反应过程中应控制好氟化氢的通入速率，防止发生副反应。

四、磷酸铁锂

(一) $LiFePO_4$ 的物理化学性质及用途

1. 磷酸铁锂的物理性质及用途

$LiFePO_4$ 为有序的橄榄石结构，在所有研究用于锂离子电池正极的材料中，其价格最为低廉，资源丰富，无毒无环境污染，具有适中的电位平台和较高的比容量，结构也非常稳定，现已大量用于锂离子电池，特别是动力电池正极材料的生产。磷酸铁锂的晶体结构如图 6-14、图 6-15 所示。

从图可以看出，$LiFePO_4$ 晶体具有有序的橄榄石结构，属于正交晶系（Pnmb空间群），其晶胞参数为：$a=1.0329$nm，$b=0.6011$nm，$c=0.4699$nm，晶胞体积为 $0.29103nm^3$。每个晶胞中含有 4 个“$FePO_4$”单元，其中氧原子以稍微扭曲的六方紧密堆积方式排列。Fe 与 Li 各自处于氧原子八面体中心位置，形成 FeO_6 八面体和 LiO_6 八面体。P 处于氧原子四面体中心位置，形成 PO_4 四面体。交替排列的 FeO_6 八面体通过共用顶点的一个氧原子相连，构成 FeO_6 层。在 FeO_6 层之间，相邻的 LiO_6 八面体在 b 方向上通过共用棱 E 的两个氧原子相连成链。每个 PO_4 四面体与一个 FeO_6 八面体共用棱上的两个氧原子，同时又与两个 LiO_6 八面体共用棱上的氧原子。Li^+ 在 $4a$ 位形成共棱的连续直线链并平行于 c 轴，从而 Li^+ 具有二维可移动性，使之在充放电过程中可以脱出和嵌入。强的 P—O 共价键形成离域的三维立体化学键使 $LiFePO_4$ 具有很强的热力学和动力学稳定性，其密度也较大（3.6g/cm^3）。

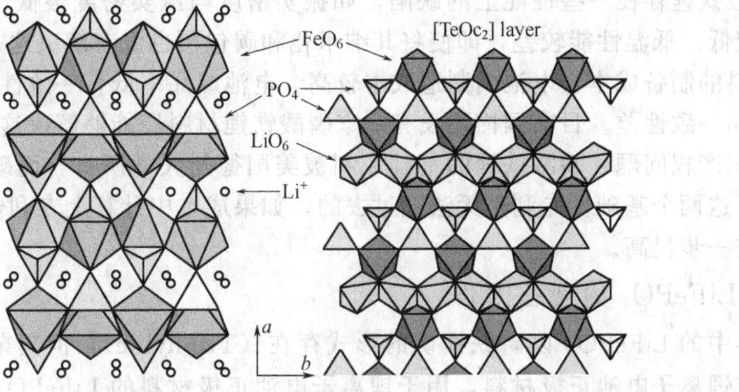

图 6-14　橄榄石型 $LiFePO_4$ 晶体结构沿［001］方向的投影

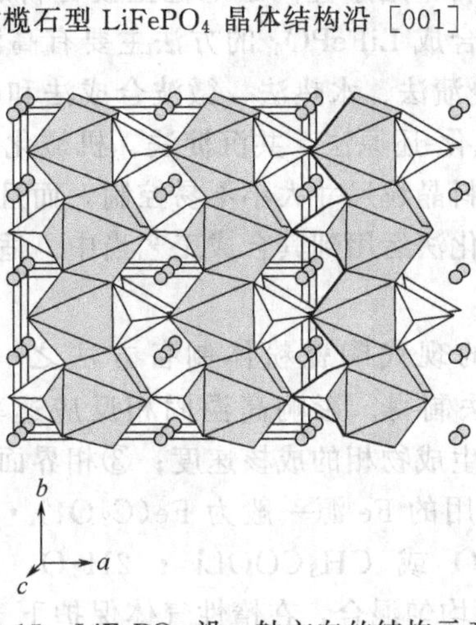

图 6-15　$LiFePO_4$ 沿 c 轴方向的结构示意图

2. $LiFePO_4$ 的电化学特征

$LiFePO_4$ 正极材料的理论电化学比容量为 170mA·h/g，相对金属锂的电极电位约为 3.45V，理论能量密度为 550W·h/kg。$LiFePO_4$ 的循环性能较好，主要是因为 $LiFePO_4$ 和 $FePO_4$ 晶体在结构上的相似性。当 Li^+ 从 $LiFePO_4$ 中脱嵌后，最终体积缩小 6.81%，密度增加 2.59%，而且这种变化刚好与碳负极在充放电过程所发生的体积变化相抵消，这样可以减少由于负极膨胀对电池所产生的应力。另外，$LiFePO_4$ 和 $FePO_4$ 两种晶体在 200℃ 时结构仍保持稳定，因此 $LiFePO_4$ 在充放电过程中很稳定，不必考虑温度变化对晶体结构的影响。$LiFePO_4$ 充放电曲线的平台很长，说明 $LiFePO_4$ 的正极嵌脱锂的反应是两相反应，平台的长度体现了电容量的大小。反应如下：

充电反应：　$LiFePO_4 - xLi^+ - xe^- \longrightarrow xFePO_4 + (1-x)LiFePO_4$

放电反应：　$FePO_4 + xLi^+ + xe^- \longrightarrow xLiFePO_4 + (1-x)FePO_4$

目前世界锂离子电池绝大部分是钴酸锂，但由于钴金属稀少而昂贵，因而成本较高，发展前景不容乐观。而磷酸铁锂与其他电池阳极材料相比，具有安全性能好、寿命较长、高温性能好、容量大、无记忆效应、重量轻、环保、原料丰富、价廉易得、行业应用量大等优点，与锰酸锂材料一起，主要用作动力型锂离子电池阳极材料而得到大力发展。但磷酸铁锂作为电池阳极材料也存在不少缺陷，主要表现在以下几个方面：

① 在磷酸铁锂制备时的烧结过程中，氧化铁在高温还原性气氛下存在被还原成单质铁的可能性。单质铁会引起电池的微短路，是电池中最忌讳的物质。

② 磷酸铁锂存在一些性能上的缺陷，如振实密度与压实密度很低，导致锂离子电池的能量密度较低。低温性能较差，即使将其纳米化和碳包覆也没有解决这一问题。

③ 材料的制备成本与电池的制造成本较高，电池成品率低，一致性差。

④ 产品一致性差。目前国内还没有一家磷酸铁锂材料厂能够解决这一问题。

⑤ 知识产权问题。磷酸铁锂的基础专利被美国德州大学所有，而碳包覆专利被加拿大人所申请。这两个基础性专利是无法绕过去的，如果成本中计算上专利使用费的话，那产品成本将会进一步提高。

（二）$LiFePO_4$ 的制备方法

自然界中的 $LiFePO_4$ 以磷铁锂矿的形式存在（Triphylite），但其杂质含量较高，不适合直接用作锂离子电池正极材料，用于锂离子电池正极材料的 $LiFePO_4$ 一般都是人工合成的，其合成的方法很多。直接合成 $LiFePO_4$ 的方法主要有高温固相反应法（碳热还原法是高温固相法中的一种）、熔盐浸渍法、水热法、微波合成法和喷雾热解法，按照前驱体制备工序还有溶胶-凝胶法、液相氧化-还原法、共沉淀法、机械化学活化法和乳液干燥法等。其中传统的高温固相法制备的材料晶粒尺寸大小不易控制，而且电化学性能较差，而改进的高温固相法是把液相机械化学活化法运用到其合成工艺当中，适合于工业化生产。

1. 高温固相法

高温固相法是一种重要的现代陶瓷粉体制备方法之一。目前商业化的 $LiCoO_2$ 和 $LiMn_2O_4$ 大都是由高温固相法制得。影响高温固相反应速率的主要因素有以下三方面：①反应物之间的接触面积；②生成物相的成核速度；③相界面间特别是通过生成物相层的离子扩散速度。高温固相合成所用的 Fe 源一般为 $Fe(C_2O_4)\cdot 2H_2O$ 或 $Fe(OOCCH_3)_2$，Li 源为 Li_2CO_3、$LiOH\cdot H_2O$ 或 $CH_3COOLi\cdot 2H_2O$，而 P 源为 $(NH_4)_2HPO_4$，$NH_4H_2PO_4$。将原料按质量比均匀混合，在惰性气体保护下于 300℃焙烧 5～12h 以分解磷酸盐、草酸盐或乙酸盐，然后在 550～700℃焙烧 10～20h。为了提高焙烧效果，还可以在焙烧前后再碾磨、压片。该方法的关键是将原料混合均匀。以锂的碳酸盐、乙酸亚铁和磷酸二氢铵为例，其具体反应如下：

$$Li_2CO_3+2Fe(CH_3COO)_2+2NH_4H_2PO_4 \longrightarrow 2LiFePO_4+CO_2+H_2O+2NH_3+4CH_3COOH$$

此法制备的产物存在以下缺点：物相不均匀，晶体无规则形状，晶体尺寸较大，粒度分布范围宽，且煅烧时间长。固相反应合成法所得到的产物电化学性能较差，这是由于锂盐、铁盐和磷酸盐未充分接触，导致了产物局部结构的非均一性造成的。但固相法设备和工艺简单，制备条件容易控制，便于工业化生产，是目前在科研和工业化生产中采用的最主要的一种现代陶瓷粉体制备方法。如果在烧结过程中，让原料充分研磨，控制好前驱体的粒度，并且在烧结结束后的降温过程中严格控制淬火速度，则能获得电化学性能和物理性能良好的粉体。

2. 水热法

水热法是以可溶性亚铁盐、锂盐和磷酸为原料，在水热条件下直接合成 $LiFePO_4$。由于氧气在水热体系中的溶解度很小，水热体系为 $LiFePO_4$ 的合成提供了一个优良的惰性环境，因此，水热合成不再需要惰性气体保护。Yang 等以可溶性的二价铁盐、LiOH 和 H_3PO_4 为原料在 120℃下采用水热法短时间（5h）内合成了 $LiFePO_4$，XRD 分析和氧化-还原滴定结果表明所合成的材料为单一的 $LiFePO_4$ 相，平均粒径约为 3μm，这种材料以 $0.14mA/cm^2$ 的电流密度充放电容量为 100mA・h/g。在该合成研究中使用氢氧化锂（LiOH）作沉淀剂这需要多消耗 200％的 LiOH，从而增加了原料的成本，而选用其他廉价沉淀剂，如氨水、碳酸铵和尿素等也是将来工艺改进的方向之一。

水热法具有物相均一、粉体粒径小、过程简单等优点。但只限于少量的粉体制备，而且合成的材料容易发生离子混排现象，必要时候需要经过后续热处理才能获得满意的结果，此外水热法若要扩大产量，却受到诸多限制，特别是大型的耐高温高压反应器的设计制造难度大，造价也高。

3. 微波合成法

微波加热过程是物体通过吸收电磁能发生的自加热过程，由于微波能直接被样品吸收，所以在短时间内样品可以被均匀快速地加热。具体方法是在可控功率的微波炉中，利用活性炭作为吸波材料。活性炭在微波场中升温速率很快，一方面可以提供热源，另一方面活性炭在高温下能氧化成 CO，产生还原气氛，能有效阻止 Fe^{2+} 的氧化，可在较短的时间内合成产物。微波合成法具有反应时间短（3～10min），能耗低，合成效率高，颗粒均匀等优点而成为很有前途的合成方法。Masashi Higuchia 等人用微波合成的方法快速容易地制备了电化学性能良好的磷酸铁锂，通过此方法合成的活性物质，在 60℃下，首次放电容量达到 125mA・h/g。K. S. Park 等人先采用共沉淀法合成前驱体，并放入铺有炭黑的烧杯内，然后采用工业微波炉在不通保护气体的情况下，合成 $LiFePO_4$。C/10 倍率下放电，初始放电容量为 151mA・h/g。Lei Wang 等人以乙酸锂、草酸亚铁、磷酸二氢铵和柠檬酸为原料通过室温固相反应和微波加热来合成纳米级的 $LiFePO_4$。柠檬酸可以控制晶粒的过度长大，添加多壁碳纳米管可以提高材料的电导率。二者同时添加的材料在 0.5C 倍率下有 145mA・h/g 的放电比容量，而且循环性能稳定。

微波合成法具有制备过程快捷，省去惰性气体保护的优点，但是过程难于控制，设备投入较大，难于工业化。

4. 熔盐浸渍法

熔盐法是从金属冶炼中发展起来的一项技术，广泛应用于制取金属、提纯金属等冶金工业，同时在能源工业和有机、无机合成方面也有应用。它利用某些盐类在熔点之上形成熔融态，形成一种离子化的高温溶剂，在其中可以溶解不同的溶质，并发生化学反应，具有一系列重要的优点：使高温下的固相反应转化为一种高温下的"液相"反应，从而使由离子扩散控制的反应速率大大加快，特别是在室温是不可逆的 O^{2-} 的交换在熔盐中遵循化学平衡定律；和在通常的溶剂中一样，熔盐中的反应可以定量控制；反应的均匀性也可以大大提高；比在液相或气体介质中，温度能够较容易地受自身控制。熔盐法在氧化物陶瓷粉末的制备上也有不少的应用，如制备纳米 ZrO_2、YZO 等。近来，人们开始将该法应用于锂离子正极材料 $LiCoO_2$ 的合成。Ni Jiang-Feng 等人以 KCl 为熔盐利用熔盐法在 755℃ 3h 来合成球形 $LiFePO_4$，所制备的粉体材料分散性好，在 0.1C 倍率下首次放电容量达到 130.3mA・h/g，经过 40 次循环后容量保持在 137.2mA・h/g，在 5C 倍率下仍然保持 92mA・h/g。

熔盐法制备 $LiFePO_4$ 化合物研究的比较少，关于熔盐在整个反应中所起到作用，各种反应物在高温熔盐中存在的状态以及它们是如何进行反应的，也都未有报道，而这些恰恰是理解获得的产物的结构和性能的关键。此外，熔盐法中要消耗大量的熔盐，而且焙烧产物要用去离子水反复洗涤以去除熔盐离子。因此工业生产代价大，熔盐法仅仅适合于科学研究。

5. 其他制备方法

(1) 喷雾热解法 喷雾热解过程就是前驱体溶液被雾化成液滴后进入一个高温反应区内瞬间完成溶剂蒸发、溶质热分解反应烧结得到产物粉末的过程。该方法制备的粉末球形度好，尤其适合制备多组分粉末，制得粉末的成分分布均匀，组分损失少，可精确控制化学计量比。喷雾热分解过程很容易出现溶剂蒸发太快而导致溶质在液滴表面沉淀而形成空心或者不规则的粒子，而且工业化的喷雾热分解设备造价也很高。

(2) 溶胶-凝胶法 溶胶-凝胶法作为低温或温和条件下合成无机化合物或无机材料的重要方法，在软化学合成中占有重要地位，更广泛用于制备纳米粒子。溶胶-凝胶法的化学过程首先是将原料分散在溶剂中，然后经过水解反应生成活性单体，活性单体进行聚合，开始成为溶胶，进而生成具有一定空间结构的凝胶，经过干燥和热处理制备出纳米粒子和所需要材料。溶胶-凝胶法具有前驱体溶液化学均匀性好（可达分子水平）、凝胶热处理温度低、粉体颗粒粒径细小均匀、反应过程容易控制、设备简单的特点。但是溶胶-凝胶法干燥收缩大，工业化难度较大，合成周期长。

(3) 液相氧化-还原法 液相氧化-还原法是将可溶性 Fe^{2+} 氧化成 Fe^{3+} 使之形成 $FePO_4$ 沉淀，然后用碘化还原法把 $FePO_4$ 还原成 $LiFePO_4$。该方法所制得的 $LiFePO_4$ 晶粒为纳米级颗粒，而且粒径分布很均匀。在这类制备方法中用了 H_2O_2、LiI、维生素 C 酸等试剂，从而增加了产品的成本和工艺的复杂性。

(4) 机械化学活化法 机械化学法的基本原理是利用机械能来诱发化学反应或诱导材料组织、结构和性能的变化，以此来制备新材料。作为一种新技术，它具有明显降低反应活化能、细化晶粒、极大提高粉末活性和改善颗粒分布均匀性及增强体与基体之间界面的结合，促进固态离子扩散，诱发低温化学反应，从而提高了材料的密实度、电、热学等性能，是一种节能、高效的材料制备技术。它是通过高能球磨，应力、应变、缺陷和大量纳米晶界、相界产生，使系统储能很高，粉末活性大大提高，甚至诱发多相化学反应。目前已在很多系统中实现了低温化学反应，成功合成出新物质。至今已经用机械化学研制出超饱和固溶体、金属间化合物、非晶态合金等各种功能材料和结构材料，也已经应用在许多高活性陶瓷粉体、纳米陶瓷基复合材料等的研究中。

(5) 共沉淀法 共沉淀法是以 Fe^{2+}、Li^{+}、PO_4^{3-} 的可溶性盐为原料，通过控制溶液的 pH 值来使这些组分从溶液中沉淀出来，然后沉淀产物经过过滤、洗涤、干燥、高温热处理就可以得到 $LiFePO_4$ 产物。通过共沉淀法制备的前驱体的各个组分具有分子尺度的混合，因此后续热处理的时间可以缩短，反应温度也会降低。通过此法制得的磷酸铁锂结晶完美，电化学性能优良，但沉淀过滤困难，不利于实现工业化生产。

五、磷酸锰锂[2]

$LiMnPO_4$ 的电化学活性较差，曾一度被认为不能用作锂离子电池的正极材料，因此有关的研究进展相对缓慢。由于 $LiMnPO_4$ 具有与 $LiFePO_4$ 相近的理论比容量和更高的放电电位（4.1V，$LiFePO_4$ 为 3.4V），理论比能量比 $LiFePO_4$ 高 20%左右，$LiMnPO_4$ 材料还是引起了研究者极大的关注。这里仅从结构与性能、改性以及稳定性等方面，简要介绍近年来 $LiMnPO_4$ 作为锂离子电池正极材料的研究进展。

1. $LiMnPO_4$ 的结构

$LiMnPO_4$ 与 $LiFePO_4$ 一样，为橄榄石结构，属 Pnmb 空间群，晶胞参数为：$a=$

1.04447(6)nm，b=0.61018(3)nm，c=0.47431(3)nm。$LiMnPO_4$ 电化学活性低的主要原因是晶格内部阻力较大，电子/离子传导速率较慢，电导率小于 10^{-10}S/cm，比 $LiFePO_4$ 还要低两个数量级以上；此外，在 Li^+ 脱嵌过程中的钝化现象，也降低了电化学活性。

C. Delacourt 等通过第一性原理对电子能级进行计算，发现电子在 $LiFePO_4$ 中发生跃迁的能隙为 0.3eV，有半导体特征；而 $LiMnPO_4$ 的能隙为 2eV，电子导电性差，属绝缘体。这个结果也从一个侧面对电化学性能较差的原因给予了解释。

2. $LiMnPO_4$ 正极材料的合成

在 $LiMnPO_4$ 的合成方法上，大多借鉴了合成 $LiFePO_4$ 的相关经验。由于电化学活性较差，一般需加入一定量的碳源增强导电性，或在合成后用导电碳球磨，进行碳包覆。

(1) 固相法　G. H. Li 等将原料 Li_2CO_3、$MnCO_3$ 和 $NH_4H_2PO_4$ 以化学计量比配料，并加入 6% 的炭黑作为碳源，混合球磨后于 400～800℃ 煅烧，得到产品，含碳量约为 9.8%。材料的纯度较高，95%以上的颗粒粒径在 10μm 以下；在 500℃时热处理得到的样品具有最好的电化学性能，以 C/10 的电流在 2.0～4.5V 充放电，首次循环的放电比容量为 146mA·h/g，可逆比容量为 140mA·h/g。对 $LiMnPO_4$ 在充放电过程中体积效应的研究表明，材料在充电过程中的体积收缩率约为 10.7%，并指出减小材料粒径、增加材料比表面积对提高性能是有利的。固相法的缺陷在于：不利于控制材料粒径，对于 $LiMnPO_4$ 这种本征电子/离子导电性能较差的材料，需要通过控制粒径来改善性能。因此，固相法需要与其他制备技术结合，才能满足实际应用要求。

(2) 水热法　J. Chen 等用水热法合成的 $LiMnPO_4$ 为棒状团簇形貌，长度约为 2μm，直径约为数百纳米，团簇的直径约为 25～40μm。Y. R. Wang 等用溶剂热法合成了 $LiMnPO_4$，在体积比 1∶1 的乙醇/水混合溶剂中、240℃下进行反应，合成材料与葡萄糖混合，经热处理即得到碳包覆的 $LiMnPO_4$ 材料。产物的 0.01C 首次放电（2.4～4.8V）比容量可达 126.5mA·h/g。

(3) 溶胶-凝胶法　T. Drezen 等以溶胶-凝胶法合成了 $LiMnPO_4$。热处理温度不高于 350℃时得到的样品，结晶度较低；热处理温度高于 600℃时得到的样品，粒径会快速增加，因此在 450～600℃热处理较合适。在 520℃时合成的样品，C/10 可逆比容量为 134mA·h/g，C/5 可逆比容量为 116mA·h/g。

(4) 多羟基化法　该法是在多羟基试剂中合成 $LiMnPO_4$。多羟基试剂的作用主要有：作为溶剂将反应物溶解分散，促进反应进行；作为稳定剂，限制产物颗粒粒径增长、抑制团聚。D. Y. Wang 等用多羟基化法合成纳米多层状 $LiMnPO_4$，并以球磨法进行碳包覆，产物的 5C 放电（2.7～4.4V）比容量达 100mA·h/g，并表现出很好的循环性能。从电化学测试的结果来看，多羟基化法所合成材料的性能最好。

(5) 直接沉淀法　C. Delacourt 等采用直接沉淀法合成了纯度和结晶度较高的 $LiMnPO_4$ 材料。首先通过系统的热力学研究，确定将沉淀 $LiMnPO_4$ 的 pH 值控制在 10.2～10.7。改变原料浓度和反应时间，得到了粒径约为 100nm 的 $LiMnPO_4$ 材料。虽然所得样品的电化学性能仍需改进，但整个合成工艺操作简单，原料价廉易得，具有较好的应用潜力。

(6) 喷雾热解法　喷雾热解法是液相中合成材料的一种方法，主要步骤是将反应物配成溶液，再以超声或蠕动的手段，用载气将溶液喷到高温反应器中。该方法操作简单，但合成材料的结晶度一般较低，需要结合后续热处理进行优化。Z. Bakenov 等以喷雾热解的方法合成了 $LiMnPO_4$，所得材料的粒径为数十纳米，0.05C 首次放电（2.5～4.4V），湿法球磨所得样品的比容量约 153mA·h/g，干法球磨所得样品的比容量约为 70mA·h/g。S. M. Oh

等以超声喷雾热解的方法合成了 $LiMnPO_4$ 材料，在 650℃下合成的样品的 C/20 首次放电（2.7～4.5V）比容量为 118mA·h/g。

第五节 磷酸锆、磷酸钛和复杂成分磷酸盐

一、磷酸锆

1. 磷酸锆及其衍生物的物理化学性质

$Zr(H_2PO_4)_2 \cdot nH_2O$ 为白色致密的无定形粉末或层状结晶体，三水物 $Zr(H_2PO_4)_2 \cdot 3H_2O$ 的相对分子质量为 355.4。溶于氢氟酸，不溶于水，不溶于强酸和有机溶剂。为多价巨大离子构成，其主键为 $\cdots O-\overset{|}{\underset{|}{Zr}}-O-\overset{|}{\underset{|}{Zr}}-O\cdots$，在锆原子上有磷酸基团，还有少量锆盐的阴离子。磷酸锆耐热性能好，耐辐射，有很强的离子交换性能，如 $Zr(H_2PO_4)_2$，离子交换容量为 $7.06mol(M^+)/kg$，层间距为 1.22nm。由于具有良好的动态和静态稳定性，能与 Cu^{2+}、Mg^{2+}、VO_2^{2+}、Fe^{2+}、Fe^{3+} 进行交换。磷酸锆还具有良好的催化性能，特别是其共沉淀物有较大的酸度，所以是有效的路易斯酸型催化剂之一。

2. 磷酸锆的制备方法

(1) 无定形磷酸锆 磷酸锆是由水溶性锆盐如氧氯化锆或硝酸锆，与过量的磷酸或金属磷酸盐混合反应制成。初期得到凝胶状物，为组成不稳定的物质。为制取结晶体物质需将反应物搅拌，升高温度以促进生成物结晶化。另外，为提高产品的离子交换性能，有的还在反应时加入适当的配合剂，如酒石酸、硝酸、硝酸铵等。

① 以硝酸氧锆-磷酸为原料。加入 2L 0.2mol/L 的 $ZrO(NO_3)_2$ 溶液，不停地搅拌下添加 2L 0.4mol/L 磷酸溶液。陈化 2h，然后用水洗涤到 pH=4，用瓷质漏斗过滤，获得 10g 产品，送入细颈玻璃安瓿中，淹没在水中，将细颈玻璃瓶连同样品一起放入高压釜中，于 150℃下进行水热处理 5～7h，即可获得稳定、性能良好、结实的粒状水溶性磷酸锆产品。

② 以氧氯化锆-磷酸钠为原料。在 1L 0.2mol/L 氧氯化锆溶液中，滴入 0.4mol/L 的磷酸钠溶液。用倾析法洗涤凝胶到 pH=3，再用瓷质漏斗过滤，然后送入聚四氟乙烯的杯中，并送入高压釜，于 100℃下精制加工 7h，精制品仍需经过烘干，并淹没在水中。

(2) 晶状磷酸锆 将氧氯化锆（$ZrOCl_2 \cdot 8H_2O$）、草酸（$H_2C_2O_4 \cdot 2H_2O$）溶解在热水中，然后加入磷酸溶液，密封在一有小孔的耐酸塑料容器中，于 96℃下加热 20h，过滤、洗涤至无 $C_2O_4^{2-}$，再于 80℃下干燥 8h，即可得成品。

二、磷酸钛

1. 磷酸钛的物理化学性质与结构

$Ti(HPO_4)_2 \cdot H_2O$ 型号有 α、$\alpha+\beta$、γ、$\alpha+\gamma$ 等，化学式为 $nTiO_2 \cdot P_2O_5$。相对密度 3.2，粒径 10μm 以下，pH 为 2～4。耐酸、耐碱、耐高温、抗辐射，系新型无机聚合物。对碱金属离子以及离子半径较大的离子，有较强的吸附性能。

以 $TiCl_4$ 稀盐溶液与磷酸或磷酸氢二钠水溶液混合（物质的量比 1∶1），制得的钛的磷酸盐，加热到 700℃以上，表观体积急剧减少。钛的磷酸盐组成复杂的较多，目前业已判明的，仅有偏磷酸钛 $TiO(PO_3)_2$ 或 $TiO_2 \cdot P_2O_5$ 及正磷酸三羟基钛 [$(OH)_3TiPO_4$]。

2. 磷酸钛的制备方法

磷酸钛的制备主要有钛铁-磷酸法、四氯化钛-磷酸法、加热回流法等。

(1) 钛铁-磷酸法　由于钛铁与磷酸在一起，直接反应活性较低，必须提高反应温度至800～1000℃，才能使反应趋向完成。所以通常是先使硫酸与钛铁相互作用，生产出半成品二氧化钛，然后再与含氧磷酸或它的盐类反应，获得磷酸钛沉淀，经过滤、洗涤、干燥而得产品。该方法的缺点是获得的产物含铁量较大，比表面积较低，用它配制成的颜料耐光性能低，颜色不白。为了克服以上缺点，可以在磷酸存在下，加入超声波振动场。

(2) 四氯化钛-磷酸法　该法的特点是采用加入硫酸、硫酸盐或硫酸铵使钛离子与磷酸反应，析出磷酸钛沉淀。例如，在600mL水中加入98%硫酸30g，在冰冷却下，搅拌中缓慢加入766g四氯化钛，将其作为A液。另外，在350mL水中加入85%磷酸46.1g作为B液。将A液加热至80℃，维持温度并滴加入B液而析出磷酸钛。在此反应混合液中钛离子/磷酸根物质的量比为1.0，硫酸根离子浓度为0.4mol/L。

反应混合液在80℃下静置5h熟化后，过滤、洗涤，于110℃下干燥后再煮沸水洗，最后在570℃下于空气中烧成磷酸钛。所得磷酸钛用水银加入法或测孔仪测出其孔容为4.14mL/g，BET法测得表面积为63.3m²/g，假密度为0.155g/mL。

三、复杂成分磷酸盐

1. 取代磷酸盐

取代磷酸盐是指盐中PO_4四面体上的氧被其他原子、基团，部分或全部取代形成的盐称为取代磷酸盐。例如：

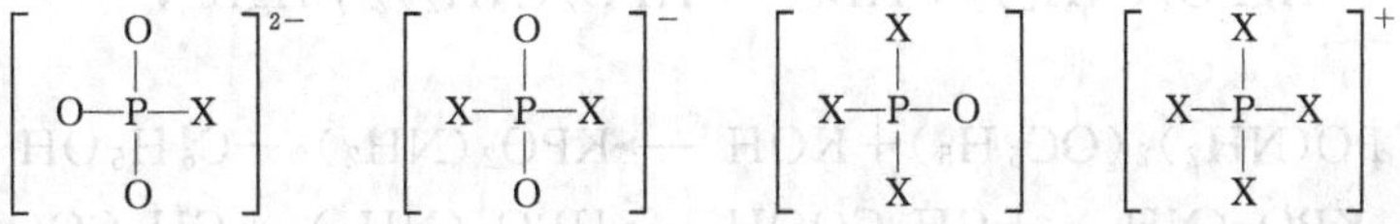

X可以是H、卤素、NH_3、甲基、乙基等。四面体中氧被连续取代使此阴离子的负电荷不断变化，由负变正，最后形成带正电的鏻阳离子。

取代磷酸盐的品种很多，当磷酸盐中的O被S或Se取代时也可以认为是取代磷酸盐。表6-3为常见取代磷酸盐及其离解常数。下面对几种取代磷酸盐进行分别介绍。

表6-3　常见取代磷酸盐品种及其离解常数

品　种	pK_1	pK_2	pK_3	pK_4	品　种	pK_1	pK_2	pK_3	pK_4
$(HO)_2P(O)H$	1.3	6.7			$(EtO)_2POOH$	1.39			
$(HO)P(O)H_2$	1.1				$(EtO)_2POSH$	1.49			
$(HO)_2P(O)NH_2$	3.0	8.15			$(EtO)_2PSSH$	1.62			
$(HO)P(O)(NH_2)_2$	4.8				$(HO)_2OP\text{-}PO(OH)_2$	2.0	2.6	7.2	10.0
$(HO)_2P(O)Me$	2.3	7.9			$(HO)_2OPNHPO(OH)_2$	2.0	2.8	7.0	9.8
$(HO)P(O)Me_2$	3.1				$(HO)_2OPCH_2PO(OH)_2$	2.2	2.9	7.4	10.7
$(HO)_2P(O)F$	0.55	4.8			$(HO)_2PO(OOH)$	1.1	5.5	12.8	
$(HO)_3PO$	2.0	6.8	12.3		$(HO)_2OPCOPO(OH)_2$	−0.3	0.5	5.2	7.7

(1) H取代磷酸盐　当取代基为H时，磷即形成低含氧酸盐。低含氧酸包括次磷酸（H_3PO_2）、亚磷酸（H_3PO_3）、焦亚磷酸（$H_4P_2O_5$）、连二磷酸（$H_4P_2O_6$）。另一种为“高”或“过”含氧酸，如过二磷酸（$H_4P_2O_8$）、过一磷酸（H_3PO_5）、重过一磷酸（H_3PO_6），这些酸及其盐容易失去氧，是活泼的氧化剂，在合成和漂白过程中使用。

(2) 卤磷酸（以H_2PO_3F为例）　磷酸与氢氟酸作用，按下列可逆反应生成氟基磷酸：

$$H_3PO_4 + HF \rightleftharpoons H_2PO_3F + H_2O$$

(3) 氨基磷酸 $(OH)_2P(O)NH_2$　氨基磷酸可由磷酰氯和苯酚反应生成氯代磷酸苯酯，

使其和氨性乙醇作用，则转化为氨基磷酸的酯类，用氢氧化钾皂化则得氨基磷酸盐，将此盐先和乙酸、再和高氯酸反应则得游离氨基磷酸。

$$POCl_3+2C_6H_5OH \longrightarrow POCl(OC_6H_5)_2+2HCl$$

$$POCl(OC_6H_5)_2+2NH_3 \longrightarrow PONH_2(OC_6H_5)_2+NH_4Cl$$

$$PONH_2(OC_6H_5)_2+2KOH \longrightarrow K_2PO_3NH_2+2C_6H_5OH$$

$$K_2PO_3NH_2+CH_3COOH \longrightarrow KHPO_3NH_2+CH_3COOK$$

$$KHPO_3NH_2+HClO_4 \longrightarrow H_2PO_3NH_2+KClO_4$$

氨基磷酸以无水物形式存在，是无色柱状结晶，可溶于水，水溶液水解生成 $NH_4H_2PO_4$。结晶状氨基磷酸在 100～110℃加热时，则生成连多磷酸铵。作为氨基磷酸盐类，除钾盐外还有铵盐、钠盐。向其水溶液中加硝酸银水溶液，则生成氨基磷酸银的正盐 $NH_2PO(OAg)_2$，酸式盐 $NH_2PO(OH)(OAg)$ 等。

(4) 二氨基磷酸［$HPO_2(NH_2)_2$］

制法 1：

$$POCl_3+2C_6H_5OH \longrightarrow POCl(OC_6H_5)_2+2HCl$$

$$POCl(OC_6H_5)_2+3NH_3 \longrightarrow PO(NH_2)_2(OC_6H_5)+NH_4Cl+C_6H_5OH$$

$$2PO(NH_2)_2(OC_6H_5)+Ba(OH)_2 \longrightarrow Ba[PO_2(NH_2)_2]_2+2C_6H_5OH$$

$$Ba[PO_2(NH_2)_2]_2+2AgNO_3 \longrightarrow 2AgPO_2(NH_2)_2+Ba(NO_3)_2$$

$$AgPO_2(NH_2)_2+HBr \longrightarrow HPO_2(NH_2)_2+AgBr\downarrow$$

制法 2：

$$PO(NH_2)_2(OC_6H_5)+KOH \longrightarrow KPO_2(NH_2)_2+C_6H_5OH$$

$$KPO_2(NH_2)_2+CH_3COOH \longrightarrow HPO_2(NH_2)_2+CH_3COOK$$

制法 3：

$$PO(NH_2)_3+NaOH \longrightarrow NaPO_2(NH_2)_2+NH_3$$

二氨基磷酸的性质：该酸纯物质为无色六角柱状或针状结晶，虽比一氨基磷酸稳定，但在大气中放置几个月，就变成一氨基磷酸氢铵。因此，必须在密闭容器中保存。

(5) 三氨基磷酸［$PO(NH_2)_3$］ 用三氯氧磷和氨在冷却的氯仿中反应生成。其反应如下：

$$POCl_3+6NH_3 \longrightarrow PO(NH_2)_3+3NH_4Cl$$

副产的氯化铵和二乙胺反应，变为二乙基氯化铵。二乙基氯化铵可溶于氯仿，而三氨基磷酸不溶，因而可以分离。分离的粗品在甲醇中重结晶，即可得纯品。

三氨基磷酸为无色针状结晶，大多数为单斜晶系。可溶于甲醇，极易溶于水。在水溶液中不稳定，经过氨基磷酸盐变为正磷酸盐。与氢氧化钠水溶液加热时，则生成二氨基磷酸盐。三氨基磷酸在湿空气中放置几个星期时，则变为一氨基磷酸氢铵。因此，必须在玻璃密闭容器中储存。

另外，还有四氨基焦磷酸 $P_2O_3(NH_2)_4$、三氨基硫代磷酸 $PS(NH_2)_3$ 和一硫代磷酸 H_3PO_3S。一硫代磷酸的水溶液在空气中会慢慢水解，生成的 H_2S 被氧化为硫黄而浑浊，将溶液加热到 50℃时产生大量的 H_2S。

2. 杂多磷酸盐

杂多磷酸是指磷酸溶于其他酸中，形成对应的某磷酸，例如，钨磷酸 $H_3PW_{12}O_{40}$ 和钼磷酸 $H_3PMo_{12}O_{40}$。这类化合物称为杂多酸。

杂多酸及其盐通常是非常易溶的，并带有大量结晶水。如 $H_3PW_{12}O_{40}\cdot 5H_2O$、

$H_3PMo_{12}O_{40}\cdot 29H_2O$、$Mg_3(PW_{12}O_{40})_2\cdot 58H_2O$、$K_6P_2Mo_{18}O_{62}\cdot 14H_2O$。

这些水在结构变化时，大多数易失去。等价的 W、Mo 和 V 杂多酸盐间常易形成固溶体。杂多酸可起固体离子交换剂的作用，并且可以减少其含水量而不会有大的结构变化，强碱可溶解这些杂多酸盐。

许多可溶性的碱性染料同钼磷酸、钨磷酸阴离子配合，可形成不溶性和耐光性的“沉淀染料”。利用这一反应可以检测磷的存在，也可用于电子显微镜的生物标本染色。

砷磷酸盐则是一类异构聚杂多酸盐。将 Na_2HPO_4 和 Na_2HAsO_4 以 1∶1 的物质的量比混合，加热脱水可得到 As∶P=1∶1 的砷磷酸（a）；当上述两种盐以 2∶1 混合时，可得 As∶P=2∶1 的砷磷酸（b）。这两种化合物的结构如下：

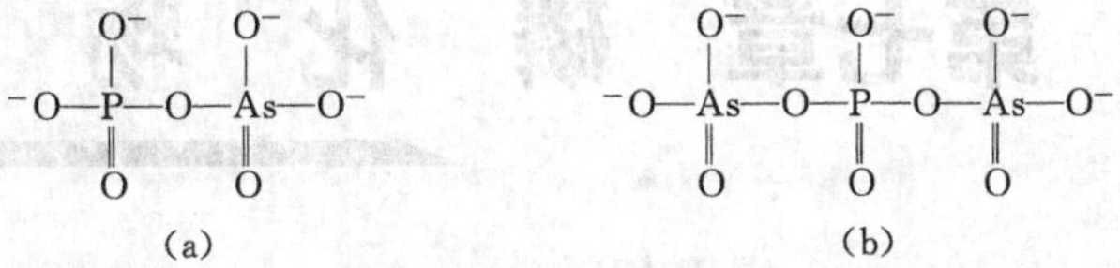

混合物熔融时生成玻璃体，这些玻璃体是非常易溶的。其密度与 As/P 比呈直线变化。含磷高的玻璃体，在溶液中强烈水解。含短链的产物比例比纯聚磷酸盐玻璃体水解产物要大得多。

加热硫酸钠、五氧化二磷、三聚磷酸钠适当比例的混合物至 400℃，可制得硫磷酸盐熔体。硫磷酸盐也可由适当比例的硫酸钠/聚磷酸钠熔体制得。也可由适当比例的硫酸钠/焦磷酸钠混合物熔体制得。其结构式为：

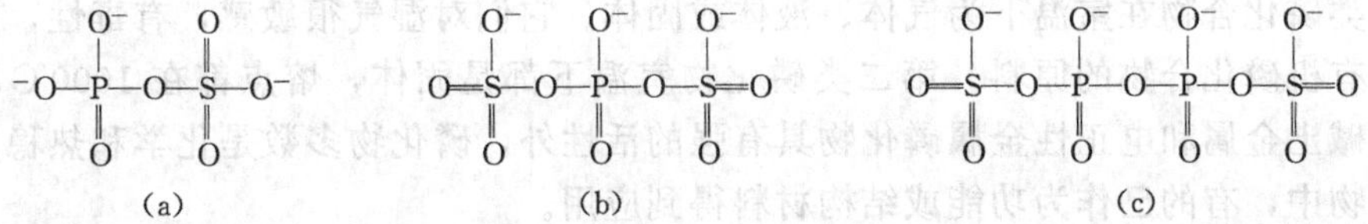

除上述介绍的杂多酸及盐外，还有铬磷酸盐、钒磷酸盐等。特别是钒磷酸盐和 SiO_2 在蒸汽相中会反应，并生成钒硅磷酸盐。其反应如下：

$$VO(PO_3)_2+SiO_2\longrightarrow VO(P_2SiO_8)$$

这种化合物是由 PO_4、SiO_4 和 VO_6 八面体相连接而形成的三维结构，其结构如下所示：

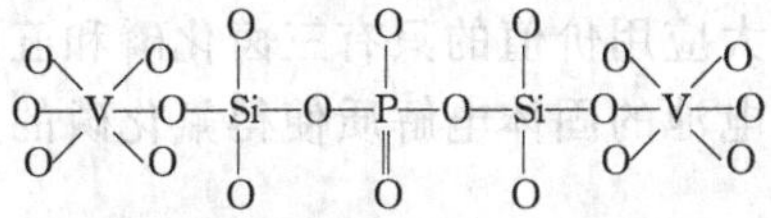

这种结构在催化剂生产中有很重要的作用。

3. 混合金属磷酸盐

磷酸中氢离子全部或部分被取代而形成的含两种金属以上的磷酸复盐，称为混合金属磷酸盐。例如 $MgNH_4PO_4$、$NaCaPO_4$、$NaAl_3H_{14}(PO_4)_8$ 等。

参 考 文 献

[1] 杜璐杉．单氟磷酸钠的制备方法．口腔护理用品工业，2010，20 (5)：34-37.
[2] 邱景义等．锂离子电池正极材料磷酸锰锂的研究进展．电池，2012，42 (1)：39-41.

第七章 磷 化 物

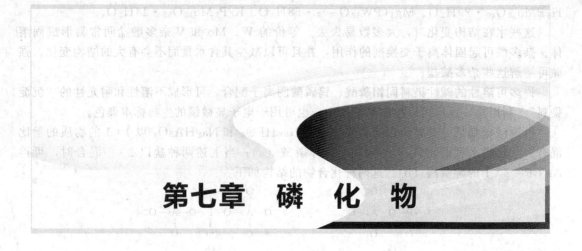

磷的无机化合物除磷的含氧酸外，还有两类，一类是电负性比磷大的非金属元素与磷的化合物，包括卤化磷、硫化磷、磷酰卤、硫代磷酰卤等；另一类是电负性比磷小的金属（包括硅和硼）与磷的化合物，即金属磷化物。例如，磷化镓（GaP）、磷化三钯（Pb_3P）、三磷化钴（CoP_3）、二磷化锗锌（$ZnGeP_2$）等。

第一类磷化合物在室温下为气体、液体或固体。它们对湿气很敏感，有毒性，多数是合成无机和有机磷化合物的原料。第二类磷化物室温下都是固体，熔点都在1000℃以上，除碱金属、碱土金属和电正性金属磷化物具有强的活性外，磷化物多数是化学和热稳定的。稳定的磷化物中，有的已作为功能或结构材料得到应用。

第一节 卤 化 磷

磷与卤素化合生成的化合物称为卤化磷。按卤素的不同以及磷与卤素的原子比不同，卤化磷有几十种之多。但具有较大应用价值的只有三卤化磷和五卤化磷。近年来随着锂离子电池的兴起，六氟磷酸锂作为锂电池的固体电解质使得氟化磷的生产得到了很大的发展。

一、三卤化磷

三卤化磷（PX_3）是一类具有挥发性的活性物质。遇湿气水解，酸性条件下与H_2O反应得到H_3PO_3，与氧和硫反应得POX_3和PSX_3，与卤素反应得五卤化磷PX_5。PX_3的P原子存在着孤对电子，是较强的电子给予体，能与多种金属化合物中的金属配位，形成配合物。

1. 三氟化磷（PF_3）

三氟化磷又称氟化亚磷，室温下PF_3是无色无味的气体，熔点为－151.5℃，沸点为－101.8℃。相对密度为3.907，$\Delta H^{\ominus}_{f(g)}=-945.6kJ/mol$。当有催化剂NO存在时，$PF_3$会在空气中燃烧。$PF_3$在空气中缓慢分解，在碱液中分解速度比在水中快。$PF_3$能与过渡金属化合物，如血红蛋白中的铁形成稳定的配合物。因此，它和CO一样是对人体有毒害的气体。三氟化磷主要用途有：发生气体、氟化剂、外延、离子注入等。

三氟化磷常用PCl_3与ZnF_2、AsF_3、CaF_2或苯甲酰氟作用来制取，还可以在密闭体系中通过赤磷与无水HF反应制取。

2. 三氯化磷（PCl_3）

室温下 PCl_3 是无色有刺激性的发烟液体，熔点为－93.6℃，沸点为76.1℃，21℃时蒸气压为0.013MPa，相对密度1.574，$\Delta H^{\ominus}_{f(g)} = -274.1kJ/mol$。能溶于乙醚、苯、氯仿、四氯化碳和二硫化碳。

三氯化磷反应活性很强，能与许多物质发生化学反应。其中比较重要的反应如下：

$$PCl_3 + 3R_2NH \longrightarrow P(NR_2)_3 + 3HCl$$

$$PCl_3 + 3ROH \longrightarrow P(OR)_3 + 3HCl$$

$$PCl_3 + 3RMgBr \longrightarrow PR_3 + 3MgClBr$$

$$PCl_3 + 3AgNCO \longrightarrow P(NCO)_3 + 3AgCl\downarrow$$

$$PCl_3 + PF_3 \longrightarrow PCl_2F + PClF_2$$

$$PCl_3 + PBr_3 \longrightarrow PCl_2Br + PClBr_2$$

工业上生产三氯化磷是用氯气溶于 PCl_3 中的黄磷的方法。

$$2P + 3Cl_2 \xrightarrow{PCl_3\ 回流} 2PCl_3$$

典型的生产流程如图7-1所示。其操作步骤是将液态的磷泵入装有水夹套的反应器1，其中盛有处于回流（约74℃）状态的 PCl_3，同时通入氯气，氯化溶于 PCl_3 的磷；生成的 PCl_3 进入回流冷凝器2，其中一小部分冷凝的 PCl_3 返回到反应器1，以保持一定容积的 PCl_3，继续进行氯化反应；大部分的 PCl_3 进入反应器3，反应器3装有水蒸气夹套，加热 PCl_3 到回流，同时通入控制量的氯气，以除去未反应的磷；粗 PCl_3 进入分馏塔4，除去有机氯化物和 $POCl_3$（这是痕量水进入反应器与磷反应生成的杂质）后，进入冷凝器，使 PCl_3 冷凝，除少量仍返回到分馏塔4外，大量的 PCl_3 作为成品送入 PCl_3 储罐。PCl_3 的产率大于95%。

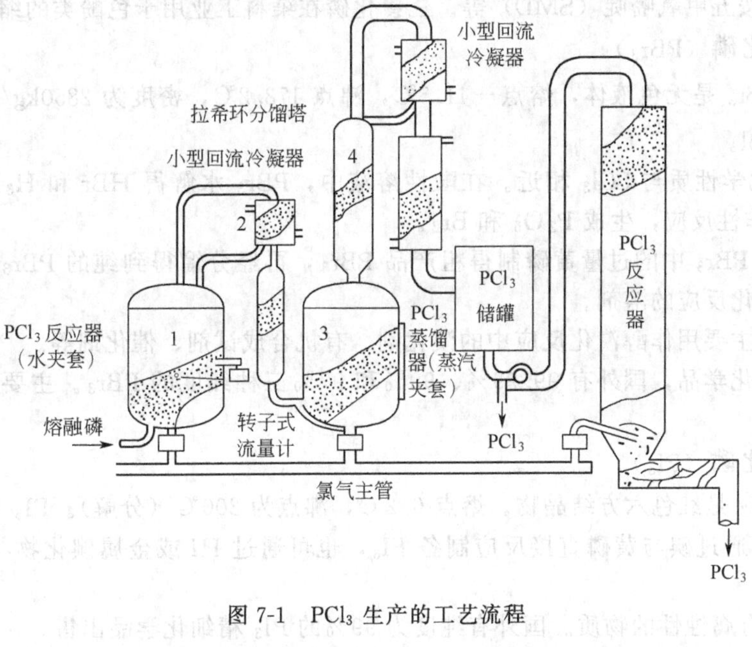

图7-1 PCl_3 生产的工艺流程

图7-2是某厂三氯化磷实际生产工艺流程简图。黄磷在熔磷槽中用夹套热水熔化，经计量槽计量后打入反应锅。熔磷槽与计量槽温度维持在40～50℃。液氯经地泵打入液氯汽化器汽化，氯气进入缓冲罐，缓冲罐压力维持在20.0～33.3kPa。经缓冲罐打入反应锅，与液态黄磷在搅拌下进行反应。反应锅内压力维持在29.42～78.45Pa，温度76～78℃。反应结

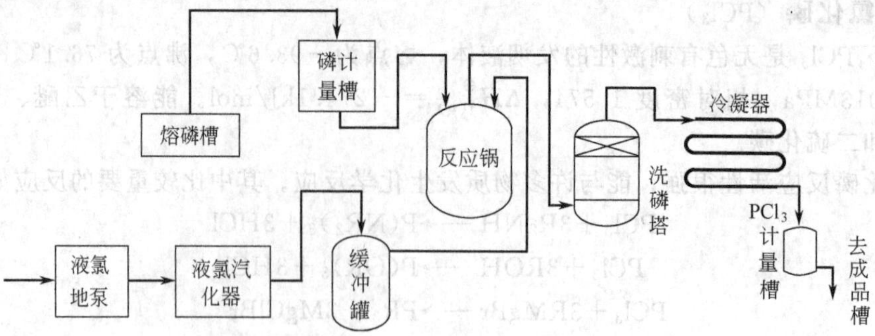

图 7-2　某厂 PCl_3 生产的工艺流程简图

束后送洗磷塔洗掉未反应的磷，三氯化磷呈气态去冷凝器冷成液态后经计量送入成品槽。

根据 HB/T 2970—2009 标准，工业优等品要求 PCl_3 含量大于 99%，游离磷含量小于 0.0005%，沸点为 74.5～77.5℃ 的产物为 97.0%。作为精细化学品，国外有纯度为 99.99%的 PCl_3 出售。

PCl_3 具有腐蚀性和强的刺激性，能使皮肤、眼和黏膜烧伤。吸入会引起肺水肿。操作 PCl_3 时应谨慎，被 PCl_3 污染的衣物，应立即更换。其阈限值（TLV）是 5.0×10^{-7} 或 $3mg/m^3$。大白鼠经口半致死量（LD_{50}）是 550mg/kg，半致死浓度（LC_{50}）是 $10.4\times10^{-7}/4h$。

PCl_3 是生产 $POCl_3$、$PSCl_3$ 和 PCl_5 的中间体，也是制造 $PO(OR)_3$、$HPO(OR)_2$ 以及 $R'PO(OR)_2$ 等酯类的原料。此外，PCl_3 也可用作有机合成的氯化剂。它还是制造敌百虫、甲胺磷和乙酰甲胺磷以及稻瘟净等有机磷农药的原料。三氯化磷在医药工业用于生产磺胺嘧啶（SD）、磺胺五甲氧嘧啶（SMD）等。三氯化磷在染料工业用于色酚类的缩合剂等。

3. 三溴化磷（PBr_3）

室温下 PBr_3 是无色液体，熔点－41.5℃，沸点 173.2℃，密度为 $2850kg/m^3$。$\Delta H^{\ominus}_{f(g)}=-139.3kJ/mol$。

PBr_3 的化学性质与 PCl_3 相近。在酸性溶液中，PBr_3 水解得 HBr 和 H_3PO_3。PBr_3 与 O_2 会发生爆炸性反应，生成 P_2O_5 和 Br_2。

溴化溶于 PBr_3 中的过量黄磷制得粗产品 PBr_3，再经分馏得到纯的 PBr_3。也可用苯或四氯化碳作溴化反应的溶剂。

三溴化磷主要用作醇溴化反应中的溴化剂、有机合成试剂、催化剂等。

作为精细化学品，国外有 99.99%、99%和 97%三种纯度的 PBr_3。主要作有机合成的溴化剂。

4. 三碘化磷（PI_3）

室温下 PI_3 是红色六方结晶物。熔点 612℃，沸点为 200℃（分解）。PI_3 对湿气敏感。

在 CS_2 中通过碘与黄磷直接反应制备 PI_3，也可通过 HI 或金属碘化物与 PCl_3 的反应制备。

PI_3 是具有腐蚀性的物质。国外有纯度为 99%的 PI_3 精细化学品出售。

PI_3 是强的氧化剂，利用它可从有机化合物中脱去氧。如下列反应：

$$RCH{=}NOH+PI_3\xrightarrow{CH_2Cl_2\text{-}NEt_3}RC{\equiv}N$$

$$RCHNO+PI_3\longrightarrow RC{\equiv}N$$

利用 PI_3 作碘化剂，可制得多碘的金属化合物。如下面的反应：

$$4PI_3+3SnCl_4 \longrightarrow 4PCl_3+3SnI_4$$

二、五卤化磷

在 PX_5 中，PCl_5 是最重要的卤化磷化工产品，PF_5 则用于六氟磷酸锂生产而十分重要，PBr_5 也作为精细化学品在市场上销售。

1. 五氟化磷（PF_5）

常温下 PF_5 是无色气体。熔点 -9.6℃，沸点 -84.5℃。在 46.6MPa 和 16℃下，PF_5 可被液化。相对密度 5.805，$\Delta H^{\ominus}_{f(g)}=-1594.3$kJ/mol。

PF_5 遇水立即按下式水解：

$$PF_5+H_2O \longrightarrow POF_3+2HF$$

但在干燥的玻璃瓶中，250℃下 PF_5 仍是稳定的。PF_5 与胺、醚、亚砜、有机碱类等强烈地发生配合作用。在离子聚合反应中，PF_5 是优良的催化剂，如催化四氢呋喃为聚合物弹性体。现在 PF_5 大量被用于生产锂离子电池中的电解质材料六氟磷酸锂 $LiPF_6$。

五氟化磷是一种重要的电子气体[1]，广泛应用于电子工业、电池制造、高分子材料和催化剂等领域。五氟化磷作为气态磷离子注入源，主要用于合成锂离子电池用的电解质六氟磷酸锂。在半导体制造上，五氟化磷可显著改善半导体性能，在高分子领域可用于合成具有极佳防腐性能的氟化有机二硫代磷酸盐。五氟化磷可直接用作许多共聚反应的催化剂，用其处理过的金属氧化物可催化烃类化合物的转化，还可用于合成除草剂等精细化学品。

通过 PCl_5 与 CaF_2 在 300～400℃下反应，可高产率地制得 PF_5。

五氟化磷生产工艺[2]虽然有多种方法可用于合成五氟化磷，但能够实现五氟化磷工业化生产的方法只有直接氟化法和氟化氢法两种。

直接氟化法，即干法：　$2P(s)+5F_2 \longrightarrow 2PF_5(g)$

氟化氢法，即湿法：　$PCl_5(s)+5HF(l) \longrightarrow PF_5(g)+5HCl(g)$

(1) 直接氟化法　由红磷同氟气反应而生产五氟化磷，红磷的纯度直接决定着五氟化磷产品的质量。红磷极易与氟气发生反应，反应过程中释放出大量的热。整个反应过程分为两步：

$$2P+3F_2 \longrightarrow 2PF_3$$

$$PF_3+F_2 \longrightarrow PF_5$$

因此，反应中一方面必须保证氟气过量；另一方面必须控制红磷和氟气的反应速率，同时不断地除去反应中释放出的热。为此，在五氟化磷的合成中必须使用螺旋进料反应器，即在氟气过量的情况下，通过控制红磷的进料量，达到控制红磷与氟气反应速率的目的。此外原料红磷中的一些杂质如水也会与氟气和五氟化磷发生反应：

$$2H_2O+2F_2 \longrightarrow 4HF+O_2$$

$$H_2O+PF_5 \longrightarrow POF_3+2HF$$

因此，红磷在使用前应真空干燥，以除去其中的杂质。螺旋进料反应器应安装在充满惰性气体的手套箱中，以防止空气组分如水、氧气等进入到合成过程中。

(2) 氟化氢法　与直接氟化法相似，五氯化磷与氟化氢的反应过程中也释放出大量的热。整个反应过程分为两步：

$$PCl_5+3HF \longrightarrow PCl_2F_3+3HCl$$

$$PCl_2F_3+2HF \longrightarrow PF_5+2HCl$$

因此，采用这种合成方法时也必须使用螺旋进料反应器，即在氟化氢过量的情况下，通过控制五氯化磷的进料量以控制五氯化磷和氟化氢的反应速率。但两种方法的反应温度不相同，直接氟化法中在常温下即可进行，而在氟化氢法中，由于氟化氢沸点较低，因此必须在低温下进行。

2. 五氯化磷（PCl_5）

常温下为米色四方形晶体，熔点为167℃（0.12MPa），162℃升华。相对密度为1.600。$\Delta H^{\ominus}_{f(g)}=-445.2kJ/mol$。$PCl_5$ 溶于 CS_2 和苯甲酰氯，能从 CCl_4 中重结晶。工业五氯化磷要求：$PCl_5\geqslant99.5\%$，$PCl_3\leqslant0.05\%$，灼烧残渣含量$\leqslant0.005\%$。

PCl_5 与水反应非常猛烈，生成 HCl 和 H_3PO_4，但与控制量的水反应，就按下式进行：

$$PCl_5+H_2O \longrightarrow POCl_3+2HCl$$

PCl_5 还可发生如下一些实用意义的反应：

$$6PCl_5+P_4O_{10} \longrightarrow 10POCl_3$$

$$6PCl_5+P_4S_{10} \longrightarrow 10PSCl_3$$

$$2PCl_5+2AsF_3 \longrightarrow PCl_4^+PF_6^-+2AsCl_3$$

后一个反应可能是制备 PF_6^- 的简便方法。

工业上采用 PCl_3 氯化法制得 PCl_5，反应如下：

$$PCl_5+Cl_2 \longrightarrow PCl_5$$

具体生产过程有间歇法和连续法两种。

(1) 间歇法 先将 PCl_3 溶于 CCl_4（溶液中 PCl_3 与 CCl_4 的质量比为1∶1），然后加到装有水冷夹套、搅拌器和具有回流冷凝装置的反应器内，在搅拌下向反应器液面上通入氯气，PCl_5 结晶即在液体中生成。反应完成后，将 PCl_5 和 CCl_4 悬浮液从反应器放出，过滤，并利用过滤装置的热水循环夹套干燥滤出物，即得产品 PCl_5。滤出的 CCl_4 送入反应器，用于下一批生产。

(2) 连续法 PCl_3 由储罐泵入 PCl_5 反应塔顶部，向下喷淋；Cl_2 由塔底送入，与 PCl_3 是逆向接触，发生氯化反应。生成的 PCl_5 沉于塔底，由出料器送出塔外，即得粗产品 PCl_5。

生产 PCl_5 的装置由铅衬里的钢设备和铅管组成。

PCl_5 对人体的皮肤、眼和黏膜极具刺激性和腐蚀性。吸入时出现咳嗽、打喷嚏、肺水肿等症状。规定空气中的阈值为 $1mg/m^3$。大白鼠经口半致死量（LD_{50}）是660mg/kg，吸入半致死浓度（LD_{50}）是 $205mg/m^3$。

五氯化磷用途十分广泛，可在有机合成中用作氯化剂、催化剂；是生产医药、染料、化学纤维的原料，也是生产氯化磷腈、磷酰氯的原料；五氯化磷主要用作醇、羧酸、酰胺、醛酮、烯醇的氯代化试剂以及 Beckmann 重排试剂；转化醇和酚为氯化物；由醛、酮和酯制备偕二氯化合物；由烯醇制备乙烯基氯代物；将有机磷酸转化为磷酰氯；合成杂环化合物；用作氯化剂、催化剂、脱水剂等。

PCl_5 在有机合成中是常用的氯化剂，如下面的反应：

$$PCl_5+CH_3COOH \longrightarrow CH_3COCl+HCl+POCl_3$$

PCl_5 与 NH_4Cl 反应是合成聚二氯磷腈 $(NPCl_2)_n$ 的方法之一。商业上用 PCl_5 与 SO_2 反应，生成二氯亚砜，反应如下：

$$PCl_5+SO_2 \longrightarrow SOCl_2+POCl_3$$

3. 五溴化磷（PBr_5）

PBr_5 是红色菱形晶体，106℃时分解。固态时，它为 $[PBr_4]^+Br^-$ 离子型结构。在乙腈溶液中，它是导体，以 PBr_4^+ 和 PBr_6^- 离子形式存在。

PBr_5 由 PBr_3 的二硫化碳溶液与过量的 Br_2 反应制得，产物可以从硝基苯溶液中重结晶纯化。国外已有纯度为95%的 PBr_5 产品出售。

PBr_5 是高毒性、具有腐蚀性的化学品。

在有机合成中，PBr_5 是一种溴化剂，例如使有机酸溴化得酰基溴。

4. 五碘化磷（PI_5）

PI_5 是1978年由HI、LiI、NaI或KI溶于MeI的 PCl_5 反应首次制得的。室温下为褐黑色晶体，熔点41℃。在溶液中以 $[PI_4]^+I^-$ 存在。

第二节　氧　化　磷

黄磷在空气或氧气中燃烧时，氧原子首先插入磷四面体（P_4）的六个P—P键，形成 P_4O_6；过量氧存在时，氧原子进一步加合于 P_4O_6 中的四个磷原子，生成 P_4O_{10}。此外，还有可能生成 P_4O_7、P_4O_8 和 P_4O_{10} 三种磷氧化物。后三种氧化物的分子结构与 P_4O_{10} 相似。

一、三氧化二磷（P_2O_3 或 P_4O_6）

P_4O_6 的结晶为白色蜡状固体，熔点为23.8℃，高于熔点时为无色液体。P_4O_6 是具有令人不愉快气味的有毒物质。$\Delta H^{\ominus}_{f(g)}=-1640kJ/mol$，升华热为66.9kJ/mol。$P_4O_6$ 在空气中易氧化成 P_4O_{10}，加热时会着火。无空气存在下加热到210℃以上时，P_4O_6 分解成磷和四氧化二磷，反应如下：

$$4P_4O_6 \longrightarrow P_4+6P_2O_4$$

在真空和180℃下，P_4O_6 发生如下反应：

$$nP_4O_6 \longrightarrow 3(PO_2)_n+nP(赤)$$

用分级升华的方法，可使赤磷与 $(PO_2)_n$ 分离。

P_4O_6 是亚磷酸的酸酐，与过量的冷水反应得亚磷酸。P_4O_6 与氯或溴反应猛烈，得到相对应的磷酰卤（POX_3）；与碘反应则得 P_2I_4 与 P_4O_{10}；与HCl反应得 H_3PO_3 和 PCl_3。

近年公布的专利报道了由黄磷蒸气与氧和氮混合物反应，连续制造 P_4O_6 的方法。其中 $P_4:O_2:N_2$ 的分子比为1∶(2.5～3.5)∶(1～20)，制造装置能力为>10kg/h，产率≥85%（以黄磷用量计）。装置主要包括燃烧室和骤冷室，在燃烧室内产生的产物气体混合物分成两路，一路为中心气流，立即进入骤冷室；另一路为与燃烧室壁很靠近的环状气流，流出后再进入燃烧室。另一专利则指出，骤冷操作是向进入骤冷室气体混合物通入氮气，使产物骤冷到稳定的温度，然后用常用的方法使产物沉积下来，此操作未出现副产物或其他的分解产物。还有利用磷与氧气在高温（700～1200℃）下的气相氧化，将生成的 P_4O_6 溶于水以制造亚磷酸。同时也可用惰性冷却介质（N_2）骤冷 P_4O_6 至稳定的温度，使其成为产品。

二、五氧化二磷（P_2O_5 或 P_4O_{10}）

工业上生产的 P_4O_{10} 为白色粉状物，其晶体主要为六方晶型（H型），生成热 $\Delta H^{\ominus}_{f(g)}=-2983kJ/mol$。$P_4O_{10}$ 是多晶型物，除了H型外，还有正交晶型（O型）以及四方晶型（O^1 或T型）等。H型在封闭系统中，于400℃加热2h得O型；同样在封闭系统中，于450℃加热H型24h得 O^1 型。H型、O型和 O^1 型的物理常数有明显的差别（见表7-1）。

表 7-1　各种晶型 P_4O_{10} 的物理常数

晶型 物理量	H	O	O'(T)	晶型 物理量	H	O	O'(T)
熔点/℃	420	562	580	熔化热/(kJ/mol)	27.8	32.2	21.8
相对密度	2.30	2.72	2.89	升华热/(kJ/mol)	95	152.3	141.8
汽化热/(kJ/mol)	67.8	78.2	78.2				

P_4O_{10}是磷酸的酸酐，极易与水化合，生成磷酸，反应如下：

$$P_4O_{10}+6H_2O \longrightarrow 4H_3PO_4$$

依据水量和反应条件，P_4O_{10}与水反应，会形成偏磷酸、三聚磷酸、焦磷酸和磷酸的混合物，最终水合成正磷酸。P_2O_5 还有从反应物分子中夺取 H_2O，形成偏磷酸和相应的无机和有机物，反应如下：

$$P_4O_{10}+4HNO_3 \xrightarrow{-10℃} 2N_2O_5+4HPO_3$$

$$P_4O_{10}+2H_2SO_4 \longrightarrow 2SO_3+4HPO_3$$

$$P_4O_{10}+4HClO_4 \longrightarrow 2Cl_2O_7+4HPO_3$$

$$P_4O_{10}+H_2N\overset{\overset{O}{\|}}{C}-\overset{\overset{O}{\|}}{C}NH_2 \longrightarrow NC-CN+4HPO_3$$

$$2P_4O_{10}+4CH_2=\overset{\overset{CH_3}{|}}{C}-\overset{\overset{O}{\|}}{C}OH+4CH_3OH \longrightarrow 4CH=\overset{\overset{CH_3}{|}}{C}-\overset{\overset{O}{\|}}{C}-OCH_3+8HPO_3$$

P_4O_{10}与乙醚反应制得磷酸三乙酯，反应如下：

$$P_4O_{10}+6(C_2H_5)_2O \longrightarrow 4(C_2H_5O)_3PO$$

五氧化二磷用途广泛，常用作干燥剂和有机合成的脱水剂、涤纶树脂的防静电剂、药品和糖的精制剂；是制取高纯度磷酸、磷酸盐、磷化物及磷酸酯的母体原料；还可用于五氧化二磷溶胶及以 H 型为主的气溶胶的制造；用于制造光学玻璃、透紫外线玻璃、隔热玻璃、微晶玻璃和乳浊玻璃等，以提高玻璃的色散系数和透过紫外线的能力；还用作有机合成缩合剂及表面活性剂等。

工业上用干燥的空气燃烧黄磷的方法制得 P_4O_{10}。在连续生产过程中，控制过量的空气和稳定的熔化黄磷的加料，能使反应进行完全，产物中几乎不含低氧化物。制造 P_4O_{10}的常用装置有：磷加料和干燥空气供给系统、燃烧室、产品冷凝和沉降室等。燃烧产生的含有 P_4O_{10}的混合气体，在冷凝室内经外部冷水或空气及内部迅速混入的冷空气的冷却，P_4O_{10}就冷凝并沉降下来。若保持室外的温度为 170～200℃，就会得到较密集的结晶产物。

P_4O_{10}的制备方法很多，此处仅介绍常见的两例：一是磷与干燥的空气，在一个有水冷却的钢制反应器中进行燃烧，燃烧热使水汽化，产生 400～600℃的高压蒸汽。P_4O_{10}气体经冷却得到产物；或是用水或 H_3PO_4 吸收 P_4O_{10}得浓磷酸。另一方法是在圆柱形的不锈钢燃烧室内进行。其高径比为（2.5～5）：1。磷与干燥空气的燃烧于 0.08～1MPa 下进行。用气体雾化的液体磷，通过不对称安装在燃烧室底部钢板上的多个燃烧嘴进入燃烧室内燃烧。燃烧室装有夹套，100～600℃和 0.1～30MPa 的蒸汽-水混合物在夹套内循环，使燃烧热变为有用的能源，并不断地补充相当量的水，以保持体系水平衡。P_4O_{10}气体冷凝后即得产物或进一步加工为 H_3PO_4。

五氧化二磷工业品的规格：$w(P_2O_5)>98.0\%$、$w(P_2O_3)<0.3\%$、$w(As)<50\times10^{-6}$、$w(Fe)<10^{-6}$、$w(Pb)<2\times10^{-6}$，填充密度约为 $700kg/m^3$。

由于 P_4O_{10}具有强脱水性和生成 H_3PO_4 的放热反应，它对眼和黏膜都会引起烧伤；$10mg/m^3$ 浓度就会咳嗽，故提出它的阈值为 $1mg/m^3$。

P_4O_{10}是制造甲基丙烯酸甲酯的脱水剂，空气吹入法使沥青部分交联的催化剂，以及制备磷酸三乙酯的原料等。

第三节　硫　化　磷

已研究过的硫磷化合物有P_4S_3、P_4S_5、P_4S_7和P_4S_{10}四种。其中P_4S_3和P_4S_{10}有商品生产。它们的分子结构和物理性质分别示于图7-3和表7-2。

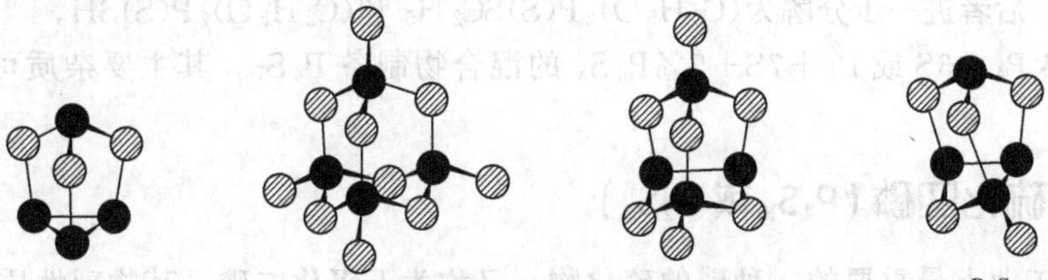

P_4S_3　P_4S_{10}　P_4S_7　P_4S_5

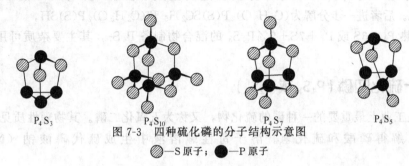

图7-3　四种硫化磷的分子结构示意图

—S原子；—P原子

表7-2　四种硫化磷的物理性质

性质		P_4S_3	P_4S_5	P_4S_7	P_4S_{10}
熔点/℃		171～172.5	170～220(分解)	305～610	286～296
沸点/℃		407～408		523	513～515
相对密度		2.03	2.17	2.19	2.09
溶解度/(g/100g CS_2)		100	10	0.029	0.222
颜色	固态	黄	黄	白	黄
	液态	棕黄	黄	淡黄	红棕
结晶形状		正交晶系	单斜晶系	单斜晶系	三斜晶系

硫化物的热稳定性顺序是$P_4S_3 > P_4S_7 > P_4S_{10} > P_4S_5$；水解稳定性顺序是$P_4S_3 > P_4S_{10} > P_4S_7$；在空气中，$P_4S_3$缓慢氧化，$P_4S_{10}$缓慢分解，$P_4S_7$分解。

P_4S_{10}与P_4O_{10}的分子结构相似，分子中磷原子为五价；P_4S_3分子中无P═S键，但有P—P、P—S键存在，磷原子为三价；在P_4S_7和P_4S_5分子中，均同时有P—P、P—S和P═S键存在，表明它们的分子中，既有三价磷原子又有五磷原子。

一、三硫化四磷(P_4S_3)

在四种硫磷化合物中，P_4S_3最稳定。它与冷水、冷盐酸或硫酸几乎不发生反应，但在沸水中逐渐分解。P_4S_3在40～50℃空气中氧化并发光，100℃以上时着火。

工业上生产P_4S_3按下式进行：

$$P_4 + 3S \longrightarrow P_4S_3$$

其制备步骤是将熔化的硫缓慢加入计算量的黄磷中，加热到180℃反应，粗产物用减压蒸馏法除去杂质，并在40～50℃减压干燥，即为产品。

P_4S_3的最大用途是作为火柴头、火柴盒摩擦面以及烟火等配方的组分。

二、五硫化四磷(P_4S_5)

P_4S_5在室温下是不稳定的，熔化(170℃以上)分解为P_4S_3和P_4S_7。可能存在着如下的平衡：

$$2P_4S_5 \rightleftharpoons P_4S_3 + P_4S_7$$

在催化剂碘的存在下，P_4S_5 与硫的二硫化碳溶液反应得 P_4S_3。

三、七硫化四磷（P_4S_7）

P_4S_7 极易湿气水解，产生 H_2S。P_4S_7 在碱或酸性溶液中水解，主要生成磷酸、亚磷酸以及少量的磷。在 CS_2 中，P_4S_7 与乙醇反应主要生成 $(C_2H_5O)_2P(S)SH$ 和 $(C_2H_5O)_2PP(OC_2H_5)SH$。后者进一步分解为 $(C_2H_5O)_2P(S)SC_2H_5$ 和 $(C_2H_5O)_2P(S)SH$。

通过加热 P_4+3S 或 $P_4+7S+5\%P_4S_3$ 的混合物制备 P_4S_7，其主要杂质可用 CS_2 萃取除去。

四、十硫化四磷（P_4S_{10} 或 P_2S_5）

P_4S_{10} 是工业上最重要的一种磷的硫化物，又称为五氧化二磷。其物理性质见表 7-2。遇水和湿气水解得磷酸和硫化氢。溶于苛性碱溶液中生成硫代磷酸钠（$Na_3PO_2S_2$、Na_3POS_3）。

P_4S_{10} 与醇或酚类反应生成重要的二硫代磷酸二烷酯或芳酯，反应如下：

$$P_4S_{10} + 8ROH \longrightarrow 4(RO)_2P(S)SH + 2H_2S$$

这些酸的锌盐和钡盐以及酸本身可作为润滑油的添加剂、抗氧化剂、洗涤剂以及浮选剂而被应用；二硫代磷酸二甲酯和二硫代磷酸二乙酯是许多有机磷杀虫剂的中间体。

P_4S_{10} 与 RNH_2 反应时，依反应物料的配比和温度等条件不同可制得 $(RNH)_2P(S)SH$ 或 $(RNH)_3PS$。

工业上是在惰性气氛和加热条件下，使硫与黄磷直接加热反应生产 P_4S_{10}，反应如下：

$$P_4 + 10S \longrightarrow P_4S_{10}$$

其操作步骤是将液态的硫和黄磷按 S：P＝(2.57～2.61)：1 的比例（质量比），加入到带有搅拌的反应器内，器温维持在 300～400℃，反应完成后，物料转移至中间储槽，继续搅拌冷至 300℃，经滚筒压片得成品 P_4S_{10}，产率 97％～98％。每生产 1t 五硫化二磷，需黄磷（P_4 99.9％）0.285t，硫（S 99.5％）0.860t。

五硫化二磷产品有粉状和片状两种形式。根据 GB 13258—91 标准分为优级品和一级品。其中优级品的 w(P) 为 27.6％～28.2％，w(S) 为 71.7％～72.3％，w(Fe) 小于 0.001％。

P_4S_{10} 对人体皮肤有中度的刺激，个别过敏者会引起皮炎。在生产、储存和运输过程中要加强通风，以防止 P_4S_{10} 与水、醇或湿气水解生成的 H_2S 毒气的积累。

五硫化二磷是有机合成的硫化试剂，用于将含氧化合物转化为相应的含硫化合物。农药工业上，用于制取乐果、乙基 1065 等有机磷农药。也用作有色金属选矿剂和高级润滑油添加剂，以及用于火柴制造、医药制品和橡胶硫化辅助剂。

第四节 磷 酰 卤

磷酰卤又称三卤氧磷，已知有多种均式和混式磷酰卤：POF_3、$POCl_3$、$POBr_3$、POI_3、POF_2Cl、$POFCl_2$、POF_2Br、$POFBr_2$、$POCl_2Br$、$POClBr_2$ 等。其中 $POCl_3$ 是重要的磷化工产品。

一、磷酰卤［三氯氧磷($POCl_3$)］

$POCl_3$ 是一种有刺激性的无色发烟液体。熔点 1.25℃，沸点 105.1℃，相对密度 1.645 (25℃)，蒸发热为 33.7kJ/mol。其折射率为 1.460(25℃)，27℃时的蒸气压为 53kPa (40mmHg)。接近 300℃时，$POCl_3$ 仍是稳定的，但易水解生成磷酸和盐酸。$POCl_3$ 与 ROH 反应得相应的磷酸酯，反应如下：

$$CH_3OH + POCl_3 \longrightarrow CH_3OP(O)Cl_2 + HCl$$

$$3CH_3OH + POCl_3 \xrightarrow{\text{缚酸剂}} (CH_3O)_3P{=}O + 3HCl$$

$POCl_3$ 能与 BCl_3、$AlCl_3$、$TiCl_4$、$NbCl_5$、$TaCl_5$ 等许多金属化合物形成配合物，从而在许多方面得到应用，例如，分馏 $Cl_3P{=}O \cdot NbCl_5$ 和 $Cl_3P{=}O \cdot TaCl_5$，可使性质相近的 Nb 和 Ta 分离。

工业上生产 $POCl_3$ 主要采用 PCl_3 氧化法，反应如下：

$$PCl_3 + \frac{1}{2}O_2 \longrightarrow POCl_3$$

其工艺过程为：从装有液态 PCl_3 的反应器底部，鼓泡通入氧气，进行液相氧化。在 0.0254m (1in) 深的反应液中，氧能全部地被吸收。只要热交换效率良好，氧的吸收速率实际上能保持恒定，直至在 $POCl_3$ 中剩下 3%～5%（质量分数）的 PCl_3 为止。然后蒸馏即得纯的 $POCl_3$。铁、铜等杂质的存在，会抑制反应。但在 PCl_3 中溶解的小量磷，对反应没有影响。

有专利报道由黄磷、氯和氧直接制造 $POCl_3$ 的装置。该装置由管线、泵、湍流混合物、热交换器、气体分离器和出料管线组成。其操作过程是，向由 PCl_3、$POCl_3$ 和多氯磷化合物组成的循环液体介质中加入黄磷，通入氯和氧，这样构成的反应物料在反应器中进行反应，反应器中物料的湍流雷诺数大于 2000；冷的反应物料，一部分作为循环介质，继续参与反应，另一部分从反应装置分离出来，以回收产物 $POCl_3$。

产物要求为 $w(POCl_3)$ 为 99.9%，$w(PCl_3)$ 为 0.1%，游离 Cl_2 痕量，$w(Fe)$ 为 1×10^{-6}（质量分数）。

$POCl_3$ 极易挥发，其蒸气对眼、皮肤、黏膜有刺激性，直接与液体接触会引起严重灼伤，吸入 $POCl_3$ 会引起肺水肿。因此，在生产、包装和储运时，应注意操作安全。

$POCl_3$ 广泛用于农药、医药、染料、磷酸酯及阻燃剂的生产，是制造有机磷农药除草剂、杀虫脒等的原料，用于生产塑料增塑剂。还用于长效磺胺药品的氯化反应，是生产染料的中间体，有机合成的氯化剂和催化剂、铀矿提取剂等。用于生产磷酸二苯异辛酯、磷酸三乙酯等磷酸酯及生产塑料增塑剂，生产长效磺胺药品；生产染料中间体、有机合成的氯化剂和催化剂，铀矿提取剂。$POCl_3$ 还可用作氯化剂、催化剂、冰点降低测定的溶剂、半导体掺杂剂、光导纤维原料等。

二、其他均式磷酰卤化合物

POF_3 是有毒的气体，极易水解，与含硅的玻璃接触产生 SiF_4。用 Zn、Pb 或 Ag 的氟化物氟化 $POCl_3$，可以制备。用 NaF 作氟化剂时，反应可在常压和加热下，于非水介质（如乙腈）中进行。纯氧与 PF_3 反应，会发生爆炸。

$POBr_3$ 可由 PBr_3 和 P_4O_{10} 反应制备。另一种方法是在 80℃和催化剂 $AlCl_3$ 存在下，将 HBr 鼓泡通过 $POCl_3$。

POI_3 是用 LiI 碘化 $POCl_3$ 于 1973 年首次制得的。

第五节 硫代磷酰卤

已知的硫代磷酰卤有许多种，如 PSF_3、$PSCl_3$、$PSBr_3$、PSI_3、$PSFCl_2$、PSF_2Cl、PSF_2Br 和 $PSFBr_2$ 等。其中 $PSCl_3$ 在工业上最为重要。

PSX_3 中 P═S 键的离解能和极性均比相应的 POX_3 中 P═O 键小，因此 PSX_3 的活性也低些。PSX_3 的水解按下式进行：

$$PSX_3 + 4H_2O \longrightarrow H_3PO_4 + 3HX + H_2S$$

一、硫代磷酰氯［三氯硫磷（$PSCl_3$）］

$PSCl_3$ 是无色发烟液体，其密度为 1668kg/m^3，折射率 1.5550(20℃)，42.7℃下蒸气压为 0.053MPa(40mmHg)，$\Delta H^{\ominus}_{f(g)} = -331.4$kJ/mol。它溶于 C_6H_6、$CHCl_3$、CCl_4 和 CS_2。

$PSCl_3$ 在水中缓慢水解，生成 H_3PO_4、HCl 和 H_2S。与 NaOH 水溶液反应得硫代磷酸钠（Na_3PO_3S）。此外，$PSCl_3$ 还涉及许多有机磷化学方面的重要反应。

工业上生产的方法是用硫与三氯化磷直接反应，反应如下：

$$S + PCl_3 \longrightarrow PSCl_3$$

在不锈钢高压釜中，加入硫、三氯化磷和碱土金属硫化物催化剂，于 150～160℃下加热数小时，反应即完成。若用 $AlCl_3$ 作催化剂，在可控的条件下，反应温度为 115℃。当配料中用过量的硫时，产物应从高压釜中蒸馏出来。产率高于 98%。

产品中 $PSCl_3$ 含量≥98%，水洗损失量小于 2%。产品具有高毒性和腐蚀性，生产时应重视防护。

$PSCl_3$ 主要用于制造杀虫剂，如作为杀螟松、对硫磷、倍硫磷、甲胺磷等有机磷农药的重要中间体。

二、其他均式硫代磷酰卤

PSF_3 是无色气体，在空气中能自燃。通过 PF_3、PbF_2 或 HF 与 P_4S_{10} 反应能制得 PSF_3；用 $SbBr_3$ 氟化 $PSBr_3$ 或用 KSO_2F 氟化 $PSCl_3$ 也能得到 PSF_3。

$PSBr_3$ 是黄色固体，溶于 CS_2、$CHCl_3$ 和乙醚，遇水缓慢水解。通过 P_4S_{10} 与 PBr_5 反应制得 $PSBr_3$；也可以在 130℃下，通过 PBr_3 与硫反应制得 $PSBr_3$。

PSI_3 是砖红色或棕红色固体。在避光的条件下，于 10～15℃的 CS_2 溶剂中使 PI_3 与硫反应 3～4 天得到 PSI_3。从 CS_2 分离的 PSI_3 能在－20℃下保存。但在室温光照下就分解。

第六节 氟磷酸锂盐

氟磷酸锂盐的发展是因其用于锂离子二次电池的电解质而发展起来的，目前广泛应用的主要是六氟磷酸锂（$LiPF_6$），它的有机电解质具有良好的导电性和电化学稳定性，作为一种新型的锂离子电池电解质材料，其使电池具有优异的比能量和能量密度，从 20 世纪中期开始就受到人们的普遍关注。但其纯度要求特别高，且热稳定性差。因此人们为改善其性能开始对其进行分子结构上的修饰，制得了 $LiPF_{6-n}(CF_3)_n$、$LiPF_3(C_2F_5)_3$(LiFAP) 以及有机磷酸酯锂盐等。在 $LiPF_{6-n}(CF_3)_n$、$LiPF_3(C_2F_5)_3$(LiFAP) 中，由于全氟烷基的引入，增大了基团的憎水性，增强了 P—F 键的稳定性，因而使电解质的使用条件得到大大改善。据称 $LiPF_{6-n}(CF_3)_n$ 有望取代 $LiPF_6$ 成为新的锂离子电池电解质。但这些氟磷酸锂盐的生产和制造更加困难，成本更高。有机磷酸酯锂盐作为电解质也在研究中。不过这些含全氟烷烃基的磷酸锂盐和有机磷酸酯盐合成和制造更加困难。这里仅介绍六氟磷酸锂的性质和生产原理。

一、六氟磷酸锂

（一）六氟磷酸锂的性质

$LiPF_6$ 为白色晶体，英文名称为 Lithium hexafluorophosphate，又称六氟磷化锂，相对密度 1.50，易与水反应，在环境水分含量≥10×10^{-6}（质量分数）时即生成 $LiPO_xF_y$（氧氟磷酸锂）。$LiPF_6$ 的分解焓 $\Delta H^{\ominus}_{f(g)}$ 为（84.27±1.34）kJ/mol（298.15K），$LiPF_6$ 生成焓 $\Delta H^{\ominus}_{f(g)}$ 为（−2296±3）kJ/mol（298.15K）。$LiPF_6$ 的稳定性较差，加热至60℃时即开始分解，产物为 LiF 和 PF_5。加热至 175～185℃时将大量分解。$LiPF_6$ 可溶于无水氟化氢、低烷基醚、腈、吡啶和醇等非水溶剂，但难溶于烷烃和苯等有机溶剂。$LiPF_6$ 易与酸反应生成 PF_5 和锂盐。$LiPF_6$ 的配合能力较强，可以和多醚形成稳定的结晶配合物。$LiPF_6$ 的红外光谱的特征峰为 $1633cm^{-1}$、$833cm^{-1}$（$888cm^{-1}$有一肩峰）和 $599cm^{-1}$；$LiPF_6$ 在非水溶剂体系中的电导率与 $LiAsF_6$ 相近，比其他锂盐如 $LiClO_4$、$LiBF_4$、$LiCF_3SO_3$ 和 $Li(CF_3SO_2)_2N$等都高，因为含有 $LiPF_6$ 的有机电解质液具有良好的导电性和电化学稳定性，目前广泛使用的锂离子电池一般均采用 $LiPF_6$ 作为其电解质，其纯度要求特别高，其中杂质含量如 Na、K、Fe、Ni、Pb、Zn、SO_4^{2-}、NO_3^-、Cl^-、HF 和 H_2O 等都要求在 10^{-5}（质量分数）以下。$LiPF_6$ 还可用于制造催化剂。由于 $LiPF_6$ 容易与水反应，因此 $LiPF_6$ 的制备工艺一般采用无水氟化氢、低烷基醚、腈和吡啶等非水溶剂。

六氟磷酸锂在空气中由于水蒸气的作用而迅速分解，放出 PF_5 而产生白色烟雾。对眼睛、皮肤，特别是对肺部有侵蚀作用。

（二）六氟磷酸锂的生产制备方法

六氟磷酸锂的生产制备方法很多，主要有以无水氟化氢作为溶剂的制备工艺、以醚类作溶剂的生产工艺、用其他溶剂的工艺和直接气固反应法等。

1. 以无水氟化氢作为溶剂的制备工艺

用无水氟化氢作溶剂生产 $LiPF_6$ 工艺，反应易于进行，产品的结晶分离也容易，易于实现工业化，是目前较成熟的生产工艺路线。

(1) 由高纯 PF_5 气体与 LiF 反应制备 $LiPF_6$

① PF_5 的制备。PF_5 为无色气体、易于水解、具有强吸潮性，微量的湿气也可使其生成 POF_3 和 HF，水分更多时则进一步生成正磷酸。目前常用的制备方法有如下几种：PCl_5 与无水 HF 反应直接生成 PF_5，将 PCl_5 固体置于密封的反应器中，通入惰性气体进行保护，再通入无水 HF 进行反应，反应温度控制在 60～165℃之间，该法生产的 PF_5 纯度不高，且反应过程易于爆炸；用 CaF_2 与浓硫酸反应先生成 $CaF(SO_3F)$，然后用 H_3PO_4 与 $CaF(SO_3F)$反应生成中间产物 POF_3，最后用无水 HF 与 POF_3 反应生成 PF_5。该工艺分三步反应，步骤多，工艺复杂，生产成本偏高；用 H_3PO_4、CaF_2 与 SO_3 反应，温度控制在 50～100℃，反应完全后，升温至 120～350℃蒸发出 PF_5，冷凝提纯得到高纯 PF_5 产品；用过磷酸或正磷酸与过量无水 HF 反应控温约 50℃，然后气液分离，向液相中缓慢加入发烟

硫酸，加热蒸发出 PF_5 即可。以上两种方法原料成本低，工艺简单，由于 HF 与过剩 SO_3 生成氟磺酸，故 PF_5 产品纯度高，但使用氟化氢毒性大。

② 用纯 PF_5 气体与 LiF 固体进行反应生成 $LiPF_6$。一般工艺是将一定流量的 PF_5 气体在塔中（可以是筛板塔或填料塔）与含有 LiF 的无水氟化氢溶液在塔中逆流接触，进料中 PF_5 和 LiF 摩尔比为略大于 1，塔底排的釜液经过滤蒸发掉氟化氢后，得到 $LiPF_6$ 粗品。

$LiPF_6$ 粗品含 HF、氧氟化物、LiF、金属离子等杂质，必须进行进一步纯化处理。对于含 LiF 和金属盐较多的粗品 $LiPF_6$，可通过溶解于碳酸酯和醚等有机溶剂形成饱和液，经过滤蒸发浓缩或进一步处理后可得高纯 $LiPF_6$ 产品；含氧氟化物和 LiF 较多的粗品可向其中通入高纯 PF_5，也可通入 F_2，在一定温度下与粗品中的杂质反应可得高纯产品；对于含 HF 较高的粗品 $LiPF_6$，可通过将产品加热至 80～100℃，并控制一定真空度，使大部分 HF 分离除去，最后可得 HF 含量小于 10×10^{-5}（质量分数）的高纯产品，要使 HF 含量低于 10×10^{-6}（质量分数），采用一般方法不易达到。

(2) 方法的改进 以上工艺由于要制备 PF_5，致使工艺复杂、成本上升。可以改进用 PCl_5、LiF 和 HF 直接合成 $LiPF_6$，该工艺是将 PCl_5 和 LiF 的混合物装入反应釜中，冷却至 −5℃，压力控制在 5～10 MPa，然后将预先冷至 −80℃ 的 HF 加入反应釜中，搅拌数小时后，逐步升温至约 10℃，恒温并搅拌 17h，最后过滤，真空蒸发滤液，得 $LiPF_6$ 产品，HF 回收。也可以将 LiF 改用 LiCl，以降低成本，这样可能导致产品中 Cl 和金属盐含量超标。也可以先用 PCl_5 和 HF 反应制得 PF_3Cl_2 气体（$PCl_5+3HF \longrightarrow PF_3Cl_2+3HCl$），然后将其通入溶解有一定量 LiF 的无水氟化氢中，搅拌反应数小时后，过滤、冷却或浓缩滤液得 $LiPF_6$ 粗品，粗品提纯方法同前。

用无水 HF 作溶剂来生产 $LiPF_6$ 工艺的综合情况见表 7-3，但该工艺最大不足是残留在产品中的 HF 以配合物 $LiPF_6\cdot HF$ 的形式存在于产品中，一般方法极难将产品中的含量降低至 10×10^{-6}（质量分数）以下，由于残留的 HF 对电池材料有腐蚀，从而影响电池电性能。再者该工艺对设备的防腐措施和材质要求以及生产的安全措施要求均高。还有该工艺为深冷工艺，能耗大。于是人们开始研究用低烷基醚、腈和吡啶等来代替无水 HF 的工艺路线。

表 7-3 以无水 HF 作溶剂来生产 $LiPF_6$ 各种工艺的比较

方法	涉及的反应	工艺指标（配料为摩尔比）	优点	缺点
方法 1	(1)制备 PF_5 (2)$LiF+PF_5 \longrightarrow LiPF_6$	PF_5 : LiF=1.2 : 1.0 −50～20℃ ≤1MPa	反应装置可用板式塔，易于实现连续化生产，产品纯度高	工艺复杂，成本高，不易控制水分
改进方法 1	$PCl_5+5HF+LiF \longrightarrow LiPF_6+5HCl$	PF_5 : LiF=1.2 : 1.0 −50～70℃ 0.5～1MPa	工艺简单，可控制水分，成本较低	产品中金属和 Cl 含量可能超标
改进方法 2	(1)$PCl_5+3HF \longrightarrow PF_3Cl_2+3HCl$ (2)$PF_3Cl_2+2HF+LiF \longrightarrow LiPF_6+2HCl$	PF_3Cl_2 : LiF : HF=1.2 : 1.0 : 2.0 −50～20℃ ≤1MPa	同方法 1	工艺复杂，产品中 Cl 含量可能超标

2. 以醚类作溶剂的生产工艺法

由于 $LiPF_6$ 可溶解于低烷基醚如甲醚、乙醚、乙二醇二甲醚、丙二醇二甲醚和二甘醇二甲醚等，在烷基碳原子数大于 3 的醚中溶解度很小，醚类对设备和电池材料基本无腐蚀，故可能是较有开发价值的工艺方法。

(1) 由高纯 PF_5 与 LiF 反应制备 $LiPF_6$ 一般先将纯 LiF 置入装有提纯后的醚的反应釜中，搅拌成悬浮液，然后再逐步通入 PF_5 气体，温度控制在 20～25℃下反应。分离结晶得 $LiPF_6$ 粗品，粗品在约 30Pa 真空度、温度 30℃下进行干燥，可重结晶得纯 $LiPF_6$ 产品。也可以用 PCl_5 或 $POCl_3$，代替 PF_5 以降低成本。不过 LiF 难溶于醚，要加入相转移催化剂使 LiF 溶于醚中，反应才能进行。

(2) PF_5 与 LiF 高温高压反应制备 $LiPF_6$ 一般是将 LiF 和 PF_5 置于密闭反应器中，在 −20～300℃温度下反应 0.1～10h，形成 $LiPF_6$，然后用乙醚等溶剂在 0～80℃的温度下将 $LiPF_6$ 分离出来，蒸发掉溶剂，真空下干燥残余物得产品 $LiPF_6$ 粗品，最后将粗品用醇、苯进行洗涤和重结晶。由于原料 PF_5 与 LiF 成本均较高，可进一步改进，用成本较低的锂盐如 Li_2O、$LiNO_3$、Li_2CO_3 和 $(NH_4)_2HPO_4$、NH_4F 来代替。将 Li_2O 与 $(NH_4)_2HPO_4$ 以等比例混合，在 150～600℃下反应制得 $LiPO_3$，将 $LiPO_3$ 粉化后配以 7 倍的 NH_4F 在 150～200℃下反应 4～6h 得 $LiPF_6$，然后用溶剂将 $LiPF_6$ 萃取出来。

醚类作溶剂的制备工艺的综合情况见表 7-4，此外，共同的难点是 $LiPF_6$ 在醚溶剂中结晶分离析出的难度大，$LiPF_6$ 与醚溶剂形成配合物溶解于溶剂中，实际过程中发现用乙醚作溶剂使 $LiPF_6$ 冷却结晶分离比较困难，而用多醚作溶剂又是以配合物的形式结晶分离出来，将结晶配合物中的多醚配体除去将是一个难点，只要将这个难点解决了，无疑是 $LiPF_6$ 制备工艺的一个进步。

表 7-4 醚类作溶剂的各种工艺的比较

方法	涉及的反应	工艺指标（配料为摩尔比）	优点	缺点
方法 1	(1)制备 PF_5 (2)$LiF+PF_5 \longrightarrow LiPF_6$	PF_5 : LiF＝1.2 : 1.0 20～60℃ ≤1MPa	反应装置可用板式塔，易于实现连续化生产，产品纯度高	工艺复杂，需添加昂贵相转移催化剂，成本很高，不易控制水分
方法 2	$PCl_5+6LiF \longrightarrow LiPF_6+5LiCl$	PCl_5 : LiF＝1.2 : 1.0 −50～70℃ 5～10MPa	工艺简单，副产品锂盐可回收再利用，可控制水分，易于实现工业化	产品中金属含量可能超标，需纯化，不易实现连续化生产
改进方法 2	(1)$Li_2O+2(NH_4)_2HPO_4 \longrightarrow$ $2LiPO_3+4NH_3+3H_2O$ (2)$LiPO_3+6NH_4F \longrightarrow$ $LiPF_6+6NH_3+3H_2O$	Li_2O : $(NH_4)_2HPO_4$: NH_4F＝1 : 1 : 7 150～600℃ 150～200℃	同方法 2	产品中金属含量可能超标，需纯化，不易实现连续化生产，产品中氧氟磷酸锂偏高

3. 采用其他溶剂的工艺

目前采用其他溶剂如吡啶、乙腈、SO_2 和碳酸酯等，已有少量研究报道。例如将一定量 KPF_6 在室温下溶解于 CH_3CN 中，同时将一定量的 LiCl 与乙腈在室温下形成悬浮液。将两种溶液混合并搅拌，然后以一定流量向混合液中通入氨气 24h，过滤出 KCl 晶体，真空蒸发滤液得 $LiPF_6$ 产品，此操作容易造成 $LiPF_6$ 分解，因为乙腈沸点为 90℃。该类工艺制备的 $LiPF_6$ 产品中，LiF、KCl、CH_3CN、KPF_6 和金属盐等杂质均可能偏高，必须要纯化处理，纯化处理难度大，增加工艺流程和生产成本，还有残留在产品的 CH_3CN 可能对电池材料产生影响，从而影响电池电性能。

对于用吡啶作溶剂的制备工艺，先制备 HPF_6，然后把 HPF_6 结晶溶解于吡啶中，形成配合物 $C_6H_5NHPF_6$，然后将一定量 LiOH 或 LiOR、LiR(R 指烷基) 置入配合物溶液中反

应生成 $Li(C_6H_5N)PF_6$，接着在真空下分解得到 $LiPF_6$ 产品。该工艺由于 LiOH 等存在对原料和环境水分要求不高，但原料吡啶和 LiOH 等成本高，且吡啶沸点达 115℃，真空下分解 $Li(C_6H_5N)PF_6$ 易使 $LiPF_6$ 分解，造成产品中 LiF、金属盐等杂质偏高，必须要纯化处理，但纯化处理难度大，需增加工艺过程和生产成本。

4. 直接气固反应法

该类工艺首先将 LiF 与 HF 在室温或略高于室温下生成 $LiHF_2$，然后升温至 150～250℃，减压使 $LiHF_2$ 脱掉 HF 而得到多孔状 LiF，再次将温度降至 80～100℃，通入 PF_5，使其生成 $LiPF_6$，该工艺可重复进行以使 LiF 反应完全。该工艺 $LiPF_6$ 产品纯度可能不高，该工艺难点是制备均一多孔的 LiF 难度大，特别是对于工业规模化的生产。

5. 溶液法

在制备 $LiPF_6$ 的过程中，如果能够直接制备用于锂电池的 $LiPF_6$ 溶液，则可以减少一些操作流程，提高效率。采用溶液法可以有效地解决这些问题，即采用用于制造锂离子电池电解液的有机溶剂 EC（碳酸乙烯酯）、DEC（碳酸二乙酯）、DMC（碳酸二甲酯）等作为溶剂将 LiF 悬浮在其中然后通入 PF_5，温度控制在－40～100℃反应制得 $LiPF_6$。该反应虽然是气-固反应，但反应中生成的 $LiPF_6$ 可以不断溶解在有机溶剂中，使得反应界面不断更新，产率较高。反应结束后过量的 PF_5 可用惰性气体除去。

溶液法易于控制，产率也较高，但制备过程中 PF_5 易与有机溶剂发生反应，导致溶剂颜色加深。

溶液法的另一种方法是将盐 $(XH)^+PF_6^-$（X：路易斯碱）与含锂的强碱在混合溶剂中反应，采用离子交换的方式生成 $LiPF_6$，然后除去残留物及副产物，再加入其他锂电池所需的别的溶剂直接得到电解液。混合溶剂一般为链状或环状有机物，如 EC、PC、DEC、DMC 等，$(XH)^+PF_6^-$ 及强碱（一般分别选用 NH_4PF_6 和 LiH），这样生成的副产物为 NH_3 和 H_2，易于用减压方法或通惰性气体除去。过量的固体反应物 LiH 可通过过滤或离心除去。另外，LiH 还能与可能存在的微量水分反应，确保无水环境；同时为提高反应速率，反应物之一必须可溶，而 NH_4PF_6 一般能溶于 EC、DEC 等溶剂中。

该方法使用的 NH_4PF_6 和 LiH 的危险性远低于 HF 与 PF_5，同时原料易得、易处置，副产物易除去，效果比较理想。但是从经济角度考虑，该法成本较高，不易进行工业化生产。

（三）六氟磷酸锂标准

六氟磷酸锂最主要用于生产锂离子电池，表 7-5 为锂离子电池用六氟磷酸锂产品标准。

表 7-5 锂离子电池用六氟磷酸锂产品标准（HG/T 4066—2008）

项目		指标	项目		指标
六氟磷酸锂/%	≥	99.9	氯化物(以 Cl 计)/%	≤	0.0005
碳酸二甲酯(DMC)不溶物/%	≤	0.1	铁(Fe)/%	≤	0.0010
水分/%	≤	0.0020	钾(K)/%	≤	0.0001
游离酸(以 HF 计)/%	≤	0.0150	钠(Na)/%	≤	0.0010
硫酸盐(以 SO_4 计)/%	≤	0.0010			

二、全氟烷基膦酸锂

全氟烷基膦酸锂［$LiPF_3(C_2F_6)_3$］是一种新的锂离子二次电池的电解质盐。其电解液在电化学稳定性和离子导电性方面和六氟磷酸锂电解液相似。但它制备简单，不易水解，闪点高，使它在理论上较六氟磷酸锂易生产应用。

全氟烷基膦酸锂的制备原理如下：

$$PO(C_2H_5)_3 \xrightarrow{HF} PF_2(C_2H_5)_3$$

$$PF_2(C_2H_5)_3 \xrightarrow{LiF} LiPF_3(C_2H_5)_3$$

合成步骤是以三乙基氧磷为原料在氟化氢溶剂中电解来制备 $PF_2(C_2H_5)_3$。反应器内有镍阳极，不锈钢阴极和冷凝装置。电解过程中，反应器内的温度保持－5℃。电解在 4.4～5.4V 电压下进行，电流密度为 0.30～0.53A/dm²。气体产品在冷肼内被冷却回收。

对电解槽进行处理，将 HF 分离。取混合物少许，加入 LiF，无水二甲氧基乙烷和乙二醇甲醚（DME）来制备 $PF_2(C_2H_5)_3$。这一溶液过滤后能直接用作电解液。如果将无水己烷加入该溶液，锂盐会从溶液中结晶出来。

第七节 金属磷化物

一、概述

在高温下，磷能与元素周期表中的大多数金属化合物生成不同组成的磷化物。在表 7-6 列出的已知金属磷化物中，镍与磷形成的磷化物有九种：Ni_3P、Ni_5P_2、$Ni_{12}P_5$、Ni_2P、Ni_5P_4、NiP、NiP_2、NiP_3、Ni_5P_4；镓与磷形成的化合物只有一种，即 GaP。它们组成有的符合经典的价键规则，但多数不符合。

表 7-6 已知的金属磷化物组成

ⅠA	Li_3P、Li_2P_5、LiP_5、LiP_7、Na_3P、Na_3P_7、Na_2P_5、Na_3P_{11}、K_3P、K_4P_6、K_3P_7、KP_{15}、RbP_3、RbP_7、Rb_4P_6、CsP_7
ⅡA	Be_3P_2、BeP_2、Mg_3P_2、Ca_3P_2、CaP、CaP_3、Ba_3P_2、BaP_3、Ba_3P_{14}、BaP_{10}
ⅢA	$B_{12}P_2$、BP、AlP、GaP、InP、TlP_5
ⅣA	SiP、SiP_2、GeP、GeP_3、GeP_5、SnP、Sn_4P_5、SnP_3
ⅢB	ScP、YP、LaP、LaP_5、LaP_7
ⅣB	Ti_3P、Ti_5P_3、Ti_4P_3、TiP、TiP_2、ZrP、ZrP_2、Hf_2P、Hf_3P_2、HfP、HfP_2 ZrP、ZrP_2
ⅤB	V_3P、VP、Nb_3P、NbP、NbP_2、Ta_2P、TaP、TaP_2
ⅥB	Cr_3P、$Cr_{12}P_7$、CrP、CrP_2、CrP_4、Mo_3P、Mo_4P_3、MoP、MoP_2、MoP_4、W_3P、WP、WP_3
ⅦB	Mn_3P、Mn_2P、MnP、MnP_4、Re_2P、ReP
ⅧB	Fe_3P、Fe_2P、FeP、FeP_2、FeP_4、Ru_2P、RuP、RuP_2、RuP_4、Os_3P_2、Os_3P_4
ⅧB	Co_2P、CoP、CoP_3 Rh_2P、Rh_4P_3、RhP_2、RhP_3、IrP、IrP_2、IrP_3
ⅧB	Ni_3P、Ni_5P_2、$Ni_{12}P_5$、Ni_2P、Ni_5P_3、NiP、NiP_2、NiP_3、Pd_3P、Pd_7P_3、PdP_2、PdP_3、Pt_5P_2、PtP_2
ⅠB	Cu_3P、CuP_2、Cu_2P_7、AgP_2、AgP_{11}
ⅡB	Zn_3P_2、ZnP_2、Cd_3P_2、Cd_6P_7、Cd_7P_{10}、CdP_2、CdP_4
镧系与锕系	CeP、CeP_2、PrP、PrP_2、NdP、SmP、GdP、TbP、DyP、HoP、ErP、ThP、Th_3P_4、Th_2P_{11}、UP、U_3P_4、UP_2、Np_3P_4、PuP

一般来说，碱和碱土金属磷化物以及镧系金属和其他一些电正性的金属磷化物是很活泼的，在水中易水解，放出磷化氢；而大量的过渡金属磷化物的特性是：质硬、熔点高、密度

大、热稳定、高的导热性和导电性、有金属光泽以及耐稀碱和酸的腐蚀等。基于性质上的差异，通常把前一类磷化物称为活性磷化物，后一类磷化物看作是合金。另一种分类法是按二元磷化物通式 M_xP_y 的 x 和 y 所代表数字的大小来划分，当 $x>y$ 时，称为富金属磷化物；$x=y=1$ 时，称为单一金属磷化物；$x<y$ 时，称为富磷金属磷化物。已知的金属磷化如表7-6所示。金属磷化物的制备，有如下几种方法。

① 元素磷与单质金属在真空或惰性气体条件下加热直接合成，反应如下：

$$3Li+P \longrightarrow Li_3P$$

$$3Cu+P \longrightarrow Cu_3P$$

② 用碳或氢还原金属磷酸盐，反应如下：

$$Ca_3(PO_4)_2+8C \longrightarrow Ca_3P_2+8CO$$

$$Fe_2P_2O_7+7H_2 \longrightarrow 2FeP+7H_2O$$

③ Ca_3P_2 与金属（Ti、V、Nb、Ta、Cr、Mo、W、Mn）或其卤化物在高温下反应，反应如下：

$$Ca_3P_2+2Ta \longrightarrow 2TaP+3Ca$$

$$Ca_3P_2+2CrCl_3 \longrightarrow 2CrP+3CaCl_2$$

④ 金属磷氧化物或卤化物与磷化氢反应，反应如下：

$$2PH_3+Ga_2O_3 \longrightarrow 2GaP+3H_2O$$

$$2PH_3+3ZnCl_2 \longrightarrow Zn_3P_2+6HCl$$

某些金属磷化物还需采用其他的方法制备，如熔盐电解法。

二、ⅠA和ⅡA族金属磷化物

M_3P（M＝Li～Cs）和 M_3P_2（M＝Be～Ba）型磷化物，可看作是金属离子与 P^{3-} 形成的类盐化合物，水解产生 PH_3，反应如下：

$$Na_3P+3H_2O \longrightarrow PH_3+3NaOH$$

$$Ca_3P_2+6H_2O \longrightarrow 2PH_3+3Ca(OH)_2$$

M_2P(M＝Na～Rb)与 MP(M＝Be～Sr) 型磷化物，可看作是金属离子与具有 P—P 键的 P^{2-}—P^{2-} 形成的类盐化合物，水解产生 $H_2P—PH_2$，反应如下：

$$2Na_2P+4H_2O \longrightarrow H_2P—PH_2+4NaOH$$

$$2CaP+4H_2O \longrightarrow H_2P—PH_2+2Ca(OH)_2$$

在惰性气体条件下，碱金属碱土金属磷化物加热到650℃和750℃仍是稳定的。其中 Ca_3P_2 可加热到1250℃不分解，但在氧气中，300℃就分解。

Li_3P 和 Na_3P 在惰性气氛条件和加热下，通过金属与黄磷反应制得。Li_3P 继续与赤磷反应，形成具有金属光泽的黑色针状物（LiP）。钾与赤磷在惰性气氛条件和300～320℃下反应，形成类似红宝石的透明针状物（KP_{15}）。通过金属与赤磷的反应制得碱土金属磷化物（M_3P_2）。向有钙的液氨中通入磷化氢，得加成物 $Ca_3(PH_2)_2\cdot 5NH_2$；加成物在150℃下加热得到 CaP，CaP 在600℃以上就转变为纯 Ca_3P_2。

商用磷化钙是在磷蒸气下，加热生石灰制得的。该产物中含化合磷20%～25%（质量分数），与水反应时产生约10%（质量分数）的可自燃磷烷。磷化钙已在海用航标灯中得到应用。磷化钠和磷化钙也是商业上生产磷化氢的原料。磷化钙和碱土金属磷化物吸湿或遇水易产生有毒的磷化氢化合物气体，在生产储运和使用过程中，应予以重视。

三、ⅢA族、镧系和锕系金属磷化物

从表7-6可知，ⅢA族金属磷化物中除 $B_{12}P_2$ 和 TlP_5 外均为单一型磷化物（MP）；而镧系锕系金属既有单一型又有富磷型的磷化物。MP 型的ⅢA 族金属磷化物具有半导体性质，ⅢA 金属磷化物中的 M—P 键，具有较多的共价键特性，在沸水中也是稳定的。BP 在沸腾的浓碱液中分解，纯的 AlP 在稀的盐酸中分解，均产生 PH_3；AlP 与 H_2SO_4 反应得到 $Al_2(SO_4)_3$ 和 PH_3。

工业上已采用 AlP 在酸性条件下水解来生产 PH_3，反应如下：

$$AlP+3H_2O \longrightarrow PH_3+Al(OH)_3$$

该法的产率高，杂质 P_2H_2 的含量低。可作电子工业需用的高纯 PH_3 气体。

MP(M＝B、Al、In) 均可通过金属与赤磷或 Zn_3P_2 在高温下反应制得。

GaP 和 InP 用于制造发光二极管。AlP 与碳酸铵的混合物可作谷物的蒸煮剂，利用它们在湿汽下产生的 PH_3、NH_3 和 CO_2 混合气体杀死害虫，但又不会着火和引起长期的毒害效应。

镧系金属磷化物与ⅡA 族金属磷化物相似，其 M—P 键具有离子键，遇湿气或水分解产生 PH_3。锕系金属磷化物只在稀酸中分解，放出 PH_3。它们均可通过金属与磷或与 PH_3，在加热条件下来制取。

四、ⅡB 和ⅣA 族金属磷化物

Zn_3P_2 和 Cd_3P_2 均为灰色固体物，它们均是电的导体。Zn_3P_2 的相对密度为 4.70，350～550℃下加热，按下式分解：

$$Zn_3P_2 \xrightarrow{\triangle} 3Zn(g)+P(g)$$

它们可通过金属与黄磷或金属与 PH_3 在加热下反应制得。

它们均是有毒化合物，Zn_3P_2 的 LD_{50}（经口）对豚鼠为 10～12mg/kg，因此可用磷化锌来配制杀鼠剂。Zn_3P_2 也是制备其他金属磷化物的原料之一。

SiP、GeP 和 SnP 是高温热稳定的材料。可直接通过金属与黄磷在高温下反应制得。

五、过渡金属磷化物

1. 富金属磷化物

这类化合物是致密、硬质、有脆性的结晶物。具有高的热和化学稳定性，不与稀酸和碱反应，甚至也不与热的浓酸反应。它们具有高的导热和导电性。磷化物的化学纯度十分重要，因为杂质的存在对它们的性质，特别是电性质的影响很大。在许多磷化物结构中，均见到金属原子与磷原子的简单而又高度对称的配位的图像，其中无 P—P 键合，金属-金属的距离比相应的纯金属大。金属-磷键为共价键。

用电解 $(NaPO_3)_n$、WO_3 和 NaCl 熔体制得 W_3P；铁与赤磷热反应得 Fe_2P；Rh 与磷热反应得 Rh_4P；Rh_4P 加热得 Rh_2P；IrP_2 加热得 Ir_2P；Ni 或 Cu 与赤磷反应，分别得 Ni_3P 或 Cu_3P。

磷铁是工业上产量较大的过渡金属磷化物，其中含有 Fe_3P 和 Fe_2P。它是电炉法生产黄磷的副产物。磷铁的最大用途是制造高强度的低合金钢。

磷铜是灰色物质，含 10％～15％P，其中大量的是 Cu_3P，用于铜或其合金的脱氧。

Ir_2P 是硬质和惰性的材料，用作自来水笔的笔尖。

2. 单一金属磷化物

MP（M＝Ti、Zr、Hf、V、Nb、Ta、Co、Mo、W、Mn、Re、Fe、Ru、Ir、Ni）型金属磷化物，是灰黑色有金属光泽的六方晶系结晶物，具有高的熔点和大的密度，如 NbP

的熔点为1729℃，TaP的密度为10900kg/m³。在晶体中，磷原子以三面棱柱形金属原子配位，其化学键可能是部分的金属键和部分的共价键。大部分化合物是硬质、化学惰性和高温下耐氧化的。TaP、MoP、WP已用于航天火箭的头部材料。

ZrP_2 加热，失去 P_4 得 ZrP；Hf和Fe分别与赤磷反应得HfP和FeP；电解偏磷酸盐与 V_2O_5 的熔体得VP；于925℃下电解NaCl、$Na_4P_2O_7$、$Na_2B_4O_7$、$NaPO_3$ 和 MnO_2 熔体得MnP。

3. 富磷金属磷化物

常见的过渡金属的富磷金属磷化物有 MP_2（M＝Ti、Zr、Hf、Nb、Ta、Cr、W、Fe、Ru、Os、Rh、Ir、Pd、Pt、Cu、Ag）和 MP_3（M＝Co、Rh、Ir、Ni、Pd）型化合物。它们通常具有半导体性质。随着磷原子数目增大，其密度就减小，如 MoP_2 和 MoP_4 的相对密度分别为5.35和3.88。加热时，这类磷化物就失去部分磷原子，转变为单一金属磷化物或富金属磷化物。如下列反应：

$$2CoP_3(s) \longrightarrow 2CoP(s) + P_4(g)$$

$$4NiP_3(s) \longrightarrow 4NiP_2(s) + P_4(g)$$

富磷金属磷化物主要是通过金属与黄磷或赤磷在高温下直接反应制得。

MPS(M＝Rh、Co、Ni、Ir）型的三元化合物是半导体；已知的三元化合物还有CuPS、CuPSe、AgPS、PdPSe、NbPS、TaPS等。

为寻找性能优良的半导体及其他电子材料，近年来对三元或多元金属磷化物的研究是比较活跃的。例如，$ZnGeP_2$(ZGP）晶体是一种Ⅱ-Ⅳ-$Ⅴ_2$ 黄铜矿型结构半导体化合物，同时又是一种性能优异的光学材料，且其热导率高、硬度大、易于机械加工。

参 考 文 献

[1] 王杏田．中国无机氟化工五十年发展进程．无机盐工业，2011，43（3）：1-7.
[2] 李佳等．六氟磷酸锂产业化关键技术．应用化工，2011，40（3）：524-527.

第八章　含磷-碳键化合物

第一节　概　述

含磷-碳键的化合物是指分子中含有一个或一个以上磷-碳键的有机磷化合物。几乎所有的含磷-碳键的化合物都可以用以下通式表示。

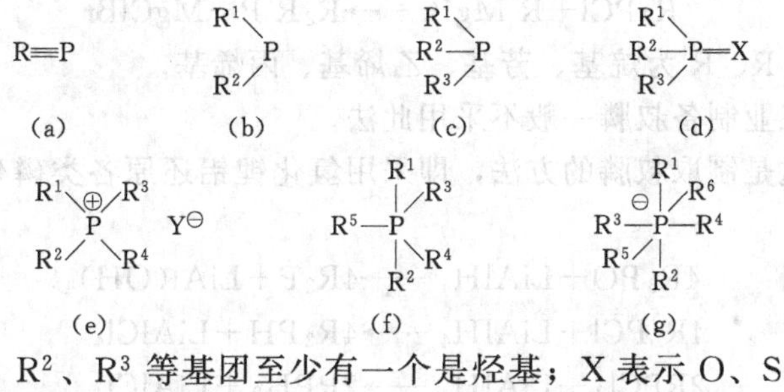

在这里，R、R^1、R^2、R^3 等基团至少有一个是烃基；X 表示 O、S、Se 或 NR 等基团；Y 表示阴离子。

根据其分子中磷-碳键的类型不同，含磷-碳键的化合物可以分为以下三种类型：即膦烷（P—C）、膦烯（P ═C）、膦炔（P ≡C）。

另外，还有一些聚合的和环状的含磷-碳键的有机磷化物。如：

$\left[RP—CR_2^1\right]_n$　　$\left[R_3P—CR_2^1\right]_n$　　$\left[R_2P═CR^1\right]_n$　　

有机磷化合物几乎涉及各个工业领域，最重要的是用作农药、冶金工业中的萃取剂、高分子材料工业中的阻燃剂、抗氧剂、石油工业的添加剂、水处理剂等。本章重点介绍结构为膦、鏻盐和膦酸衍生物的重要产品，讨论它们的生产原理、物理化学性质及其主要用途。

第二节　膦和鏻盐

一、膦

膦 R_3P 可看作是磷化氢 PH_3 的衍生物。依据磷原子与取代基的数目可以分为伯膦（RPH_2）、仲膦（R_2PH）、叔膦（R_3P）。

多数膦有很难闻的气味，毒性大，尤其是低级膦。由于膦的磷原子上有未共用电子对，能与许多亲电试剂作用，是一类很活泼的化合物。它们大多数易发生氧化反应，三甲基膦甚至在空气中自燃；芳基膦虽然较稳定，但仍能与许多氧化剂反应。许多膦与金属盐形成的配位化合物是一类很重要的催化剂。

1. 生产原理和生产方法

(1) 碘化鏻的烷基化 卤代烷与碘鏻在氧化锌的存在下于100～180℃连续烷基化得到伯、仲、叔膦混合物，三类膦可用分馏法分开，若无氧化锌，主要产品为叔膦和季鏻盐，反应如下：

$$2EtI+2PH_4I+ZnO \longrightarrow 2EtPH_2 \cdot HI+ZnI_2+H_2O$$

$$2EtI+PH_4I+ZnO \longrightarrow Et_2PH \cdot HI+ZnI_2+H_2O$$

$$3EtI+PH_4I \longrightarrow Et_3P \cdot HI+3HI$$

(2) 季鏻盐的热分解 在强热下季鏻盐分解为叔膦，若原料含一个以上R基则产生混合膦，卤化鏻的电还原亦可产生膦。

$$R_4P^{\oplus}X^{\ominus} \longrightarrow R_3P+RX$$

(3) 格氏试剂法 这是制取叔膦的方法，常用于实验室中，反应在乙醚中进行，收率达80%，但带支链的烷基衍生物产率较低，反应如下：

$$PCl_3+3RMgBr \longrightarrow R_3P+3MgClBr$$

$$RPCl_2+2RMgBr \longrightarrow R_3P+2MgClBr$$

$$R_2PCl+R'MgBr \longrightarrow R_2R'P+MgClBr$$

以上反应式中，R、R′为烷基、芳基、乙烯基、丙烯基。

因原料太贵，工业制备叔膦一般不采用此法。

(4) 还原法 这是制取叔膦的方法，即采用氢化锂铝还原各类磷化物以得到相应的膦，反应如下：

$$4R_3PO+LiAlH_4 \longrightarrow 4R_3P+LiAl(OH)_4$$

$$4R_2PCl+LiAlH_4 \longrightarrow 4R_2PH+LiAlCl_4$$

$$2RPCl_2+LiAlH_4 \longrightarrow 2RPH_2+LiAlCl_4$$

(5) 金属磷化物法 卤代烷与金属磷化物反应可用于制备膦。金属磷化物可用金属与适当的膦在液氨作用下制得，反应如下：

$$NaPH_2+RX \longrightarrow RPH_2+NaX$$

$$NaPHR+R'X \longrightarrow RR'PH+NaX$$

$$NaPR_2+R'X \longrightarrow R_2PR'+NaX$$

$$Na_3P+3RX \longrightarrow R_3P+3NaX$$

2. 化学性质

膦的化学性质主要是由于磷原子上的孤电子对所引起。此外，在反应中形成很强的磷酰键P═O，也是使膦能进行许多反应的动力。

(1) 氧化 膦与很多含氧化合物反应生成含P═O的氧膦，下列反应清楚地说明了膦与氧形成的磷氧键比N、As、S、Cl与氧形成的键要强。

$$R_3P+R_3'NO \longrightarrow R_3PO+R_3'N$$

$$R_3P+R_3'AsO \longrightarrow R_3PO+R_3'As$$

$$R_3P+R_2'SO \longrightarrow R_3PO+R_2'S$$

$$Ph_3P+Cl_3PO \longrightarrow Ph_3PO+PCl_3$$

此外，氧化偶氮苯还原成偶氮苯，环氧化物转化成烯，臭氧化物转化成酮，以及碳酸乙烯酯转化成乙烯都可以通过与叔膦的反应而得以实现，反应如下：

$$CH_2 \underset{\underset{O}{\diagdown\diagup}}{-} CH_2 + R_3P \longrightarrow R_3PO + CH_2 = CH_2$$

$$\begin{matrix} CH_2-O \\ | \\ CH_2-O \end{matrix} C=O + R_3P \longrightarrow R_3PO + CO_2 + CH_2 = CH_2$$

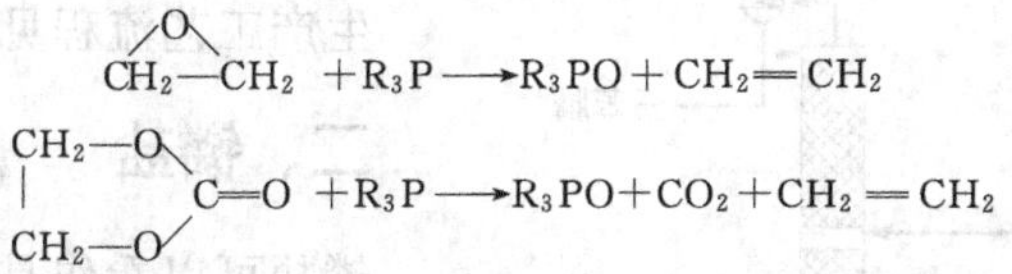

$$PhN=N(O)Ph + R_3P \longrightarrow PhN=NPh + R_3PO$$

（2）硫化 三苯膦与硫黄混合，生成三苯硫膦，反应如下：

$$8Ph_3P + S_8 \longrightarrow 8Ph_3PS$$

膦能从一些含硫化合物中移去硫，如下面的反应：

$$MePSCl_2 + n\text{-}Bu_3P \longrightarrow n\text{-}Bu_3PS + MePCl_2$$

单苯膦与亚硫酰氯反应的主要产物为苯基亚硫膦酰二氯，与硫黄或二氯化硫反应则生成环状化合物。在控制条件下，仲膦与硫黄生成仲膦化物或者二硫化膦酸，反应如下：

$$PhPH_2 + SOCl_2 \longrightarrow PhPSCl_2 + H_2O$$

$$2PhPH_2 + 2S_2Cl_2 \longrightarrow (PhPS_2)_2 + 4HCl$$

（3）卤化 伯膦、仲膦与卤素强烈地反应生成卤代膦，与光气作用也能生成同样产物，反应如下：

$$RPH_2 + 2Cl_2 \longrightarrow EPCl_2 + 2HCl$$

$$R_2PH + Cl_2 \longrightarrow R_2PCl + HCl$$

（4）与不饱和化合物的反应 在强无机酸存在下，叔膦与不饱和酸酯直接加成，如下列反应：

$$Ph_3P + CH_2=CHCOOH + HBr \longrightarrow Ph_3\overset{+}{P}CH_2CH_2COOHBr^-$$

$$Ph_3P + PhC\equiv CCOOH + HCl \longrightarrow Ph_3\overset{+}{P}C(Ph)=CHCOOHCl^-$$

$$Ph_3P + MeOOCC\equiv CCOOMe + HBr \longrightarrow MeOOCCH=C(COOMe)\overset{+}{P}Ph_3Br^-$$

在最后一个反应中，若无 HBr 存在，则生成环状化合物。三苯膦与四氰基乙烯、三氰基乙炔分别生成环状化合物与共轭化合物。叔膦与氯氨基生成氨基取代鏻盐或膦胺，反应如下：

$$R_3P + H_2NCl \longrightarrow R_3PNH_2Cl$$

$$R_3P + 2HN_3 \longrightarrow R_3PNH_2N_3 + N_2$$

$$Ph_3P + MeN_3 \longrightarrow Ph_3P=NMe + N_2$$

3. 三苯膦（TPP）

三苯膦是叔膦中最重要的膦，它是有机合成中常用的试剂，在工业上用作生产维生素 A 的原料。

三苯膦为白色固体，工业品为白色薄片结晶，熔点 80℃，沸点 195～205℃（1.998×10^3Pa），相对密度 1.194，易溶于乙醚、苯和氯仿，微溶于水，LD_{50} 为 800mg/kg。

工业上生产三苯膦的方法是在甲苯溶剂中，用氯苯与熔融的金属钠反应得到苯基钠后再与三氯化磷反应而得到 TPP，反应如下：

$$3PhCl + 6Na \longrightarrow 3PhNa + 3NaCl$$

$$3PhNa + PCl_3 \longrightarrow TPP + 3NaCl$$

在生产上两步反应是连续进行的。在反应器中将微小颗粒状金属钠分散在甲苯中，然后控制在适当的温度下，滴加入氯苯并搅拌，反应生成 PhNa 后，再继续滴加 PCl₃，搅拌反

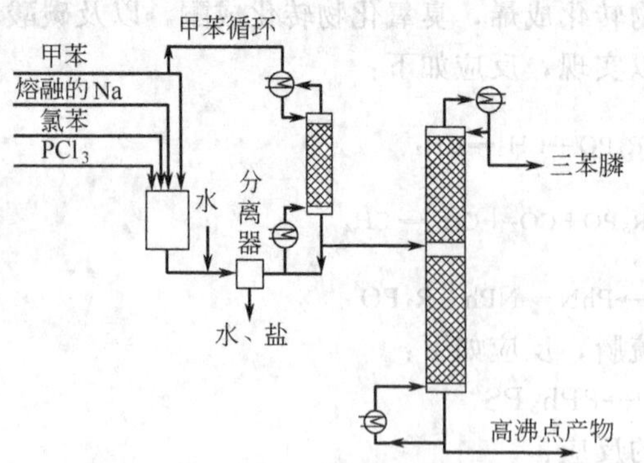

图 8-1　三苯膦生产流程

应即可生成 TPP。经过滤，减压脱溶剂后可得工业品。收率98%，纯度97%。

生产工艺流程见图 8-1。

二、鏻盐

鏻盐可以看作是由鏻离子 PH_4^+ 衍生而来的，其中四个氢被含碳基团所取代，它们可以是开链的、单环的或双环的。

鏻盐是膦叶立德的前体，是合成各种烯类的重要原料。此外，鏻盐本身有着很多重要的用途。四羟基甲基氯化鏻 $(CH_2OH)_4P^+Cl^-$ 可作纺织品的阻燃剂，能改善羊毛对颜色的吸收、抗收缩，增加染料对水洗的坚牢度等。一些单鏻盐和双鏻盐可作为硫化促进剂、纺织品的抗静电剂、金属防腐剂等。多聚鏻盐（有机聚合物中带有鏻盐单元者）可作为聚合反应催化剂。由于鏻盐与某些重金属形成的化合物能被有机溶剂萃取，因而鏻盐可用于Ir、Mo、Os、Np、Pt、Re的富集。在照相学上可用作显影剂、感光剂和调节剂等。在农药方面可作为杀虫剂、杀菌剂、杀线虫剂以及植物生长调节剂。季鏻盐在医学方面也有多种用途，季鏻盐还可作为相转移催化反应中的催化剂。

氯化四羟甲基鏻（THPC）是早期开发的织物阻燃剂，以磷化氢、福尔马林和盐酸为原料反应而得，反应如下：

$$PH_3+4HCHO+HCl \longrightarrow (HOCH_2)_4Cl$$

THPC属反应型阻燃剂，能在棉纤维内部或表层进行反应，生成物成为处理对象的组成部分，因而阻燃性持久，耐洗性良好。

但由于在制造或使用过程中可能产生具有致癌性物质氯甲醚，近来较少使用，而以相应的硫酸盐(THPS)代替氯化物。还有用四羟基甲基季鏻碱（$HOCH_2$)POH(THPOH)以代替(THPC)中的氯，用氨将阻燃剂固定在纤维上，能保持纤维原有强度和柔软化。这类阻燃剂可用于军用棉布、防雨布和高温工人的服装。已商品化的鏻盐阻燃剂见表8-1所示。

表 8-1　商品鏻盐阻燃剂

通　　式	商品名	生产厂商
$[(NCCH_2CH_2)_3PCH_2CH_2P(CH_2CH_2CN)_3]^{2+}2Br^-$	Cyagard RF-1	American Cysnsmid
$[(NCCH_2CH_2)_4P]^+2Br^-$	Cyagard RF-2	American Cysnsmid
$[(C_4H_9)_4P]^+[OC(O)CH_3]^- \cdot CH_3COOH$		Cincinnati Milacron
$[(C_4H_9)_4P]^+Cl^-$		Cincinnati Milacron
$[(C_8H_{17})_3P(CH_3)]^+[OP(O)(OCH_3)_2]^-$		Cincinnati Milacron

第三节　膦酸及其衍生物

一、烷基膦酸

1. 羟乙基二膦酸（HEDP）

羟乙基二膦酸的商品名为HEDP，其结构式如下。

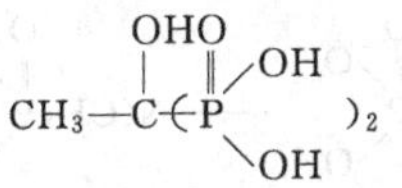

纯品 HEDP 含一个结晶水。系白色单斜晶体，加热到 55℃时失去结晶水。加热到 225℃时失去一分子磷化氢，当温度升至 300～310℃时，形成带有磷化氢气味的玻璃体。熔点 198～199℃，易溶于水、甲醇和乙醇。工业上常用质量分数为 50%左右 HEDP 溶液，为淡黄色透明黏稠液体，相对密度为 1.5～1.6。显强酸性，pH 为 2～3，具有腐蚀性，对氯不敏感。在抗氧化性方面，比其他含氮有机膦酸盐稳定。HEDP 主要用于循环冷却水、锅炉水、油田注水、输油管线等的防腐阻垢，亦可用作螯合剂、无氰电镀、清洗剂等。工业上也常用其钠盐。HEDP 的合成方法有数十种之多，如以三氯化磷、醋酸、水为原料进行反应；用亚膦酸、酰氯进行反应。但真正工业化生产的主要有二条路线，即以三氯化磷为原料的路线和亚磷酸为原料进行乙酰化反应的路线。这两条路线原料易得，工艺易于控制，收率也较高。

由于采用醋酐和亚磷酸为原料，价格昂贵，所以工业上主要采用三氯化磷、醋酸和水进行反应制得。其反应如下：

$$PCl_3 + 3CH_3COOH \longrightarrow 3CH_3COCl + H_3PO_3$$

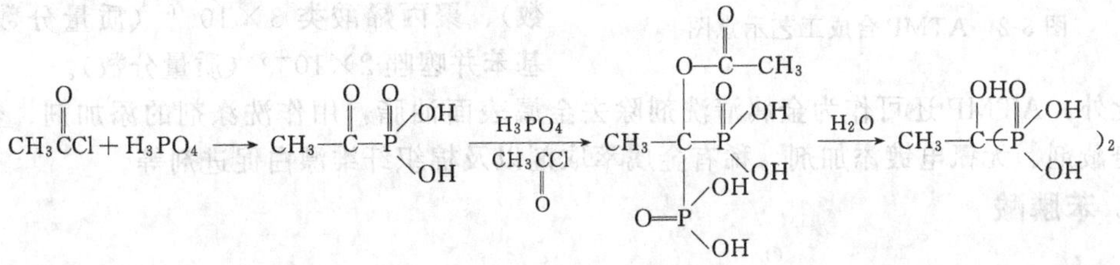

工业生产上，第一阶段反应温度为 40～80℃，并在微负压下操作，以便 HCl 气体逸出。反应中的副产物为乙酰氯［$CH_3C(O)Cl$］采用中间回流回收装置。当 PCl_3 滴加完毕后，反应进行到第二阶段，即升温阶段，温度从 40～80℃上升到 110～130℃，反应完毕，通水蒸气水解，蒸出反应的残留物为 CH_3COOH，然后分离纯化产物，得到纯度为 98%以上的晶体。

HEDP 为阴极型缓蚀剂，与无机聚磷酸盐相比，缓蚀率约高 4 倍。在水溶液中，HEDP 解离成 5 个正、负离子，可与金属离子形成六元环螯合物。尤其与钙离子形成胶囊状大分子螯合物。因此，常用作阻垢剂。

HEDP 与其他缓蚀阻垢剂配合使用，具有协同效应，可提高药效。近几年来，在这方面发表的文献尤多，例如与铬酸盐、聚磷酸盐、钼酸盐等配合。HEDP 主要应用于循环冷却水、锅炉水防腐蚀等，也可用作掩蔽剂、萃取剂等。

2. 氨基三亚甲基三膦酸（ATMP）

氨基三亚甲基三膦酸，即 ATMP，其结构式为 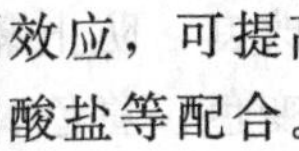，ATMP 含量为 50%时为淡黄色液体，相对密度为 1.3～1.4；含量在 95%以上为无色晶体，熔点 212℃。溶于水、乙醇、丙酮、醋酸等极性溶剂。它可以由氨和氯亚甲基膦酸在碱性条件下作用得到，其反应如下：

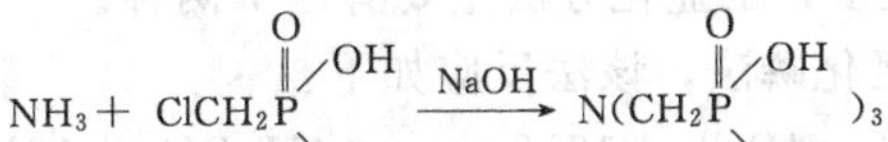

应用氮三乙酸与亚磷酸作用，也能得到氨基三亚甲基膦酸。反应如下：

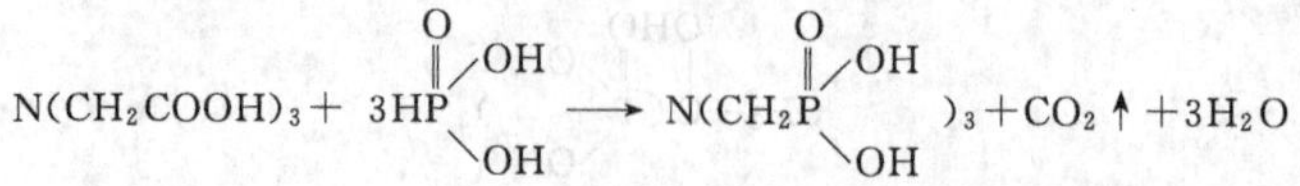

然而，工业上一般通过 Mannich 反应来完成，即用氨水或铵盐、甲醛或聚甲醛、三氯化磷或亚磷酸作为原料，在 110～130℃下反应，然后减压浓缩、冷却、结晶。如用三氯化磷为原料时，最好先在室温下（20℃）滴加三氯化磷，待温度上升到 70～80℃，直至有少量氯化氢气体逸出，再升温到 110～130℃反应。

$$PCl_3 + 3H_2O \longrightarrow H_3PO_3 + 3HCl$$

$$3H_3PO_3 + NH_4Cl + 3HCHO \longrightarrow N[CH_2PO(OH)_2]_3 + HCl + 3H_2O$$

图 8-2 是 ATMP 合成工艺示意图。ATMP 主要用于循环冷却水、油田注水和含水输油管线。印染用水的除垢以及锅炉系统的软垢调解剂，用量以（3～10）$\times 10^{-6}$（质量分数）为佳。它可以与多种缓蚀剂或阻垢剂配合，用于水处理中，如冷却水处理剂 TS-206，主要含 ATMP5 $\times 10^{-6}$（质量分数）、聚丙烯酸类 3 $\times 10^{-6}$（质量分数）、巯基苯并噻唑 2 $\times 10^{-6}$（质量分数）。

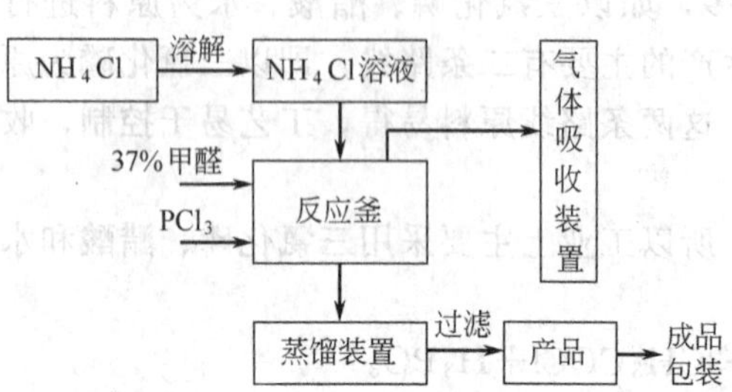

图 8-2　ATMP 合成工艺示意图

此外，ATMP 还可作为金属清洗剂除去金属表面油脂，用作洗涤剂的添加剂、金属离子的掩蔽剂、无氰电镀添加剂、稀有金属萃取剂以及棉织纤维漂白促进剂等。

3. 苯膦酸

苯膦酸的结构式为 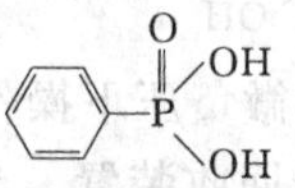，为白色晶体，熔点 165℃，相对密度 1.475。易溶于水，可溶于己醇、乙醚，不溶于苯、己烷和四氯化碳。苯膦酸的制法如下：

$$\text{硫代苯膦酰二氯} \xrightarrow{\text{氯化}} \text{苯膦酰二氯} \xrightarrow{\text{水解}} \text{苯膦酸}$$

苯膦酸以往大量用于农药，随着科技的发展，它又有新应用。可以利用其苯环与磷原子直接连接的特殊结构，稳定苯膦酸及其衍生物，制备性能优良的阻燃剂，与聚酯有关的改性剂、催化剂等。下面介绍一下其在聚合物生产中的应用。

（1）聚合物的改性　苯膦酸可用于聚对苯二甲酸乙二酯、聚对苯二甲酸丁二酯的成型加工，热稳定性、耐磨性能的改良，防止聚碳酸酯的着色，提高阻燃性，提高聚对苯二甲酸乙二酯的抗氧化稳定性，防止变色、着色。

（2）聚合物的阻燃化　用于聚酯的阻燃化、树脂的阻燃化、增塑剂阻燃化及防静电剂。

4. 乙二胺四亚甲基四膦酸

乙二胺四亚甲基四膦酸即 EDTMP，其结构式为 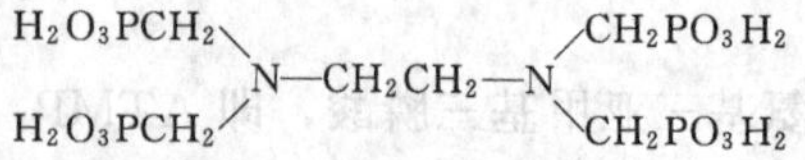，其钠盐为棕黄色透明黏稠液体，相对密度 1.3～1.4，pH 为 9～10，含量为 28%～30%。化学稳定性强，212℃左右分解。

合成 EDTMP 的方法较多，工业化方法主要有以下两种。

① 甲醛、乙二胺、三氯化磷法，该法反应如下：

$$4PCl_3 + 12H_2O \longrightarrow 4H_3PO_3 + 12HCl$$

$$H_2NCH_2CH_2NH_2 + HClO \longrightarrow (HOCH_2)_2NCH_2CH_2N(CH_2OH)_2$$

$$(HOCH_2)_2NCH_2CH_2N(CH_2OH)_2 + H_3PO_3 \longrightarrow EDTMP$$

生产过程为一步法，实际上有两个步骤。第一阶段反应剧烈，有大量热和氯化氢逸出，在生产上必须妥善处理。

② 采用乙二醇为中间介质，以乙二醇、氯化膦酸酯和乙二胺反应，最后释放出乙二醇。该法化学反应如下：

$$\begin{array}{c} CH_2OH \\ | \\ CH_2OH \end{array} + PCl_3 \longrightarrow \begin{array}{c} CH_2O \\ \diagdown \\ CH_2O \end{array} P-Cl + 2HCl$$

$$\begin{array}{c} CH_2O \\ \diagdown \\ CH_2O \end{array} P-Cl + \begin{array}{c} CH_2NH_2 \\ | \\ CH_2NH_2 \end{array} + HClO \xrightarrow[\triangle]{HCl/H_2O} \begin{array}{c} CH_2N(CH_2PO_3H_2)_2 \\ | \\ CH_2N(CH_2PO_3H_2)_2 \end{array} + \begin{array}{c} CH_2OH \\ | \\ CH_2OH \end{array} + HCl$$

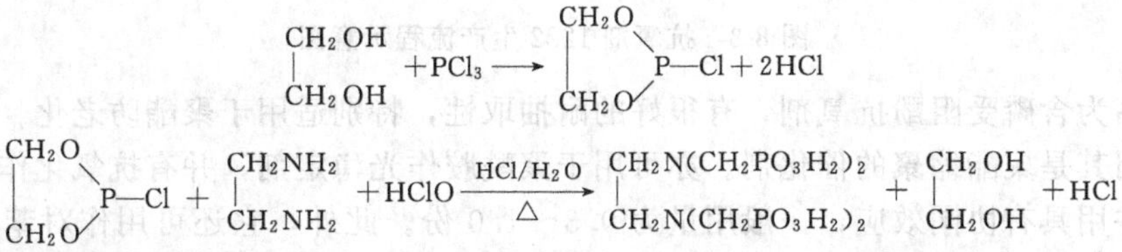

此法条件比较温和，副反应少，产率高，产品比较纯。缺点是成本略高。

EDTMP 为亚甲基膦酸型有机多元膦酸阴极缓蚀剂。与无机聚磷酸相比，有更突出的阴极防护作用，缓蚀率比无机聚磷酸盐高 7 倍左右。EDTMP 在水溶液中能离解成 8 个正负离子，可以和两个或多个金属螯合，减少垢的形成。EDTMP 与金属离子的螯合常数如表 8-2 所示。

表 8-2　EDTMP 与金属离子的螯合常数

金属离子	Mg^{2+}	Ca^{2+}	Cu^{2+}	Zn^{2+}	Fe^{3+}
螯合常数	8.63	9.33	8.95	17.05	19.60

本品还具有有机多元膦酸的性能、溶限效应和协同作用。EDTMP 的复合配方用于水处理系统，结垢速度大为降低，甚至连老垢也可以消失。所以在锅炉、油田输入管线及脱水器放水管线防腐、防垢效果甚佳。在金属表面清洗和处理方面，1%～5%EDTMP 的除垢与稀盐酸相当。另外，EDTMP 与葡萄糖酸钠的复合药剂配方，不仅能清洗金属表面的油脂、锈斑和垢层，还能获得清洁而无腐蚀的金属表面。EDTMP 与多种金属螯合，可以作反应催化剂、稀有元素萃取等。其纯品在医疗上可以用于骨癌检查。

二、烷基膦酸酯

烷基膦酸与醇、醛、酮等反应可得烷基膦酸酯。烷基膦酸酯的种类很多，主要用作塑料和树脂的抗氧化剂。

(1) 3,5-二叔丁基-4-羟基苄膦酸二乙酯　其商品名为抗氧剂 1222 (Irganox 1222)，其结构式如下：

$$\begin{array}{c} C(CH_3)_3 \\ \\ HO-\!\!\!\!\!\!\!\bigcirc\!\!\!\!\!\!\!-CH_2-P-OC_2H_5 \\ | \quad | \\ C(CH_3)_3 \quad OC_2H_5 \end{array} \quad \overset{O}{\|}$$

抗氧剂 1222 结构式

工业产品为白色或微黄色结晶性粉末。熔点为 159～161℃，20℃时在 100mL 下列溶剂中的溶解质量数为：丙酮 27g、甲醇 62g、苯 33g、氯仿 50g、正己烷 0.6g、乙酸乙酯 20g、水 0.01g。

抗氧剂 1222 由 2,6-二叔丁基苯酚与甲醛、二甲胺反应生成 3,5-二叔丁基-4-羟基苄基二甲胺，再与亚磷酸二乙酯缩合而得。

具体方法是加到乙醇中，在 N_2 保护下，于 75～80℃、1～1.4MPa 压力下反应，得到 3,5-二叔丁基-4-羟基苯基二甲胺。然后，在甲醇钠催化下，与亚磷酸二乙酯反应，制得抗氧剂 1222。如图 8-3 所示为其生产流程。

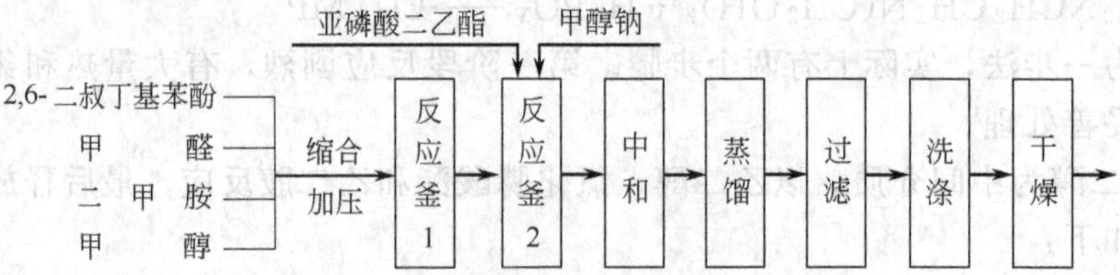

图 8-3 抗氧剂 1222 生产流程示意图

该产品为含磷受阻酚抗氧剂，有很好的耐抽取性，特别适用于聚酯防老化。一般在缩聚前加入，因其是聚酯缩聚的催化剂。亦可用于聚酰胺作光稳定剂，并有抗氧化作用。与紫外线吸收剂并用具有协同效应，一般用量为 0.3～1.0 份。此外，它还可用作对苯二甲酸二甲酯在储存和运输中的稳定剂。

(2) 苯膦酸二甲酯 苯膦酸二甲酯的结构式为 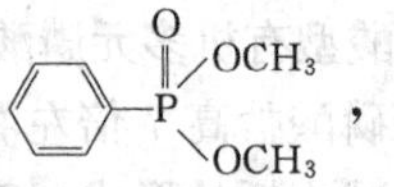，是无色或淡黄色透明液体。沸点为 103℃[533Pa(400mmHg)]，186℃(101.3kPa)。相对密度 1.193。不溶于水，可溶于几乎所有的有机溶剂。

苯膦酸二甲酯可通过苯膦酸二氯的醇解制得，反应如下：

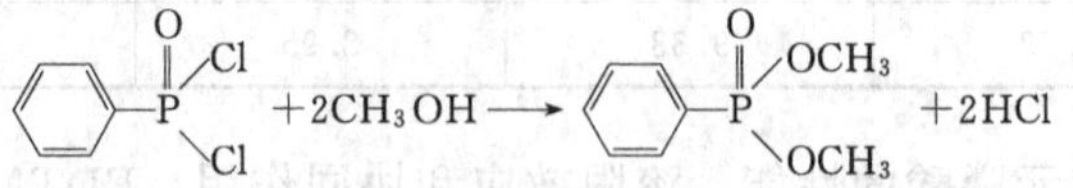

其生产流程如图 8-4 所示。

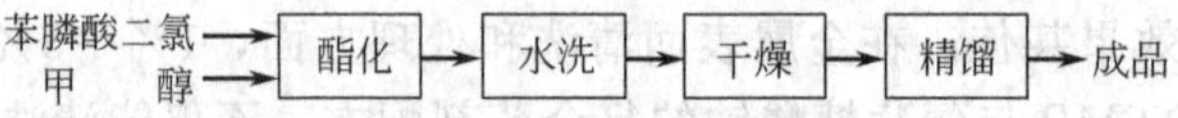

图 8-4 苯膦酸二甲酯生产流程示意图

该产品主要用作纤维、树脂的阻燃剂。用作聚酯的阻燃剂，生成含磷聚酯。用作聚酯合成的催化剂，提高抽丝、薄膜用聚酯的质量。

除上面介绍的几种膦酸酯外，工业上生产和使用的还有像 3,5-二叔丁基-4-羟基苄基膦酸二（正十八酯）（作抗氧剂）、3,5-二叔丁基-4-羟基苄基膦酸单乙酯镍（光稳定剂和抗氧剂）、二烷基膦酸烷基酯（表面活性剂、水处理剂、阻燃剂、塑料稳定剂）等。

三、烃基氧膦

烃基氧膦是一类很稳定的有机磷化合物。据有关文献报道，在聚酯制造过程中加入氧膦化合物，可得具有阻燃性的聚酯。其结构式如下：

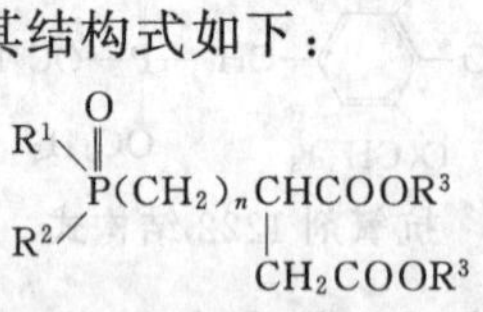

这种类型的氧膦化合物在高温下不分解，所得的阻燃聚酯色调好，机械性能比一般聚酯强。例如，二乙基氧膦和亚甲基丁二酸反应，得到（2,3-二甲氧基羰丙基）二乙基氧膦。三(3-丙基）氧膦与聚苯醚、聚苯乙烯形成共聚体系，具有良好的阻燃性能，垂直燃烧试验可达 UL-94V-1 级。

此外，环氧树脂和不饱和聚酯用含氯代苯氧基的叔烷基氧膦改性，可提高其阻燃性能，若加入 Sb_2O_3 则效果更显著。

除上面介绍的烷基膦、膦酸及膦酸盐外，还有芳基和烯基膦、膦酸及盐生产。

第九章 磷酸酯和亚磷酸酯

第一节 概 述

磷酸酯或亚磷酸酯是指磷酸或亚磷酸羟基中的氢原子被 R 基取代的物质。这类化合物广泛存在于自然界，也有大量人工合成，它们与人类的生产生活密切相关。1811 年人们发现第一个磷酸酯类天然产物卵磷脂（又称蛋黄素），1820 年在实验室通过磷酸与醇类反应首次得到磷酸酯。1840 年合成了三烷基磷酸酯、1850 年合成了三芳基磷酸酯。后来人们又通过三氯化磷、卤代烷与磷酸作用分别制得一些亚磷酸酯和磷酸酯。1870 年以后，人们发现了磷酸酯的增塑作用，随着塑料的生产，特别是随着 PVC 的大量生产，磷酸酯类的冬麦迅速增长起来。但其真正在工业中应用是在 1920 年以后，磷酸酯作为樟脑的替代品，用作赛璐珞增塑剂。同时，磷酸酯还被用作润滑油的抗磨剂和极压添加剂，油料添加剂。现在，磷酸酯和硫代磷酸酯广泛用作轧钢机、铸造机、飞机等防爆液压系统中的液压油、压缩机油，燃气轮机油的抗磨剂、抗氧化剂、消泡剂、乳化剂、破乳剂，并在燃料油、石油炼制过程中用作抗积炭剂和抗蚀剂。

磷酸酯的第三大市场是农业上用作病、虫、草害防治剂和植物生长调节剂。20 世纪 50 年代众多有机磷农药品种商品化，并且生产规模不断扩大。现在有机磷农药已经成为农用杀虫剂的主力，约占国际杀虫剂市场的 60%。

磷酸酯的第四大用途是在塑料、橡胶、纤维等合成材料及液压流质中用作阻燃剂。磷系阻燃剂已成为阻燃剂中的主力军。用作阻燃剂的磷酸酯可以是正磷酸酯，也可以是亚磷酸酯，前者兼具增塑功能，后者兼作热稳定剂、抗氧化剂等。分子中含卤（氯、溴为主）的磷酸酯用作阻燃剂效果更佳，但后来发现磷酸 2,3-二溴丙酯是致癌物质，在一些国家已禁止使用。在美国，磷系阻燃剂 1980 年的消费量为 9560t；至 1985 年猛增至 15770t，年增长率高达 10.4%。中国磷系阻燃剂的研制和生产起步较晚，但发展较快。2007 年我国有机磷阻燃剂生产 7 万多吨，出口 4 万余吨[1]。

除上面讲的用途外，磷酸酯还可用于冶金中的浮选剂、纺织印染中的加工油剂、造纸、医药、涂料有机合成、催化剂、表面活性剂、洗涤剂、水处理等。磷系水处理剂中的有机多元磷酸酯是目前世界上产量最大、应用最广的水质稳定剂。

将自然界存在的磷酸酯类物质磷脂与核酯经适当化学处理，可制得商品磷脂和核苷酸。

核苷酸生产和销售规模都比较小，而磷脂却有大吨位产品。磷脂的大宗工业产品是大豆磷脂（主要成分是卵磷脂），世界年产量10万吨左右，是磷酸酯产品中产量较大的品种之一。

总之，磷酸酯和亚磷酸酯作为精细化学品其应用领域是相当广泛的，并且正在不断扩大中。

磷酸酯按磷酸根不同可分为正磷酸酯和亚磷酸酯；按取代数目分为单酯、双酯和三酯；按取代基团的不同又分为伯、仲、叔磷酸酯；按酯中的烃基的不同还可分为烷基、芳基、烯基、炔基等磷酸酯以及混合磷酸酯等。

第二节 亚磷酸酯

亚磷酸酯是亚磷酸烃基衍生物。根据分子中烃基的多少，可分为亚磷酸单酯、亚磷酸二酯和亚磷酸三酯，其结构式如下：

$$RO-P\begin{matrix}OH\\\\OH\end{matrix} \qquad HO-P\begin{matrix}OR^1\\\\OR^2\end{matrix} \qquad R^1O-P\begin{matrix}OR^2\\\\OR^3\end{matrix}$$

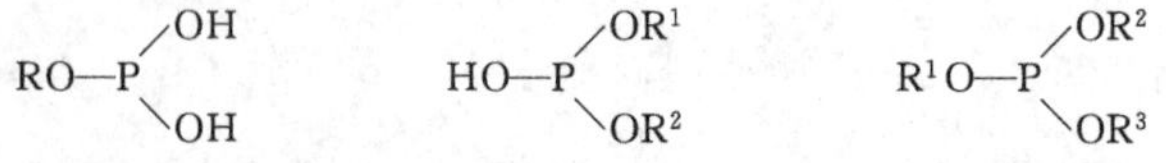

亚磷酸单酯   亚磷酸二酯   亚磷酸三酯

亚磷酸二酯和亚磷酸三酯可以是开链的，也可以是环状的。亚磷酸酯中的羟基或烷氧基被卤原子部分取代，则得一卤代和二卤代亚磷酸酯。在卤代磷酸酯中，以氯代亚磷酸酯最重要，它们常常是制取混式亚磷酸酯、烃基亚磷酸酯及其他基团取代的亚磷酸酯或三价有机磷化合物的中间体。亚磷酸酯中的氧原子取代则得硫代亚磷酸酯。

一、亚磷酸酯的性质

亚磷酸酯中，除亚磷酸芳基多为固体外，其余各类烃基的亚磷酸酯一般为无色液体；对同类烃基来说，随着烃基碳链的增长，一般沸点升高，黏度增大。

在亚磷酸酯中，磷原子处于低氧化态（三价），由于分子中的 P—O 键较 P＝O 键弱得多，所以 P—O 键有转化为 P＝O 键的强烈倾向。亚磷酸单酯和亚磷酸二酯分子一般易于异构化转化为四配位磷酰化物，在这一过程中释放出能量，一方面使分子本身趋于稳定，另一方面为后续反应提供动力，转化反应如下：

$$RO-P\begin{matrix}OH\\\\OH\end{matrix} \rightleftharpoons RO-P\begin{matrix}O\\\\OH\end{matrix}^H$$

$$R^1O-P\begin{matrix}OR^2\\\\OH\end{matrix} \rightleftharpoons R^1O-P\begin{matrix}O\\\\R^2O\end{matrix}^H$$

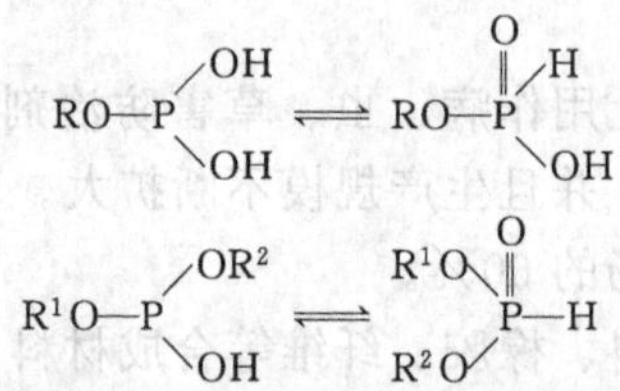

研究表明，在亚磷酸低级烷基二酯类化合物中，三配位形式一般占配位形式的 0.0001％左右，故亚磷酸二酯是中性的，它们不能和碱反应生成盐，但可生成金属衍生物，且金属与磷基之间以共价键合，如：$(RO)_2P-O-M$。这种性质使它们在塑料中用作抗氧剂和稳定剂。

亚磷酸二酯是重要的反应中间体，由它们出发可制得一系列磷酸衍生物。如亚磷酸二酯在低于室温情况下氯化可得磷酸二酯，它们是制备混式磷酸酯的重要原料。它还可与羰基化合物加成，这是制取广谱杀虫剂"敌百虫"的反应基础，反应如下：

$$(CH_3O)_2PHO+Cl_3CCHO \longrightarrow (CH_3O)_2P(O)CH(OH)CCl_3$$

亚磷酸单酯和二酯不能作为路易斯碱与氧、硫、金属化合物等生成磷配合物；而亚磷酸三酯却是好的电子给予体，在反应中充当亲核试剂。低级烷基的亚磷酸三酯易于夺取空气和有机氧化合物中的氧生成正磷酸三酯。这种性质一方面要求制备它们的过程中应注意避免与空气接触，另一方面使它们在有机合成中用作脱氧剂，这在由邻位取代的硝基芳烃制取氮杂环化合物中有一定意义。如由 2-硝基-4′-氯苯硫醚与亚磷酸三乙酯反应可制取镇静剂氯丙嗪的中间体，反应如下：

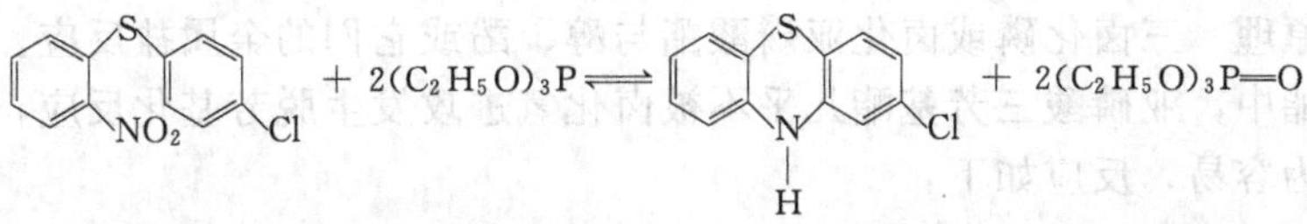

亚磷酸三芳基酯及其他亚磷酸三酯也具有与氧结合的能力，它们可使过氧自由基钝化，故它们在塑料、橡胶、树脂等合成材料中用作抗氧剂、稳定剂、防老剂等。

亚磷酸三酯易与硫结合生成硫代磷酸三酯，反应如下：

$$(RO)_3P + S \longrightarrow (RO)_3PS$$

而且也可从硫醇、环硫乙烷、硫代碳酸酯、酰基氯化硫等有机硫化合物中夺取硫，这种性质使它们在有机合成中用作脱硫剂。

亚磷酸三酯能与游离卤素生成加合物。尽管亚磷酸三烷基酯的卤素加成物在常温下就分解为卤代磷酸二酯，亚磷酸三芳基酯的卤素加合物却比较稳定，它们在 50℃左右水解，则生成磷酸三酯；这一反应是 20 世纪 60 年代发展起来的冷法制磷酸三芳基酯的基础，反应如下：

$$(ArO)_3P + Cl_2 \longrightarrow (ArO)_3PCl_2 \longrightarrow (ArO)_3PO + 2HCl$$

亚磷酸三烷基酯能与卤代烷反应生成季鏻盐，它们在一定条件下可以分解重排生成烃基膦酸二酯，这一反应称为阿尔卓夫反应。亚磷酸三酯与醛或共轭不饱和醛、酮、羧酸也能发生类似反应，如：

$$(RO)_3P + CH_3CHO \longrightarrow (RO)_2P(O)CH_2(CH_2)OR$$

$$(RO)_3P + CH_2{=}CH{-}CH{=}O \longrightarrow (RO)_2P(O)CH_2CH{=}CHOR$$

由上述反应制得的具 α-氢的烃基膦酸二酯在碱的作用下可脱除 α-氢生成磷基稳定的碳阴离子，它是一种很强的亲核剂，与羰基化合物反应主要生成反式烯烃。亚磷酸三酯与 α-卤代羰基化合物反应，依据底物和反应条件不同，可以生成烃基膦酸二酯，也可以生成含乙烯基的磷酸三酯，后一反应称为佩尔柯夫（Perkow）反应，反应如下：

$$(RO)_3P + XCHR^1\overset{\overset{\displaystyle O}{\|}}{C}R^2 \longrightarrow (RO)_2\overset{\overset{\displaystyle O}{\|}}{P}{-}O{-}CR^2{=}CHR^1$$

一般来说，随着底物中卤原子个数的增加，卤原子电负性增大及反应温度的降低，佩尔柯夫反应的倾向增大；α-三氯乙醛与亚磷酸三烷基酯反应只生成佩尔柯夫重排产物，这一反应用来制造杀虫剂 DDV。

所有的亚磷酸酯都能水解。亚磷酸三酯水解时，第一个烃氧基最容易离去。因此在较低的温度和稀碱存在下水解，会逐个失去烃氧基，直至最后生成亚磷酸和醇，反应如下：

$$(RO)_3P + H_2O \longrightarrow (RO)_2PHO + ROH$$

$$(RO)_2PHO + H_2O \longrightarrow (RO)PH(O)OH + ROH$$

$$(RO)PH(O)OH + H_2O \longrightarrow (HO)_3P + ROH$$

亚磷酸三烷基酯易被酸脱烷基化，是醇与 PCl_3 反应不能制得亚磷酸三烷基酯的根本原因，反应如下：

$$(RO)_3P + HCl \longrightarrow (RO)_2PHO + RCl$$

亚磷酸酯可以发生酯交换反应。将较低级的亚磷酸烷基酯与较高级的醇或酚共热，可制得较高级的亚磷酸酯：

$$(CH_3O)_3P+3C_4H_9OH \longrightarrow (C_4H_9O)_3P+3CH_3OH$$

二、亚磷酸酯的生产方法

1. 直接酯化法

(1) 制备原理 三卤化磷或卤化亚磷酸酯与醇、酚或它们的金属盐反应。

在亚磷酸酯中，亚磷酸三芳基酯几乎不被卤化氢进攻发生脱芳基化反应，所以生产亚磷酸三芳基酯最为容易，反应如下：

$$PCl_3+3ArOH \longrightarrow (ArO)_3P+3HCl$$

反应分步进行，酯化速率随分子中芳氧基数目的增加而减小，即 $ArOPCl_2 > (ArO)_2PCl > (ArO)_3P$。过量的酚有利于 $(ArO)_3P$ 的生成。

三氯化磷与过量的醇反应通常不能制得亚磷酸三酯，但可制得亚磷酸二酯，反应如下：

$$PCl_3+3ROH \longrightarrow (RO)_2PHO+RCl+2HCl$$

在胺［如 $(C_2H_5)_3N$，$C_6H_5N(CH_3)_2$ 等］或氨等缚酸剂存在下，三氯化磷与控制量的醇或酚反应，原则上可制得不同酯化度的亚磷酸酯，反应如下：

$$PCl_3 \xrightarrow[B]{ROH} ROPCl_2 \xrightarrow[B]{ROH} (RO)_2PCl \xrightarrow[B]{ROH} (RO)_3P$$

对某些醇的反应来说，缚酸剂的不同会导致酯化产物的不同。在工业生产中常用氨代替较贵的有机碱作为缚酸剂。如在5℃时己烷作用下，其反应如下：

$$3CH_3OH+PCl_3+3NH_3 \longrightarrow (CH_3O)_3P+3NH_4Cl\downarrow$$

卤代亚磷酸酯与醇（酚）或醇钠（酚钠）反应，常用于制备混式亚磷酸酯，反应如下：

$$(C_2H_5O)_2PCl+CH_3OH \longrightarrow (C_2H_5O)_2POCH_3+HCl$$

$$(C_8H_{17}O)_2PCl+C_6H_5ONa \longrightarrow (C_8H_{17}O)_2POC_6H_5+NaCl$$

$$ROPCl_2+R'ONa \longrightarrow (RO)(R'O)PCl+NaCl$$

(2) 亚磷酸三芳基酯的生产工艺 亚磷酸三芳基酯的生产分间歇法和连续法两种。在间歇法中，将苯酚或取代苯酚加到装有良好搅拌器的反应釜中（一般比计算量过量2%～10%），温热熔化后加入三氯化磷，使之与酚在70～80℃开始反应。加入三氯化磷的速度以避免过度回流为宜。加毕三氯化磷，反应混合物温度会升高至150℃左右，在高温下减压除去溶解的氯化氢和未反应的酚（或者导入惰性气体带出体系中的氯化氢，再用无水碳酸钠中和）即得产品。

连续法生产亚磷酸三芳基酯，发明于20世纪30年代，采用塔式反应器。将酚由塔的上部冷凝器下方喂入，而三氯化磷由塔的下方热产物接收器上方喂入。反应物在塔中反应，产物收集于塔下方的接收器中，而副产物氯化氢由冷凝器上端引入吸收塔。粗产物经蒸馏等一系列纯化处理，即得产品。

(3) 亚磷酸三烷基酯的生产工艺 将三氯化磷的己烷溶液加到搅拌着的醇（甲醇、乙醇等）的己烷溶液中，维持反应温度在5℃左右；导入适量的氨于反应器混合物中，维持混合物呈中性或微酸性状态（谨防氨过量！因为氨和醇会与三氯化磷发生竞争反应）；三氯化磷加完后，经过滤或离心分离出副产物氯化铵，滤液通过蒸馏法除去溶剂，再减压分馏，即得较纯产品。此法原料易得，工艺简单，与用有机胺作缚酸剂相比，成本低廉，设备利用率高。

亚磷酸三-β-氯乙酯的生产可采用三氯化磷与氯乙醇作用的办法，但通常采用更经济的办法，即使三氯化磷与环氧乙烷在低于20℃下直接加成。

(4) 亚磷酸二烷基酯的生产工艺 亚磷酸二烷基酯的生产与亚磷酸三烷基酯相似，但不用碱中和体系中的氯化氢。方法之一是将低沸点的醇和三氯化磷以3∶1的物质的量比压入喷嘴处与加入的低沸点溶剂（如乙醚、氯甲烷等）混合后再喷射到常压下的接收室中，反应使大部分溶剂汽化，放出副产物氯化氢。亚磷酸二酯粗产物则聚集于接收室中，而后通过一个连续的减压洗提装置洗去溶解的氯化氢和制冷溶剂，再蒸馏纯制，即得产品。也可不用制冷溶剂或使反应物预冷，直接将醇和三氯化磷在喷嘴处混合，得到80℃左右的反应温度。在生产低沸点亚磷酸二酯时，需使液体的反应混合物冷却，并尽可能减少反应器和洗提器之间的滞留量。而对于亚磷酸二丁酯等高沸点同系列的生产则无需冷却，可直接进行洗提和纯化处理。通常亚磷酸二酯产率在85%～95%之间。

2. 酯交换法

(1) 制备原理　在金属烷氧化物（通常是烷氧基钠）催化下，亚磷酸三芳基酯（常用亚磷酸三苯基酯）与脂肪醇在中等温度下反应生成相应的亚磷酸三烷基酯，反应如下：

$$(C_6H_5O)_3P + 3CH_3OH \xrightarrow[\triangle]{CH_3OH+Na} (CH_3O)_3P + 3C_6H_5OH$$

$$(C_6H_5O)_3P + 3C_{10}H_{21}OH \xrightarrow[\triangle]{RONa} (C_{10}H_{21}O)_3P + 3C_6H_5OH$$

控制醇的用量，可以得到混式亚磷酸酯。在类似条件下，低级烷基的亚磷酸三酯与较高级的醇反应得到高级烷基的亚磷酸三酯。

(2) 生产工艺　亚磷酸烷基酯种类很多，这里以亚磷酸三甲酯为例，介绍其生产过程。如图9-1所示，为酯交换法生产亚磷酸三甲酯的工艺流程。在反应釜中加入一定量的亚磷酸三苯酯和过量甲醇，以每摩尔亚磷酸三苯酯1g的比例加入金属钠，以便现场制备催化剂甲醇钠（也可预先制得甲醇钠的甲酯溶液，再与亚磷酸三苯酯混合），而后使反应混合物在90～100℃反应。反应粗产物经蒸馏等纯化处理，亚磷酸三甲酯收率高达93%，此法产品易精制，副产物可回收再用。

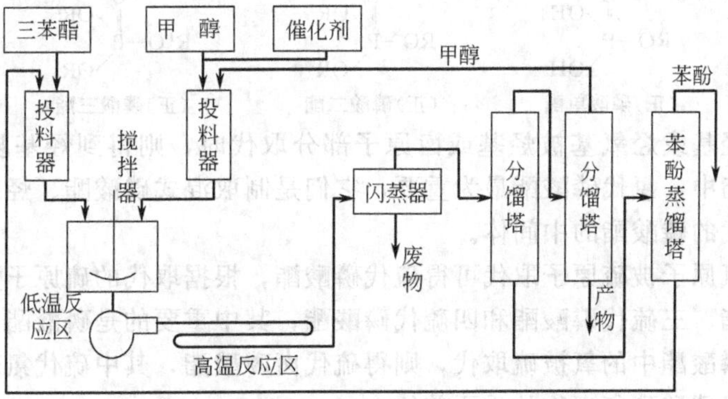

图9-1　酯交换法生产亚磷酸三甲酯工艺流程

三、重要亚磷酸酯的产品及其应用

亚磷酸酯在工业上主要是在塑料、橡胶、树脂、纤维等合成高分子材料中用作抗氧化剂、热稳定剂、光稳定剂、颜色稳定剂、加工稳定剂、防老剂、阻燃剂及润滑油的添加剂。塑料、橡胶等合成材料在光照及过热情况下因吸收空气中的氧而发生降解，导致材料脱色变脆。由于亚磷酸三酯及亚磷酸二酯金属盐中磷原子上具有未共用的电子对，它们与空气中的氧结合形成配合物，从而阻止合成材料的脱色老化。通常亚磷酸酯在合成材料中被用作辅助抗氧化剂，它们与酚类等主抗氧剂混合使用能产生良好的协同效应。

亚磷酸酯不仅可改善材料的抗氧化性及稳定性（热稳定性、光稳定性、颜色稳定性和加工稳定性)，而且可改善材料的其他性能。如将亚磷酸三苯酯加到环氧树脂中，可改进环氧铸件的抗压强度和二维稳定性，改进环氧埋嵌化合物的电性质，并增强环氧树脂的黏结能力；由于亚磷酸三苯酯与环氧化物可发生酯交换生成一种偶联剂，所以它又可作为常用固化剂（多胺、芳胺、多酰胺等）的部分替代物，并可缩短胺类固化剂的熟化时间。亚磷酸三苯酯在涂料工业中既可用作制造清漆的载色剂，又可缩短胺类涂覆树脂的表面透明度。亚磷酸三壬基苯酯是一种无着色性、无污染的添加剂品种，适于制造白色及艳色的塑料制品。亚磷酸辛基二苯酯可有效地提高聚烯烃，特别是聚丙烯塑料的耐变色性及耐脆性，当它与金属皂配合使用时可增强氯乙烯塑料的色泽及耐候性。

合成材料中适用的亚磷酸酯添加剂，一般都具有阻燃功能。由于亚磷酸三（2-氯乙基）酯、亚磷酸三（2,3-二氯丙基）酯等亚磷酸酯中同时含有磷和氯（或溴）两种元素，所以它们在塑料、油漆、纺织品中用作热稳定剂和阻燃剂效果尤佳。

另外，焦亚磷酸二（2,2-二甲基-1,3-丙二基）酯是瑞士 Sandoflam5060（s）的主要成分，它是纺丝原液的添加型阻燃剂，现在我国也已广泛采用。

第三节 磷 酸 酯

一、磷酸酯的结构及性质

磷酸酯是指正磷酸中的氢原子被烃基取代时得到的正磷酸的酯。按取代数目的不同，可得到正磷酸单酯、二酯和三酯，习惯上常将“正”字省去。

磷酸二酯和三酯中的烃基可以相同，也可以不同，它们既可以是链状的也可以是环状的，正磷酸单酯、二酯、三酯的结构式如下：

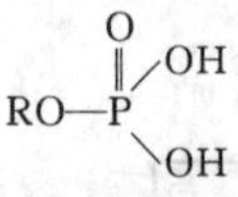
(正)磷酸单酯

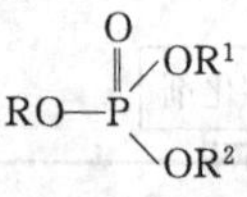
(正)磷酸二酯

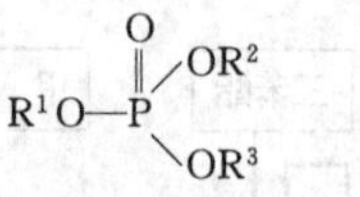
(正)磷酸三酯

磷酸酯中的羟基或烃氧基被烃基或卤原子部分取代时，则得到烃基膦酸酯和卤代磷酸酯。在卤代磷酸酯中，氯代磷酸酯最为重要，它们是制取混式磷酸酯、烃基膦酸酯、焦磷酸酯及其他基团取代的磷酸酯的中间体。

磷酸酯中的氧原子被硫原子取代可得硫代磷酸酯，根据取代的硫原子数可为一硫代磷酸酯、二硫代磷酸酯、三硫代磷酸酯和四硫代磷酸酯，其中重要的是磷酸酯的一硫代和二硫代衍生物。若卤代磷酸酯中的氧被硫取代，则得硫代卤磷酸酯，其中硫代氯磷酸酯是制取有机磷制剂及其他硫代磷酸酯衍生物的重要前体。

所有的磷酸三酯都是人工合成物，而磷酸单酯和二酯在生物界广泛存在，它们是与生命科学密切相关的物质。它们在生物体中或以核酸、磷脂及其缀合蛋白质的形式存在，或者作为能量的载体，或者以酶的形式，参与生物体的代谢过程。生物体中的磷酸单酯（如单核糖核苷酸和单脱氧核糖核苷酸等）和二酯（如核酸和磷脂中）在生物体的发生、生长、繁殖等一系列生命过程中起着至关重要的作用。

在磷酸三酯中，当烃基是脂肪族烃基或取代苯基时，通常是无色液体，且随着烃基中碳原子个数的增加沸点升高，黏度增大。当烃基是苯基时除硫羟磷酸三苯酯是液体外，其余各类磷酸三苯酯都是无色晶体。对卤磷酸酯来说，除硫羟卤磷酸二苯酯（卤为溴或氯）为固体外，一般为无色液体。

在各类型的磷酸酯中，由于磷原子处于最高氧化态，所以它们一般都具有较高的氧化稳定性，但硫羰磷酸三酯较易氧化为磷酸酯。

所有类型的磷酸酯都能水解。在酸性条件下，特别是在强酸性或温度较高时，磷酸酯完全水解为母体磷酸和醇或酚；但在中性或碱性条件下，水解反应停止在磷酸二元酯阶段，这是由于磷酸二酯和磷酸单酯对碱表现出惰性。一般说来，卤磷酸酯较非卤磷酸酯易于水解。卤磷酸酯水解过程中，磷卤键断裂。磷酸酯中烃基愈多愈易水解，即易水解顺序为：

$$(RO)_2POCl > (RO)_3PO > (RO)_2PO(OH) > ROPO(OH)_2$$

另外，基团愈大愈难水解，低级烷基的磷酸三酯室温即可水解，具有大位阻基团的磷酸三酯有较强的耐水解能力，水解需在加热条件下进行。同位素^{18}O跟踪研究表明，碱性条件下水解时发生 P—O 键的断裂，在酸性条件下水解至少第一步是发生 R—O 键断裂。硫羰磷酸酯在水解条件下放出硫化氢。二硫代磷酸三酯在醇钠作用下生成硫羟磷酸二酯盐，表明在磷酸酯中，P═O 键较 P═S 键稳定。

$$(RO)_3P{=}S + H_2O \longrightarrow (RO)_3P{=}O + H_2S$$

在常温下磷酸三酯是稳定的，但在高温条件下，一些磷酸三酯会发生分解或异构化。磷酸二苯基烷基酯在 150℃保持 24h，分解放出烯烃，生成磷酸二苯酯，反应如下：

$$RCH_2CH_2O\overset{\overset{\displaystyle O}{\|}}{P}(OC_6H_5)_2 \xrightarrow{150℃,24h} RCH{=}CH_2 + (C_6H_5O)_2\overset{\overset{\displaystyle O}{\|}}{P}OH$$

杀虫剂 1059、1605 和甲基 1605 在较高温度时会由硫羰式转化为硫羟式，从而使药效降低，反应如下：

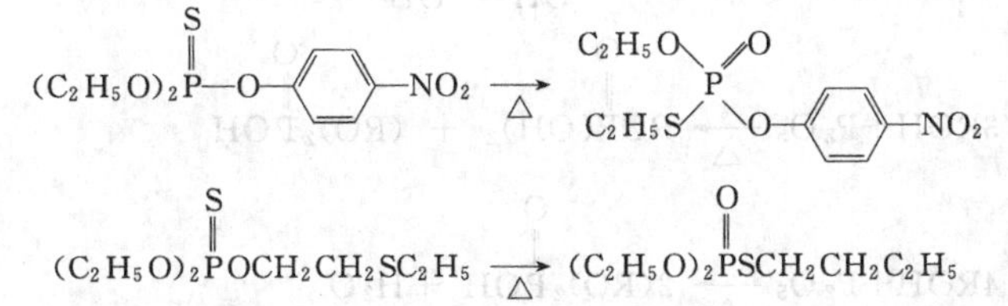

磷酸单酯和二酯较相应的磷酸三酯同系物热分解容易些，并常伴有歧化反应发生。

在磷酸酯中，除磷酸三酯呈中性外，磷酸单酯和二酯都是比磷酸母体更强的酸。磷酸二酯是一元酯，磷酸单酯是二元酸，且磷酸二酯的酸性强于磷酸单酯。硫代磷酸酯的情况与之类似，其酸性随分子中硫原子个数的增加而降低。磷酸和硫代磷酸的单酯和二酯都能与碱或碱性氧化物反应生成盐，成盐反应如下所示：

$$(RO)_2\overset{\overset{\displaystyle O}{\|}}{P}OH + NaOH \longrightarrow (RO)_2\overset{\overset{\displaystyle O}{\|}}{P}ONa + H_2O$$

$$2(RO)_2\overset{\overset{\displaystyle S}{\|}}{P}SH + ZnO \longrightarrow [(RO)_2\overset{\overset{\displaystyle S}{\|}}{P}S]_2Zn + H_2O$$

它们在矿物浮选、橡胶低温硫化、润滑油改性等方面有重要作用。

磷酸三酯在醇钠催化下可发生部分酯交换反应生成混式磷酸酯，也可以发生完全酯交换反应生成新的磷酸三酯，反应如下：

$$(RO)_3P{=}O + R'OH \xrightarrow{RONa} (RO)_{3-n}\overset{\overset{\displaystyle O}{\|}}{P}(OR')_n + nROH$$

这个反应是由低级烷基磷酸酯制取高级烃基磷酸酯的基础。

具有芳基的磷酸三酯在适宜条件下可发生芳环上的取代反应，取代基主要进入与 P—O 键相连的芳碳原子的对位，反应如下：

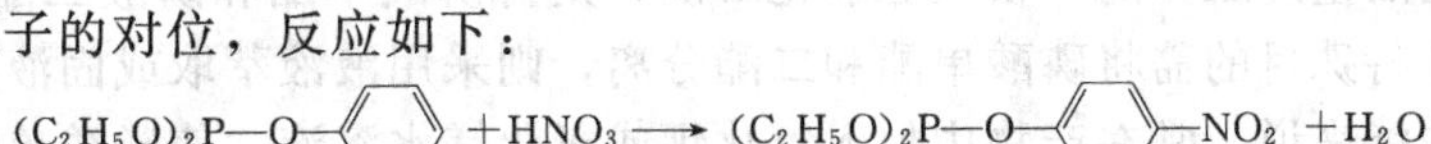

这也是制备磷酸对硝基苯酯的最好途径之一。

二、磷酸酯的生产原理和生产方法

1. 磷酸单酯和磷酸二酯

(1) 生产原理 磷酸单酯和磷酸二酯的制备，主要有以下几种途径。

① 醇或酚与三氯氧磷反应，然后水解，反应如下：

$$ROH+OPCl_3 \xrightarrow[-HCl]{0℃} ROPOCl_2 \xrightarrow[-2HCl]{H_2O} ROPO(OH)_2$$

$$2ROH+OPCl_3 \xrightarrow[-2HCl]{0℃} (RO)_2POCl \xrightarrow[-HCl]{H_2O} (RO)_2PO(OH)$$

此法产物中常混有磷酸三酯，严格控制条件，可使 $ROPO(OH)_2$ 或 $(RO)_2PO(OH)$ 有好的收率。

② 醇与三氯化磷反应，接着氯化，而后水解。反应如下：

$$3ROH+PCl_3 \longrightarrow (RO)_2POH \xrightarrow{Cl_2} (RO)_2POCl \xrightarrow{H_2O} (RO)_2PO(OH)$$

此法适于制备磷酸二烷基酯，产品纯度好，但醇消耗量大，且设备较复杂。

③ 醇或酚与五氧化二磷反应，反应如下：

$$2ROH+P_2O_5 \xrightarrow{\triangle} RO-\underset{OH}{\overset{O}{\overset{\|}{\underset{|}{P}}}}-O-\underset{OH}{\overset{O}{\overset{\|}{\underset{|}{P}}}}OR \xrightarrow{H_2O} 2RO\overset{O}{\overset{\|}{P}}(OH)_2$$

$$3ROH+P_2O_5 \xrightarrow{\triangle} RO\overset{O}{\overset{\|}{P}}(OH)_2 + (RO)_2\overset{O}{\overset{\|}{P}}OH$$

$$4ROH+P_2O_5 \xrightarrow{\triangle} 2(RO)_2\overset{O}{\overset{\|}{P}}OH + H_2O$$

此类反应可在矿物油或混合烃中进行，反应温度从 30～80℃为宜。醇或酚的用量直接影响反应产物，高级醇参与反应或反应原料中含有少量会导致磷酸单酯的比例增加。

④ 苯酚、烯烃、五氧化二磷催化烷基化和酯化，反应如下：

$$3C_6H_5OH+3\ \gt C=C\lt\ +P_2O_5 \xrightarrow{路易斯酸} RC_6H_4O\overset{O}{\overset{\|}{P}}(OH)_2 + (RC_6H_5O)_2\overset{O}{\overset{\|}{P}}OH$$

此法较经济，适于制磷酸取代苯酯的混合物。

⑤ 磷酸三酯碱性水解或与五氧化二磷反应，反应如下：

$$(RO)_3PO+H_2O \xrightarrow{NaOH} (RO)_2PO(OH)+ROH$$

此法适应性较广，但成本较高，在制混合型磷酸二酯方面有一定意义。

(2) 生产方法 工业上生产磷酸单酯和磷酸二酯主要采用醇与五氧化二磷反应的办法。尽管产物常常是单酯和二酯的混合物，但一般无需分离可直接用于工业目的。

在具有外夹套的反应釜中加入适量的醇，开动搅拌器，通过一个封闭的进料装置加入计算量（所加醇物质的量的四分之一）的五氧化二磷，加入速率以无过量块状物积聚为宜。维持反应温度在 60～70℃，待加料完毕，继续搅拌数小时，即得主产物为磷酸二烷基酯的产品。若按酯物质的量的三分之一投入五氧化二磷，则得磷酸单酯和磷酸二酯的近 1：1 的混合物。如果为了特殊目的需将磷酸单酯和二酯分离，则采用液液萃取或固液分离的办法。对于低级烷基磷酸酯来说，常在产物中加入氯化钙或氯化镁水溶液，使磷酸单酯盐沉淀而磷酸酯盐进入水相，分别酸化处理，即可得磷酸单酯和磷酸二酯。高级烷基（含 C_7～C_{12}）的磷酸二酯钙盐或镁盐可用石油醚、苯等非极性溶剂由磷酸单酯盐中萃取出来；用水作萃取剂，可使磷酸单酯碱金属盐进入水相而与磷酸二酯盐分离。含 C_1～C_9 的磷酸烷基酯可采用液-液萃取法分离，磷酸单烷基酯进入强极性溶剂相（如水、磷酸壬基酯的分离用乙二醇作强极性相），而磷酸二烷基酯进入弱极性溶剂相（如乙醚等）。聚醚型磷酸烷基酯的生产采用先醚化后酯化的办法。例如，将一定量的月桂醇抽入反应釜中，加入 NaOH 催化剂，抽出釜内空气，升温至 130℃，通入一定量的（通常为加醇物质的量的 3 倍或 4 倍）环氧乙烷，在 $(1.37\sim2.25)\times10^5$ Pa 釜压和 150～170℃条件下醚化，而后降温至 50℃，慢慢加入五氧化二磷（通常为加醇物质的量的三分之一），维持反应温度在 60～70℃，2～3h 后，滤去杂质，即得脂肪醇聚醚磷酸单酯和二酯的混合物。若在反应后用氢氧化钠、氨水、二乙醇胺、三乙醇胺等碱性物质中和，则可分别制得不同种类的脂肪醇聚氧亚乙基磷酸酯盐。

将脂肪醇、乙二醇与五氧化二磷进行类似反应，而后用碱液或氨水处理，可制成含乙二醇基的混式磷酸二酯盐。

淀粉磷酸酯和纤维磷酸酯是磷酸单酯和磷酸二酯的混合物。天然淀粉磷酸酯存在于马铃薯淀粉中，1919 年 Kerb 首次用氯氧化磷合成了淀粉磷酸酯，1958 年 Neu Korm 用干法生产技术，开发了单质型和双质型（或交联型）淀粉磷酸酯，并很快进入了工业化生产。淀粉磷酸酯具有许多优良的品质，如使用方便、性能稳定、耐老化、冻融性强、抗腐蚀、抗酸、无毒无臭、香味清晰、营养丰富等。因此自问世以来，便受到人们的注目，现已在仪器、纺织、造纸、医药、采掘等工业得到应用，新的领域也正在开拓。淀粉磷酸酯的生产方法较多，在不同条件下生产，可得含磷量不同的产品，即取代度不同的产品。如将淀粉与磷酸在约 60℃共热得到低取代度的淀粉磷酸酯；而与磷酸二氢钠反应则得淀粉磷酸单酯盐；还可与三聚磷酸钠、焦磷酸四钠、尿素磷酸盐、有机磷酸化剂等反应制得磷酸单酯；与三偏磷酸钠反应得到交联状淀粉磷酸二酯盐；若将淀粉悬浮于水或含水乙醇中加入磷酸盐于 150～200℃共热则得淀粉磷酸单酯和二酯混合型盐。不同取代度的淀粉磷酸酯，其性质相差较大，因而具有不同的用途。

磷酸纤维素有两类产品，水溶性磷酸纤维素由磷酸、熔融尿素与纤维素反应得到；不溶于水的磷酸纤维素由纤维素与磷酸二氢钠或聚磷酸反应生成。磷酸二-2-乙基己酯有两种生产方法，其一是将 2-乙基己醇和 PCl_3 在低于室温下反应生成亚磷酸二酯，氯化而后水解制成，收率高达 90%；其二是将 2-乙基己醇和三氯氧磷以 2∶1 的物质的量比在 35～60℃反应，生成物用 20%氢氧化钠溶液水解，继之用硫酸酸化、水洗、精馏，产品纯度达 90%～94%。

2. 磷酸三酯

(1) 生产原理　磷酸三酯的生产方法较多，较重要的有下列几种。

① 三氯氧磷与醇或酚直接反应，反应如下：

$$POCl_3+3ROH \longrightarrow (RO)_3PO+3HCl$$

当 R 为芳基时，副产物氯化氢不会使磷酸三芳基酯脱芳基化，故在酚稍过量的情况下高温反应（150～300℃），即可高产率地制得 $(ArO)_3PO$。催化剂的存在（常用金属卤化物）可降低反应温度和缩短反应时间。当 R 为烷基时，磷酸三酯易被氯化氢脱烷基化使产率降低；为使副反应减少，常使醇与三氯氧磷在低于室温的情况下反应。体系中 PCl_3 的存在可加快反应，缩短反应时间。

混式磷酸三酯的制备与之类似，只是反应分步进行，先制成氯磷酸酯，再与醇或酚进行综合，反应如下：

$$ROH \xrightarrow[\text{低温}]{POCl_3} ROPOCl_2 \xrightarrow[\text{低温}]{2ArONa} ROPO(OAr)_2$$

$$2PhOH \xrightarrow[Mg, 70\sim90℃]{POCl_3} (PhO)_2POCl \xrightarrow[烃, 回流]{ROH} (PhO)_2PO(OR)$$

② 醚与五氧化二磷作用，反应如下：

$$3R_2O + P_2O_5 \xrightarrow[高温]{压力} 2(RO)_3PO$$

此法适用于伯烷基醚的反应，工业上制磷酸三乙酯即用此法。这种方法虽也可应用于磷酸三仲烷基酯的制备，但效果不理想，此法制磷酸三异丙酯不如制磷酸三乙酯效果好。

③ 三氯氧磷与环氧化物催化加成。此反应中，反应开始时环氧乙烷加成比较容易，其后的加成逐渐困难；使用催化剂可加速反应，其催化效力依 PCl_3、$AlCl_3$、$ZrCl_4$、$TiCl_4$ 的次序递减。

④ 由烯烃制磷酸三酯，反应如下：

$$PhOH + CH_3CH{=}CH_2 + POCl_3 \xrightarrow[压力, \triangle]{催化剂} (i\text{-}PhC_6H_4O)_3PO + 3HCl$$

⑤ 由亚磷酸酯制磷酸三酯，反应如下：

$$(RO)_2POH \xrightarrow{Cl_2} (RO)_2POCl \xrightarrow{ArONa} (RO)_2PO(OAr)$$

酚与三氯化磷反应先制成亚磷酸三芳基酯，而后氯化水解生成磷酸三芳基酯，这种方法在工业上称为冷法。

(2) 生产方法 磷酸三酯的生产，绝大多数厂家采用使醇或酚与三氯氧磷在装有良好搅拌器的反应釜中缩合的办法。考虑到反应中生成的氯化氢的腐蚀性，反应釜一般采用搪瓷（玻璃）衬里或直接采用不锈钢反应釜。加入不同的原料，采用不同的操作条件，即可生产出所期望的磷酸三烷基酯、三芳基酯或混式三烃基酯。生产出的磷酸三酯粗品通常须经预纯化（常用10％NaOH 洗涤，蒸馏回收溶剂及未反应的酚或醇，减压蒸馏）、再纯化（碱洗、高锰酸钾稀溶液处理，酸洗、水洗）、减压脱水、活性炭脱色、过滤等处理过程方可得到可用的产品。磷酸三芳基酯的典型生产工艺流程如图 9-2 所示。

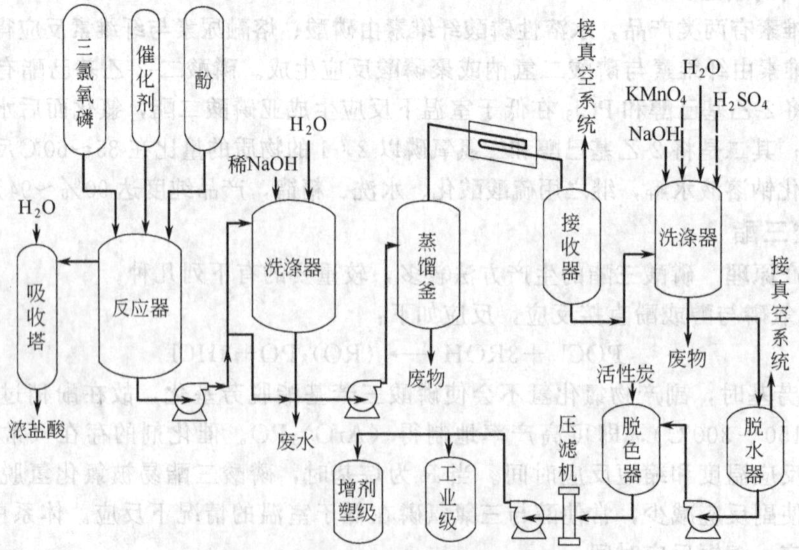

图 9-2 磷酸三芳基酯生产工艺流程

磷酸三芳基酯的生产分热法和冷法两种，前者磷酰化温度较高，副反应多，产品不易纯化；后者反应温度低，能耗较少，产品易于纯化，故目前应用较广。现从磷酸三甲酯的生产为例说明这两种方法的工艺流程。

① 热法。将邻甲苯酚含量低于3%的对甲苯酚和间甲苯酚混合物与三氯氧磷在 $AlCl_3$ 催化下于200℃反应6～9h（$CH_3C_6H_4OH$ ∶ $POCl_3$ ∶ $AlCl_3$ = 3 ∶ 1 ∶ 0.1，甲基苯酚比例可稍高，有利于酯化完全）。生成的氯化氢回收副产盐酸。用稀碱洗涤反应混合物（以中和溶解的氯化氢），水解并萃取少量的部分酯化产物及未反应的甲苯酚，减压蒸馏，即得磷酸三甲苯酯粗品，不经进一步纯化，可直接用作汽油添加剂的组分。用作增塑剂的磷酸三甲苯酯需将粗品进一步纯化处理，以改善产品的pH、表观质量及氧化稳定性等。此法收率一般在70%～80%。热法生产磷酸三芳基酯，高温是必要的，否则将有大量部分芳酯化产物卤磷酸酯生成，不仅磷酸三芳基酯产率低，而且给产品精制带来许多困难。

② 冷法。将间甲苯酚和对甲苯酚混合物与三氯氧磷以3∶1的物质的量比在15℃反应，生成亚磷酸三甲苯酯；升温至60～70℃，通入氯气，制得二氯磷酸三甲苯酯，而后在80℃水解，分出有机相，稀碱水洗涤，减压蒸馏，即得较纯产品（340～360℃/98.4kPa）。有文献报道了一些新的磷酸三芳基酯的生产方法及生产专利。其中一种是在碱催化剂下使苯酚或其同系物与三氯氧磷在液-液相转移条件下完成酯化过程。即让三氯氧磷、酚溶于一种憎水性有机溶剂（如苯）中，而后与氢氧化钠水溶液在强烈搅拌下于20～30℃反应1～2h（维持pH 7.5～13.5）。该法有工艺简单、反应周期短、产品质量高的优点，且可以免除腐蚀性气体氯化氢的放出，有利于环境保护。

混式磷酸三芳基酯的生产可依上述类似方法进行。即将一定比例的混合酚与三氯氧磷在一定条件下反应，或者分步加入不同种类的酚使之完全酯化。磷酸三烷基酯或者磷酸烷基芳基酯的生产常采用低温反应与减压氯化氢相结合的办法。由于减压时会带走一部分醇，故反应时醇要适当过量。如生产磷酸三丁基酯时是将正丁醇与三氯氧磷在0～20℃反应，减压除去氯化氢，用氨中和反应混合物，滤除副产物氯化铵固体、蒸馏回收过量的正丁醇，最后减压蒸馏，磷酸三丁酯收率达80%～90%。

磷酸三乙酯和磷酸三-β-氯乙基酯虽可由相应的醇与三氯氧磷按上述方法制得，但工业上常用更经济的方法生产。将乙醚和五氧化二磷以5∶1的物质的量比投入压力釜中，压入乙烯，使釜压达到3.5kPa，升温至180℃，维持8h，除去过量的乙醚和乙烯，并减压除去副产物亚磷酸三乙酯，即得90%收率的磷酸三乙酯。磷酸三-β-氯乙基酯的生产采用环氧乙烷在氮气压力下加到装有三氯氧磷和催化剂的封闭反应釜中（加入环氧乙烷的速度应与冷质的冷却能力持平），控制反应温度在50℃左右（最高不得超过100℃）。反应完毕，除去过量的反应物，水洗、脱水干燥后即得产品。

混合型磷酸烷基芳基酯的生产常常分步进行，且常在较低温度下反应。如磷酸（2-乙基己醇）二苯酯的生产是将2-乙基己醇与三氯氧磷在10℃左右等物质的量比反应，在不高于50℃的情况下减压除去氯化氢得到二氯磷酸酯，将这种酯加到10℃的几乎饱和的酚钠溶液中进行反应，而后分出有机相，先后用稀碱和水洗，水蒸气蒸馏痕量醇，接着用高锰酸钾溶液处理或用活性炭脱色、过滤、真空脱水并蒸馏得到90%收率的预期产物。

第四节　硫代磷酸酯

硫代磷酸酯是磷酸酯中的氧被硫取代后生成的一类化合物的总称，其中有实际意义的大多是一硫代磷酸酯和二硫代磷酸酯，下面介绍其生产原理和生产方法。

一、硫代磷酸酯的生产原理

1. 醇或酚与三氯硫磷反应

该法主要用于硫羰磷酸酯的生产。三氯硫磷反应活性较三氯氧磷低得多，醇或酚与三氯硫磷反应基本上停止在单烷（芳）氧化步骤，欲实现进一步烷（芳）氧化，需使醇或酚在氢氧化钠的醇溶液或浓水溶液中反应，或者使生成的硫二氯磷酸单酯与适量的醇钠或酚钠作用。硫代氯磷酸二酯中间体对水解和醇解都相当稳定，即使在沸腾的醇中处理也不会发生酯化反应，故可用醇作反应介质。其反应如下：

$$ROH + PSCl_3 \xrightarrow{NaOH} ROPSCl_2 + HCl$$

$$ROPSCl_2 + R'ONa \xrightarrow[\triangle]{R'OH} (RO)(R'O)PSCl + NaCl$$

$$ROPSCl_2 + 2R'ONa \xrightarrow[\triangle]{R'OH} (RO)PS(R'O)_2 + 2NaCl$$

若使三氯硫磷与醇钠或酚钠反应，反应如下：

$$2RONa + PSCl_3 \xrightarrow[-5℃]{NaOH} (RO)_2PSCl + 2NaCl$$

$(RO)_2PSCl$在较高温度下与醇钠或酚钠反应，则生成硫代磷酸三酯，反应如下：

$$(RO)_2PSCl + C_6H_5ONa \xrightarrow[\triangle]{溶剂} (RO)_2PS(OC_6H_5) + NaCl$$

此为制取硫代磷酸三酯的通用方法。

2. 醇或酚与五硫化二磷反应

$$4ROH + P_2S_5 \xrightarrow{\triangle} 2(RO)_2PSSH + H_2S$$

此法适于制备二硫代磷酸二酯。二硫代磷酸二酯是重要的反应中间体，它们可以用碱或碱性氧化物中和成盐，可以用氯气或五氯化磷氯化生成磷酸二酯，可以与带多种官能团的烯烃加成，还可与醛、卤代烷发生缩合反应等，生成硫代磷酸衍生物，具体的反应如下所示：

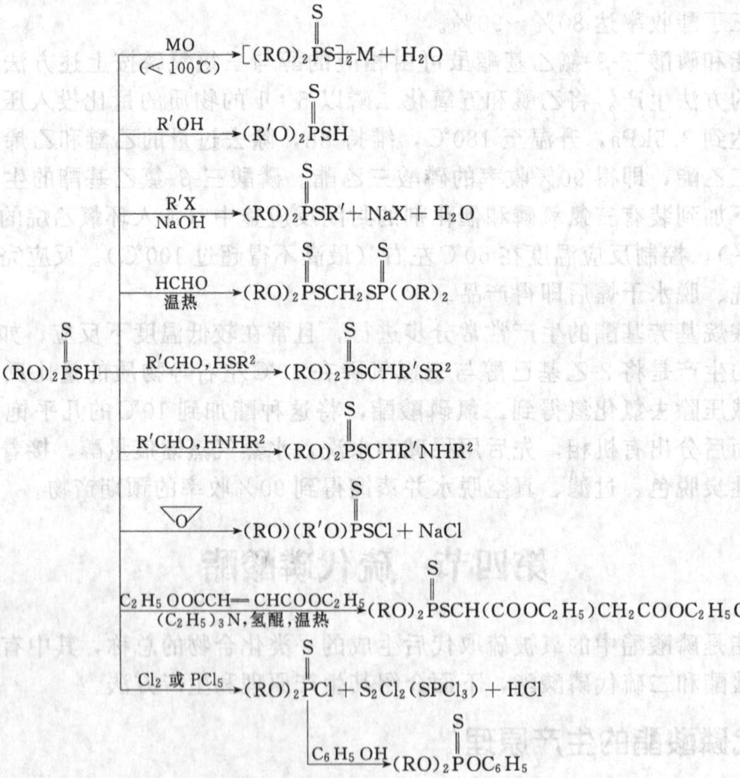

3. 亚磷酸酯硫化或硫代磷酸酯氧化

$$(RO)_3P + S \longrightarrow (RO)_3PS$$

$$2(RS)_3P + O_2 \longrightarrow 2(RS)_3PO$$

由于亚磷酸三酯和三硫代亚磷酸三酯较之三氯化磷更易硫化或氧化，此法在硫代磷酸酯的制备中有一定实际意义。如脱叶磷（三硫代磷酸三丁酯）的生产就采用此法。

二、硫代磷酸酯的生产方法

O,*O*-二烷基硫代磷酸是杀虫剂、浮选剂和润滑油添加剂的中间体，它们的生产主要采用醇或酚与五氧化二磷作用的办法。一般操作是将高纯度的五硫化二磷通过一个封闭的喂料装置加入具有外夹套的内装一定量醇（或酚）的搪瓷反应釜中（反应系统出口与处理副产物硫化氢的洗涤装置或大蛇管相连），加料速度以维持釜温 70～120℃为宜（一般不高于100℃，取代酚的优选反应温度约为110℃），历时 2～6h；加料完毕后，在此温度下再维持数小时，而后减压去除硫化氢和未反应的醇（或酚），过滤去渣，即得纯度 90%左右的二硫代磷酸二酯，不经进一步纯化可直接用于大多数后续反应。*O*,*O*-二烷基硫代磷酸的生产流程见图 9-3 所示。

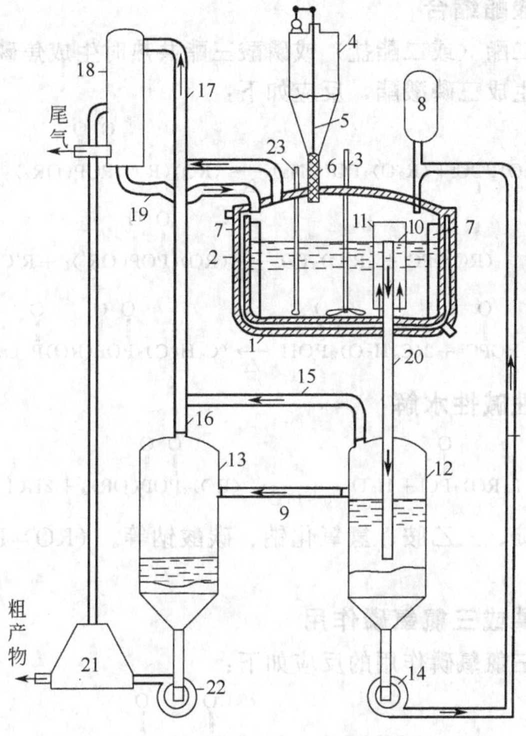

图 9-3　*O*,*O*-二烷基硫代磷酸生产流程

1—反应混合物；2—反应器；3—搅拌器；4—P_2S_5 料斗；5—立式螺旋推进器；
6—伸长管；7—挡板；8—ROH 料槽；9,15,16,17,19,20—连通管；
10—溢流表；11—套管；12—固液分离器；13—接收管；14,22—泵；
18—冷凝器；21—闪蒸器；23—温度计

将由较低级醇生成的二硫代磷酸二酯用碳酸钠直接中和或将游离酸溶于有机溶剂再用碱液萃取，即可得水溶性二硫代磷酸二酯盐（钠盐、铵盐等）；若将高级醇和取代苯酚生成的二硫代磷酸二酯在低于100℃情况下用金属氧化物（ZnO、BaO、CaO、PbO 等）处理或使其钠盐发生复分解反应（如与 $SbCl_3$ 等），而后减压脱水，用润滑油基料稀释，即得润滑油添加剂商品。

S-烷基化的硫代磷酸酯的生产有数种方法，较重要的有下面几种。第一种是O,O-二烷基二硫代磷酸在反应助剂的存在下与烯烃加成（如马拉硫磷的生产）；第二种是O,O-二烷基二硫代磷酸盐与卤代烷反应。如将按上述方法生产的O,O-二烷基二硫代磷酸盐与氯化煤油作用可生产出用作润滑油添加剂的二硫代磷酸三酯；第三种是用硫醇与三氯化磷生成三硫代亚磷酸酯而后氧化。

将前面生产的O,O-二烷基二硫代磷酸粗品在25℃左右用氯气氯化（不可高温！避免危险的副反应）数小时，即可生产出另一类重要反应中间体硫羰氯磷酸二苯酯，它们被应用于许多硫羰磷酸三酯的制备中。

第五节　焦磷酸酯和多磷酸酯

焦磷酸酯和多磷酸酯是聚合磷酸的烃基衍生物。由于无论从数量还是销售规模上都比其他类型的磷酸酯小得多，在此只对焦磷酸酯做简单介绍。

1. 氯磷酸酯与磷酸酯缩合

氯磷酸二酯与磷酸二酯（或二酯盐）或磷酸三酯共热时生成焦磷酸四酯，而当二氢磷酸酯进行类似的反应时则生成三磷酸酯，反应如下：

$$(RO)(R'O)POCl+(R_2O)_2PO(ONa)\xrightarrow[\triangle]{}(RO)(R'O)\overset{O}{\overset{\|}{P}}O\overset{O}{\overset{\|}{P}}(OR_2)_2+NaCl$$

$$(RO)_2\overset{O}{\overset{\|}{P}}Cl+(R'O)_3PO\xrightarrow[高温]{}(RO)_2\overset{O}{\overset{\|}{P}}O\overset{O}{\overset{\|}{P}}(OR')_2+R'Cl$$

$$RO\overset{O}{\overset{\|}{P}}Cl+2(C_6H_5O)_2\overset{O}{\overset{\|}{P}}OH\xrightarrow[\triangle]{}(C_6H_5O)_2\overset{O}{\overset{\|}{P}}O\overset{O}{\overset{\|}{P}}(RO)\overset{O}{\overset{\|}{P}}(OC_6H_5)_2+2HCl$$

2. 氯磷酸酯控制性碱性水解

$$2(RO)_2\overset{O}{\overset{\|}{P}}Cl+H_2O\xrightarrow[0\sim10℃]{碱}(RO)_2\overset{O}{\overset{\|}{P}}O\overset{O}{\overset{\|}{P}}(OR)_2+2HCl$$

反应中所用碱为吡啶、三乙胺、氢氧化钠、碳酸钠等。$(RO)_2PSCl$类似物质水解得硫羰焦磷酸酯。

3. 醇与五氧化二磷或三氯氧磷作用

醇与五氧化二磷或三氯氧磷作用的反应如下：

$$2ROH+P_2O_5\xrightarrow[\triangle]{}RO\overset{O}{\overset{\|}{P}}—O—\overset{O}{\overset{\|}{P}}OR$$

另外，部分酯化的磷酸酯与碳二亚胺共热（ATP的早期人工合成就用此法），磷酸三酯与五氧化二磷、三氯氧磷或亚硫酰氯反应以及焦亚磷酸酯（常由氯代亚磷酸酯与亚磷酸酯金属盐在溶剂中缩合制取）氧化或硫化均可制得焦磷酸酯和三磷酸酯。

焦磷酸酯和多磷酸酯目前应用品种不太多，有待于进一步开发。焦磷酸四乙酯是最早开发的焦磷酸酯品种，由5mol 2-乙基己醇与3mol五氧化二磷缩合得到的三磷酸五-2-乙基己酯用碳酸钠中和后生成的钠盐具有很小的表面张力和较短的润湿时间，因而被用作润滑剂；而由2mol 2-乙基己醇与1mol五氧化二磷在煤油中70℃反应0.5h得到的焦磷酸二-2-乙基己酯是一种多功能萃取剂，可用于UO_2^{2+}萃取。由焦磷酸酯与钛酸酯缩合得到的焦磷酸钛酯是炭黑、酞菁蓝、铁红等颜料的优良分散剂，此类化合物可用通式表示。

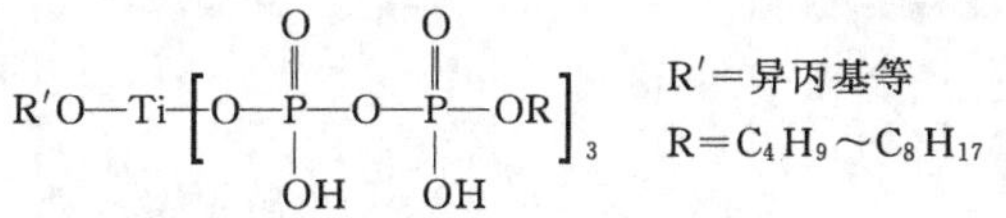

三磷酸腺苷（ATP）是生物体内有普遍意义的载能分子，其结构如下：

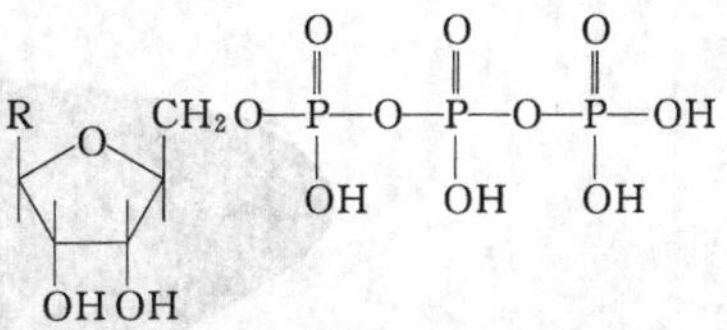

它的人工合成最早由 Todd 及其同事们完成。1978 年 Whitesides 等将化学法与生物化学法相结合，发明由丙酮出发大量制备 ATP 的方法，使 ATP 的售价由每摩尔 2500 美元下降至数美元。其制备过程是：将丙酮在 700℃下热解制得乙烯酮，继之与磷酸作用得到乙酰氧基磷酸，再在甲醇中氨化制得乙酰氧基磷酸二铵盐结晶；而后，在腺苷激酶（adenosine kinase）、腺苷酸激酶（andenylate kinase）和乙酸激酶（acetate kinase）共同作用下将乙酰氧基磷酸、腺嘌呤及它的单磷酸盐（AMP）和二磷酸盐转化为 ATP。在这一过程中，由嘌呤衍生的磷酸腺苷的收率接近 98%，ATP 的分离得率约为磷酸腺苷总量的 1/3。这一过程中所使用的酶稳定性都比较高，均可回收再用。

参 考 文 献

[1]　王晓伟等．有机磷酸酯阻燃剂污染现状与研究进展．化学进展，2010，22（10）：1983-1992.

第十章 有机磷农药

第一节 概 述

一、有机磷农药工业的发展概况

有机磷农药是当前农药中三大支柱之一[1]，从20世纪40年代开始成功开发并推广的第一批有机磷农药（如对硫磷、甲基对硫磷等）以来，已经历了半个多世纪的发展。由于有机磷农药的低毒、安全、价格低廉、相对简单的生产技术、大多数结构较简单，它们分解后可以简单地转化为植物的营养品，氨、磷酸以及硫醇类小分子可以生态和谐共存，长期以来有机磷农药更是农药工业的主体，不管在品种的数量、产量和市场占有率方面均居各类农药的首位。但越来越严重的环境压力和越来越高的环保要求，有机磷农药近年来所占比例有所下降，逐渐被烟碱类等高效无毒新型农药取代，目前在农药市场中已经退居第二。中国生产和应用的各类农药品种共150多种，年产量2007年已达30多万吨，预计2015年将达35.6万吨[2]。其中年生产量近万吨的品种约10种，而一半是有机磷品种，如敌敌畏（DDV）、敌百虫、草甘膦等年产量已超过万吨，特别是草甘膦[3]，2005年的产量更是达6万多吨，敌敌畏也达2.7万多吨。氧化乐果、三唑磷、乙酰甲胺磷、毒死蜱等年产量已超过或接近五千吨，特别是三唑磷和毒死蜱作为低毒农药，近年来发展很快。原来生产量很大的还有甲胺磷、磷胺、氧化乐果、水胺硫磷、久效磷、1659、异柳磷等，因其高毒性现已禁用。

与其他农药相比，有机磷农药易于被生物降解，在环境中残留很少，合成方法一般比较简单，而且与中心磷原子结合的配位基可以发生多种变化，能适应各种有害生物毒理学上变化的要求等，这些特点为有机磷农药的发展提供了更大的可能性。

国外有机磷农药发展很快，近些年来开发了许多新品种，如Bolstar、Profenos、Tokthion等，以及美国杜邦公司推广的广谱性、活性极高的土壤杀虫剂Fortes和匈牙利开发的具有高度选择毒性的杀虫杀螨剂RA-17和NE-79168等，后两个具有对害虫、螨防治效果好而对人畜无害的突出优点。正是由于有机磷农药的特殊性质及其优点，使得其应用范围不断扩大，优良品种不断出现。可以预料，新的具有超高效、低毒、低抗性的有机磷农药品种还将不断被开发出来，应用前景十分广阔。

二、有机磷农药的分类与命名

1. 分类

目前广泛使用的绝大多数有机磷农药都含有磷酰（P ═O）或硫代磷酰基（P ═S）的磷酸或膦酸衍生物。它们的分类可按其应用范围、作用方式、毒理作用和化学结构等来分。按应用范围可分为杀虫剂、杀螨剂、杀菌剂、除草剂、植物生长调节剂、杀线虫剂、杀鼠剂等。这种分类方法虽然直观，但不能反映农药的分子结构特征，难以准确地掌握和记忆。另一种是根据它们的中心磷原子连接基团的不同分为以下六大类。

（1）磷酸酯

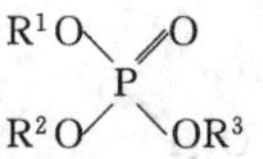

（2）硫代磷酸酯

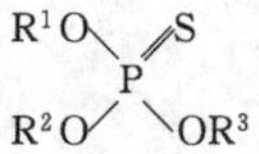
硫羰磷酸酯

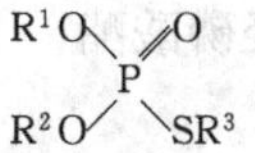
硫羟磷酸酯

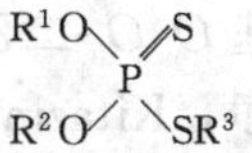
二硫代磷酸酯

（3）磷酰胺酯和硫代磷酰胺酯

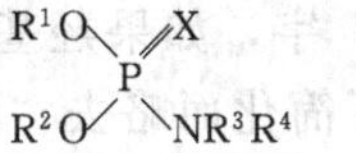
（X=O，S）

（4）磷酰卤酯

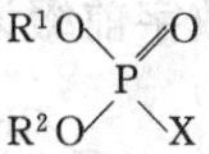
（X=Cl，F）

（5）焦磷酸酯

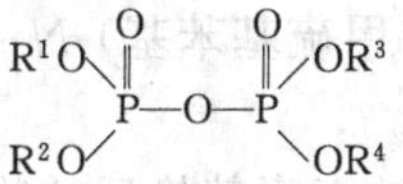

（6）膦酸酯和次膦酸酯

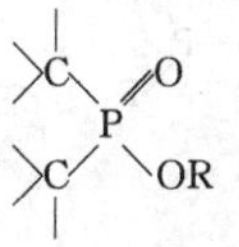

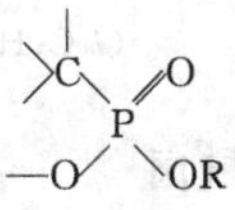

2. 有机磷农药的命名

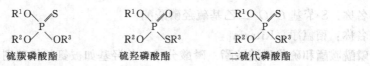

有机磷酸酯的命名曾经相当混乱，不同的书刊资料都有各自的命名系统，1952 年英国化学会和美国化学会曾为有机磷农药的命名作出了有关规定，本书将按规定的规则对有机磷化合物进行命名。

作为农药的一价磷酸酯均可看作是母体磷（膦）酸的衍生物，所以有机磷农药的化学名称是以酸为母体进行命名的，现将主要的基本母体结构以及相应的衍生物命名按其结构类型进行简介。

（1）磷酸酯 磷酸中的氢原子被有机基 R 置换后称为磷酸酯，取代基 R 可相同也可不同，命名时，则在取代基前冠以“*O*”字，有时也可省略，然后在取代基后缀以磷酸酯（母体名）。

例如： $(CH_3O)_2P(=O)—OCH═CCl_2$

化学名称：*O*-2,2-二氯乙烯基-*O*,*O*-二甲基磷酸酯
或二甲基-2,2-二氯乙烯基磷酸酯

商品名称：敌敌畏，Dichlorvos，DDVP

(2) 硫代磷酸酯　磷酸分子中的氧原子被硫置换，称为硫代磷酸。由于置换的硫原子数不同，会有一、二、三硫代磷酸，另外硫原子和磷原子有 P═S 和 P—S 两种连接方式，因而命名时又可区分为硫羰和硫羟磷酸（有时也称之为硫酮式和硫醇式磷酸），各类硫代磷酸中的氢原子被有机基 R 取代后则称之为相应的硫代磷酸酯，它们的命名和磷酸酯相似。各类硫代磷酸酯的英文名称是在磷酸酯的后缀-ate 前插入相应的功能基名称，如 thio（硫代），thiono（硫羰），thiol（硫羟），如同功能基有两个以上时，则加入数字前缀词如 dithio（二硫代）等。例如：

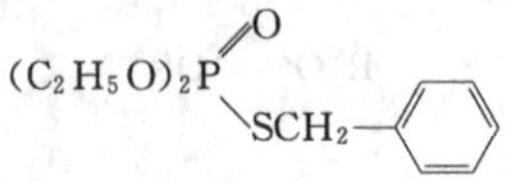

化学名称：S-苄基-*O*,*O*-二乙基硫羟磷酸酯

商品名称：稻瘟净，Kitazin

(3) 磷酰胺酯和硫代磷酰胺酯　磷酸分子中的羟基如被氨基代替则称为磷酰胺。如果磷酰胺分子中其他余下的氧原子被硫原子替换，则称为硫代磷酰胺，当氨基上的氢被有机基 R 替换时，命名时在取代基 R 名前冠以“*N*”字，如果羟基上氢原子也被 R 取代时，也属于酯类，应称为磷酰胺酯（在使用时往往为了简化而略去“酯”字），其英文名称是在磷酸名称或磷酸酯名称后缀前插入 amid（酰胺）来分别表示相应的氨基磷酸和磷酰胺酯，同样如存在两个以上氨基时，则在酰氨基名称前加入数字前缀词，如 triamid(o) 胺。

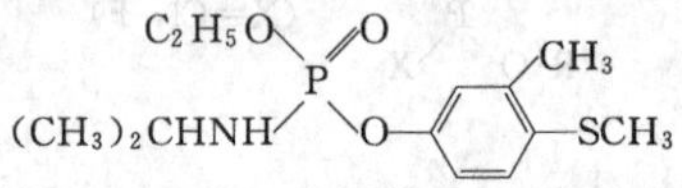

化学名称：*O*-乙基-*O*-(3-甲基-4-甲硫基苯基)-*N*-异丙基磷酰胺酯

商品名称：克线磷，Nemacur

(4) 磷酰卤酯　当磷酸分子羟基被卤素替换后的物质称为磷酰卤。如：

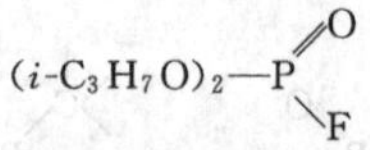

化学名称：*O*,*O*-二异丙基磷酰卤

商品名称：异丙氟磷，DFP

(5) 焦磷酸酯　关于两个磷原子的化合物的命名，目前没有统一的规则，通常把焦磷酸或酸酐作为母体，焦磷酸中的氢、氧和羟基也可分别被有机基团、硫原子取代。

三、有机磷农药制备的主要化学反应类型

这里仅介绍有机磷农药中涉及含磷部分的反应类型。

1. 羟基、巯基、氨基化合物的磷酰化反应

这类反应是合成 P—O、P—S、P—N 键的反应，为合成磷酸酯、硫代磷酸酯、磷酰胺和硫代磷酰胺类农药的主要反应。其通式如下：

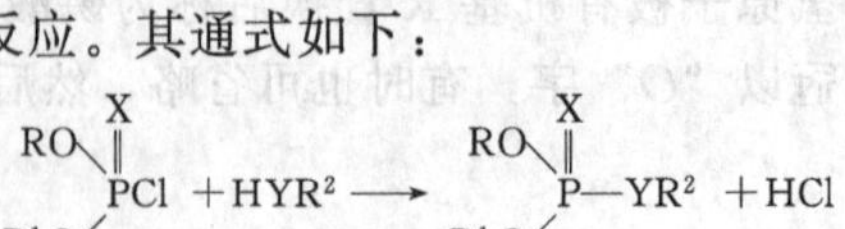

此式中的 R、R^1、R^2 为烃基和取代烃基、杂环基或其他有机基团等，R、R^1、R^2 可以

相同，也可以不同；X＝O，S；Y＝O，S 或—NR^3（R^3 为 H 或其他有机基团），所用的羟基、巯基化合物，也可以是它的金属盐（如酚钠、醇钠等），这一反应可用于合成多种有机磷农药，例如：

$$(CH_3O)_2PCl + HO-N \overset{S}{\underset{S}{\diagdown}} \longrightarrow (CH_3O)_2P-O-N \overset{S}{\underset{S}{\diagdown}} + HCl$$

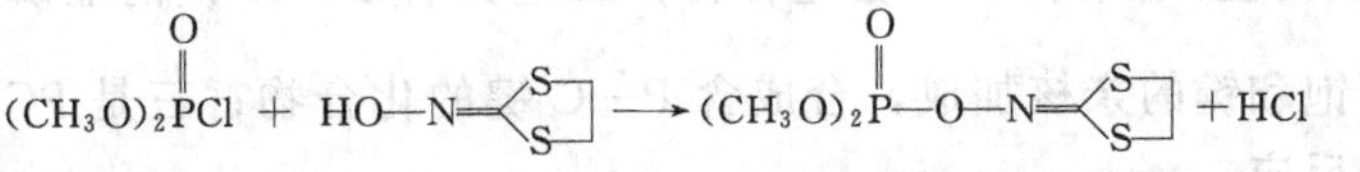

甲基硫环磷（杀虫杀螨剂）

2. 烷基化反应

需要用烷基化反应的情况主要有以下三种。

(1) 酸性磷酸酯（或硫代磷酸酯）与烷基化剂反应 这类烷基化反应常用来制备二硫代磷酸酯类农药，反应通式如下：

$$(RO)_2\overset{X}{\underset{}{P}}SM + XR' \longrightarrow (RO)_2\overset{X}{\underset{}{P}}-SR' + MX$$

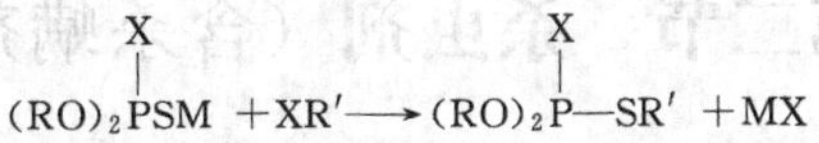

R 为烷基、芳基；M 为金属或铵离子；$R'X$ 为烷基化剂。如氧化乐果和乙拌磷就可以用此反应来完成。

(2) 中性硫羰磷酸酯或氨基硫羰磷酸酯的烷基化反应 反应方程式如下：

$$(CH_3O)_3PS + ClCH_2CH_2SC_2H_5 \longrightarrow (CH_3O)_2\overset{O}{\underset{}{P}}SCH_2CH_2SC_2H_5 + CH_3Cl$$

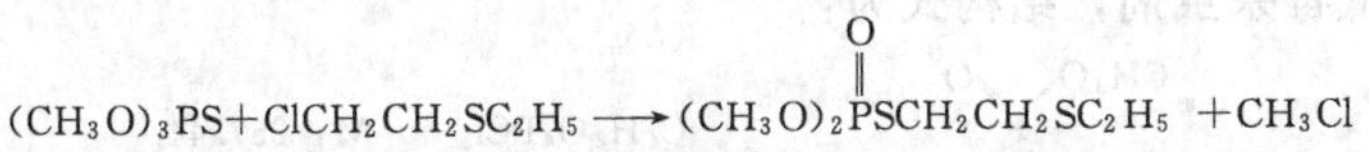

很多中性的低烷基硫羰磷酸酯，在较高温度时，本身就可以作为烷基化剂，对另一分子硫羰磷酸酯进行分子间的硫烷基化反应，尤其是甲基酯这一反应更容易。

(3) 硫羰磷酸酯分子内 S-烷基化 反应方程式如下：

$$(C_2H_5O)_2\overset{S}{\underset{}{P}}Cl + NaOCH_2CH_2N(C_2H_5)_2 \xrightarrow[\text{缚酸剂}]{} (C_2H_5O)_2\overset{S}{\underset{}{P}}OCH_2CH_2N(C_2H_5)_2 \xrightarrow[70\sim80℃]{\text{分子内烷基化}}$$

$$(C_2H_5O)_2\overset{O}{\underset{}{P}}SCH_2CH_2N(C_2H_5)_2$$

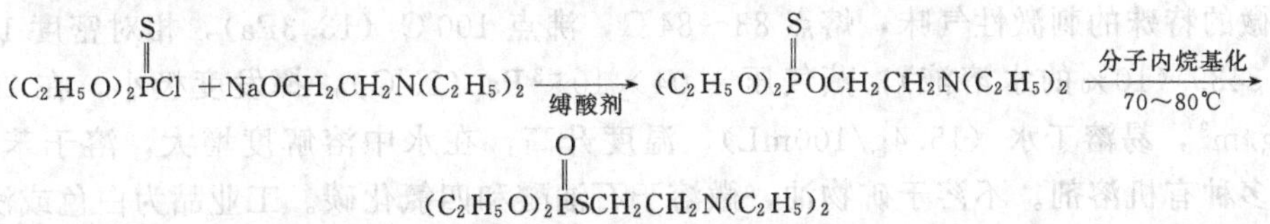

某些在烷基的 β-碳上连接有孤对电子的原子（如 N、O、S 等）的烷基硫羰磷酸酯在一定温度下容易发生分子内烷基化重排反应，转化为相应的硫羟磷酸酯，杀虫剂胺吸磷就是通过这个反应制得的。

3. 亚磷酸酯的亲核反应

亚磷酸酯是一类重要的含磷亲核试剂，利用三烷基亚磷酸酯可以进行很多亲核反应而制得一系列含磷有机物。在农药制造中，主要涉及两个反应。

(1) Perkow 反应 所谓 Perkow 反应一般是指三烷基亚磷酸酯与 α-卤代羰基化合物反应，经重排得到相应的乙烯基系磷酸酯。

$$(RO)_2POR' + \underset{|}{\overset{O}{\underset{|}{-C}}}-\underset{|}{\overset{Cl}{\underset{|}{C}}} \xrightarrow[\triangle]{\text{惰性溶剂}} (RO)_2\overset{O}{\underset{}{P}}-O-C=C + R'X$$

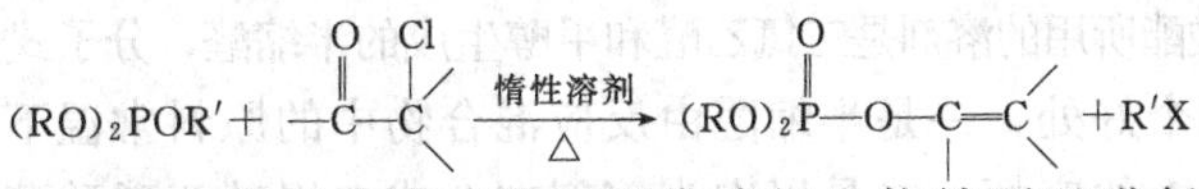

在反应中，只要含有一个烷氧基的三价三配位磷衍生物就可以进行 Perkow 反应。该反应在有机磷农药制造上具有很重要的意义，像磷胺、杀虫畏、速灭磷和敌敌畏等都可以通过 Perkow 反应而得到。

(2) Michaelis-Arduzov 反应 Michaelis-Arduzov 反应通常也简称阿尔卓夫反应，该反应是亚磷酸酯进攻卤代烃的饱和碳所引起的亲核反应，可用于合成具有 P—C 键的有机磷化合物（膦酸酯、次膦酸酯和氧化膦等）。反应的通式如下：

$$\underset{B}{\overset{A}{\diagup}}P-OR(M) + R'X \longrightarrow \underset{B}{\overset{A}{\diagup}}\overset{O}{\underset{OR'}{P}} + RX$$

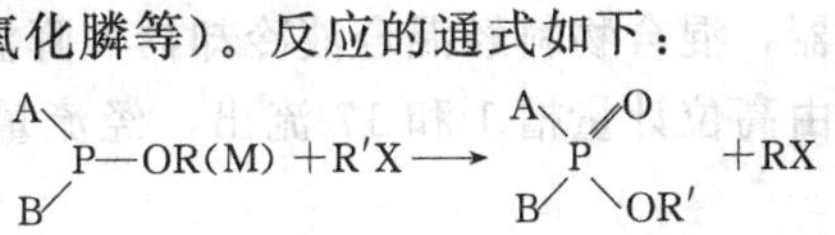

4. 加成反应

磷化合物对不饱和化合物的加成在合成有机磷农药中主要有三种,一是烷基硫羟磷酸与

$\diagdown C = C \diagup$ 亲电加成反应,合成 P—S 键化合物;二是具有 P—H 键的亚磷酸酯(或称为膦酸二烷基酯)与不饱和键的亲核加成,合成含 P—C 键的化合物;三是 PCl_3 与不饱和键的加成反应。如以下反应:

$$(CH_3O)_2\overset{\overset{O}{\|}}{P}-H + O=CHCCl_3 \longrightarrow (CH_3O)_2\overset{\overset{O}{\|}}{P}-\overset{\overset{OH}{|}}{C}HCCl_3$$

该反应是杀虫剂敌百虫的生产反应。

第二节 杀虫剂(含杀螨剂)

一、敌百虫

敌百虫,国外通用名为 Trichlorfon,商品名为 Dipterex、Neguvon、Tugon 等,它是一种膦酸酯类高效低毒杀虫剂,结构式为:

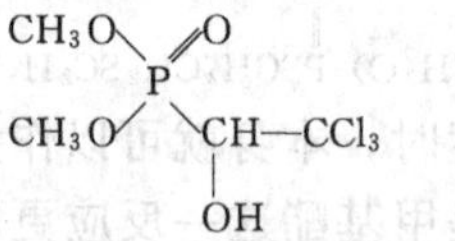

$$\begin{array}{c}CH_3O \diagdown \overset{\overset{O}{\|}}{P} \diagup \\ CH_3O \diagup \quad \overset{|}{\underset{OH}{CH-CCl_3}}\end{array} \qquad C_4H_8O_4PCl_3 \qquad M:257.44$$

化学名称:O,O-二甲基(1-羟基-2,2,2-三氯乙基)膦酸酯。其纯品为白色结晶固体,具有轻微的特殊的刺激性气味,熔点 83~84℃,沸点 100℃(13.3Pa),相对密度 1.73,折射率 1.3439(10% 的水溶液),蒸气压 1.04×10^{-3} Pa(20℃),挥发度极小,在 20℃时为 $0.11mg/m^3$,易溶于水(15.4g/100mL),温度升高,在水中溶解度增大,溶于苯、乙醚、氯仿等多种有机溶剂。不溶于矿物油,微溶于石油醚和四氯化碳。工业品为白色或浅黄色的结晶固体,纯度为 90% 左右,熔点为 78~80℃,在室温下较稳定,高温时遇水分解;在碱性溶液中可迅速脱去氯化氢而转化为毒性更大的敌敌畏。

1. 敌百虫的制造原理

敌百虫是以三氯化磷、甲醇、三氯乙醛为主要原料,通过下面的过程制得的。

$$PCl_3 + 3CH_3OH \xrightarrow{\text{化料}} (CH_3O)_2\overset{\overset{O}{\|}}{P}H + CH_3Cl + 2HCl$$

$$(CH_3O)_2\overset{\overset{O}{\|}}{P}H + O=CHCCl_3 \xrightarrow{\text{化料}} (CH_3O)_2\overset{\overset{O}{\|}}{P}-\overset{\overset{OH}{|}}{C}HCCl_3$$

制备二甲基亚磷酸酯所用的溶剂是三氯乙醛和甲醇生成的半缩醛,分子式为 $Cl_3CCH(OH)OCH_3$。选用它作为溶剂有两个好处,一是半缩醛由反应混合物中的原料常温下得到,可以避免加入其他溶剂而造成分离上的麻烦;二是以它为溶剂在合成二甲基亚磷酸酯过程中,二甲基亚磷酸酯一生成,即开始敌百虫的合成反应,这有利于缩短整个反应周期,也有利于连续化生产,因此在实际生产上是将上述两步反应融合在一起进行的。

2. 敌百虫生产工艺(连续法)

(1) 工艺流程 如图 10-1,甲醇和三氯乙醛分别由高位计量槽 2 和 3 流出,经流量计控制一定的流量连续加入混合器,混合物料经混合液冷却器 4 降温后流入酯化反应锅 5 内。

三氯化磷和回流液分别由高位计量槽 1 和 17 流出,经流量计控制一定的流量,连续加入酯化反应锅 5 内。

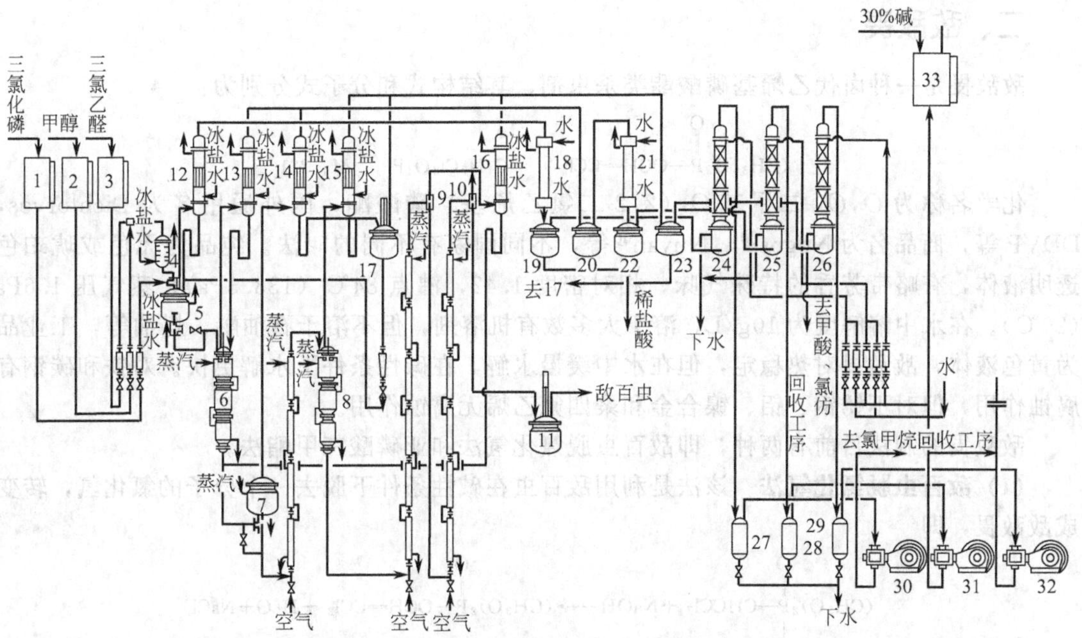

图 10-1 敌百虫连续化合成工艺流程示意图

1—三氯化磷计量槽；2—甲醇计量槽；3—三氯乙醛计量槽；4—混合液冷却器；5—酯化反应锅；6—脱酸器；7—缩合锅；8—脱回流液器；9,10—气流分离器；11—成品储槽；12～16—回流冷凝器；17—回流液中间计量槽；18,21—盐酸降膜式吸收器；19,22—盐酸鼓泡式吸收器；20,23—缓冲式气液分离器；24,25—脱酸、缩合系统尾气碱洗塔；26—脱回流液系统尾气洗涤塔；27,28,29—尾气缓冲器；30,31,32—真空泵；33—碱高位槽

经酯化反应的酯化液，由从酯化锅的底部伸入锅内一定高度的溢流管溢流至脱酸器 6，脱去其中溶解的氯化氢，脱酸后的物料由缩合锅的底部进入缩合锅 7，缩合生成敌百虫，再由从缩合锅底伸入锅内一定高度的溢流管滚出进入升膜管，进入脱回流液器 8 以脱除回流液。

脱液后的物料，从脱液器的底部流出进入升膜管组，进一步脱净剩余的回流液，产品由最后一支升膜管的气液分离器流入成品储槽 11 内，再经质量检验后分批送往储存包装工序。

(2) 工艺控制要点 生产中的工艺控制要点如表 10-1 所示。

表 10-1 敌百虫生产工艺控制要点

控 制 点	温度/℃	控 制 点	真空度/$\times 10^2$Pa
混合冷却器出口	5	酯化锅	266.6～199.9
酯化锅	40～55	脱酸器和缩合锅	159.9～199.9
脱酸器下口	80	脱回流液系统	＞159.9
缩合锅	90～95	控 制 点	停留时间/min
脱液器下口	100～105	酯化阶段	10
升膜管上口	145	缩合阶段	45

采用连续法生产得到的敌百虫含量和收率一般超过 90％。

加工剂型有精品原药、80％可溶性粉剂，25％乳油和 5％浮油和 5％的粉剂。

(3) 用途 敌百虫是具有强烈胃毒及触杀和熏蒸作用的高效杀虫剂，对双翅目和鞘翅目昆虫最为有效。主要用于防治粮、棉、果、蔬作物上的咀嚼口器害虫，也用于防治卫生害虫。对多种作物一般无药害，但对高粱、大豆易发生药害。

二、敌敌畏

敌敌畏是一种卤代乙烯基磷酸酯类杀虫剂，其结构式和分子式分别为：

$$(CH_3O)_2\overset{\overset{\displaystyle O}{\|}}{P}—OCH═CCl_2 \qquad C_4H_7Cl_2O_4P \qquad M：221$$

化学名称为 O,O-二甲基-O-(2,2-二氯乙烯基）磷酸酯，国外通用名为 Dichlorvos，DDVP 等，商品名为 Nogos®、Nuvan®等，不同国家有不同的叫法。纯品为无色或琥珀色透明液体，有略带芳香的特殊气味，相对密度 1.42，沸点 84℃（133.3Pa)，蒸气压 1.6Pa (20℃)。在水中溶解度为 10g/L，溶于大多数有机溶剂，但不溶于石油醚、煤油等，工业品为黄色液体，敌敌畏对热稳定，但在水中缓慢水解，在碱性条件下水解更快。对铁和碳钢有腐蚀作用，但对不锈钢、铝、镍合金和聚四氟乙烯无腐蚀作用。

敌敌畏的制法目前有两种，即敌百虫脱氯化氢法和亚磷酸三甲酯法。

(1) 敌百虫脱氯化氢法 该法是利用敌百虫在碱性条件下脱去一个分子的氯化氢，转变成敌敌畏，即

$$(CH_3O)_2\overset{\overset{\displaystyle O}{\|}}{P}—\underset{\underset{\displaystyle OH}{|}}{C}HCCl_3 + NaOH \longrightarrow (CH_3O)_2\overset{\overset{\displaystyle O}{\|}}{P}—OCH═CCl_2 + H_2O + NaCl$$

利用敌百虫脱氯化氢反应来制备敌敌畏时，应注意反应并不停止在这一阶段，敌敌畏在碱性介质中极易水解。水解产物遇碱还可以进一步分解生成二氯甲烷和甲酸钠，反应方程式如下：

$$(CH_3O)_2\overset{\overset{\displaystyle O}{\|}}{P}—OCH═CCl_2 + NaOH \longrightarrow (CH_3O)_2\overset{\overset{\displaystyle O}{\|}}{P}ONa + Cl_2CHCHO$$

$$CHCl_2CHO + NaOH \longrightarrow CH_2Cl_2 + HCOONa$$

同时，由于敌敌畏溶解敌百虫的能力很强，所以敌敌畏的水解不仅在水溶液中进行，而且同时在敌敌畏原油的表面进行，这样也就增加了敌敌畏水解的机会，从而难以获得较高的收率。在生产上为了使敌百虫水解完全，以提高敌敌畏的收率，常常采用苯和水组成的双溶剂体系进行反应，由于敌百虫易溶于水而难溶于苯，敌敌畏则易溶于苯难溶于水。采用此溶剂体系，使生成的敌敌畏与敌百虫分开，大大减少了敌敌畏与碱液进一步接触的机会。在生产工艺控制上，利用敌百虫水解快而敌敌畏水解慢的差别，采取缩短反应时间，严格控制碱量和反应温度以及加强搅拌效率等方法以抑制副产物的产生，从而保证以高的收率得到敌敌畏。

敌百虫碱解法制敌敌畏原药工艺流程如图 10-2 所示。生产中控制的条件是：碱解温度 25～55℃，碱解时间 20min，加碱时间 5～10min，加碱后反应液的 pH 为 12～13，反应结束时 pH 为 7～8。生产中所用的原料质量比为敌百虫：甲苯（苯）：水：烧碱＝1：1：2.5：0.8。将敌百虫投入水和甲苯的混合液中，再在 25～30℃时，搅拌条件下开始滴加碱液，滴加过程中温度不得超过 20～55℃，所需碱液应在 5～10min 内加完，加完后 pH 应为 12～13，搅拌 20min 后 pH 应为 8～9，不得低于 7，然后分离、脱水，脱溶液后得敌敌畏原油，含量为 90%～95%。

(2) 亚磷酸三甲酯法 该法是亚磷酸三甲酯和三氯乙醛进行 Perkow 反应来制得敌敌畏，反应方程式如下：

$$(CH_3O)_3P + Cl_3CCHO \longrightarrow (CH_3O)_2\overset{\overset{\displaystyle O}{\|}}{P}OCH═CCl_2 + CH_3Cl$$

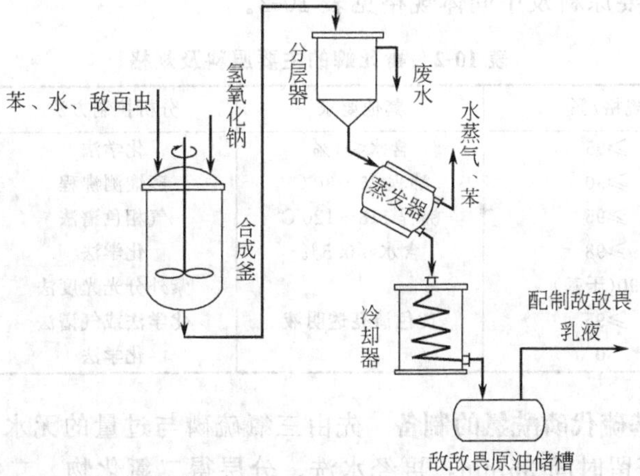

图 10-2　敌百虫碱解法生产敌敌畏原药工艺流程示意图

国内由于有大吨位的敌百虫生产，而且价格便宜，主要采用敌百虫碱解脱氯化氢法生产敌敌畏。虽然也先后有几家工厂对亚磷酸三甲酯法合成敌敌畏进行过试验生产，但由于生产技术未完全过关，产品质量不稳定，经济成本偏高，因此还未得到推广。

敌敌畏加工剂型为50％、80％乳油和20％塑料块缓释剂等。

(3) 敌敌畏的用途　敌敌畏是一种广谱性有机磷杀虫剂，具有触杀及熏蒸作用，也具有胃毒，它的作用特点是速效，击倒能力强。它能防治咀嚼式、刺吸式和舐吸式口器害虫，同时它对鳞翅目、鞘翅目、膜翅目等害虫及螨类都有很好的防治效果，适于防治环境卫生害虫，仓储害虫，棉、粮、桑、茶、果树、蔬菜、农村园艺等害虫。

三、毒死蜱[4,5,6]

1. 毒死蜱的性质

毒死蜱自1965年开发出来以来，市场份额逐渐增加，特别一些高毒农药被禁止使用后，毒死蜱的需求量逐渐上升，现已成为一种重要的有机磷农药品种。其分子结构式为：

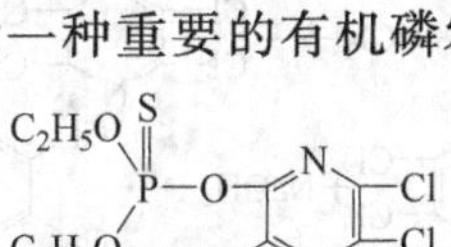

分子式为 $C_9H_{11}Cl_3NO_3PS$，相对分子质量 380.59。

化学名称为：*O*,*O*-二乙基-*O*-(3,5,6-三氯-2-吡啶基）硫代磷酸酯，又名氯蜱硫磷、乐斯本、氯吡硫磷、白蚁清、蓝珠、杀死虫、泰乐凯、陶斯松等。

毒死蜱纯品为白色结晶，熔点 42.5～43.5℃，蒸气压 2.493×10^3 Pa（25℃），可溶于丙酮、苯、氯仿等多数有机溶剂，35℃时溶解度：甲醇43％、异辛烷79％、水2mg/kg，贮存条件下稳定，在甲醇水溶液中，pH 值 6 时，水解半衰期为 1930d；pH 为 9.96 时，为 7.2d。工业品带硫醇味。

毒死蜱的毒性，雄性大鼠急性经口 LD_{50} 为 163mg/kg，雌性为 135mg/kg，豚鼠为 500mg/kg；兔急性经皮 LD_{50} 为 2000mg/kg。对动物眼睛有轻度刺激，对皮肤有明显刺激，多次接触产生灼伤。对大鼠慢性经口无作用剂量为每天 0.1mg/kg。对蜜蜂有毒。

2. 毒死蜱的制法

毒死蜱的合成方法有多种，但都是由二乙基硫代磷酰氯与2-羟钠-3,5,6-三氯-2-吡啶反应制得。根据二乙基硫代磷酰氯与2-羟钠-3,5,6-三氯-2-吡啶的制备方法不同，有不同的工艺路线。生产中的主要原料及中间体规格见表10-2。

表10-2 毒死蜱的主要原料及规格

名称	规格/%	其他要求	分析控制方法	备注
三氯乙酸	≥95	含水≤1%	化学法	
二氯亚砜	≥90	沸程75～80℃	蒸馏测沸程	储存不超过一个月
三氯乙酰氯	≥95	沸程118～120℃	气相色谱法	储存不超过一个月
丙烯腈	≥98	含水≤0.5%	化学法	色谱无杂峰
吡啶醇钠	≥90(干基)		紫外分光光度法	
乙基氯化物	≥95	黄色清亮透明液	化学法或气谱法	
液碱	30		化学法	

(1) *O*,*O*-二乙基硫代磷酰氯的制备 先由三氯硫磷与过量的无水乙醇反应生成二氯化物，于25～35℃，停留时间35min，再经水洗、分层得二氯化物。二氯化物再与过量无水乙醇一起，加入碱粉，控制反应温度为0～5℃，当pH达9～10时为反应终点。经后处理得乙基氯化物，即*O*,*O*-二乙基硫代磷酰氯。国外多采用五硫化二磷法，由五硫化二磷与乙醇反应制得二乙基二硫代磷酸，再经氯化处理制得乙基氯化物。但后处理相对困难。

(2) 2-羟钠-3,5,6-三氯-2-吡啶的制备 该原料的制备方法较多，主要有如下几种。

① 在催化剂存在下，吡啶于330℃与氯气发生氯化反应，生成五氯吡啶，然后以乙腈为溶剂，于78℃滴加锌粉/氯化铵溶液，反应3h得2,3,5,6-四氯吡啶，在碱性条件下，四氯吡啶于95～100℃发生水解，硫酸酸化至pH值3.5，得2-羟基-3,5,6-四氯吡啶。

②

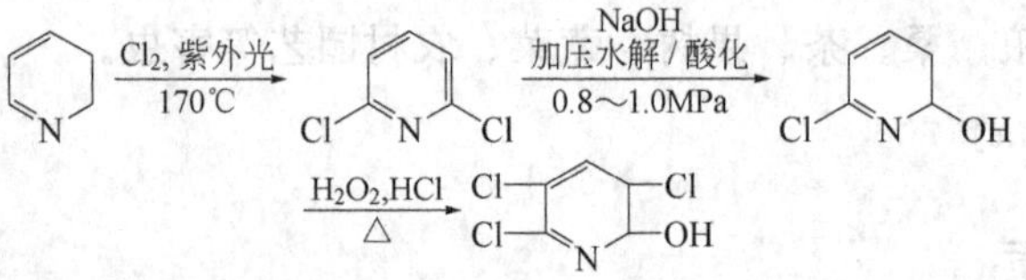

③

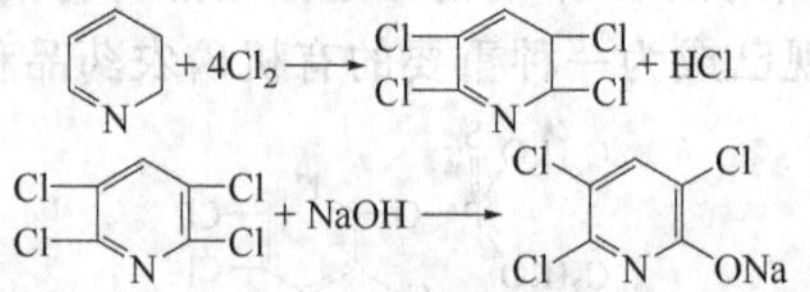

④

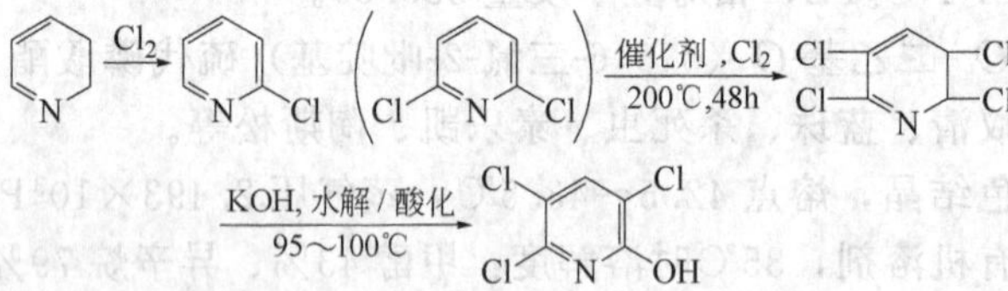

⑤

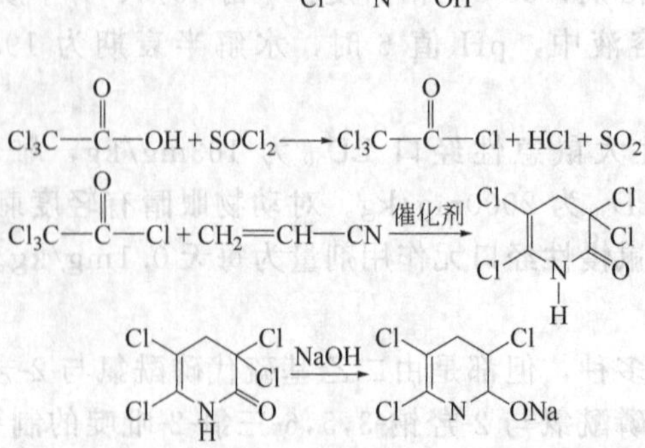

(3) 毒死蜱的合成 将2-羟基-3,5,6-三氯-2-吡啶在NaOH水溶液中溶解，降温，加入少量氯化剂、氢氧化钠、硼酸、苄基三乙基氯化铵（相转移催化剂）、1-甲基咪唑及溶剂二氯甲烷，加热至42℃，搅拌下加入*O*,*O*-二乙基硫代磷酰氯，加毕回流1.5h，分去水相，有机层经水洗，减压脱溶剂，得毒死蜱，含量90.3%，用乙醇重结晶得白色固体。也可将*O*,*O*-二乙基硫代磷酰氯与2-羟钠-3,5,6-三氯-2-吡啶在惰性溶剂中于60～65℃缩合制得毒死蜱。也可采用双溶剂法，在催化剂存在下反应，控制温度60℃，反应时间3h，pH值9～10，产品收率和纯度分别达94.4%和95%以上。合成反应如下：

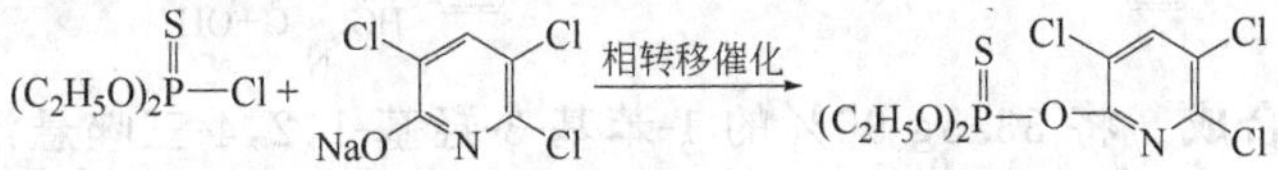

产品规格：35%、40%毒死蜱乳油；白蚁清42.8%乳油；乐斯本40.7%乳油；25%、50%毒死蜱可湿性分剂；10%、14%毒死蜱颗粒剂；24%毒死蜱超低容量喷雾剂。

3. 用途

毒死蜱是高效、广谱、低残留有机磷杀虫剂，具有解杀、胃毒和熏蒸作用，无内吸作用。可防治茶心蝼、小绿叶蝉、茶橙瘿螨、棉蚜、棉红蜘蛛、稻飞虱、稻纵卷叶螟、蚊、蝇、小麦黏虫以及牛、羊体外寄生虫和地下害虫。

四、三唑磷[4,5,6]

1. 三唑磷的性质

三唑磷又名三唑硫磷、特力克、Hoo 2690等，分子式为$C_{12}H_{16}N_3O_3PS$，相对分子质量为313.3。其化学结构式为：

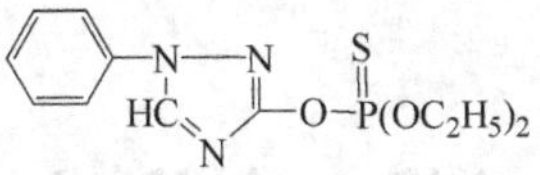

化学名称：*O*,*O*-二乙基-*O*-(1-苯基-1,2,4-三唑-3-基)硫代磷酸酯。

纯品三唑磷为浅棕色液体，具有磷酸酯类特殊气味。熔点2～5℃，相对密度1.247(20℃)，蒸气压3.87×10^{-4}Pa (30℃)，13×10^{-3}Pa (50℃)。在23℃时，可溶于大多数有机溶剂，水中溶解度为39mg/L。

大鼠急性经口LD_{50}为82mg/kg，急性经皮LD_{50}为1100mg/kg，狗急性经口LD_{50}为320mg/kg。用含三唑磷100mg/kg剂量饲料喂狗90d，仅对狗的胆碱酯酶活性有些抑制作用，对大鼠做2年饲养试验，无作用剂为1mg/kg。对蜜蜂有毒。

2. 生产方法

三唑磷生产中的主要原料及规格见表10-3所示。

表10-3 三唑磷主要原料及规格

名称	规格/%	名称	规格/%	名称	规格/%	名称	规格/%
尿素	98	甲苯	96	苯肼盐酸盐	≥85	缚酸剂	
甲酸	≥85	催化剂Ⅰ		乙基氯化物	≥92	催化剂Ⅱ	

(1) 1-苯基-3-羟基-1,2,4-三唑制备 在搅拌下，将111g浓盐酸加到108g苯肼和60g尿素的500mL二甲苯悬浮液中，在135℃加热反应2.5h，分去水分，冷却至90℃，先加入135.2g 85%甲酸，再加入25g浓硫酸，继续在90℃反应6h，冷却、过滤、水洗，真空干燥，得中间产物147.6g，含量96%，收率88%，熔点279～280℃。也可采用1-苯基氨基脲与甲酸作用，升温至90℃，滴加适量催化剂，滴毕，于90～100℃回流反应4.5h制得。合

成反应如下。

1-苯基氨基脲的合成：

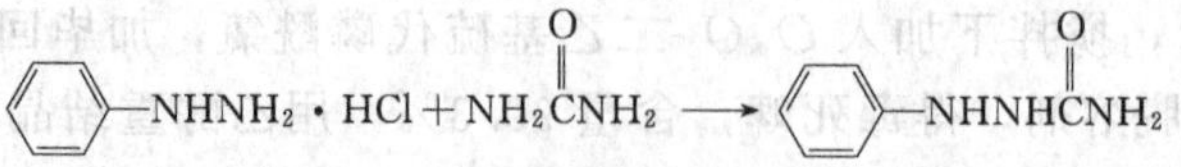

苯唑醇的合成：

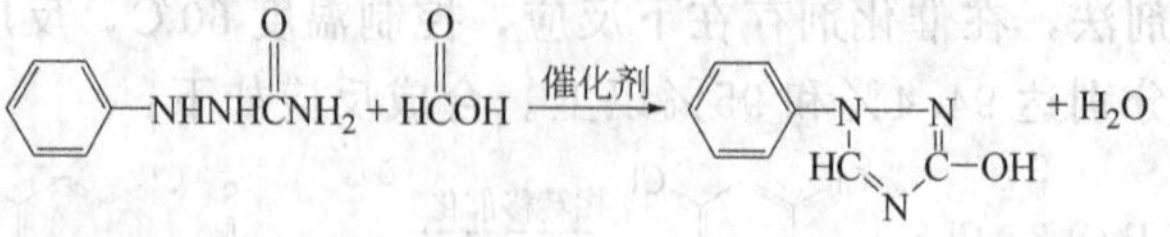

(2) 三唑磷的合成 将 33.5g 96%的 1-苯基-3-羟基-1,2,4-三唑悬浮在 250mL 二甲苯中，加入适量的复合催化剂（TEBAB+DMAP）和碳酸钾，搅拌 0.5h，然后滴加 30g *O*,*O*-二乙基硫代磷酰氯，反应温度 80℃，反应时间 4h，经冷却、过滤，滤液经水洗、干燥，收率达 86%。采用一种 BG 催化剂，收率达 91%～96%。合成反应如下：

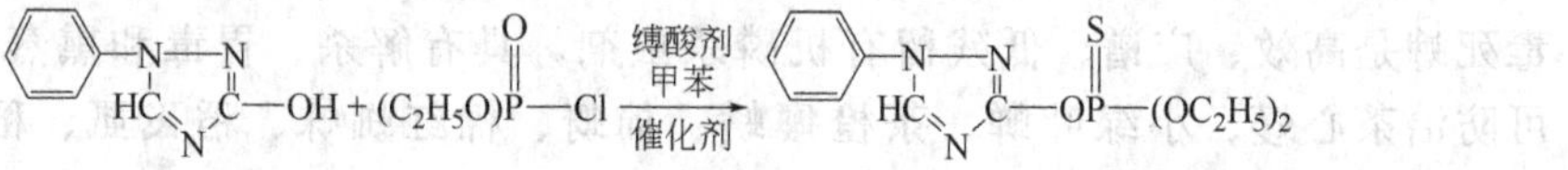

产品规格：40%三唑磷乳油；2%、5%三唑磷颗粒剂；也可加工成可湿性粉剂或超低容量喷雾剂。

3. 用途

三唑磷是一种高效、广谱的杀虫、杀螨剂，具有胃毒和触杀作用，可渗入植物组织中，但无内吸活性，对危害棉花、粮食、果树等农作物害虫（螟虫、棉铃虫、红蜘蛛、蚜虫）都有良好的防治效果，对地下害虫、植物线虫、森林松毛虫了有显著作用，持效期达 2 周以上。

第三节 杀线虫剂

植物线虫病是造成农作物减产的大敌之一。据报道，几乎没有一种农作物不受线虫病侵蚀感染的；不仅农作物，而且很多林木、草药材和欣赏植物均有受害。中国北方的大豆、花生的包囊线虫和根结线虫已成为主要的大敌；南方水稻、黄麻、柑橘、红茗以及松林受线虫危害也越来越显得突出。目前国内外使用的杀线虫剂主要是有机磷品种，下面简单介绍两种优良品种的生产。

一、克线磷[4,5]

1. 克线磷的性质

克线磷又名苯胺磷、灭线磷等，它的结构式为：

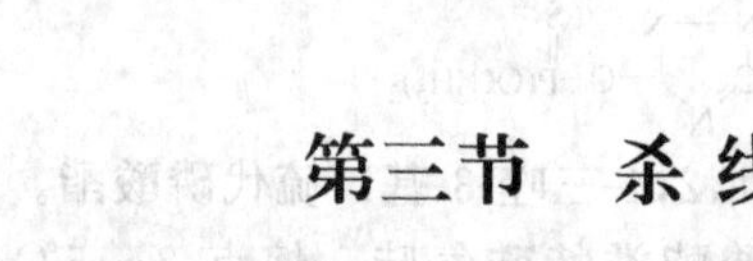

$C_{13}H_{22}NO_3PS$, *M*：303.4

化学名称为 *O*-乙基-*O*-(3-甲基-4-甲硫基苯基)-*N*-异丙基氨磷酸酯。国外通用名为 Phenamiphos，商品名为 Nemacu。纯品为无色晶体，熔点 48～49℃。工业品为淡黄色黏稠液体，放置后自然结晶，能很好地溶解于乙醚、丙酮、异丙醇和二氯甲烷等有机溶剂。室温时在水中的溶解度为 400mg/kg。克线磷常温下在中性介质中稳定性较好，在 pH 为 2 时放置 14 天分解率为 40%，pH 为 11.3 时，它的半衰期为 31.5h，纯品对雄性大白鼠经口 LD_{50} 为

15.3mg/kg，雌性大白鼠 LD_{50} 为 19.4mg/kg，狗 LD_{50} 为 500mg/kg。经眼时雄性大白鼠 LD_{50} 为 500mg/kg，母鸡 LD_{50} 为 12mg/kg。克线磷虽口服毒性较高，但由于经皮毒性低，使用较为安全。

2. 克线磷的制取

克线磷一般以乙基磷酰二氯、4-甲硫基间甲酚丙胺为原料，经过两步反应而制得，反应如下：

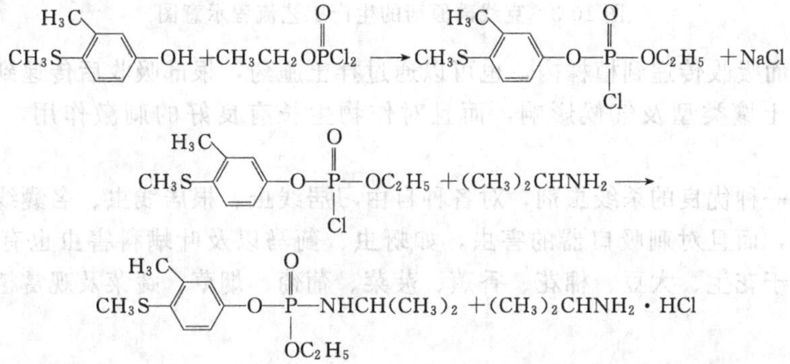

(1) 乙基磷酰二氯酯的制备　乙基磷酰二氯酯是制造克线磷的重要中间体，通常用无水乙醇与三氯氧磷直接反应制得，反应如下：

$$C_2H_5OH + POCl_3 \xrightarrow[-HCl]{\text{低温}} C_2H_5OP(O)Cl_2 + HCl$$

该反应是一个放热反应，而且所制得的乙基磷酰二氯酯也是一个具有很强反应活性的化合物，在常温下遇水或醇易发生水解或醇解反应，生成相应的副产物。

在制备乙基磷酰二氯酯过程中，若反应所产生的 HCl 不能及时排出，长时间与反应原料乙醇接触时也会发生以下反应：

$$C_2H_5OH + HCl \longrightarrow C_2H_5Cl + H_2O$$

这些副反应不仅直接影响乙基磷酰二氯酯产量和质量，而且如果反应中产生大量 HCl 和 C_2H_5Cl 气体，由于体积膨胀，容易造成冲料，严重时可能造成爆炸事故。

为了最大限度减少上述副反应的发生，在生产工艺控制上，常常采取下列措施。

① 所用原料和反应体系需无水，且要求在低温（<0℃）和微压的条件下反应。

② 一般保证三氯氧磷过量 30%～150%，有时还加入一定量的稀释剂（如二甲苯），这样一方面有利于热的扩散，同时有利于防止生成二酯、三酯等副产物。

③ 反应后应在真空条件下（一般在 2.66×10^3 Pa 真空度）脱溶剂并回收过量的 $POCl_3$。乙基磷酰二氯酯不需蒸出，含量可达 90%以上。

(2) 克线磷原药的生产　克线磷的合成在工艺上可分为无催化分步法和相转移催化一步法。前者为国外专利报道工艺，后者为中国自行开发的生产工艺。相转移催化一步法工艺主要是针对在强碱性条件下氯化物易水解的特点，将两步反应合成一步，并采用相应的相转移催化剂和适当的有机溶剂，使反应时间大为缩短。生产流程如图 10-3 所示。

将称量的 4-甲硫基间甲酚、溶剂、二氯化物一次投入酯化釜内，盘管和夹套通冷冻盐水至 0℃左右。在搅拌下滴加碱液，加完碱后继续反应 1.5h 左右，接着物料移至胺化罐进行胺化，滴加异丙胺控制在 20～55℃，反应 2～5h。反应完毕，经分离洗涤，脱溶剂后，即得克线磷原药，收率 80%～85%，纯度 85%左右，工业上克线磷加工剂型有 40%乳油、5%及 10%的颗粒剂。

(3) 克线磷的用途　克线磷具有良好的内吸性和双向传导性，因此在用药方式上既可以

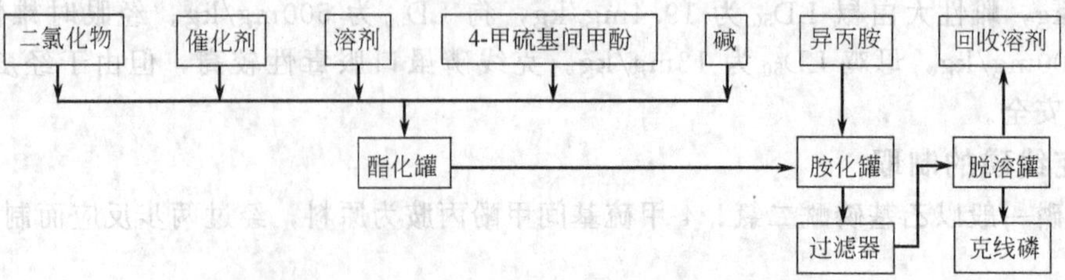

图 10-3　克线磷原药的生产工艺流程示意图

通过叶面喷洒而吸收传递到植株内，也可以通过拌土施药，根部吸收后传递到叶面及其他部位，该药不受土壤类型及气候影响，而且对作物生长有良好的刺激作用，促进作物早熟增产。

克线磷是一种优良的杀线虫剂，对各种自由习居线虫、根居线虫、名囊线虫，均具有良好的防治效果，而且对刺吸口器的害虫，如蚜虫、蓟马以及叶螨科害虫也有良好的防治效果，主要应用于花生、大豆、棉花、香蕉、菠菜、葡萄、烟草、蔬菜及观赏植物等作物上的线虫防治。

二、灭克磷[4,5]

灭克磷又名丙线磷，国外通用名为 Ethoprophos 和 Ethoprop。商品名为 Mocap。其结构式为：

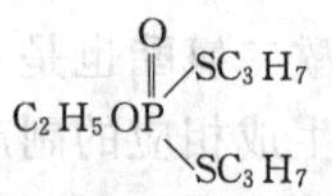

$$\underset{\text{C}_2\text{H}_5\text{OP}}{\overset{\overset{\displaystyle O}{\|}}{\underset{\displaystyle \text{SC}_3\text{H}_7}{\text{SC}_3\text{H}_7}}} \qquad \text{C}_8\text{H}_{19}\text{O}_2\text{PS}_2 \qquad M: 242.3$$

化学名称为 O-乙基-S,S-二丙基二硫羟磷酸酯，纯品为淡黄色透明液体，沸点 $86\sim91℃$（27Pa），25℃时在水中溶解度为 750mg/L，易溶于大多数有机溶剂。灭克磷在酸性溶液中分解温度为 100℃，但在 25℃ 的碱性介质中，则迅速水解，对光稳定。原药对大鼠经口 LD_{50} 为 62mg/kg，经皮 LD_{50} 为 226mg/kg，颗粒剂毒性非常低，在试验剂量内对动物无致畸、致突变、致癌作用，对鱼类 LD_{50}（96h），金鱼为 13.6mg/L，虹鳟鱼为 13.8mg/L，对蜜蜂和鸟类毒性较高。

1. 灭克磷制造方法

① 由三氯化磷和正丙硫醇作用，所得中间体同乙醇反应，得到混合的亚磷酸酯后再氧化制得，反应如下：

$$\text{PCl}_3 \xrightarrow{2n\text{-}\text{C}_3\text{H}_7\text{SH}} \underset{\text{SC}_3\text{H}_7}{\overset{\text{SC}_3\text{H}_7}{\text{Cl}-\text{P}}} \xrightarrow{\text{C}_2\text{H}_5\text{OH}} \text{C}_2\text{H}_5\text{OP}-\underset{\text{SC}_3\text{H}_7\text{-}n}{\overset{\text{SC}_3\text{H}_7\text{-}n}{}} \xrightarrow{\text{氧化剂}} \underset{\text{SC}_3\text{H}_7\text{-}n}{\overset{\overset{O}{\|}}{\text{C}_2\text{H}_5\text{OP}}}\text{SC}_3\text{H}_7\text{-}n$$

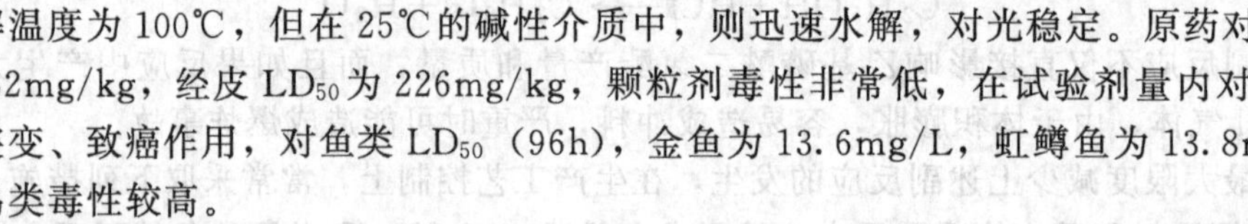

② 乙基磷酰二氯酯同正丙硫醇直接反应而制得，反应如下：

$$2n\text{-}\text{C}_3\text{H}_7\text{SH} + \underset{\text{Cl}}{\overset{\overset{O}{\|}}{\text{C}_2\text{H}_5\text{O}-\text{P}}}\text{Cl} \xrightarrow{\text{缚酸剂}} \underset{\text{SC}_3\text{H}_7\text{-}n}{\overset{\overset{O}{\|}}{\text{C}_2\text{H}_5\text{OP}}}\text{SC}_3\text{H}_7\text{-}n + 2\text{HCl}$$

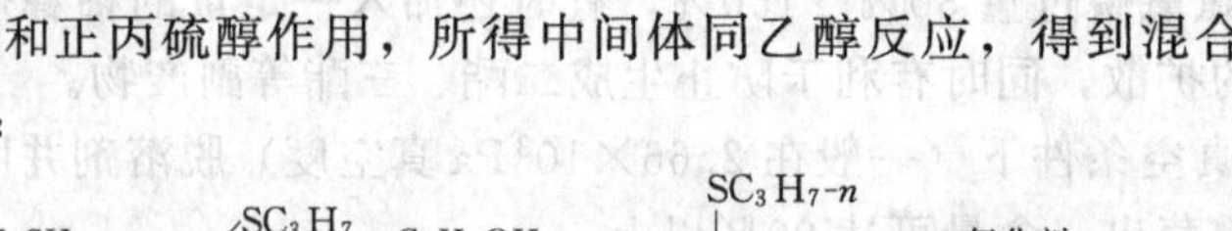

目前国外主要采用后一种方法生产灭克磷。

2. 灭克磷的用途

灭克磷具有强触杀性，无内吸和熏蒸作用，在作物中残留极低，而持效期长达 2～4 个月。

灭克磷为杀线虫剂和土壤杀虫剂，可在播种前或各生长期使用，适用于防治花生、棉花、菠萝、香蕉、烟草、蔬菜、大豆、果蔬及一些观赏植物的根结线虫、短体线虫、刺线虫、矮化线虫、螺旋线虫和毛刺线虫等多种线虫，以及对土壤中危害作物根茎部位的鳞翅目、鞘翅目和双翅目害虫也有良好的防治效果。

3. 其他含磷杀线虫剂

除上面介绍的克线磷和灭克磷外，至今已开发出来和已商品化的含磷杀线虫剂有十多种，如除线磷、丰索磷、磺胺线磷、治线磷、伏灭磷、异丙三唑硫磷、克线丹、胺线磷等。它们各具特性，但都具有杀线虫的功能。

第四节 杀 菌 剂

含磷杀菌剂的推广和应用于农业是在20世纪60年代开始的。人们通过研究发现一系列硫羟式磷酸（或膦酸）衍生物具有良好的杀菌活性，于是出现了一批商品化品种，如稻瘟净、异稻瘟净、克瘟散、稻瘟酯、甲基立枯磷等，它们都是具有硫羟结构骨架的磷化合物。在此基础上现在已开发出了一些磷酰胺和硫代磷酰胺，还有一些磷（膦）酸酯和硫代磷（膦）酸酯类杀菌剂。近年来出现了一些具有选择毒性的优良新品种。

一、稻瘟净[5]

1. 稻瘟净的性质

稻瘟净又名EBP，是日本组合化学公司20世纪60年代中期开发的一类*S*-苄基二烷基硫羟磷酸酯中的一个杀菌剂品种，它的结构式为：

$$(C_2H_5O)_2\overset{O}{\overset{\|}{P}}-S-CH_2Ph \quad C_{11}H_{17}O_2PS \quad M:260.32$$

化学名称为*O*,*O*-二乙基-*S*-苄基硫羟基磷酸酯。它的纯品为无色透明液体，沸点130℃(26.7Pa)，相对密度1.1569，在25℃时蒸气压为1.32Pa，闪点25～32℃，易溶于乙醇、乙醚、二甲苯和环已酮等有机溶剂，难溶于水。稻瘟净对小白鼠经口LD_{50}为137.7mg/kg。

2. 稻瘟净的制法

它是以乙醇、三氯化磷、硫黄和氯苄为原料，通过酯化和缩合两个过程制得的。

(1) 酯化反应 该工序主要制备亚磷酸二乙酯。在生产上是将PCl_3和乙醇按物质的量比为1∶3.6的比例连续加入酯化反应锅内，反应温度保持在60℃左右，反应过程中需用真空排除反应中所生成的HCl和C_2H_5Cl气体，即得到亚磷酸二乙酯。其反应如下：

$$3C_2H_5OH+PCl_3 \longrightarrow (C_2H_5O)_2POH+C_2H_5OCl+2HCl$$

(2) 缩合反应 该工序是制备硫羟磷酸盐和最后合成稻瘟净的过程。化学反应为：

$$(C_2H_5O)_2POH+S+Na_2CO_3 \longrightarrow (C_2H_5O)_2\overset{O}{\overset{\|}{P}}-SNa\ +H_2O+CO_2\uparrow$$

$$(C_2H_5O)_2\overset{O}{\overset{\|}{P}}-SNa\ +ClCH_2Ph \longrightarrow (C_2H_5O)_2\overset{O}{\overset{\|}{P}}-S-CH_2Ph\ +NaCl$$

生产过程：先将甲苯、碳酸钠、硫黄依次投入缩合反应器，搅拌升温至60℃，滴加亚磷酸二乙酯，加完后升温使其在90～100℃反应2h，然后将料冷却至70℃将氯苄一次投入(氯苄用量按物质的量比亚磷酸二乙酯∶Na_2CO_3∶S∶$PhCH_2Cl$=1∶0.7∶1.1∶1.8)，然后升温至80～85℃反应4h，经水洗、脱溶剂后可得到稻温净原药。生产流程如图10-4。

3. 稻温净的用途

稻温净是一种有机磷杀菌剂，它在水稻上具有内吸、渗透作用，抑制稻瘟病菌乙酰氨基

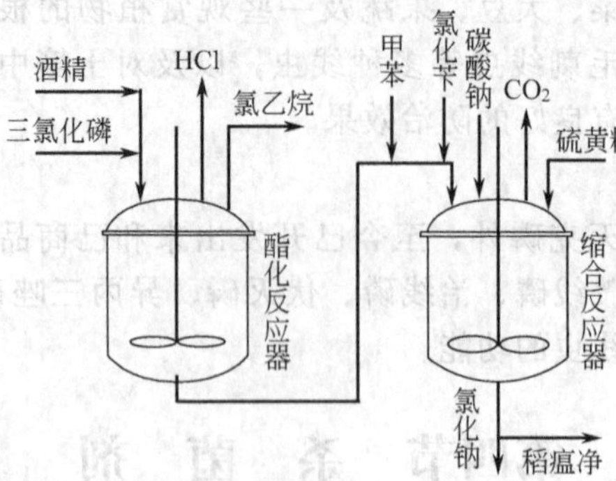

图 10-4　稻瘟净生产工艺流程示意图

葡萄糖的聚合，使组成细胞壁的壳质无法形成，阻止了菌丝生成的孢子产生，从而起到保护和治疗作用。稻温净主要用于防治水稻稻瘟病，它对水稻的苗瘟、叶瘟和穗颈瘟均有良好防治效果。此外稻瘟净对水稻小粒菌核病、纹枯病、颖枯病也有一定的效果，可兼治水稻飞虱、叶蝉等。

二、甲基立枯磷[4,5]

1. 性质

甲基立枯磷是 20 世纪 70 年代日本住友公司开发的一种高效低毒的有机磷杀菌剂新品种，它的通用名为 Aolcofos-methhye。

2. 制造方法

以 2,6-二氯对甲酚和 *O*,*O*-二甲基硫羰磷酰一氯酯直接酰化来制得甲基立枯磷原药，具体工艺方法有三种，下面将分别介绍。其制备反应方程如下：

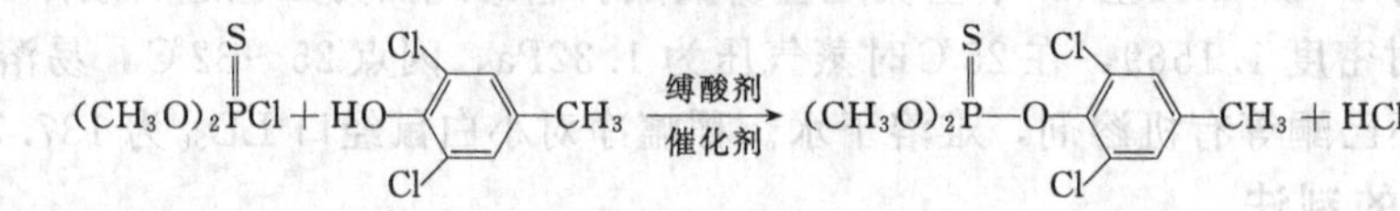

(1) 水相法　该工艺以水为溶剂，以三乙胺为催化剂，以碳酸钾（或碳酸钠）为缚酸剂，以 2,6-二氯对甲苯酚钠与二甲基硫羰磷酰氯酯反应。

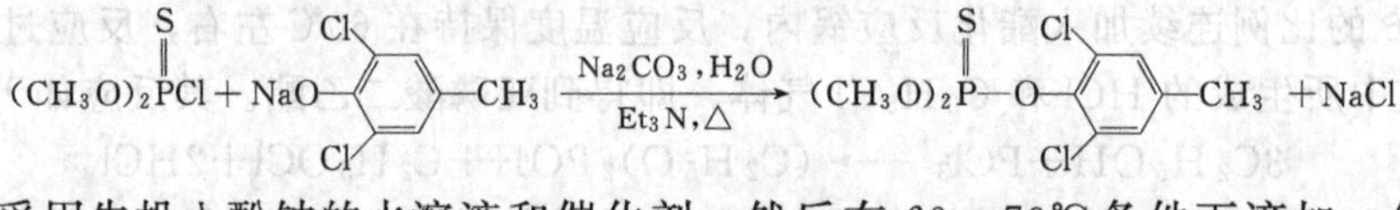

生产中采用先投入酚钠的水溶液和催化剂，然后在 60～70℃条件下滴加一氯化物，并用 Na_2CO_3 来调节 pH 使体系 pH 在 8.5～9.0 为宜。粗产物用 80℃水洗涤趁热过滤，滤液冷却后析出固体，再以 95%的乙醇重结晶得到甲基立枯磷原药，纯度大于 95%，收率为 90%左右。

(2) 有机溶剂法工艺　该工艺是以有机溶剂代替水相，原料中酚不必预先制成酚钠，在三乙胺催化下，以 K_2CO_3（或 Na_2CO_3）为缚酸剂，以二甲苯（或苯）作溶剂。采取回流反应的方法，反应产物经冷却过滤重结晶，回收溶剂等过程。该法一般收率与纯度都在 92%左右，重结晶的纯度可达 98%。

(3) 相转移催化法工艺　一般季铵盐（如 TEBA）作相转移催化剂，以甲苯作有机相，以 25%的 NaOH 水溶液为无机相，在 40～50℃条件下反应约 1h，经分离、洗涤后粗原药的纯度和收率都在 93%以上。

甲基立枯磷对半知菌类、担子菌纲和子囊菌纲等多种病菌均有良好杀菌活性，对苗立枯药病、菌核病、雪腐病等也有良好防治效果，尤其对五氯硝基苯产生抗性的苗立枯病有效。对马铃薯茎腐病、黑病和黑斑病有特效。

第五节 含磷除草剂

有机磷除草剂是一类研究和推广较快的除草剂，特别是通过筛选发现的一批具有超高效除草活性的有机膦酸衍生物，近年来发展很快。含磷除草剂是除草剂开发的重要领域之一。现已生产的含磷除草剂种类较多，如草甘膦、草铵膦、甲基胺草磷、莎稗磷等。由于篇幅有限，这里仅介绍草甘膦的生产。

草甘膦又名镇草宁、农达，国外通用名为 Glyphosate，商品名为 Roundup，是美国孟山都公司 1972 年发现并开发的一种新型优良含磷除草剂，是当代除草剂产量最大、销售额最高的品种。其结构式为$(HO)_2P(O)CH_2NHCH_2COOH$。化学名称为 *N*-(膦酸基甲基)甘氨酸。纯品为白色固体，堆密度为 0.5，在 230℃左右熔化并伴随有分解。25℃时在水中溶解度为 1.2%（质量分数），不溶于一般有机溶剂。工业生产的原药一般为白色或浅黄色粉末状，含量为 95%左右。草甘膦的异丙胺盐完全溶于水，常温下储存稳定，因此一般常以其异丙胺盐为使用制剂。草甘膦对大白鼠经口 LD_{50} 为 4300mg/kg。草甘膦在动物体内不经代谢直接排出，在体内不蓄积，不被动物吸收。对鱼和水生生物毒性较低，对蜜蜂和鸟类无害。草甘膦是一种高效、低毒、低残留、易降解、广谱性和灭生性的新型农药，是除草剂的重要品种。

世界各国报道的合成草甘膦的方法有十多种，中国生产草甘膦的工艺主要有如下三种。

① 氯甲基磷酸法。该法工艺条件苛刻，设备腐蚀严重，完全性差，已被淘汰。

② 亚磷酸二烷基酯法。该法具有收率高，“三废”少，产品纯度较高，生产工艺要求不高等优点。

③ 亚氨基二乙酸法。中国从 1980 年起，有部分生产厂家采用该法生产。该生产工艺具有成本低、工艺条件缓和、对设备要求不高、经济效益显著等优点，并且产品剂型受用户欢迎。缺点是产品有效成分较低，“三废”量大且难以处理。对此，现在有生产厂家采用固体亚磷酸、纯二酸生产取得了成功，其生产成本与亚氨基二乙酸法差不多，但大大减少了“三废”的排放。

1. 亚氨基二乙酸法（又称常压法）

该生产工艺主要以氯乙酸、氨水在氢氧化钙的存在下反应后经酸解得到亚氨基二乙酸。亚氨基二乙酸与甲醛缩合得到中间体双甘膦，双甘膦再经氧化得到草甘膦，反应如下：

$$2ClCH_2COOH + NH_3 \cdot H_2O \xrightarrow{Ca(OH)_2} NH(CH_2COO)_2Ca \xrightarrow{HCl} NH(CH_2COOH)_2 \cdot HCl$$

$$NH(CH_2COOH)_2 \cdot HCl + CH_2O + P(OH)_3 \xrightarrow{H^+} (HO)_2\overset{\overset{O}{\|}}{P}—CH_2N(CH_2COOH)_2$$

$$(HO)_2\overset{\overset{O}{\|}}{P}—CH_2N(CH_2COOH)_2 \xrightarrow{CO_2} (HO)_2\overset{\overset{O}{\|}}{P}—CH_2NHCH_2COOH$$

该法易于上马和推广，但由于收率偏低（三步总的收率一般为 45%～50%），而且含量低，难以配制高浓度的制剂，一般多加工成 10%的水剂使用。

2. 固体亚磷酸-纯氨基二乙酸法

该法采用商品固体亚磷酸与商品纯的氨基二乙酸（简称纯二酸）直接反应，然后用硫酸氧化制得产品。

双甘膦的缩合反应：

$$HN(CH_2COOH)_2+H_3PO_3+CH_2O \longrightarrow (HO)_2P(O)CH_2N(CH_2COOH)_2+H_2$$

硫酸氧化法合成草甘膦：

$$(HO)_2P(O)CH_2N(CH_2COOH)_2 \xrightarrow[\triangle]{H_2SO_4} (HO)_2P(O)CH_2NHCH_2COOH$$

其生产工艺如图 10-5。

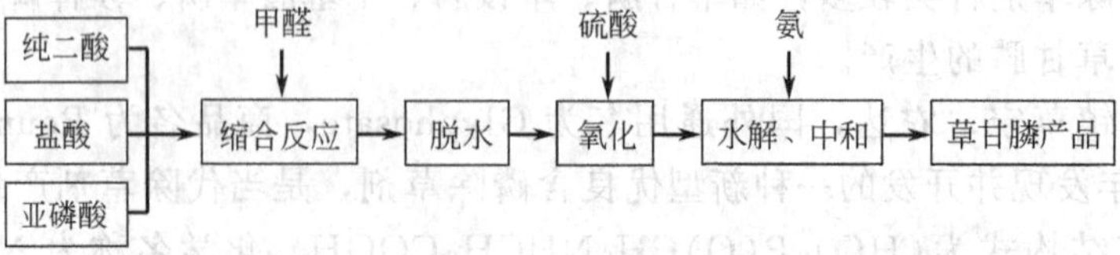

图 10-5　固体亚磷酸-纯氨基二乙酸法制草甘膦工艺流程示意图

与亚氨基二乙酸法相比，该法生产周期短，草甘膦收率比前者高 5%～8%，简化了操作，减少了"三废"，有利于提高生产率。

3. 亚磷酸二烷基酯法（简称一步法）[4,5]

以亚磷酸二烷基酯、多聚甲醛和甘氨酸为原料，通过加成、缩合、酸解连续反应而得到草甘膦，反应如下：

$$(CH_3O)_2POH+NH_2CH_2COOH+(CH_2O)_7 \xrightarrow{\text{催化剂}} (CH_3O)_2\overset{\overset{\displaystyle O}{\|}}{P}CH_2NHCH_2COOH+H_2O+\cdots$$

$$(CH_3O)_2\overset{\overset{\displaystyle O}{\|}}{P}CH_2NHCH_2COOH+H_2O \xrightarrow{H^+} (HO)_2\overset{\overset{\displaystyle O}{\|}}{P}CH_2NHCH_2COOH+2CH_3OH$$

95%草甘膦合成工艺流程见图 10-6。在 1000L 缩合釜中，加入一定量的溶剂、多聚甲醛、催化剂、甘氨酸。在搅拌下加热到 10～80℃反应，而后加入亚磷酸二甲酯，加完后，在回流温度下反应 30min～1h，缩合反应即完成。

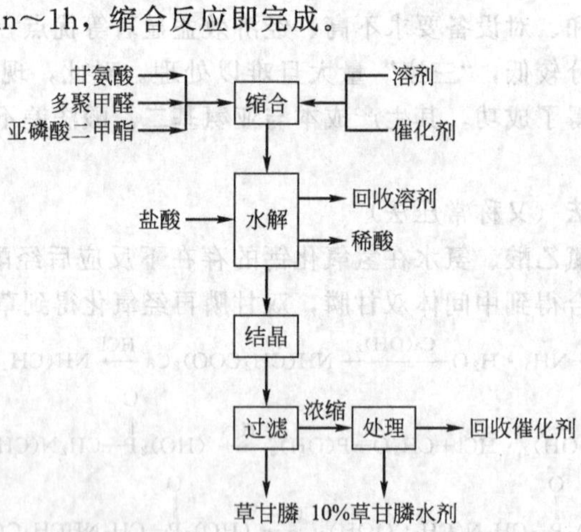

图 10-6　95%草甘膦合成工艺流程示意图

将上述反应液移入 1500 L 水解釜中，加入一定量的盐酸，进行水解。加完酸后，在 80～120℃反应 1h，进行蒸馏，脱酸。将水解物移入结晶釜，在 6～30℃进行结晶。经过滤、水洗、干燥即得草甘膦，纯度为 95%。

参 考 文 献

[1]　王世娟等．农药生产技术．北京，化学工业出版社，2008.

[2]　邵振润等．我国农药市场需求趋势分析与预测——2015年前我国农药用量长期趋势预测．第16届全国信息交流会暨“蓝丰生化”农药论坛论文集，237-342.

[3]　贺红武．有机磷农药产业的现状与发展趋势．第二届中国磷化工可持续发展国际研讨会论文专集．33-40.

[4]　朱天良．精细化工产品手册·农药．北京，化学工业出版社，1998.

[5]　陈万义．农药生产与合成．北京，化学工业出版社，2000.

[6]　杨浩等．杀虫剂毒死蜱的合成进展．应用化工，2003，32（2）：9-11.

第十一章　磷化工“三废”治理和综合利用

磷化工是一类以磷为核心的产品门类众多的化学工业，在国民经济中有着重要地位和作用。它们都是基于磷矿石的分解和加工的工业，由于磷矿中含有一些有害物质，在生产过程中必然有“三废”排放的问题。而且，在磷及其他化合物的深加工过程中，也会有新的“三废”产生。产生的“三废”若不合理治理，必然会造成环境污染；反之，如利用合理，“三废”也是一笔有用的财富。例如磷矿中所含的氟，黄磷生产中的主要成分为CO的尾气、磷石膏，以及磷矿中伴生元素等都有较高的回收价值。“三废”的治理和综合利用已成为影响企业经济效益和人类生存环境的重要因素。如何实现经济效益和社会效益的同步，在大力发展磷化工的同时，努力开发新的生产工艺，对“三废”进行综合利用，变废为宝，化害为利，是磷化工发展的重要任务。

第一节　黄磷生产中“三废”的治理和利用

一、黄磷尾气的净化及一氧化碳的利用

黄磷生产中的尾气含有大量的CO，通常生产1t黄磷要副产3.34t CO，且尾气中CO浓度高达90%以上。截至2009年底，全国黄磷行业共有企业144家。2000～2007年期间，我国黄磷产能增长2.57倍，产量增长1.52倍，世界80%左右的黄磷由中国生产，2009年产能已达190万吨，产量92万吨。2009年副产的CO已达307.3万吨。CO是重要的化工合成气原料，作为燃料可用于烘干矿石、硅石或用于三聚磷酸钠和六偏磷酸钠的热缩聚反应；它也是重要的化工合成气原料，可以合成甲酸、甲醇、草酸、丙酸、光气、碳酸二甲酯等。无论从节约能源还是从减少污染，以及增加企业经济效益上看，尾气中的CO都必须进行综合利用。黄磷尾气的用途见图11-1所示。但尾气中除主要成分CO外，还含有许多杂质，这对CO的利用带来了困难。因此必须先对黄磷尾气进行净化处理。

（一）黄磷尾气的净化

黄磷尾气净化方法很多[1]，有吸收法、吸附法和催化氧化法等。

1. 吸收法

吸收法包含水洗法和碱洗法，可根据需要进行两者的多级塔串联，主要作用是降温、除尘、除磷和吸收酸性气体等。吸收法能够脱除80%的硫、99%以上的氟和50%的CO_2。吸

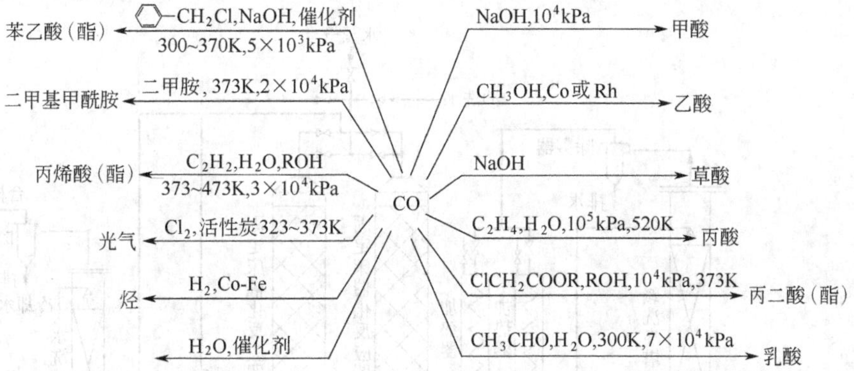

图 11-1 CO 的利用

收后尾气中 H_2S 浓度约 80mg/m³，PH_3 含量仍较高，不能达到工业应用的基本要求，仅用作对黄磷尾气进行预处理。

2. 吸附法

图 11-2 是西南化工设计研究院开发的变温变压吸附工艺流程。变温吸附脱除磷、砷和氟，变压吸附提纯 CO，经过变温变压吸附后，黄磷尾气中的水分也同时脱除干净。净化气中 CO 体积分数为 97%～99%，完全满足目前化工行业各种生产工艺对 CO 原料气的要求。吸附法工艺具有流程简单、操作方便、吸附剂再生容易和能耗低等突出优点，已在工业上有一定的应用，唯一缺点是装置一次性投资较大，一般小黄磷生产企业无能力采用。

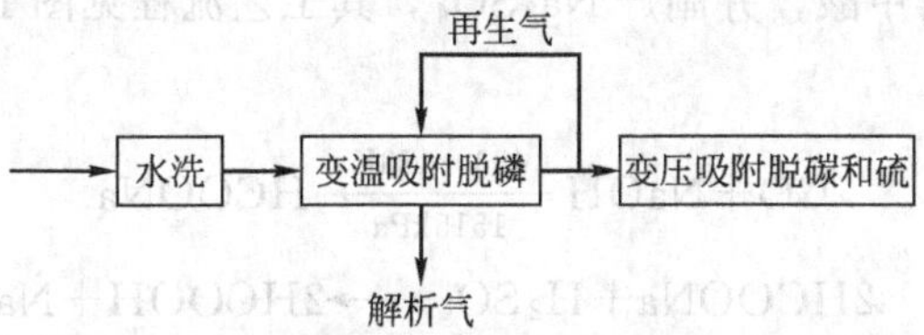

图 11-2 黄磷尾气的变温变压吸附工艺流程

3. 催化氧化法

图 11-3 所示是昆明理工大学开发的黄磷尾气的催化氧化净化工艺流程。

待净化的尾气经水洗塔和碱洗塔除去酸性气体和部分磷（P_4 转化为 PH_3），通过预热器加热至一定温度，自上而下经过固定床反应器，在水解反应器中 HCN、COS、CS_2 分别转化为 NH_3 和 H_2S，HCN 转化率≥90%，COS、CS_2 转化率≥85%；含有 H_2S 及未水解的 HCN、COS 和 CS_2 进入催化反应器，PH_3 和 H_2S 在微氧条件下，被氧化成 H_3PO_4、S（PH_3≤1mg/m³，H_2S≤10mg/m³）；含有 HCN、NH_3、COS 和 CS_2 的气体进入精脱氰装置，HCN 脱除率≥99%；脱氰后的气体进入精脱硫反应器脱除微量 COS 和 CS_2，脱硫效率≥99%；再进入选择性催化氧化反应器，将 NH_3 氧化为 N_2，催化氧化效率≥90%，然后经过冷却得到高纯度 CO。净化后尾气中 PH_3 含量＜1mg/m³、H_2S 含量＜1mg/m³、As 含量＜0.5mg/m³、HF 含量＜0.5mg/m³，可满足用于制备甲醇、甲醚、甲酸、碳酸二甲酯和丙烯酸等高附加值化工产品的原料气。该技术已在四川省川投化学工业集团有限公司和宣威磷电有限责任公司的两套 25000m³/h 净化装置得到应用，第一套装置 2008 年 10 月建成投产，稳定运行至今，两年未更换催化剂，净化气体成本约 0.2 元/m³。

（二）CO 的综合利用

干净的 CO 用途十分广泛，这里着重介绍用 CO 生产甲酸和甲醇的原理及工艺流程。

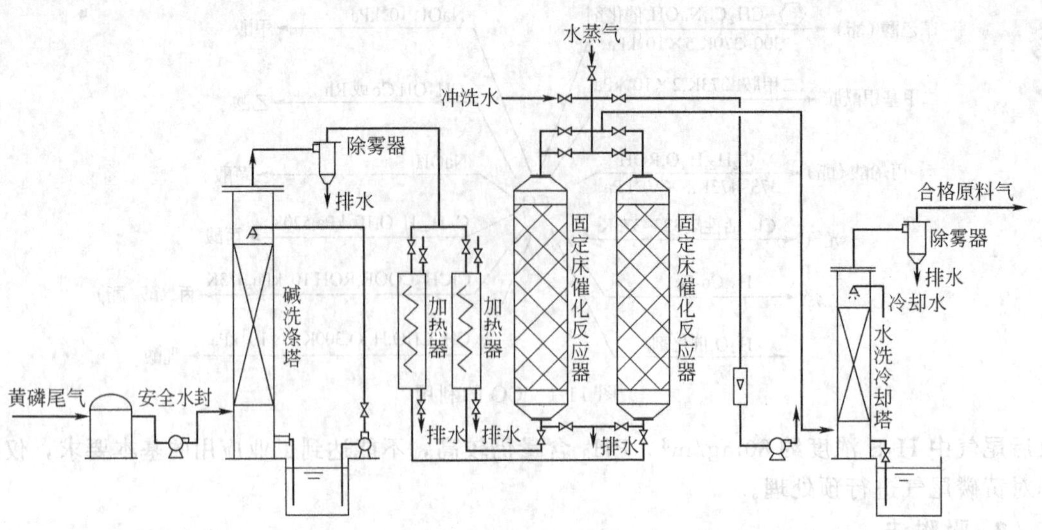

图 11-3　黄磷尾气的催化氧化净化工艺流程

1. 甲酸

甲酸是一种重要有机化工原料，用途十分广泛，大量用于农药、皮革、医药、橡胶和印染工业中，还可用于生产甲酯、甲酰胺和甲酸盐等产品。

生产工艺是将尾气精制后，使 CO 与 NaOH 在压力反应器中反应，制得的甲酸钠存于中和罐中。用硫酸中和得甲酸，并副产 Na_2SO_4，其工艺流程见图 11-4 所示。其制备反应方程式如下：

$$CO + NaOH \xrightarrow[1515kPa]{433\sim473K} HCOONa$$

$$2HCOONa + H_2SO_4 \longrightarrow 2HCOOH + Na_2SO_4$$

除烧碱法制甲酸外，现在还有一种新的合成方法——甲酸甲酯法。该法是将黄磷尾气经净化（如变压吸附或其他适当的方法）提浓后，用甲醇与一氧化碳反应，第一步合成甲酸甲酯，然后第二步将甲酸甲酯水解，即得甲酸，甲醇则被还原而循环使用。反应如下：

$$CO + CH_3OH \longrightarrow HCOOCH_3$$

$$HCOOCH_3 + H_2O \longrightarrow HCOOH + CH_3OH$$

整个过程中，甲醇循环使用，几乎不消耗，所消耗的只是 CO。同烧碱法相比，它不消耗碱，更不消耗酸，因而原料消耗低。但由于建设费用较高，一次投资高，导致资金利息高，所以该法的技术经济的先进性目前体现得不充分。但与现行的甲酸甲酯法水解法相比，它至少省去了造气工序，使整个投资可节省 30%～40%，甚至 50%。而每吨产品只消耗 40kg 甲醇和 80 多元的催化剂，其余就是 700m³ 黄磷尾气。其生产成本远低于其他生产方法。

2. 甲醇

甲醇也是极其重要的化工原料，由甲醇可生产甲醛、甲胺、甲烷氯化物、各种无机酸、有机酸的甲酯、甲醇羰基化生产醋酐、醋酸等。用工业尾气制甲醇技术已十分成熟，反应式如下：

$$CO + 2H_2 \xrightarrow[5000kPa,548K]{Cu\text{-}Zn\text{-}Al} CH_3OH$$

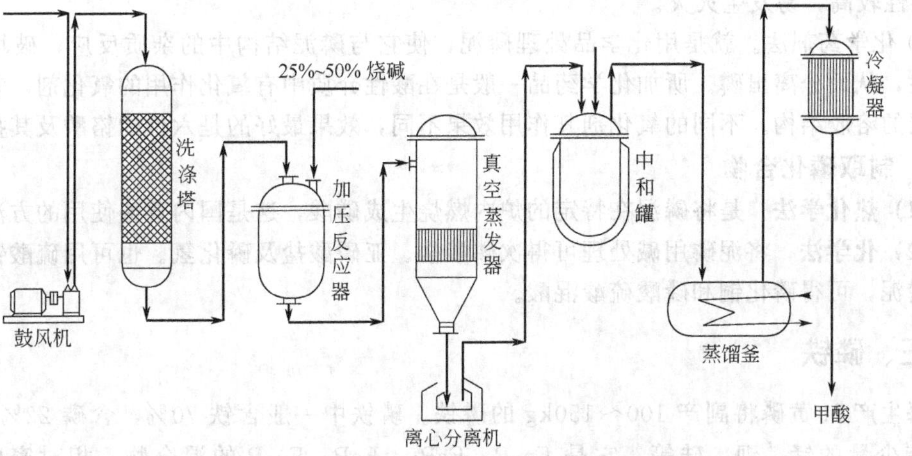

图 11-4　苛性钠吸收中和法制甲酸生产流程

二、磷泥的回收和利用

黄磷生产的炉气中，除磷蒸气、CO 以外，还有粉尘和其他升华物。通过除尘器时，未分离的粉尘等物在冷凝段与气态磷和冷却水形成磷泥，这种磷泥是一处难以分离的磷-尘-水混合物。磷泥又分为富磷泥与贫磷泥两种，粗磷精制时的磷泥称为富磷泥，第一次污水澄清的磷泥也属此类，而第二次污水澄清形成的石灰乳磷泥称为贫磷泥。富磷泥经提炼后的残渣也属贫磷泥。磷泥中磷含量非常高，特别是未安装电除尘器的磷炉，有 10%～15% 的黄磷进入磷泥中，生产 1t 黄磷可产生 500kg 以上的磷泥，因而磷泥中磷的回收非常重要。到目前为止，磷泥的处理方法有两种。

1. 提取磷

(1) 热法　热法又分为再循环法、真空抽滤法与蒸馏法。

再循环法是应用较广泛的一种，它是将磷泥循环返回电炉，使磷再次升华。

真空抽滤法是利用一种多孔材料作为介质，使熔融的磷泥在 80℃ 左右热水保护下通过介质，凡直径大于滤孔的固体微粒不能通过，直径小于滤孔的微粒，因在滤孔中形成“架桥”现象而被截留，从而将磷与杂质分开。该法磷的收率不高，只有 70%～80%。

蒸馏法则是将磷泥加热至高温，使磷升华，并冷凝出纯产物。蒸馏法可间歇也可连续进行，设备简单。但易形成 PH_3 和 H_2，为此又提出了多级蒸馏法和载气加压蒸馏法、转鼓蒸磷法。转鼓蒸磷法是在固定锅蒸馏法上加以改进，将固定锅改为可以转动的转鼓，使磷泥在转鼓内受热均匀，并且使水分和磷、粉尘等能靠转动搅拌均匀，从而使磷全部蒸出，使残渣中含磷元素为 1% 以下。该法磷的回收率可达 99% 以上。

(2) 液相法　液相法又分为物理法、离心法、萃取法和化学药剂法。

① 物理法。对磷泥施加物理作用，破坏其结构，分离出固体杂质，使磷聚结。已提出有在常压或减压处用加热方法使磷泥脱水，再用过滤法使液态磷与固体杂质分离；也可用超声波破坏磷泥结构，使磷泥与反应试剂混合，浮选分离出固体杂质。利用 CCl_4 处理磷泥，固体杂质留在 CCl_4 层中，用热洗涤法使磷分离。

② 离心法。利用离心力使磷从磷泥中分离，当分离因子大于 5000 时，磷泥分成三相：磷、残渣和固体杂质的悬浮物。此法残渣中仍有少量磷，需进一步脱除。

③ 萃取法。利用 CS_2 萃取磷泥，在 80℃ 下进行搅拌，直至磷完全萃取出来。缺点是

CS_2 毒性较高，易发生火灾。

④ 化学药剂法。就是用化学品处理磷泥，使它与磷泥结构中的杂质反应，破坏磷泥的稳定性，从而分离出磷。所加化学药品一般是在酸性介质中有氧化作用的氧化剂，它们能破坏磷泥的溶胶结构。不同的氧化剂其作用效果不同，效果最好的是六价的铬酸及其盐类。

2. 制取磷化合物

(1) 热化学法 是将磷泥在特定的炉内燃烧生成磷酸，这是国内普遍使用的方法。

(2) 化学法 将泥磷用碱处理可得次磷酸盐、亚磷酸盐及磷化氢。也可用硫酸铜水溶液处理磷泥，可得磷化铜和磷酸硫酸混酸。

三、磷铁

每生产 1t 黄磷将副产 100～150kg 的磷铁。磷铁中一般含铁 70%，含磷 22%～26%，还含有少量的锰、钡、硅等。它是 Fe_2P、FeP_2、FeP、Fe_3P 的混合物，相对密度 5.6～6.0，沉在电炉底部。它可用为冶金部门特种钢的合金剂和脱氧剂，也可用碱处理制成 Na_2HPO_4 或 Na_3PO_4 或高磷肥料。

四、黄磷炉渣的利用

电炉制磷过程中的炉渣多是经水淬后的粉状物，通常呈灰白色。粒度较小，具有多孔结构。炉渣的主要成分是 CaO 和 SiO_2，其次有少量 P_2O_5、Al_2O_3、Fe_2O_3、F 等。因此可用于生产水泥的原料、磷渣水泥掺合料、制低熟料磷渣水泥和无熟料水泥。此外，还可用磷渣生产混凝土、免烧砖、路基材料、陶瓷材料、肥料、白炭黑、微晶玻璃、耐火保温纤维、塑料填充剂等，用途广泛。

由黄磷炉渣制硅肥是一个非常有前途的炉渣处理办法，1998 年 12 月，科技部把硅肥生产技术引入了“九五”全国重点成果推广项目。有资料称硅肥将成继氮、磷、钾之后的第四大肥料，它对水稻的增产效果特别明显。而以黄磷炉渣作硅肥原料，是最好的硅肥肥源，因为黄磷炉渣的主要成分是活性的硅酸钙盐，其高温熔体经水淬后结构特殊，具有一定水溶性，易于被作用吸收；它还含有 0.5%左右 P_2O_5 也是水溶性的；易于粉碎、加工成本低；为制磷副产物，生产成本大大低于其他方法；黄磷炉渣呈中性，便于运输和施用。此法的另一优点是其产品的市场空间大，无产品销售的后顾之忧。特别是目前黄磷主产区在云南、贵州、四川、湖北、广西等地区，临近中国水稻的主要产区，因而非常有利于硅肥的推广和使用。

五、黄磷渣废热综合利用[2]

每生产 1t 黄磷约要排出 10t 黄磷炉渣，排出时温度 1400～1500℃，1t 磷渣含有的热量相当于 55～62kg 标准煤。炉渣废热约占黄磷总能耗的 21%，所以生产 1t 黄磷其炉渣带走的热量约为 0.72t 标煤，折合电能为 1782kW·h。国内现行的黄磷炉渣处理方法大多采用水淬工艺，除了少部分企业将淬渣水的热量转化为热水用于加热和取暖外，几乎没有什么其他的余热回收形式。水淬法不仅显热无法回收，而且浪费大量的水资源，污染环境。因此，炉渣废热的利用是降低黄磷生产能耗的关键。

但高温的黄磷炉渣热回收利用非常困难。首先，渣的热导率较低，在 1400～1500℃液相阶段：$\lambda=(0.1\sim0.3)W/(m\cdot K)$，玻璃相阶段：$\lambda=(1\sim2)W/(m\cdot K)$；其次，随着温度的降低炉渣黏度急剧增加，温度降低到一定程度可在几秒内由液相变为玻璃相，所以说炉渣显热回收的整个过程必须维持在很高的温度以内，可利用的温度空间较小；最后，黄磷炉渣约每4h出渣一次，出渣的不连续性不利于热回收的连续性操作，以及回收后热量的连续性利用。现有国内外常用的高炉渣余热回收利用方法，如拉萨法（RASA）、图拉法（TYNA）、因巴法（INBA）、底滤法（OCP）等也存在耗水量大、炉渣显热利用率低和硫化物等污染物排放等问题。四川大学的马立等人研究用特殊设计的渣热回收窑回收黄磷炉渣热，经初步研究试验，取得了较好的效果，有待进一步研究发展实现工业化。

六、黄磷废水处理

黄磷废水中有害物质主要是氟化物，其含量在68～270mg/L之间，其次还有少量元素磷、氰化物、化合磷等，以及微量的硫化氢、酚和油类。这些物质对人体都有极大的危害，故必须对其进行处理。

含氟废水处理方法可分为混凝沉淀法和吸附法两种。最常用的是混凝沉淀法，按使用的药剂又可分为石灰法、石灰-铅盐法、石灰-镁盐法和石灰-过磷酸钙法、次氯酸盐氧化法、三氯化铁凝聚沉淀法、泡沫鼓泡氧化法和沉淀、曝气、过滤、循环法等。石灰法可使废水中氟含量降至15～40mg/L以内，但仍高于国家规定的排放标准（10mg/L）。因此各厂家又采用了一些弥补的方法，例如，昆明磷肥厂采用碳酸钙-硫酸铝法；济阳磷肥厂采用石灰乳-硫酸铝-明矾法；广西磷肥厂粉状黄磷炉渣吸附中和法。而武汉化工原料厂则提出电解-石灰中和-凝聚法除氟工艺，该工艺可使废水中的氟含量达到国家标准。

除氟外，黄磷废水中还含有50～390mg/L的黄磷。黄磷有剧毒，进入人体对肝脏等器官危害极大。长期吸入还会使骨质疏松，产生骨髓炎等病变。废水中磷清除以利用臭氧氧化较好，即利用臭氧将磷氧化成磷酸。由于臭氧氧化很强，用它处理黄磷废水，作用时间短，反应彻底，无二次污染，若浓度为14mg/L的臭氧处理含黄磷12mg/L的废水，其处理时间控制在10～20min，pH为2，废水温度保持在40℃时，废水中黄磷含量将降至0.05mg/L，低于国家排放标准。也可用双氧水、消毒水、漂白粉等处理黄磷废水，在处理废水中，采用闭路循环法是降低"三废"的有效办法。

第二节　氟的回收和利用

天然磷矿中绝大部分都含有氟，氟在磷矿的加工过程中会以各种氟化物形式出现于废水、废气或废液中，将对环境造成不同程度的污染。而同时氟及其化合物又是极其重要的化工原料，可用于生产多种氟化合物和含氟塑料。因此"三废"中氟的回收与利用，既是保护环境，又是资源充分利用的需要。

磷矿中的氟，在磷矿酸解过程中有45%～46%的氟以气态化合物（HF、SiF_4）形式放出，30%～45%的氟以CaF_2形式沉淀在磷石膏中，5%～10%的氟以杂质形式留在磷酸中。在普通过磷酸钙生产中，有18%～35%的氟转化为气态氟化物排出。在高炉法生产钙镁磷肥时，氟的逸出率为20%～40%。这些氟化物如不及时处理和回收，将会对环境造成严重污染。

一、氟的回收

氟的回收目前基本上采用湿法工艺，用水或其他物质作吸收剂（最常用的吸收剂是水），利用喷淋塔、文丘里洗涤器、喷杯型洗涤塔等作吸收装置。下面介绍以水作吸收剂的含氟气体处理法。

磷肥、磷酸及黄磷生产中的氟主要以四氟化硅的形式存在，少量为氟化氢，它们都易溶于水。在常温下，四氟化硅被水吸收，先水解生成硅胶和氟化氢，生成的氟化氢又与四氟化硅反应生成氟硅酸，反应如下：

$$SiF_4 + 4H_2O \longrightarrow SiO_2 \cdot 2H_2O + 4HF$$

$$SiF_4 + 2HF \longrightarrow H_2SiF_6$$

总反应：$$3SiF_4 + 4H_2O \longrightarrow 2H_2SiF_6 + SiO_2 \cdot 2H_2O$$

上述反应在120℃下开始进行，当温度低于60℃时最为显著。氟化氢则被水吸收生成氢氟酸的水溶液。当氟硅酸浓度达到一定值时，吸收液可送去生产氟化物或氟硅酸盐。其吸收工艺流程依据磷矿加工工艺不同而有所不同。湿法磷酸生产中多用文丘里洗涤器吸收流程，如图11-5。流程中采用一级文丘里，一级湍动接触吸收洗涤气体，吸收介质为稀氟硅酸液或稀碱液。排空尾气的氟化物浓度（以氟计）可小于10mg/m³。此流程适合于小规模磷酸装置。

图11-6为文丘里洗涤器吸氟工艺流程。文丘里管圆筒下部有块开孔的板，板上安装7个使液体呈螺旋形前进的瓷质喷嘴，其处理气量为10000m³/h，吸氟效率高达96%～97%。中国小磷铵厂多采用此流程处理含氟尾气。而大型厂则多采用吸收塔进行吸收，图11-7为甘肃瓮福化工有限责任公司的含氟尾气吸收系统。系统采用双塔串联对含氟尾气进行吸收，同时还在进吸收塔前的垂直管道中喷淋吸收液，以提高吸收率。

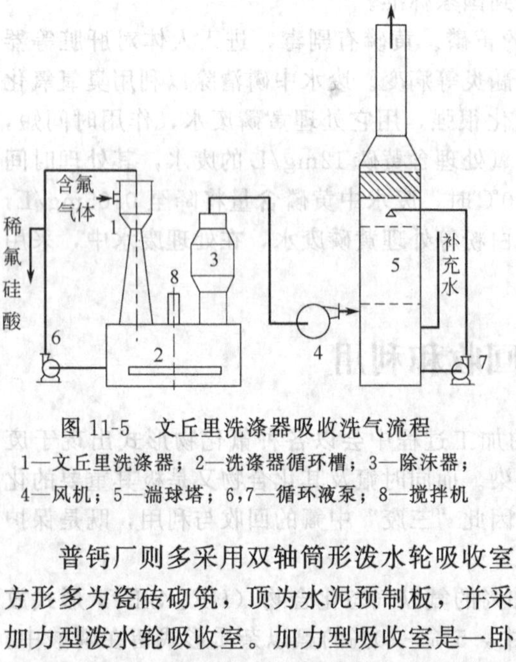

图11-5　文丘里洗涤器吸收洗气流程

1—文丘里洗涤器；2—洗涤器循环槽；3—除沫器；4—风机；5—湍球塔；6,7—循环液泵；8—搅拌机

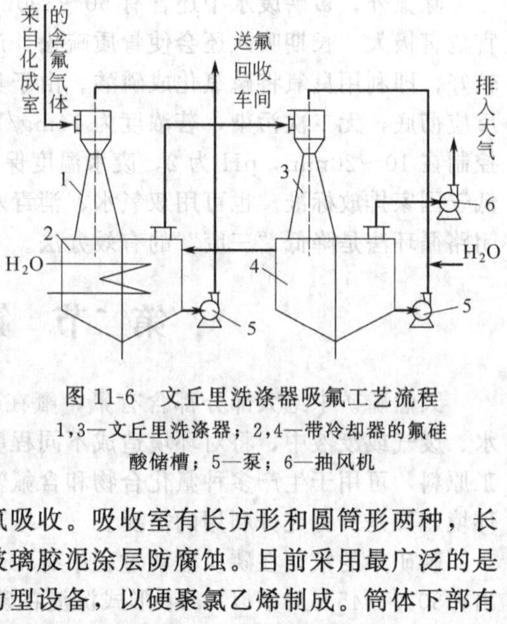

图11-6　文丘里洗涤器吸氟工艺流程

1,3—文丘里洗涤器；2,4—带冷却器的氟硅酸储槽；5—泵；6—抽风机

普钙厂则多采用双轴筒形泼水轮吸收室进行氟吸收。吸收室有长方形和圆筒形两种，长方形多为瓷砖砌筑，顶为水泥预制板，并采用水玻璃胶泥涂层防腐蚀。目前采用最广泛的是加力型泼水轮吸收室。加力型吸收室是一卧式加力型设备，以硬聚氯乙烯制成。筒体下部有两根互相平行的转轴，它的轴线与筒体中心平行。两轴上装有泼水轮，轮体为碳钢制成并衬以橡胶可防腐蚀，筒体内安装有1～3块挡板，借以增加气体和水的接触时间。圆筒体两端开4～8个长方形孔作清理孔，运转时是密封的。筒体一侧有溢流箱，它和吸收室底部连通，借以保持吸收室内液面一定，使泼水轮处于良好条件下运转。

泼水轮吸收室的吸收率一般约为70%～80%。因此，在含氟气体吸收流程中均作为第一级吸收设备。

二、氟吸收液的利用

在磷矿石加工过程中通过氟吸收得到的含氟吸收液均为氟硅酸的水溶液，它除了含氟

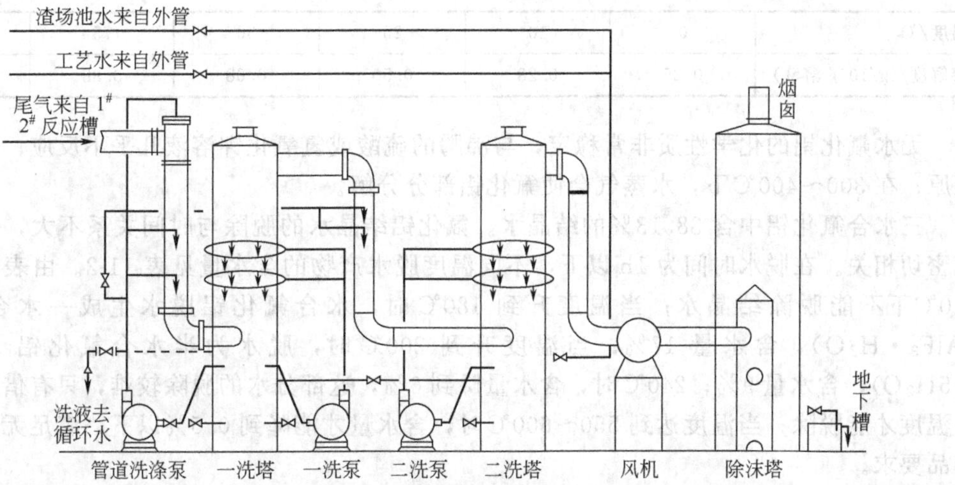

图 11-7 塔式法吸收磷酸系统含氟尾气工艺流程示意图

外，还含有少量硫酸、磷酸、硅胶等杂质。当氟硅酸浓度达到 8%以上，就可用以生产其他价值更高的氟化物或氟盐，如氟硅酸钠、氟化铝、人造冰晶石、氟硅酸镁、氟化钠、氟化钾、无水氟化氢等。在这些氟盐的生产过程中，往往还伴有硅胶的析出，又可生产水玻璃、白炭黑等产品。

1. 氟硅酸钠的生产

氟硅酸与食盐反应可得氟硅酸钠，其反应式为：

$$H_2SiF_6 + 2NaCl \longrightarrow Na_2SiF_6 + 2HCl$$

其生产流程如图 11-8 所示，将饱和 NaCl 溶液和磷肥车间送来的 H_2SiF_6 晶体，经离心分离，干燥得到产品。

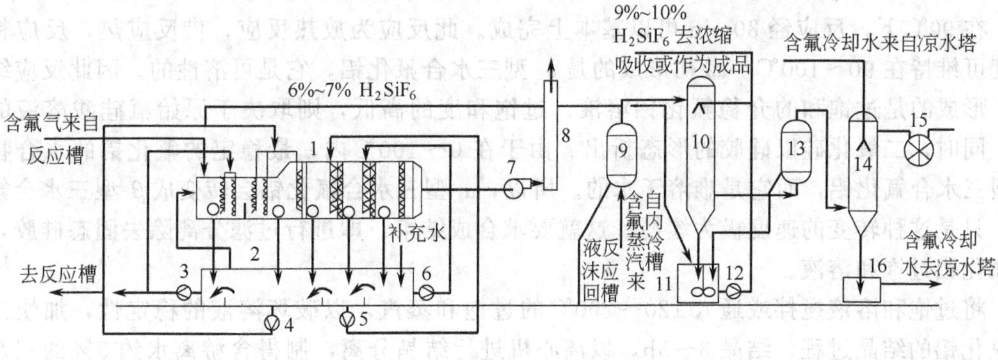

图 11-8 Davy Mckee 公司用于 Prayon Mark Ⅳ二水反应和闪蒸冷却系统含氟气体洗涤流程

1—卧式错流洗涤器；2—循环槽；3，4，5，6，12—循环泵；7—风机；8—排气筒；9，13—除沫器；10—闪冷器氟吸收塔；11—循环槽；14—大气冷凝器；15—真空泵；16—水封

氟硅酸钠主要作耐酸胶泥填充剂、搪瓷乳白剂、农业杀虫剂、木材防腐剂，并用于铍和铝的冶炼及玻璃工业。

2. 氟化铝的生产

(1) 氟化铝的性质和用途 氟化铝为白色粉末，相对密度为 2.882～3.13，升华温度为 1272℃。三水合氟化铝（$AlF_3 \cdot 3H_2O$）在水中的溶解度见表 11-1。可见氟化铝难溶于水，即使在 100℃下，溶解度也仅为 1.64g/100g 溶液。

表 11-1　三水合氟化铝在水中的溶解度

温度/℃	0	10	25	50	75	100
溶解度/(g/100g 溶液)	0.25	0.28	0.50	0.68	0.88	1.64

无水氟化铝的化学性质非常稳定，与沸腾的硫酸或氢氧化钾溶液几乎不反应；不会被氢还原；在 300～400℃下，水蒸气会使氟化铝部分分解。

三水合氟化铝中含 38.13%的结晶水。氟化铝结晶水的脱除与时间关系不大，但却与温度密切相关。在脱水时间为 1h 以下，不同温度脱水产物的含水量见表 11-2。由表可见，在 110℃下不能脱除结晶水；当温度升到 180℃时，水合氟化铝脱水生成一水合氟化铝（$AlF_3 \cdot H_2O$），含水量 17%；当温度升到 200℃时，脱水为半水合氟化铝（$AlF_3 \cdot 0.5H_2O$），含水量 9%；240℃时，含水量降到 6%，这部分水的脱除较难，只有借进一步提高温度才能脱除；当温度达到 550～600℃时，含水量才能降到 0.5%以下，满足无水氟化铝产品要求。

表 11-2　氟化铝结晶水的脱除与温度

脱水温度/℃	110	150	200	300	400	500	600
产品含水量/%	38.89	36.67	15.94	6.02	4.18	0.88	0.21

氟化铝主要用作炼铝的助熔剂，每生产 1t 铝约需 20～30kg 氟化铝。此外，在农药、陶瓷配料、釉药配料等中均有使用。

(2) 生产氟化铝的原料　生产氟化铝采用氢氟酸或氟硅酸，铝的来源可用工业氢氧化铝，也可用含铝矿物和高岭土（约含 36%的 Al_2O_3）。这里介绍以磷肥生产副产的氟硅酸和氢氧化铝的方法。

(3) 生产原理　氟硅酸与氢氧化铝作用，按下列反应生成氟化铝：

$$H_2SiF_6 + 2Al(OH)_3 \longrightarrow 2AlF_3 + SiO_2 + 4H_2O$$

在 90℃下，反应经 30min 可以基本上完成。此反应为放热反应，借反应热，反应料浆温度可维持在 90～100℃。最初形成的是 α-型三水合氟化铝，它是可溶性的。因此反应结束时，形成的是过饱和的介稳氟化铝溶液。过饱和度的高低，则取决于原始氟硅酸溶液的浓度。同时，二氧化硅以硅胶的形态析出。由于在 0～100℃内，最稳定的氟化铝的水合物是 β-型三水合氟化铝，而它是难溶于水的。所以，α-型三水合氟化铝会转变成 β-型三水合氟化铝，只是这种转变的速度极为缓慢。这就要求合成结束，即进行过滤分离除去固态硅胶，得到氟化铝过饱和溶液。

将过饱和溶液搅拌或通入 120～200℃的过饱和蒸汽，以破坏溶液的稳定性，加快三水合氟化铝的结晶过程。结晶 3～5h，以离心机进行结晶分离，制得含游离水约 5%的三水氟化铝滤饼。分离结晶后的母液还含有占总量 7%～10%的氟化铝，返回磷肥系统作含氟气体吸收剂。得到的三氟化铝滤饼通过加热，除掉其中的游离水和部分结晶水，反应如下：

$$AlF_3 \cdot 3H_2O \xrightarrow{114\sim220℃} AlF_3 \cdot 0.5H_2O + 2.5H_2O - 197.6\text{kJ}$$

$$AlF_3 \cdot 0.5H_2O \xrightarrow{220\sim550℃} AlF_3 + 0.5H_2O - 73.3\text{kJ}$$

在 500～600℃下，无水氟化铝容易为水蒸气水解，生成氧化铝和氟化氢，反应如下：

$$2AlF_3 + 3H_2O \rightleftharpoons Al_2O_3 + 6HF - 280.5\text{kJ}$$

因此，干燥脱水过程宜采用多级进行，例如两级脱水干燥，第一级在 205℃左右除去绝大部分水，将物料含水降到 6%以下，然后第二级在 590～600℃下将含水降至 0.5%以下，或满足产品要求。这样就控制了第二级气流内水汽含量，从而大大减少了氟化铝水解量，保证产品纯度达到97%～98%。

(4) 工艺流程　如图11-9为氟硅酸法生产氟化铝的工艺流程图。该流程大致分为三部分，即氟化铝的合成、氟化铝的结晶和三水合氟化铝的干燥脱水。

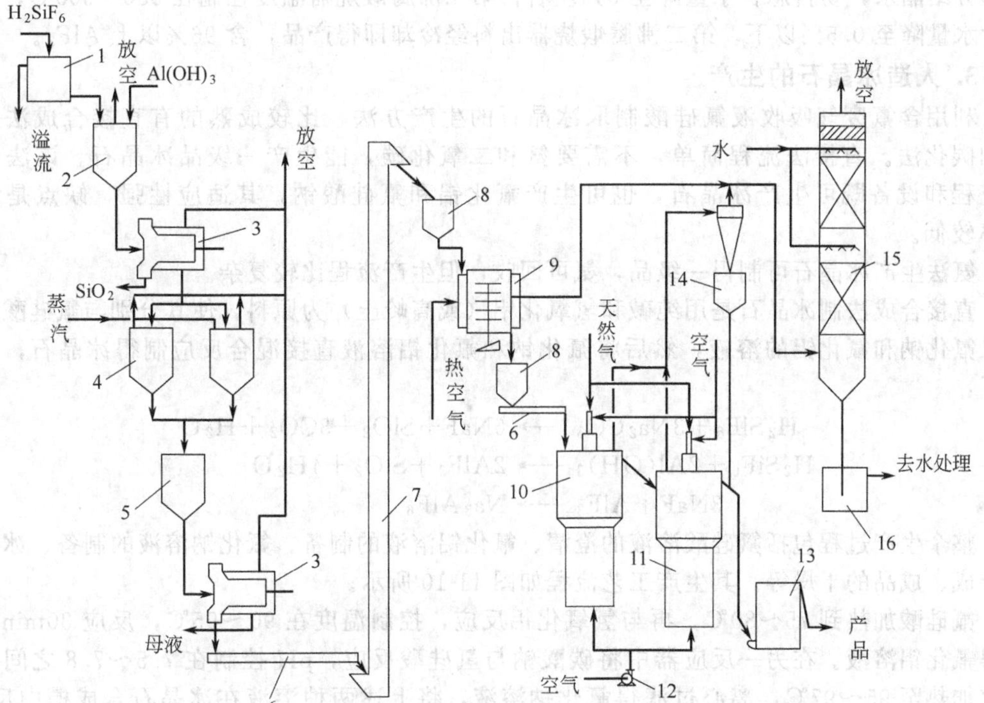

图11-9　氟硅酸法生产氟化铝的工艺流程

1—氟硅酸高位槽；2—反应器；3—离心机；4—结晶器；5—储槽；6—皮带运输机；7—斗式提升机；8—料仓；9—干燥器；10,11—流化焙烧炉；12—空气鼓风机；13—冷却器；14—旋风除尘器；15—尾气干燥塔；16—水封

① 氟化铝的合成。来自氟硅酸储槽的氟硅酸溶液泵入高位槽，最好是17%～18% H_2SiF_6，但五氧化二磷含量不得高于0.2～0.3g/L。在高位槽中经预热到70～75℃后入氟化铝合成反应器，同时在搅拌下加入氢氧化铝［含$Al(OH)_3$ 99%］，其用量为理论用量的95%～100%。两者在反应器中按下列反应生成氟化铝：

$$H_2SiF_6+2Al(OH)_3 \longrightarrow 2AlF_3+SiO_2\cdot nH_2O+(4-n)H_2O$$

借反应热，溶液温度可保持在95～100℃间，这时二氧化硅以固态硅胶析出。反应中，氢氧化铝的加料速度应尽量快，应在氟化铝开始生成前加完，以便得到过滤性能好的硅胶。反应时间为30min左右。合成反应结束后应立即过滤，以除去硅胶和其他不溶性杂质，滤液放入结晶槽。

② 三水合氟化铝的结晶。氟化铝溶液放入结晶槽后，加入三水合氟化铝晶种，并直接通入120～200℃的过热蒸气，在90～95℃下结晶3～5h。每100份（质量）溶液添加6～8份（质量）干晶种。结晶过程中不能停止搅拌，否则会使结晶凝聚成大硬块。溶液应始终保持酸性，以保证产品质量。结晶结束，用离心机分离出三水合氟化铝结晶，滤饼约含5%游离水。

母液进入母液槽，供磷肥生产作尾气吸收剂；若五氧化二磷含量过高，则排入废处理系统处理。母液约含 2% AlF_3，1% H_2SiF_6。

③ 三水合氟化铝干燥脱水。来自三水合氟化铝湿料仓的结晶，采用板式干燥器进行干燥以除去游离水。干燥后的三水合氟化铝结晶放入三水合氟化铝干料仓，并经皮带加料机送入沸腾煅烧器煅烧脱水。第一沸腾煅烧器温度控制在205℃左右，使三水合氟化铝结晶除去大部分结晶水，物料总含水量降至6%左右；第二沸腾煅烧器温度控制在550～600℃，使物料含水量降至0.5%以下。第二沸腾煅烧器出料经冷却即得产品，含96%以上 AlF_3。

3. 人造冰晶石的生产

利用含氟废气吸收液氟硅酸制取冰晶石的生产方法，比较成熟的有直接合成法、氨法和碳化法。直接法流程简单，不需要氨和二氧化碳，能生产一级品冰晶石。该法的生产流程和设备既可生产冰晶石，也可生产氟化铝和氟硅酸钠，其适应性强，缺点是氟利用率较低。

氨法生产冰晶石可制得一级品，氨可回收，但生产流程比较复杂。

直接合成法制冰晶石是用纯碱和氢氧化铝（或高岭土）为原料，使其分别与氟硅酸反应制取氟化钠和氟化铝的溶液，然后将氟化钠和氟化铝溶液直接混合反应制得冰晶石，反应如下：

$$H_2SiF_6 + 3Na_2CO_3 \longrightarrow 6NaF + SiO_2 + 3CO_2 + H_2O$$

$$H_2SiF_6 + 2Al(OH)_3 \longrightarrow 2AlF_3 + SiO_2 + 4H_2O$$

$$3NaF + AlF_3 \longrightarrow Na_3AlF_6$$

整个生产过程包括氟硅酸溶液的澄清、氟化铝溶液的制备、氟化钠溶液的制备、冰晶石的合成、成品的干燥等。其生产工艺流程如图11-10所示。

氟硅酸加热到75～80℃，再与氢氧化铝反应，控制温度在90～95℃，反应30min，过滤得氟化铝溶液。在另一反应器中将碳酸钠与氢硅酸反应，pH控制在7.5～7.8之间，用蒸汽加热至95～97℃，离心过滤得氟化钠溶液，将上述两种溶液在冰晶石合成槽中反应，温度为90～95℃，离心分离出冰晶石后用热气流干燥。

4. 氟化氢的生产[3～6]

氟化氢又称氢氟酸，是无色气体，有极强的腐蚀性，有剧毒。在空气中，只要超过 3×10^{-6} 就会产生刺激的味道。氢氟酸是氟化氢的水溶液，可以透过皮肤黏膜、呼吸道及胃肠道吸收。若不慎暴露于氢氟酸，应立即用大量清水冲洗20～30min，然后以葡萄糖酸钙软膏或药水涂抹；若不小心误饮，则要立即喝下大量的高钙牛奶，然后紧急送医处理。熔点−83.1℃，沸点19.54℃，气体密度0.991g/L。在80℃以下，由于分子间存在氢键而成为缔合体 $(HF)_n$。无水氟化氢具有极强的酸性，只有100%的硫酸才能超过它。液态氟化氢的介电常数很高，是一种优良的溶剂，能溶解许多无机和有机化合物。

氟化氢是氟化学工业的基础，是制取元素氟、各种含氟制冷剂、含氟新材料、无机氟化盐、各种有机氟化物的基础原料。我国是全球氟化氢的最大生产国。

目前世界各国基本都是采用萤石与硫酸反应制取氟化氢，原因是萤石与硫酸原料易得、供应量大且稳定、大规模工业生产技术成熟可靠。其次是以氟硅酸为原料的氟硅酸法。近年来随着化学工业的发展，环境压力的增加，化工中产生的含氟废气的处理与回收利用正在改变这一氟化工原料格局，特别是利用磷化工中产生的回收含氟废气得到的氟硅酸为原料生产无水氟化氢，正在成为我国生产无水氟化氢的一种重要方式。这里仅介绍氟硅酸法制无水氟化氢。

以磷化工回收的氟硅酸为原料生产无水氟化氢，目前，工艺可大致归纳为氟硅酸合成氟化钙法、氟硅酸热分解制取HF（“Buss法”）、氟氢化钠热分解法（“IMC法”）、氟硅酸氨化硫酸分解法、电渗析-蒸馏法制取氟化氢、氟硅酸硫酸分解法、直接法氟硅酸制取无水

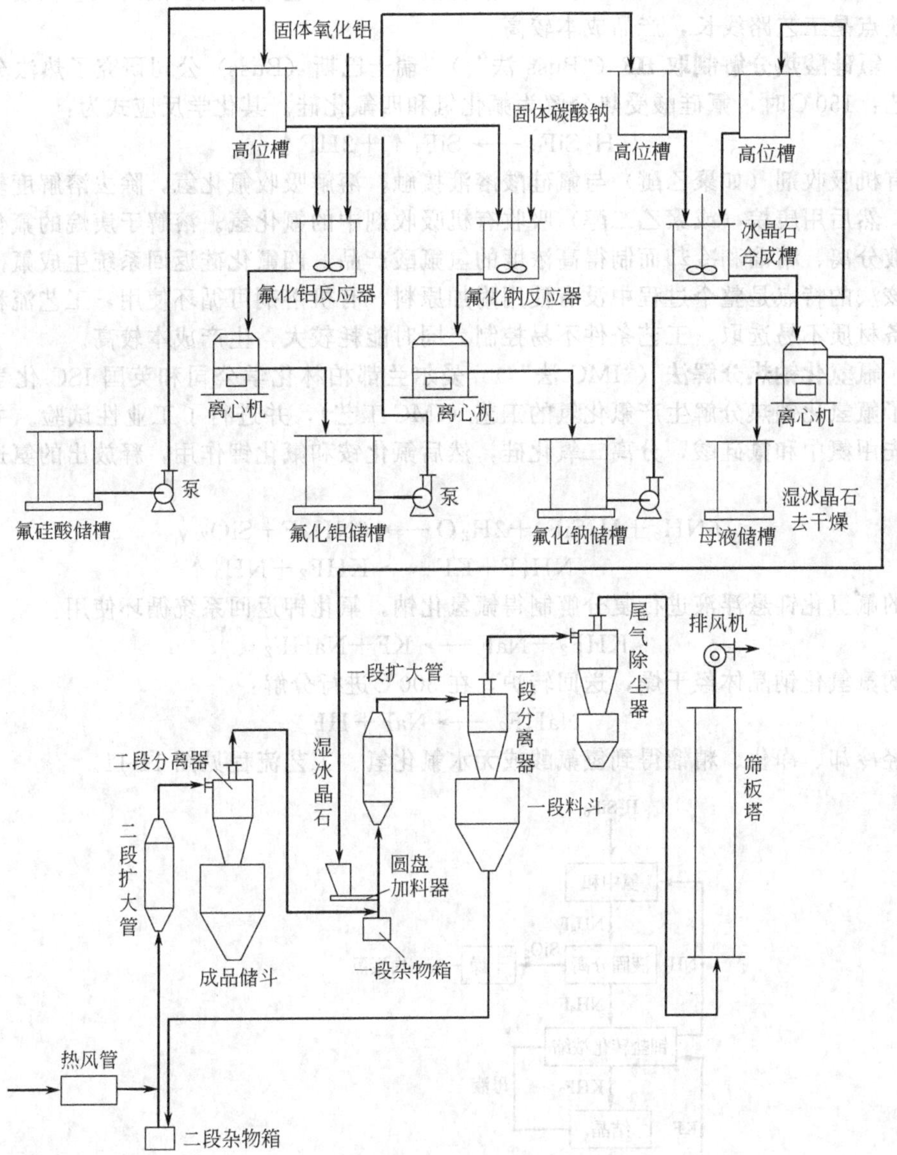

图 11-10　冰晶石（直接合成法）生产流程

氟化氢法等几种。

(1) 氟硅酸合成氟化钙法　美国矿务局开发了由氟硅酸制氟化铵，再与石灰合成氟化钙，然后按传统萤石法生产氢氟酸的工艺。将氟硅酸氨化得到氟化铵和二氧化硅，控制pH＝9，以利于二氧化硅的分离。其化学反应式为：

$$6NH_3 + H_2SiF_6 + 2H_2O \longrightarrow 6NH_4F + SiO_2 \downarrow$$

滤液加熟石灰，生成氟化钙沉淀出来，释放出的氨返回系统循环使用，反应式为：

$$3Ca(OH)_2 + 6NH_4F + 3H_2O \longrightarrow 3CaF_2 \downarrow + 6NH_3 \uparrow + 9H_2O$$

通过分离干燥，所得氟化钙的质量分数可达 97.7%，二氧化硅的质量分数为 0.71%，氟和氨的回收率分别为 97.3% 和 88.8%，氟化钙按传统方法生产氟化氢。该工艺氟的总回收率高，但工艺流程长，生产成本较高。其他由氟硅酸合成氟化钙法还包括：用氟硅酸和磷矿石（或碳酸钙、氧化钙、氢氧化钙）反应制备氟化钙，然后按照萤石制取氟化氢的传统工艺生产氢氟酸。该方法借鉴了原有萤石法氟化氢的生产工艺，后续工段的工业化技术较为成熟。但缺点是工艺路线长，产品成本较高。

(2) 氟硅酸热分解制取 HF（"Buss 法"） 瑞士巴斯（Buss）公司研究了热法分解氟硅酸的工艺：150℃时，氟硅酸受热分解为氟化氢和四氟化硅。其化学反应式为：

$$H_2SiF_6 \longrightarrow SiF_4\uparrow + 2HF\uparrow$$

将有机吸收剂（如聚乙醚）与氟硅酸溶液接触，溶解吸收氟化氢，除去溶解度较小的四氟化硅，然后用庚烷（或聚乙二醇）吸收有机吸收剂中的氟化氢。溶解于庚烷的氟化氢经冷却、液液分离、精馏和冷却而制得高浓度的氢氟酸产品，四氟化硅返回系统生成氟硅酸循环使用。该法的特点是整个过程中没有使用附加原料，有机溶剂可循环使用，工艺流程短；但是，设备材质不易选取，工艺条件不易控制，同时能耗较大，生产成本较高。

(3) 氟氢化钠热分解法（"IMC 法"） 爱尔兰都柏林化学公司和英国 ISC 化学公司联合开发了氟氢化钠热分解生产氟化氢的工艺（IMC 工艺），并进行了工业性试验。主要过程为：首先用氨中和氟硅酸，分离二氧化硅，然后氟化铵和氟化钾作用，释放出的氨送回中和工段：

$$6NH_3 + H_2SiF_6 + 2H_2O \longrightarrow 6NH_4F + SiO_2\downarrow$$

$$NH_4F + KF \longrightarrow KHF_2 + NH_3\uparrow$$

结晶出的氟氢化钾悬浮液进行复分解制得氟氢化钠，氟化钾返回系统循环使用：

$$KHF_2 + NaF \longrightarrow KF + NaHF_2$$

分离出的氟氢化钠晶体经干燥，送回转炉，在 300℃进行分解：

$$NaHF_2 \longrightarrow NaF + HF$$

氟化氢经冷却、净化、精馏得到氢氟酸或无水氟化氢。工艺流程见图 11-11。

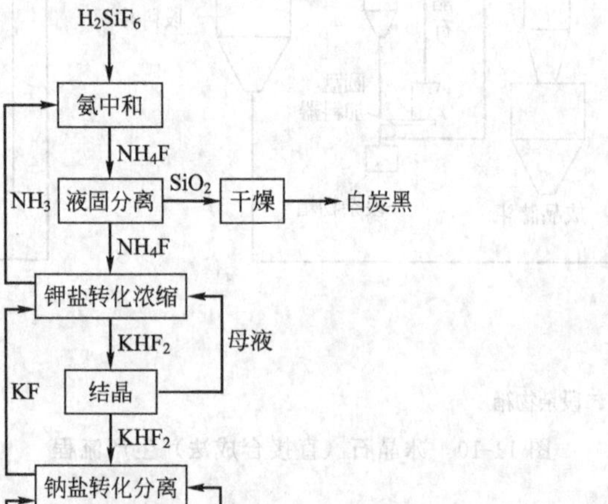

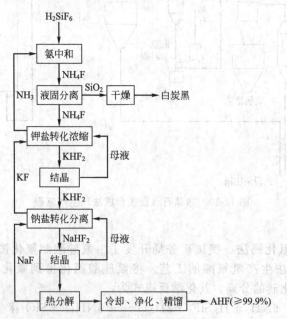

图 11-11 由 H_2SiF_6 制备无水 HF 的 $NaHF_2$（IMC）工艺

氟氢化钠热分解法的最大缺点是氟硅酸钠在氨水中转化不完全；生成的氟化钠和氟化铵含量很低，需要蒸发大量水。另外，氟氢化钠的热解不完全，工艺较为繁杂，能耗高，工业应用还有一定的难度。

(4) 氟硅酸氨化硫酸分解法 工艺流程如图 11-12 所示。氟硅酸与液氨在氨解反应器进

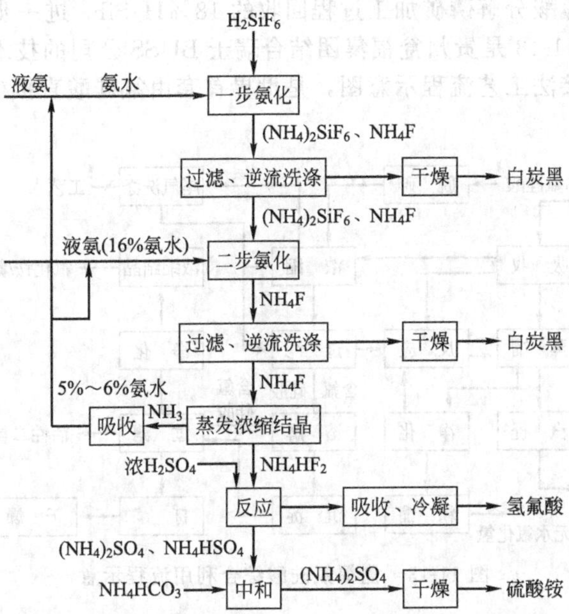

图 11-12　由 H_2SiF_6 制备无水 HF 的 NH_4HF 工艺

行氨化反应，生成氟化铵溶液与二氧化硅沉淀。经过滤后的滤液氟化铵经蒸发浓缩使其完全转化为氟化氢铵，经制片生产氟化氢铵固体。氟化氢铵固体与浓硫酸经混合后，在 1、2 级预反应器内进行高温（蒸汽间接加热，温度 110～140℃）预反应，氟化氢气体在引风机的作用下进入氟化氢净化、吸收系统。从第 2 级预反应器流出的反应液和返料硫酸铵一起在预混合器中混合，再经混料螺旋混匀后进入反应炉，经外夹套传热后，生成氟化氢气体和硫酸铵。其中氟化氢气体在引风机的作用下进入氟化氢净化、吸收系统。反应后硫酸铵经出料螺旋进入混合机，在混合机内与加入的碳酸氢铵反应除去其中的硫酸。成品硫酸铵一部分返回炉头作为返料，另一部分经包装即为产品。氟化氢气体经净化塔净化后进入气体吸收系统，用水吸收后制得质量分数 40% 的氢氟酸或经冷冻以生产无水氟化氢。主要发生如下化学反应：

$$6NH_3 + H_2SiF_6 + 2H_2O \longrightarrow 6NH_4F + SiO_2 \downarrow$$

$$2NH_4F \longrightarrow NH_4HF_2 + NH_3 \uparrow$$

$$NH_4HF_2 + H_2SO_4 \longrightarrow NH_4HSO_4 + 2HF \uparrow$$

$$2NH_4HF_2 + H_2SO_4 \longrightarrow (NH_4)_2SO_4 + 4HF \uparrow$$

$$NH_4HSO_4 + NH_4HCO_3 \longrightarrow (NH_4)_2SO_4 + H_2O + CO_2 \uparrow$$

氟硅酸氨化硫酸分解法已由云天化进行了小试，实验结果表明，所确定的技术路线合理可行，小试所得的产品氢氟酸纯度达到该公司要求，小试总氟收率为 92%。尾气排放可以达到 GB 16297—1996 的要求。但尚存在以下问题需解决：蒸汽消耗高；浓缩、蒸发过程中氟收率低；氟化铵蒸发过程要求物料温度过高，材质要求较为苛刻，工业选材还有待商榷；过程有稀氨水产生。目前该工艺正在进行改进和工程化研究中。

(5) 氟硅酸硫酸分解法　美国维尔曼-动力煤气公司研究了硫酸分解氟硅酸制取氟化氢的工艺，主要包括氟硅酸的浓缩、脱水、四氟化硅的解吸、氟化氢的吸收和精馏等过程。该工艺最大的特点是经济效益较好，但产生了大量 70% 的稀硫酸，难以在磷肥生产中消化。瑞士戴维工艺技术公司研究了类似的生产流程，并建成了中试生产装置。瓮福集团采用公司自主开发的氟硅酸脱砷技术与该技术嫁接，建成 20kt/a 氟硅酸生产无水氟化氢装置并成功生产出合格产品，标志着世界首套氟硅酸生产无水氟化氢装置正式投入工业化生产。

(6) 直接法 用硫酸分解磷矿加工过程回收的18% H_2SiF_6 进一步生产无水氟化氢的方法称为直接法。如图11-13是贵州瓮福集团结合瑞士BUSS公司的技术，并针对贵州磷矿含砷高的特点开发的直接法工艺流程示意图，是世界首套由氟硅酸直接生产无水氟化氢的工业化装置。

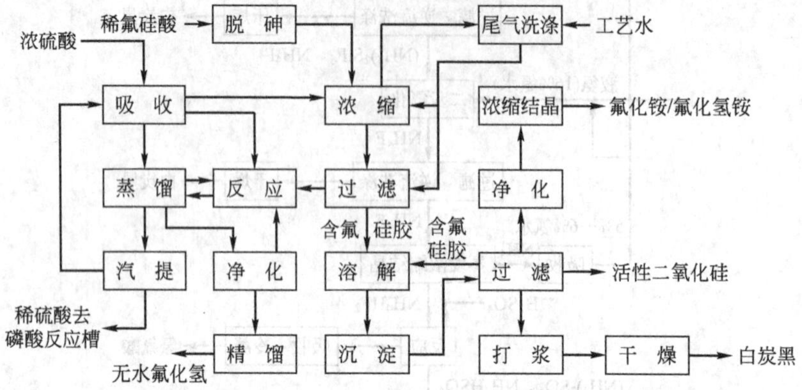

图11-13 瓮福氟硅酸综合利用流程示意

来自磷肥厂的稀氟硅酸，首先经过脱砷装置除去有害杂质砷，采用瓮福自主开发的化学脱砷法脱除。一般可将氟硅酸中的砷含量由50～100mg/L降到 1×10^{-6} 以下，氟硅酸的回收率大于98.3%。然后进入氟硅酸浓缩系统，经过浓缩，得到一定浓度的浓氟硅酸，经过滤分离后，浓氟硅酸进入反应器与浓硫酸混合，产生四氟化硅、氟化氢等混合气体，用浓硫酸吸收后，四氟化硅进入浓缩系统进行吸收。反应后的硫酸含有大量氟化氢，经蒸馏将氟化氢与硫酸分离，经过净化、精馏除去高、低沸点杂质，得到无水氟化氢产品。蒸馏后的硫酸通过汽提，得到稀硫酸，送入磷酸反应器生产磷酸。尾气经洗涤后达标排放。浓氟硅酸过滤产生的含氟二氧化硅，经溶解、沉淀、过滤、打浆、干燥后得到白炭黑产品，二氧化硅所含的氟以氟化铵或氟化氢铵形式回收，通过净化、浓缩结晶得到氟化铵或氟化氢铵。

浓缩氟硅酸在硫酸中按下式进行分解反应：

$$H_2SiF_6\cdot SiF_4+H_2SO_4\longrightarrow 2SiF_4+2HF+H_2SO_4$$

直接法无水氟化氢工艺与其他方法相比，具有以下特点。

① 资源的再利用。采用磷肥副产的废弃物氟硅酸作为原料，形成新的可利用氟资源，开辟了氟材料的新来源。

② 资源消耗低，成本低。浓硫酸在生产中仅作为脱水剂、催化剂分解氟硅酸，工艺副产稀硫酸可用于磷酸生产，硫酸无消耗，氟硅酸消耗1.437t/t。由氟硅酸制取无水氟化氢具有低消耗、低成本的绝对竞争优势，与萤石法相比每吨产品生产成本相差数千元，随着萤石的价格上涨，差距仍将继续扩大，且产品质量完全符合国家标准，将成为一个新的氟资源来源。

③ 氟回收率较高。产品中氟回收率达83.5%，有3.2%的含氟废水和硫酸返回制酸系统循环利用，2.1%的含氟废水可作为选矿用水返回系统，二氧化硅滤饼中11.2%的氟用于含氟硅胶生产高补强白炭黑。

④ 副产物的再利用。副产 SiO_2 纯度高，杂质少，用 NH_4F 溶液处理含氟硅胶，制 $(NH_4)_2SiF_6$ 溶液，并回收氨水，然后将回收氨水在一定条件下再加到 $(NH_4)_2SiF_6$ 溶液中，过滤、洗涤、干燥得产品。本技术主要原料 NH_4F 溶液和氨水循环利用。

⑤ 排放低。仅有尾气需要排放，装置的其他排放物都作为下游的生产原料。萤石法有大量的氟石膏、稀硫酸、氟硅酸、废水需中和处理或外运出厂。

⑥ 产品质量好。产品质量全面优于无水氟化氢国家标准（GB 7746—1997）优等品。

第三节 磷石膏的处理与综合利用

在湿法磷酸生产中，有大量的磷石膏副产物产生。通常每生产 1t 湿法磷酸（以 P_2O_5 计）将副产 4～4.5t 磷石膏。磷石膏的质量和组成与所用磷矿和工艺流程有关。磷石膏的主要成分是 $CaSO_4$（占 70%左右），其次还含有少量 P_2O_5、F、有机质、水（30%左右）、二氧化硅、铁和铝的氧化物等，以及微量砷、铅等。大量磷石膏的产生，已渐渐成为湿法磷酸企业的一块心病，露天堆放又占用大量场地，而且这些杂质的存在，特别是氟、磷、砷、铅的存在，会对环境造成污染；而另一方面，磷石膏又是一种潜在的有用资源，在化工、建材、造纸和农业等部门均有一定的应用。因此磷石膏的处理和利用成为湿法磷酸生产厂家面临的亟待解决的重要问题。

一、磷石膏的处理

目前一些国家对磷石膏的处理主要是运往石膏渣场、渣库或排入流动的水域。用泵将磷石膏排入江河或海洋，在技术上、经济上都是可靠的，但对环境会造成污染，在环境压力越来越大的今天，显然该法已不可取，也不可用了。中国化工企业主要在内陆地区，过去少数在长江边上的湿法磷酸厂选择了排入长江，而大部分企业只能选择在陆地修筑渣场和渣库，这是一个普遍使用的方法，即将石膏制浆并泵入大沉降池，回收溢流水，并将它送回进行另一次输送循环；或直接用汽车运往渣场堆放。此闭路循环系统将使氟污染降低，但随着堆放量的越来越大，一方面占用大量土地，另一方面磷石膏中的有害杂质将有可能渗透入地下水系统，造成环境污染，而且也会增加厂家的经济负担。

二、磷石膏的综合利用

1. 磷石膏的农用

磷石膏中除硫酸钙外，还含有一定量的 P_2O_5，以及痕量的铁、锰、锌、铜等。而硫、磷、铁、锰、锌、铜等都是植物所需的营养元素。特别是对盐碱地，其对土壤的改良作用非常明显，可以使土壤的 pH 明显降低：

$$Na_2CO_3 + CaSO_4 \longrightarrow CaCO_3 + Na_2SO_4$$

溶解度低的 Na_2CO_3 转变成溶解度高的 Na_2SO_4，在雨水和排灌的作用下，钠盐被淋溶。同时，磷石膏中的磷也能中和碳酸钠，达到降低土壤 pH 值的作用。另外，磷石膏可使尿素分解速度减慢，减少氮素损失。美国 1977 年利用 136 万吨原料进行土壤改良，其中磷石膏占 40%；印度 1976～1977 年用 137 万吨磷石膏改良土壤；苏联从 20 世纪 70 年代开始也利用磷石膏改良盐碱地，都取得了良好的效果。中国北方及西北盐碱地较多，而且普遍缺磷。因此磷石膏在农业中的应用将是一条重要的综合利用途径。

2. 磷石膏的工业利用

磷石膏在工业上可用于制造硫酸、建材、水泥，制硫酸铵等，还可用作造纸填料。

(1) 磷石膏制硫酸和水泥 磷石膏制水泥和硫酸对硫资源缺乏的国家来说有很强的现实意义。用焦炭作还原剂，在 897～1200℃温度下还原磷石膏硫酸钙，生成 SO_2 气体，经净化、干燥、转化、吸收而成硫酸，生成的 CaO 与配料起矿化反应，生成水泥熟料。反应式如下：

$$2CaSO_4 + C \longrightarrow 2CaO + 2SO_2 + CO_2$$

有研究认为，硫酸钙的焦炭还原反应分两步进行，其反应如下：

$$CaSO_4 + 2C \xrightarrow{700 \sim 900℃} CaS + 2CO_2$$

$$3CaSO_4 + CaS \xrightarrow{900 \sim 1200℃} 4CaO + 4SO_2$$

得到的 SO_2 再经氧化、水吸收即得 H_2SO_4，反应如下：

$$2SO_2 + O_2 \longrightarrow 2SO_3$$

$$SO_3 + H_2O \longrightarrow H_2SO_4$$

生成的氧化钙则反应生成水泥熟料，反应如下：

$$2CaO + 2(xSiO_2 + yAl_2O_3 + zFe_2O_3) \xrightarrow{900 \sim 1450℃} 2(CaO \cdot xSiO_2 \cdot yAl_2O_3 \cdot zFe_2O_3)$$

磷石膏制硫酸联产水泥，与用硫铁矿制硫酸、石灰石制水泥相比，技术难度大得多。第一，磷石膏中残存 F 和 P_2O_5。氟过多影响水泥的凝固时间，降低水泥强度，也会使制酸生产的催化剂中毒；P_2O_5 则在回转窑内消耗一部分 CaO，使硅酸三钙含量下降，对水泥的早期强度有较大影响，因此，必须寻找降低 F 和 P_2O_5 含量的方法。第二，为使硫酸钙全部分解，提高硫利用率，同时尽可能减少焦炭用量，防止过度还原，避免单质硫析出，必须掌握好原料配比。第三，氧化程度不能过高，否则易生成低熔点物质，使回转窑结疤。第四，物料中的 Si、Fe、Al、Mg、Ca 比例需配合适当，以保证获得标号尽可能高的水泥。第五，石膏法水泥热耗比石灰石高，必须找到降低热耗的途径。

该生产工艺在国内已有多家磷酸厂建成投产，技术已经相当成熟。山东鲁北化工总厂 1991 年建成的年产 4 万吨石膏制硫酸联产 6 万吨水泥的配套生产设备是这项技术应用的代表，其生产的各种产品质量均符合国家标准，原材料、燃料和动力消耗，以及主要工艺指标均符合设计要求。在生产投资方面，它比硫铁矿制硫酸装置要低，因为后者包括硫铁矿山、制酸和制水泥三方面投资。在生产成本方面，它低于硫铁矿制酸。因为硫铁矿制酸的生产成本中，矿石费用占 70%，而磷石膏是废物，可不计入成本。鲁北化工总厂的“3-4-6”工程比国内同规模的硫铁矿制酸和一般水泥成本分别低 24%和 10%。在缺硫及石灰石缺乏地区，此技术更显出其优越性。

图 11-14 为磷石膏制硫酸和联产水泥的部分工艺流程。从磷酸车间过滤机出来的磷石膏先进入再浆槽，加水搅拌至液固比为（60～65）∶（35～40），经过滤机过滤，滤饼送至滚筒干燥机干燥。磷石膏、焦炭、砂子分别磨碎进入配料仓，经注射混合机混合均匀后进入水泥窑，生成 SO_2 气体送去制硫酸，转窑排出的是水泥熟料。

总之，磷石膏制硫酸并联产水泥工艺变硫资源一次性消耗为循环利用，也使磷矿中的钙得以综合利用生产水泥，做到资源充分利用必须带来显著的经济效益、环境效益和社会效益。当然，目前该技术并非已经完全成熟，在降低能耗、减少建设投资、进一步提高硫的利用率方面还需不断完善。

(2) 建筑材料　中国人多地少，土地资源极其宝贵，然后，每年生产墙体材料需毁地 7 万亩。另一方面，绝大多数磷石膏被作为废弃物未被使用，既占地又污染环境。若将磷石膏作为建材进行综合利用，将具有积极的意义。

磷石膏作建材主要是熟石膏，其中又以 β-半水合物和 α-半水合物熟石膏最大。β-半水合物熟石膏的生产通常采用干焙烧法将石膏化学成分、pH 和细度进行测试，其放射性物质也必须符合建材工业废渣放射性限制标准，具体工艺包括下列工序。

水洗：洗去磷石膏中水溶性磷、氟和有机杂质。

过滤分离：使水含量小于 10%。

煅烧：最佳温度为 164～220℃。

粉磨：百分之百通过 0.151mm 的筛。

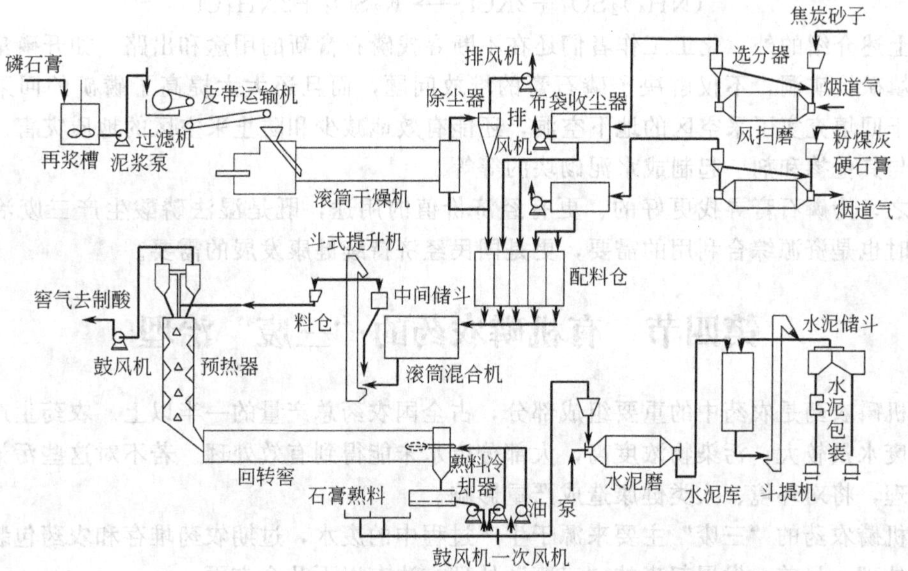

图 11-14　由磷石膏制硫酸和联产水泥生产工艺流程

石膏作建材制品，主要有以下几个方面。

① 石膏装饰板。它以熟石膏为基料，配以助剂加工而成。其特点是壁薄质轻、吸音、阻燃、不变形、不老化，而且施工方便。

② 石膏刮墙腻子。它具有粘接力强、表面厚度高、硬化速度快、不掉粉等特点。

③ 石膏嵌缝腻子。用于玻璃门嵌缝，比桐油灰便宜，而且强度高，防水性好。

④ 仿大理石装饰板。以熟石膏为基料，配以助剂、颜料加压而成。外观逼真，质轻、防水，可替代天然大理石。

⑤ 增强石膏空心条板。以轻石膏和增强剂胶料，填充轻骨料，加水浇注成型，自然干燥而制成的一种内墙隔墙板。与砖石结构墙体材料相比，它具有密度小、表面光滑平整、施工方便、加工性能好等特点，可降低施工劳动强度，提高施工速度，是理想的轻质墙体材料之一，中国已推广使用。

⑥ 水泥缓凝剂。经处理后的磷石膏以 3%～5%比例加入水泥生料中。

⑦ 复合矿剂。将石膏与萤石掺和到水泥生料中，使窑温降低 100～150℃，节能 8%。

⑧ 耐火材料。将 60 份磷石膏、40 份硅酸钙、3 份硫酸铁、5 份石棉的混合物挤压成型，在 45℃下干燥一天后，制成试块，其密度为 0.7g/mL。该试块有很高的耐火性。

⑨ 作混凝土填充料。与黄磷渣按一定比例混合后，可作混凝土的填充料。现在还大量用作路基填充料。

(3) 造纸填料　用磷石膏代替高岭土作为印刷用纸和书写用纸的填料，使纸的机械强度提高 25%～30%，光泽度提高 5%～7%。

(4) 生产硫酸铵肥料[7,8]　用碳酸氢铵和氨水为原料，与磷石膏反应，可得硫酸铵和碳酸钙。反应如下：

$$NH_4HCO_3 + NH_4OH \longrightarrow (NH_4)_2CO_3 + H_2O$$

$$(NH_4)_2CO_3 + CaSO_4 \longrightarrow CaCO_3 + (NH_4)_2SO_4$$

得到的副产物碳酸钙还可以用盐酸处理生产氯化钙，或者直接煅烧成石灰。而得到的硫酸铵也可以与氯化钾作用生产硫酸钾：

$$(NH_4)_2SO_4 + 2KCl \longrightarrow K_2SO_4 + 2NH_4Cl$$

除上述介绍的外，化工工作者们还在不断寻找磷石膏新的用途和出路，如开磷集团将磷石膏回填矿坑矿洞，不仅解决了磷石膏的堆放问题，而且还大大提高了磷矿的回采率，同时，由于回填充实了采空区的地下空洞，还能有效地减少和防止采空区的地质灾害。还有用磷石膏与其他掺和剂一起制成水泥砌块的等等。

总之，为磷石膏寻找更好的、更有经济价值的用途，既是湿法磷酸生产三废治理的需要，同时也是资源综合利用的需要，更是国民经济持续健康发展的需要。

第四节　有机磷农药的“三废”治理

有机磷农药是农药中的重要组成部分，占全国农药总产量的一半以上。农药生产过程中排出的废水量较大，污染物浓度高，大部分废水未能得到有效处理。若不对这些污染物加以认真治理，将对环境、人类健康造成严重影响。

有机磷农药的“三废”主要来源于生产过程中的废水，过期农药堆存和农药包装容器的不恰当处理。目前，发展起来的“三废”处理方法有以下几个方面。

一、废气的治理[9]

在农药合成中最常用的有毒气体有氯气、二氧化硫和光气，生产过程中必有过剩的原料气排出，另外在使用三氯化磷、五硫化二磷、三氯氧磷、氯化亚砜、氯磺酸、亚硫酸氢钠等原料，以及用硝酸进行氧化或硝化反应时，都有废气排出。因此氯气、二氧化硫、氯化氢、硫化氢、氮氧化物和光气是农药生产中最常见的有毒废气。这些有毒废气的治理，以吸收法为主。

(1) 氯化氢以水吸收，回收盐酸　常用的有降膜式吸收器、填料塔等，吸收效率一般>95%，最高时可达99%。

(2) 氯气以液碱吸收　回收的次氯酸钠溶液，可用于本厂废水或废气治理。当氯气与氯化氢一起排出时，先用水吸收氯化氢后，再处理氯气。

(3) 硫化氢以碱液吸收　回收硫化钠或硫氢化钠的溶液。两塔串联吸收效率比较高。

(4) 二氧化硫以碱液吸收　此法在硫酸工业和冶金行业以及锅炉烟气处理二氧化硫时不用，但在农药厂是最常用的办法。多用填料塔、湍球塔等。单塔处理效率>90%。如果二氧化硫在乙酸等溶剂中进行反应，可用这些溶剂作第一步吸收液，循环回用。尾气再用碱处理。回收的亚硫酸钠可利用，如无利用价值，用空气氧化处理生产硫酸盐。

(5) 氮氧化物用液碱吸收　农药厂里氮氧化物排量比较小，一般用碱处理。

(6) 光气用催化水解法处理　使光气和水或稀盐酸在催化剂层中相遇，反应生成二氧化碳和盐酸。

(7) 恶臭气体的处理　农药厂排出的恶臭气体，主要是有机物，例如有机磷农药厂排出的含硫醇、硫化氢和有机胺的混合臭气，采用生物除臭法或生物除臭与次氯酸钠处理法联用，可以取得良好的效果。生物除臭法是将废气通入一个挂有生物膜的填充塔中，有机物可被吸收和降解除去。此法对许多有机废气均有效。

(8) 低沸点有机溶剂　由于反应设备密封不好，或冷凝效率偏低，形成废气。改善冷凝系统可减少排放量。低沸点溶剂采用活性炭吸附富集、加热解吸回收的方法。

不能回收的有机废气，用生物净化法处理效果不好的，可以考虑焚烧法或催化燃烧法。

二、废液与废渣的处理

废液与废渣的处理，原则上用焚烧法处理最为简捷、有效。此外，还有熔岩法等。

多数有机物在500℃以下能够分解、炭化。在927℃左右的温度，停留时间2s，通入适当过剩空气，就足以使现有的农药品种99.99%受到破坏，该法适用于浓废水或废农药。此法简单、成熟，还可以回收热量。其缺点是造价高，灰烬还需进一步处理。如果控制不好，有可能产生有毒气体、蒸气和微尘。

将可燃性废料粉碎后投入熔盐炉，在800～1000℃间进行燃烧，熔盐为碱性物质，一般Na_2CO_3或K_2CO_3的共熔体，排出的物质不含酸性物。此法处理马拉硫磷，其破坏率达99.99%。

三、废水的处理

农药厂所排的"三废"中，以废水为主体，因此治理污水为农药厂"三废"治理工作的重点。下面简要介绍一下"三废"的治理方法。

1. 生物处理法

生物处理法利用微生物的活性来处理有机磷"三废"是一条可行途径，最常用的是活性污泥法。活性污泥是以好气菌为主体所形成的绒粒，混杂着废水中的有机和无机悬浮物、胶体物质，并在其表面附聚着种种不同的原生动物、后生动物等。活性污泥中微生物以细菌数量最多，由于体积微小，表面积大，具有很强的吸附和分解有机物的能力，在废水生化处理中，细菌起主要作用。微生物以各种物质为营养源，并利用这些营养物质生长、运动和增殖。活性污泥废水处理主要分成两个阶段，第一阶段是吸附，废水因吸附而得到净化。吸附进行十分迅速，此阶段COD（生化需氧量）除去率达85%～90%。第二阶段主要是氧化，其作用可表示如下：

$$[\text{有机物}]+O_2 \xrightarrow{\text{酶}} CO_2+H_2O+\Delta E$$

$$[\text{有机物}]+NH_3+O_2 \longrightarrow [\text{微生物的增殖}]+CO_2+H_2O-\Delta E$$

$$[\text{微生物}]+O_2 \longrightarrow CO_2+H_2O+NH_3+\Delta E$$

已经有应用的生物处理法有如下几种。

① 鼓风深层曝气生化处理。如南通农药厂、沈阳东北制药六厂均采用10m深曝气池，BOD去除率达90%～95%。

② 深井曝气生化处理。沈阳化工研究院建立了中试装置，井深104m，氧的最大传递速度可达$3kg/(h \cdot m^3)$，氧的利用率达90%。它占地面积小，能耗低，适于处理高浓度农药废水。

③ 加压生化处理。通过加压提高氧的溶解率。

④ 生物滤池法。用砂石或合成材料铺成的过滤床，床上生长一层微生物膜，废水从上面喷淋下来与空气接触，通过微生物进行降解。它应用于废水预处理，能承担较大负荷。

⑤ 生物氧化塘。它与活性污泥法相似，但它的污泥不循环，氧化塘内生长水藻。

2. 物理法

物理法处理主要有微波等离子法、活性炭吸附法、熔盐法等。

(1) 微波等离子法 用微波离子破坏有机磷。如马拉硫磷分解反应：

$$C_6H_6+\frac{1}{2}O_2 \xrightarrow{100\sim10000\text{MHz}} O^{+}+(C_6H_6)^{+}+2e^{-}(\text{等离子})$$

$$\text{等离子}+C_{10}H_{19}O_6PS_2+15O_2 \longrightarrow 2SO_2+10CO_2+9H_2O+HPO_3$$

分解率达 99.99%以上。

(2) 活性炭吸附法 用活性炭吸附作为有机磷农药生产废水的生化预处理是有效的。有报道称用活性炭吸附法处理 1605、马拉硫磷、乐果三种有机磷农药废水，COD 去除率达 50%～55%，有机磷去除率 90%，对硝基苯酚去除率达 90%以上。使用过的活性炭经再生活化后，炭的碘值可恢复到新炭的 90%，处理废水能力仍未见降低。

3. 臭氧降解法

该法是由紫外线照射激活引起农药分子与臭氧所发生的氧化降解反应，反应如下：

$$\text{农药} + O_3 \xrightarrow[H_2O]{\text{紫外线}} CO_2 + H_2O + \text{其他简单化合物}$$

马拉硫磷的臭氧反应的总反应式为：

$$2C_{20}H_{19}S_2PO_6 + 104O_3 \longrightarrow 19H_2O + 40CO_2 + 4SO_3 + P_2O_5 + 104O_2$$

当溶液温度为 25℃、臭氧浓度 20×10^{-6}，马拉硫磷降解率达 99.8%。

4. 水解法

有机磷农药是一种磷酸三酯或硫代磷酸酯，其结构式为：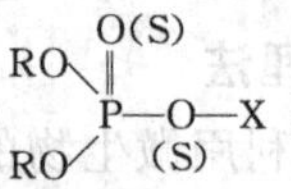。R 通常为甲基或乙基，X 是一个有机基团。有机磷农药在中性、酸性或碱性溶液里都能发生水解。水解发生在 P—O（S）键或者（S）O—X 键，取决于农药的化学结构和水解条件。在碱性溶液中，P—O（S）键断裂，（S）O—X 键通常是置换。然而酸性水解，首先是（S）O—X 键断裂，然后是二取代磷酸酯水解成一取代磷酸酯。值得一提的是上述规律随 X 基团的性质不同而有所差异。取代基 R 是甲基时，水解速率快于乙基取代物；而 P═O 键代之以 P═S 时，则产生更大的水解性，水解速率也与溶液的 pH 有关。

5. 湿式氧化法

在一定温度和压力下，任一种有机物的溶液都能被空气和氧气氧化，在 150～350℃的温度和 2.94～16.38MPa 压力下，停留时间 30～60min，水中的有机物会被氧化成醇、醛和酸，在更高温度和压力下，最后生成 CO_2 和 H_2O。硫、氮、磷则生成盐、氧化物或氢氧化物，或留在溶液中，或沉淀下来，如图 11-15 为湿式氧化法装置。

此法对含硫较高的工业废水处理是有效的。例如对乐果废水，在 240℃进行湿式氧化的最终反应为：

$$(CH_3O)_2\overset{S}{\overset{\|}{P}}—SCH_2CONHCH_3 + 5.5O_2 + 4H_2O \longrightarrow 2CH_3OH + H_3PO_4 + 2H_2SO_4 + NH_2CH_3 + 2CO_2$$

$$(CH_3O)_2\overset{S}{\overset{\|}{P}}—SH + 4O_2 + 4H_2O \longrightarrow 2CH_3OH + H_3PO_4 + 2H_2SO_4$$

$$(CH_3O)_2\overset{S}{\overset{\|}{P}}—SCH_2COOH + 5.5O_2 + 3H_2O \longrightarrow 2CH_3OH + H_3PO_4 + 2H_2SO_4 + 2CO_2$$

由上列反应可见，氧化反应是产酸反应。为减轻腐蚀，反应在碱性条件下进行，生成的甲醇易为活性污泥分解。

有机硫氧化成硫酸根反应接近二级反应，反应动力学公式为：

$$\frac{1}{c_A} = kt + \frac{1}{c_{A0}}$$

式中 t——废水停留时间；

c_A——有机硫的浓度；

c_{A0}——有机硫的初始浓度；

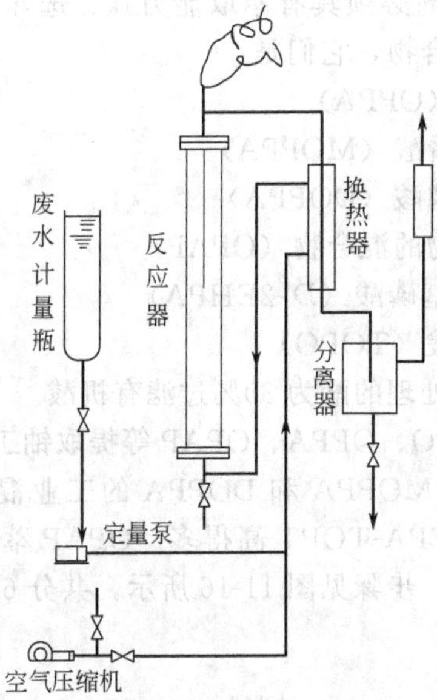

图 11-15 湿式氧化试验装置

k——速率常数。

经试验确定，乐果废水湿式氧化条件为温度 225～240℃、压力 6.5～7.5MPa、停留时间1～1.2h，氧化后废水 pH 为 6～8，有机磷去除率达 93%～95%，有机硫去除率为 80%～88%。

湿式氧化法可以作为终端处理方法，处理后的废水可以直接排放，也可以用作生化预处理手段，即只氧化除去难生物降解物。

湿式氧化法适用于处理较高浓度的废水，需要较高的温度和压力，技术要求较高，而且需要足够的处理规模，所以除乐果废水以外，大多数农药废水不宜采用。

除上述介绍的方法外，还有电解氧化法、萃取法、吸附法等。

第五节 伴生元素的回收

在磷矿中，往往伴随有各种稀有元素，如铀、碘、锶、镧系元素等。这些元素进入自然界对环境造成污染，进入土壤则会通过农作物或家畜转移到人体，从而对人体造成危害。因此必须回收，以变废为宝。

一、铀的回收

中国是世界上十大产磷国之一，磷矿大部分用途是生产化肥。但磷矿常伴生有放射性元素，如铀、钴等，磷矿中铀的含量一般为 0.005%～0.02%，直接从矿石中提铀在经济上不合算。目前国外大都在湿法磷酸生产的同时回收铀，仅美国每年从磷矿中就可回收 U_3O_8 约 3300t，相当于需求量的 25%。由于技术上易行，经济上合算，世界各国已建成了许多回收铀的磷酸厂。

在湿法磷酸生产中，几乎大部分铀都进入了磷酸溶液。铀的提取有两种生产流程，一是离子交换法，二是溶剂萃取法。溶剂萃取法的基本原理是使预先净化的酸与一种不相溶的有机溶剂充分混合，铀即从水相进入有机相。通过相分离后铀从有机相取出，有机相再生后返回使用。整个流程包括：酸的预处理、化合价固定、铀的溶剂萃取、从有机相解吸出铀、酸后处理几个步骤。所用有机溶剂必须具有萃取能力强、选择性好、稳定性强和费用低等特点。目前使用的均为有机磷化合物，它们是：

U（Ⅳ）	辛基焦磷酸（OPPA）
	单辛基苯基磷酸（MOPPA）
	双辛基苯基磷酸（DOPPA）
	后两种化合物的混合物（OPAP）
U（Ⅵ）	二-2-乙基己基磷酸（*D*-2EHPA）
	三辛基氧膦酸（TOPO）

有机溶剂要用煤油稀释，处理的酸为30%过滤有机酸。

已经建成的有DEPA-TOPO、OPPA、OPAP等提取铀工艺流程，下面介绍OPAP法。

OPAP法主要特点是使用MOPPA和DOPPA的工业混合物作溶剂，它们容易获得，且相当便宜，萃取能力也比DEPA-TOPT高得多。OPAP萃取四价铀，因此萃取前必须还原，并且解吸须在氧化后进行。步骤见图11-16所示，共分6个步骤。

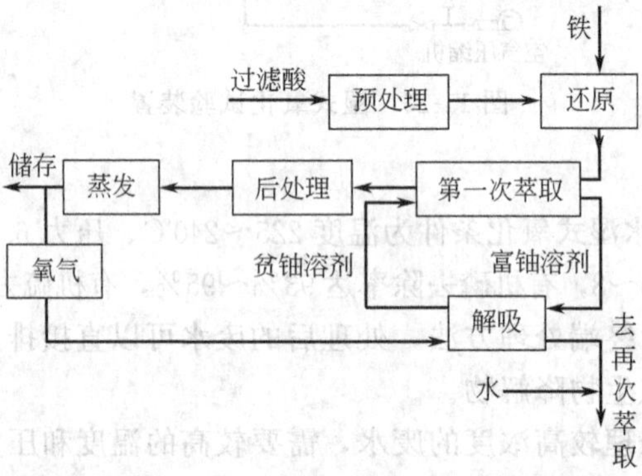

图 11-16　OPAP法回收铀流程

① 过滤有机酸预处理并用铁还原。

② 用10%～12%OPAP的煤油溶液进行第一次萃取。

③ 贫铀酸后处理。

④ 酸蒸发。

⑤ 用氧化性浓酸解吸铀。

⑥ 从富铀酸中进行再萃取。

二、镧系元素的回收

地壳中镧系元素含量为0.015%，磷酸盐矿石中的最高含量可达1%（以Ln_2O_3计），平均为0.1%～0.8%，一般磷矿石中Ln含量与P_2O_5含量成正比，其中La、Ce、Nd含量占Ln含量的65%～80%。故有提取的价值和必要。湿法磷酸生产中，Ln有70%留在磷石膏中。常温下，用浓度为0.5～1.0mol/L的硫酸浸取磷石膏可回收约50%的Ln元素。增加浸淋次数可提高Ln_2O_3回收率，目前由磷石膏中回收的效率已达98%。世界每年处理商品磷矿石为1.4亿～1.5亿吨，潜在资源达50万～60万吨。

三、碘的回收[9,10]

碘是制造有机、无机碘化合物的原料，用于医药卫生、农药、感光材料、光学和皮革等部门。磷矿中碘质量分数一般较高，达到1×10^{-4}左右，瓮福磷矿碘含量在0.0034%～

0.0076%间，具有良好的回收利用价值。硫酸法生产湿法磷酸过程中，进入磷酸的碘占80%～90%，进入气相中的碘为3%～5%，残留在固相中的碘为5%～7%。碘以I^-形态进入磷酸，气相中的碘经水吸收生成HI，进入氟硅酸溶液。对于部分含碘高的磷矿，磷酸中碘能达到50～100mg/L，回收湿法磷酸中的碘，具有良好的经济效益。湿法磷酸中碘的回收利用主要针对稀磷酸及氟硅酸中的碘回收。基本的回收思路是，首先将碘转入液相，然后通过氧化或还原的方法将原料液中的碘转化成单质碘，再通过一系列工艺手段，将碘单质回收提取。2006年，瓮福集团有限责任公司和贵州大学共同研究开发了采用空气吹出吸收工艺从稀磷酸中回收碘的工艺技术，现已建成工业化装置，碘的总回收率可以达到70%左右。

空气吹出法提碘主要分五个步骤：首先将含碘料液加硫酸或盐酸进行酸化，调节pH；再送入氧化器，通过通入氯气等氧化剂将碘离子氧化成碘单质；再将料液送入吹出塔，并通过二氧化硫水溶液吸收还原成氢碘酸；当吸收液中碘化氢浓度达到一定值，送入碘析器，通入氯气等氧化剂将碘化氢再次氧化成碘单质，过滤即得到粗碘；再将粗碘用浓硫酸熔融提纯，得到精制碘。

氟硅酸中碘含量能达到海藻液的水平，有研究提出通过氧化萃取方法、离子交换的方法从氟硅酸中提取碘。高利伟等提出直接用亚硫酸循环吸收湿法磷酸尾气，当碘离子达到一定浓度时，将碘氧化后，经精制得到成品碘。瓮福磷肥厂采用离子交换法回收碘，首先将氟硅酸过滤澄清，清液经氯气氧化成碘单质，再通过离子交换树脂吸附，吸附后的树脂经Na_2SO_3溶液洗脱，洗脱液经硫酸、氯酸钾等氧化剂将碘析出，后续经精制得到成品碘。

四、锶、钒和其他元素

锶是重要金属，化合物$SrCO_3$用于彩色显像管生产，也用于糖的精制。此外，它也用于锶磁铁、锶铁氧体、烟火、荧光玻璃、信号弹、造纸和医药。

钒是一种战略金属，它可制钒铁合金、硫酸催化剂、钒基合金中间体、苯胺黑染料和有机合成催化剂。美国克尔-麦吉技术公司开发了从湿法磷酸中回收五氧化二钒的工艺流程，该流程是先将磷酸液氧化，使其中的钒变成五价态，然后冷却，沉淀杂质。澄清的磷酸加热后进入萃取工段，用三正辛基氧膦（TOPO）煤油溶液为萃取剂，经五步逆流萃取，洗涤和汽提，制得五氧化二钒，钒的回收率为85%。

此外，磷矿中还含有铝、铁、钛、镁等矿物，用适当的方法也可以进行回收。

参考文献

[1] 邓志勇等．黄磷尾气净化及CO应用进展．工业催化，2013，8：6-9.
[2] 马立等．黄磷炉渣废热利用新工艺与实验研究．现代化工，2013，33（4）：112-115.
[3] 张海荣．无水氟化氢工艺流程比较．化工设计，2012，22（6）：9-10.
[4] 胡宏等．无水氟化氢生产技术的研究进展．化工技术与开发，2012，40（6）：16-19.
[5] 涂东怀等．工业生产无水氟化氢的研究．广州化工，2012，40（22）：10-11.
[6] 刘松林等．利用氟硅酸生产氟化氢的技术进展．硫磷设计与粉体工程，2012，4：42-44.
[7] 胡章文等．磷石膏综合利用新工艺研究．化工矿物与加工，2005，2：14-16.
[8] 席美云．磷石膏的综合利用．环境科学与技术，2001，95（3）：10-13.
[9] 杨跃华等．湿法磷酸中碘的回收利用．无机盐工业，2013，45（1）：8-9.
[10] 汤德元等．溶剂浮选法回收湿法磷酸中碘的溶剂选择．贵州工业大学学报（自然科学版），2007，36（1）：22-25.